全国高职高专园林类专业“十二五”规划教材

园 林 苗 圃

主　编　白　涛　王　鹏
副主编　王秀梅　章承林　张　进
主　审　公维庶

黄 河 水 利 出 版 社
·郑州·

内容提要

本教材针对园林苗圃的实际情况，力求充分反映本领域新理念、新成果、新技术、新方法、新材料等。内容分为园林苗圃的建立、种子繁殖育苗技术、营养繁殖育苗技术、园林育苗新技术、园林大苗培育、苗木抚育管理、苗木出圃、园林苗木产品营销等8个学习单元。每一节后附有技能训练项目，每一单元后附有思考题。重点突出实验、实训教学环节，着重加强学生职业能力的培养。

本书可作为高职高专院校园林、林学、园艺等专业教学用书，也可作为园林中职学校教学参考以及相关专业的教材，还可供园林绿化苗木生产、管理人员阅读参考。

图书在版编目(CIP)数据

园林苗圃/白涛，王鹏主编. —郑州：黄河水利出版社，2010.1 (2013.1 重印)

全国高职高专园林类专业"十二五"规划教材

ISBN 978-7-80734-775-0

Ⅰ.①园… Ⅱ.①白… ②王… Ⅲ.①园林-苗圃学-高等学校：技术学校-教材 Ⅳ.①S723

中国版本图书馆 CIP 数据核字(2010)第 000668 号

策划编辑：韩美琴　李洪良　马广州　0371-66024331　66023343

出 版 社：黄河水利出版社

地址：河南省郑州市顺河路黄委会综合楼14层　邮政编码：450003

发行单位：黄河水利出版社

发行部电话：0371-66026940、66020550、66028024、66022620(传真)

E-mail：hhslcbs@126.com

承印单位：郑州海华印务有限公司

开本：787 mm×1 092 mm　1/16

印张：18.25

字数：420 千字　　印数：3 101—5 100

版次：2010年1月第1版　　印次：2013年1月第2次印刷

定价：35.00 元

全国高职高专园林类专业“十二五”规划教材

出版说明

近年来，随着社会的进步和人们生活水平的提高，人类对生存环境的质量要求越来越高，园林作为生态环境建设的重要组成部分和提高人类生存环境质量的重要凭借手段，越来越受到环境决策者和建设者的重视，特别是在城市，生态园林建设已成为解决社会快速发展所带来的环境问题的主要方式之一，因而以服务和改造室内外环境为基本内容的园林专业也随之迅速发展，新观念、新技术不断涌现，社会对园林工程专业高素质技能型人才的要求也不断提高。

为了配合全国高职高专园林类专业的教学改革与教材建设规划，按照国家对高职高专园林专业人才培养目标定位和市场对园林专业人才生态知识及实践技能的要求，在对现有园林工程专业教材出版情况进行深入调研并充分征求了各课程主讲老师意见的基础上，我社组织出版了这套“全国高职高专园林类专业‘十二五’规划教材”。教材的编写立足于高起点、出精品，本着知识传授与能力培养并重的原则，以培养园林高级专业技术人才为目标，着重加强职业教育的技能培养特色，重点突出实验、实训教学环节。

本系列教材的编写和出版得到了全国20多所园林类高职高专院校的大力支持，我们特别邀请了多所高等院校相关专业的老师对稿件进行了严格审查把关。正是由于他们的辛勤工作和无私奉献，才使得这些教材能够在最短的时间内付梓印刷，并有效保证了教材的整体水平和质量。在此，对推进此次教材编写与出版工作的各院校领导、参编和审稿的老师表示衷心的感谢和诚挚的敬意。

诚然，人才的培养需要教育者长期坚持不懈的努力，好的教材也需要经过时间的考证和实践的检验。希望各院校在使用这些教材的过程中提出改进意见与建议，以便再版时不断修改和完善。

黄河水利出版社

前　言

自20世纪末以来，园林苗圃生产理论和技术发展迅速，新观念、新成果层出不穷。随着社会的发展和科技的进步，社会对高素质技能型人才有了更高的要求 。根据教育部《关于全面提高高等职业教育教学质量的若干意见》（教高〔2006〕16号）文件精神，编者在充分调研了国内有关园林苗圃教材的基础上，结合教学和实际工作经验，针对高等职业技术教育的特点，对园林苗圃领域的相关内容进行重组，既重视园林苗圃的生产环节，又根据园林苗圃市场需求变化，对园林苗木市场的销售环节也有所体现；既全面反映了园林苗圃的新知识和新进展，又突出体现了高等职业技术教育和培训对于加强实践能力培养的基本要求。

本教材由白涛（湖北生态工程职业技术学院）和王鹏（郑州牧业工程高等专科学校）担任主编，王秀梅（黑龙江农垦农业职业技术学院）、章承林（湖北生态工程职业技术学院）、张进（信阳农业高等专科学校）担任副主编。具体分工是：绪论、第8单元和附录由白涛编写，第1单元由郑永娟（黑龙江农垦农业职业技术学院）编写，第2单元由王秀梅编写，第3单元由张进编写，第4单元由王鹏、张进编写，第5单元由章承林编写，第6单元由张燕（信阳农业高等专科学校）编写，第7单元由何莉（周口职业技术学院）编写。本教材由白涛提出编写提纲并统稿，由白涛、王鹏、张进协商编写提纲定稿，章承林协助修订第2单元、第3单元、第6单元。

公维庶（黑龙江林业职业技术学院）担任本教材的主审，对教材进行了审阅，并提出了许多宝贵意见。教材在编写过程中，参阅和引用了有关专家、学者的专著、论文及教材等，在此一并致以最诚挚的谢意！

鉴于时间和编者水平有限，书中难免有错漏之处，敬请读者批评指正。

作　者
2009年9月

目　录

绪 论

当今世界,社会发展日新月异,人民生活水平普遍提高。但是人类赖以生活生存的环境乃至整个自然生态系统正在不断发生变化,特别是随着工业化和社会城市化程度不断提高,城市中工业和人口高度集中,空气污染日益严重,城市生态环境日益恶化,而栽种花草树木是调节和改善生态环境的有效手段。因此,加快城市园林绿化建设步伐,改善城市生态环境,美化居民生活环境,成为城市建设的重要环节。苗木是城市园林绿化建设的物质基础,园林苗圃是繁殖和培育苗木的生产基地。如何科学合理地建设和经营管理园林苗圃,为城市园林绿化源源不断地提供各种优质种苗,显得尤为重要。

1 园林苗圃在城市园林绿化中的地位和作用

城市园林绿化是我国城市建设的重要组成部分,是城市物质文明和精神文明的标志之一。城市中的花草树木不仅给人们以美的享受,还能调节城市小气候、涵养水源、防风除尘、净化空气、减轻污染、创造良好的城市生态环境,美化居民生活环境,增进人民的身心健康,提高工作效率。园林苗圃可为城市园林绿化建设提供大量的优质绿化种苗,是供应城市绿化用苗的后勤部。

随着我国人民生活水平的不断提高,城市公园、动物园、街道广场绿地等公共绿地、居住区绿地、各单位附属绿地、防护绿地、生产绿地和风景林地等各类城市绿地已成为城市规划和建设中不可缺少的组成部分。其中,园林苗圃是城市园林绿地系统的一部分。

评价一个城市园林绿化水平的重要标志是人均公共绿地面积、绿化覆盖率和绿地率。人均公共绿地面积是指城市中居民平均每人占有公共绿地的数量。绿化覆盖率指城市绿化种植中的乔木、灌木、草坪地被等所有植被的垂直投影面积占城市总面积的百分比;绿地率是指城市中各类绿地面积占城市总面积的百分比。林学研究认为,一个地区的森林覆盖率至少应在30%以上,才能起到改善气候的作用。在城市中,居民人均公共绿地面积起码应达到30~40 m^2,才能形成良好的生态环境和居民生存环境。联合国生物圈生态环境组织要求城市中人均公共绿地面积要达到60 m^2,国外不少城市已达到或接近这一要求,如华沙和堪培拉的人均公共绿地面积均超过70 m^2,绿地率在50%以上。瑞典首都斯德哥尔摩人均公共绿地面积达到80.3 m^2,美国规划的人均公共绿地指标为40 m^2,英国为25 m^2。

我国许多城市的绿化条例中规定,城市的人均公共绿地面积大于8 m^2,城区绿化覆盖率大于30%。据2006年全国绿化委员会办公室发布的《2005年中国国土绿化状况公报》,目前我国城市绿化覆盖率达到31.66%,城市建成区绿化覆盖面积96.3万 hm^2,人均公共绿地面积7.39 m^2。据统计,全国城市建成区的绿化覆盖率由1981年的10.1%提高到31.66%,人均公共绿地面积从1981年的2.3 m^2 提高到7.39 m^2。虽然我国城市园林绿化建设取得了很大的成就,但我国许多城市的绿化覆盖率和人均公共绿地面积距园林城市标准还有很大差距,园林绿化事业的发展潜力巨大,对园林绿化材料的需求量很大。因此,园林苗圃在城市园林绿化建设中的地位举足轻重。

城市园林绿化既有明显的地域特征,又有很强的艺术性。既需要大量的乡土树种作为基调树种种植,同时又可以适当引进少量的外来植物种进行点缀。两者科学和艺术地进行配置,形成靓丽的园林景观。城市园林绿化不仅需要数量足够的园林苗木供应,而且需要丰富多样的苗木种类和苗木造型来装扮城市,美化居住环境。所有这些都需要有专门的园林苗圃来提供城市园林绿化所需的各种绿化材料。园林苗圃是专门为城市园林绿化定向繁殖和培育各种多样优质绿化材料的基地,可以通过培育苗木、引种、驯化苗木以及推广苗木等推动城市园林绿化的发展。

随着园林绿化、美化的发展,社会对苗木的规格要求越来越大、质量越来越高。因此,培育大规格以及特大规格苗木是今后园林苗圃育苗的方向。

由上可见,园林苗圃在城市园林绿化、美化和环境保护中具有非常重要的地位与作用。

2 园林苗木的生产现状和发展趋势

园林苗圃是城市园林绿化的重要基础。园林苗木的生产能力和现状在一定程度上左右着城市园林绿化的进程与发展方向。必须有足够数量的优质苗木才能保证城市园林绿化事业的顺利发展。关于苗圃的建设问题,早在1958年,我国召开的第一次全国城市绿化会议就提出:“苗圃育苗是城市绿化的首要条件和基础,必须加强苗圃建设,大力育苗保证供应。”1979年6月国家城乡建设环境保护部城市建设总局发布了《关于加强城市园林绿化工作的意见》,明确指出:“苗圃是园林绿化建设的基础,绿化城市必须苗木先行。苗圃是苗木的生产基地,每个城市都应有足够的苗圃。1985年以前,要基本实现苗木自给。各城市要根据绿化规划的要求,制定育苗计划,做到有计划、按比例地生产和供应苗木。”该文件还明确指出:“苗圃要逐渐走向专业化、工厂化,实行科学育苗,要积极采用新技术、新设备,以较短的时间多育苗、育好苗。城市绿化树种,要考虑多方面功能,注意选用乡土树种作为骨干树种;常绿树与落叶树、观赏树与经济树、一般树与名贵树要兼顾搭配,合理育苗。”1982年2月,国务院按照全国人大《关于开展全民义务植树运动的决议》的要求,制定了《关于开展全民义务植树运动的实施办法》,提出园林部门对城市绿地要严加保护,要努力搞好规划设计和苗木培育等各项具体工作。1992年国务院颁布的《城市绿化条例》以及随后诸多省市人民政府颁发的有关城市绿化条例和办法等,均强调城市园林苗圃要适应城市绿化发展的需要,逐步实现城市绿化苗木自给。2004年7月29日,国家林业局下发了《关于加快林业种苗发展的意见》,进一步明确了以促进林业可持续发展和全面建设小康社会,实现我国林木种苗生产基地化、造林良种化、质量标准化、苗木产业化、管理法制化、信息规范化的奋斗目标。

近几年来,园林绿化作为城市环境建设的重要组成部分,有了新的发展机遇,同时也带动了绿化苗木生产的发展。随着社会进步,人们对居住环境的重视以及西部大开发,绿化苗木的需求量越来越大。国内不少大型企业也开始投资“绿色银行”的苗圃生产,许多地区把苗木生产作为农业产业化调整的主要方向,苗木业在我国已成为具有巨大潜力的朝阳产业。

当前园林苗圃的生产现状和发展趋势：一是城市园林建设加快了园林苗圃的迅速膨胀。之所以苗木产业发展快，首先，得益于各级政府对园林生态和城市环境建设的重视；其次，苗木新品种、优良品种的不断出现，诱导作用非常大；再次，农业粮、棉、油价格走低，也变相促使了苗木业的大发展。二是非公有制苗圃发展成为苗木产业的主力。除了农户转向苗木生产经营的人数增多外，其他行业、非农业人士加入种苗行列，从事苗木生产的已不计其数。三是经营树种、品种越来越多。经过近年来多渠道引进树种，科研部门育种、推广，还有乡土树种、稀有树种广泛应用，使种苗生产者经营的树种、品种越来越多。四是区域化生产、集约性经营，呈现良好的发展态势。不少地区区域化生产、集约性经营，逐步走向正规，趋于科学、合理。在区域化生产方面，经济发达的东部大中城市周围地区，花卉产业已初具规模，并出现一些花卉品种相对集中的产区，如广东的顺德已成为全国最大的观叶植物生产和供应中心，浙江的萧山已成为浙江花木生产的重地。产业布局的另一特点是有些省份已形成多样化、区域化趋势的花卉产地，如山东省的曹州主产牡丹、莱州主产月季、平阴主产玫瑰、德州主产菊花、泰安生产盆景，而江西和辽宁的杜鹃、天津的仙客来、四川的兰花、福建漳州的水仙、海南的观叶植物、贵州的高山杜鹃、江西大余的金边瑞香、山东菏泽及河南的牡丹在全国享有盛名；盆景的产地主要集中在江苏、河北、安徽、河南、新疆、宁夏、广东、上海等地。五是种苗信息传播加快，人们的经营理念日趋成熟。随着全国林木种苗交易会、信息交流会的逐年增多，人们的信息、市场观念增强，经营理念日趋成熟。六是育苗新技术的应用，大大提高了园林苗木的培育水平。随着组培苗工厂化生产基地的建设，组培繁育技术及先进的生物技术在苗木快速繁育中的应用，人工种子和种子大粒化技术，保护地育苗、全自控的育苗温室、容器育苗、无土育苗等现代育苗技术的应用，新型轻质育苗基质的应用以及全自动装播扦插生产线的应用等，大大提高了园林苗木的培育水平，丰富了苗木种类，提高了苗木质量。

但是，也应该看到，当前苗木生产还存在一些问题，如发展规模不宜继续扩张，应着眼于种植结构的调整，压缩常规小苗木的生产，增加大规格苗木的扩繁；苗圃生产品种大同小异，苗圃场缺乏特色；管理粗放，苗木质量有待提高；缺乏统一生产标准，营销误区太多，等等。

随着国民经济建设的发展和人民物质文化生活水平的不断提高，人们对园林绿化的要求亦将愈来愈高。不仅要求城市园林绿化的快速发展，而且要求形成丰富多彩的园林绿化景色和城市景观。对苗木数量、种类和质量提出了更高的要求，使园林苗圃建设和苗木的生产经营面临巨大的挑战。在市场经济体制下，城市园林绿化的市场需要常常制约着园林苗圃的发展规模和方向，决定着园林苗木的生产，同时，园林苗木的生产经营和推广又对城市园林绿化事业的发展起导向作用。园林苗圃建设和苗木生产应当主动适应城市园林绿化发展的需求，靠市场求发展，向市场要效益。要做到苗木种类多样性、地域性与苗木生产的特色性有机结合，实现低成本、多品种类型、多样化的可持续的园林苗木生产，以保证不断为城市绿化建设提供品种丰富、品质优良且具有良好适应性的绿化苗木。

3　园林苗圃的内容和任务

园林苗圃是研究园林苗木的培育理论和生产应用技术的一门应用科学。园林苗圃理论建立在植物学、树木学、土壤学、气象学、植物遗传育种学、植物生态学、植物生理学、美学和市场营销学等众多学科的基础上。主要内容包括园林苗圃的建立、种子繁殖育苗技术、营养繁殖育苗技术、园林育苗新技术、园林大苗培育、苗木抚育管理、苗木出圃、园林苗木产品营销等。

园林苗圃的主要任务是为园林苗木的培育提供科学理论依据和先进技术，使理论与实际应用相结合，培育技术和经营管理相结合，以便持续地为城市园林绿化提供品种丰富、品质优良且具有良好适应性的绿化苗木，并能获得较好的市场效应和较高的经济效益、社会效益和生态效益。

第 1 单元　园林苗圃的建立

教学目标

掌握园林苗圃位置的选择条件和用地面积的计算；掌握园林苗圃的区划方法和耕作的环节；能够运用园林苗圃建立的理论知识进行苗圃施工与管理。

园林苗圃是生产优质苗木的基地,是园林绿化建设中不可缺少的重要组成部分。它的设置应根据城市大小、城乡用苗量的多少来确定发展规模。

随着科技的进步和经济的发展,人们对生存环境质量的要求也不断提高。建立具有高水准的苗圃,培育大量的新、奇、特苗木,是满足人们绿化、美化生活良好愿望的基础性建设,是确保城乡绿化质量的重要条件之一。园林苗圃一般可以分为固定苗圃和临时苗圃,其中以固定苗圃为主,其优点是:经营时间长,面积比较大,生产的苗木种类也比较多,能够集约经营,充分利用投资和先进的生产技术,便于机械化作业等。

1.1　苗圃地的选择

园林苗圃的位置选择直接关系到苗圃今后生产经营的好坏,必须慎重考虑,方能确定。因此,在选择地点时应综合考虑自然与经营两个方面的条件,只有这样选择地点建圃,才能培育出大量符合绿化建设需要的优质苗木,取得良好的经济效益和社会效益。

1.1.1　园林苗圃的位置及经营条件

园林苗圃是城市绿化建设的重要组成部分,各地应根据城镇园林绿化任务的大小,决定苗的种类和数量以及每个苗圃的面积。在常规情况下,园林苗圃首先应选择交通方便,靠近公路、铁路或水路的地方,以便于苗木出圃和材料物资的运入。其次,应将苗圃选择靠近村镇的地方,以便于解决劳力、畜力、电力等问题,尤其在早春苗圃工作繁忙时,便于补充临时劳动力。再次,有条件时尽量把苗圃设在相关的科研单位、大专院校等附近,有利于先进的科学技术的指导、科技咨询及机械化的实现。建立苗圃时还应注意环境污染问题,尽量远离污源,空气、土壤和水有污染的地方,不宜选作苗圃,否则会影响苗木的正常生长发育,甚至危及苗木的生命。此外,新建苗圃需配备一定数量业务熟练的干部和工人队伍,并进行体制创新,创造良好的经营条件,以利于提高苗圃的经营管理水平。

1.1.2　苗圃的自然条件

1.1.2.1　地形、地势及坡向

园林苗圃应尽量选择背风向阳、排水良好、地势较高、地形平坦的开阔地带。坡度一般以1°~3°为宜,坡度过大,易造成水土流失,降低土壤肥力,不便于机械化作业;坡度过

小，不利于排除雨水，容易造成渍害。具体坡度因地区、土质不同而异，一般在南方多雨地区坡度可适当增加到3°~5°，以便于排水；而北方少雨地区，坡度则可小一些；在较黏重的土壤上，适当大些；在沙性土壤上，坡度宜小些。在坡度较大的山地育苗，应修筑梯田。尤其注意，积水洼地、重度盐碱地、峡谷风口等地不宜选作苗圃地。

在地形起伏较大的地区，不同的坡向，直接影响光照、湿度、水分和土层的厚薄，从而影响苗木的生长。一般南坡光强，受光时间长，温度高，湿度小，昼夜温差大；北坡与南坡相反；而东、西坡则介于二者之间，但东坡在日出前至上午较短时间内温度变化很大，对苗木生长不利，西坡则因冬季多西北风，易受寒流的影响。因此，苗圃地应根据当地具体自然条件和园林苗木的种类特性以及栽培设施的应用程度，因地制宜地确定苗圃地的最适宜坡向。

1.1.2.2　土壤条件

苗圃土壤条件十分重要，因为种子发芽、愈伤组织生根和苗木生长发育所需要的水分、养分主要是由土壤供应的，同时土壤又是苗木根系生长发育的场所。土壤结构和质地，对土壤中水分、养分和空气状况影响很大。通常团粒结构好的土壤，通气性和透水性良好，温度条件适中，有利于土壤微生物的活动和有机质的分解。

土壤质地更为重要，多数苗木适宜生长在含有一定沙质的壤土或轻黏质壤土中，还应注意土层厚度、结构和肥力等状况。过分黏重的土壤，排水、通气不良，雨后泥泞，易板结，干旱时易龟裂，土壤耕作困难，不利于根系生长。过于沙质的土壤，太疏松，肥力低，持水力差，夏季表土温度高，易灼伤幼苗，而且不易带土球移植。

土壤的酸碱度对苗木生长也有较大影响。重盐碱地及过分酸性土壤，也不宜选作苗圃。一般树种以中性、微酸或微碱性为好，如红松、马尾松、茶、樟树、杜鹃等喜酸性土壤，侧柏、柽柳、刺槐、白榆等耐轻度盐碱。一般针叶树种要求土壤pH值为5.0~6.5，阔叶树种要求pH值为6.0~8.0。

1.1.2.3　水源及地下水位

水是园林植物生长的生命线，苗木在生长发育过程中必须有充足的水分供应。因此，水源是苗圃选址的重要条件之一。苗圃最好选择在江、河、湖、塘、水库等天然水源附近，以利于引水灌溉；同时也有利于使用喷灌、滴灌等现代化灌溉技术。而且这些天然水源水质好，有利于苗木生长。若无天然水源或水源不足，则应选择地下水源充足、可打井提水灌溉的地方作为苗圃，并应注意两个问题：其一，地下水位情况。地下水位过高，土壤的通透性差，苗木根系生长不良，地上部分易发生贪青徒长，秋季易受冻害，且在多雨时易造成涝灾，干旱时易发生盐渍化；地下水位过低时，土壤易干旱，需增加灌溉次数及灌水量，提高了育苗成本。实践证明，在一般情况下，适宜的地下水位是：沙土为1~1.5 m，沙壤土为2.5 m左右，黏性土壤为4 m左右。其二，水质问题。苗圃灌溉用水其水质要求为淡水，水中含盐量不要超过0.1%，最高不得超过0.15%，水中有淡水小鱼虾，即为适合作灌溉水的标志。

1.1.2.4　病虫害

在育苗过程中，往往因病虫害造成很大损失。因此，在苗圃选址时，要作专门的病虫害调查了解，尤其要调查蛴螬、地老虎等主要地下害虫和立枯病、根瘤病等菌类感染程度。

病虫过于严重的地块,附近树木病虫为害严重的地方,应在建立苗圃前采取有效措施,加以根除,以防病虫继续扩展和蔓延,否则不宜选作苗圃地。

总之,上述苗圃地的条件,是在一定条件下应考虑的各个基本因素,对个别地区和特殊情况,应作具体分析,对不利因素要采取适当措施,加强预防和治理,从而达到比较理想的效果。

技能训练

实训一　参观与调查当地园林苗圃

一、目的

通过实地参观、调查、访问及测量训练,学生将能掌握园林苗圃地的选择和区划方法,培养学生对现有苗圃质量的分析能力及苗圃的区划设计能力。

二、材料与工具

本实训项目的材料资源为新建苗圃地或现有的各种园林苗圃测量用具、记录本、绘图用具等。

三、方法与步骤

方法为:组织学生到现场参观、访问,分组测量、记录结果、绘制草图。

步骤为:

(1)集体参观现有苗圃,了解全貌。

(2)分小组测量生产用地、辅助用地的面积。

(3)调查现苗圃各区的苗木种类、数量、植株长势情况。

(4)调查当地的自然条件、周边环境等。

(5)根据调查测量结果绘出苗圃概况草图。

四、实训报告

(一)总结本次实训情况

根据园林苗圃选择和规划知识,发挥个人的能动性,分析选址优势和不利条件,初步设计出苗圃区划方案,或对现有苗圃提出改进的建议。

(二)每组交一幅正式图

要求各小组对绘制的草图认真讨论,并征求任课教师的意见,确定正式方案,然后绘制正式图。正式设计图应依地形图的比例尺,将生产用地、辅助用地按比例绘制,排灌方向要用箭头表示。图外列出图例、比例尺、指北方向。

(三)填写现有生产用地情况统计表

生产用地情况统计表　　年　月　日

区别	面积	苗木种类	数量	苗龄	株高
播种区					
移植区					
营养区					
大苗区					
母树区					
引种驯化区					
建筑区					
道路用地					
排灌系统					
其他用地					

1.2　苗圃的区划

苗圃地确定后,为了合理布局,充分利用土地,便于生产管理,必须进行区划。首先对苗圃面积进行测量,绘出1/500～1/1 000平面图,并注明地形、水文、土壤等情况,作为区划工作的依据,然后根据生产任务、各类苗木的培育特点、树种特性和圃地的自然条件,进行区划。

1.2.1　苗圃地的调查

1.2.1.1　踏查

由设计人员会同施工和经营人员到已确定的苗圃地范围内进行实地踏勘和调查访问,了解苗圃地的现状、历史、地势、土壤、植被、水源、交通、病虫害、草害、有害动物、周围环境、自然树的情况等,提出苗圃建设的各项初步意见。

1.2.1.2　测绘地形图

地形图是苗圃进行规划设计的依据。比例尺一般要求为1/500～1/1 000,等高距为20～50 cm。与设计直接有关的山、河、路、桥、房等都应给出。对土壤状况及有病虫害分布情况也应重点标出。

1.2.1.3　土壤调查

根据苗圃地的自然地形、地势及指示植物的分布,选定典型地带,挖取土壤剖面,观察和记载土壤厚度、机械组成、酸碱度、地下水位等,在必要时可分层采样进行分析,弄清苗圃地内土壤和种类、分布肥力状况和土壤改良的途径,并在地形图上绘出土壤分布图,以便于使用土地。

1.2.1.4　病虫害调查

主要调查苗圃地内的土壤地下害虫，如金龟子、地老虎、蝼蛄，以及有害鼠类等。一般采用抽样法，每公顷挖样方土坑10个，坑长、宽各为50 cm，深40 cm，统计害虫数目、种类，并通过苗圃地周围树木和作物的受害情况，了解病虫害的发生程度并提出防治措施。

1.2.1.5　气象资料的收集

向当地的气象台或气象站了解有关的气象资料。如早霜期、晚霜终止期、全年及各月平均气温、绝对最高和最低气温、土表最高温度、冻土层深度、年降水量及各月分布情况、最大一次降雨量及降雨历时数、空气相对湿度、主风方向、风力等。此外，还应了解苗圃地周围的特殊小气候情况。

1.2.2　苗圃规划设计

1.2.2.1　生产用地规划设计的原则

生产用地是苗圃中进行育苗的可耕作区域，即育苗区。其内设立各个作业区，也称做耕作区。

(1)耕作区是指耕作方式相同的作业区，作业区是苗圃进行育苗生产的基本单位。

(2)作业区的长度由机械化程度而定，完全机械化的以200～300 m为宜，畜耕者以50～100 m为宜。作业区宽度依苗圃地的土壤质地和地形是否有利于排水而定，排水良好者可宽些，排水不良时要窄些，一般宽40～100 m。小型苗圃的耕作区可适当缩小。

(3)作业区的方向，应根据圃地的地形、地势、坡向、主风方向和圃地形状等因素综合考虑，一般情况下，作业区的长边采取南北方向，苗木受光均匀，对生长有利。在坡度较大时，作业区的长应与等高线平行。

1.2.2.2　各育苗区的配置

生产区用地不得少于苗圃总面积的75%，一般可以分为以下几个小区。

1)展览区

展览区是苗圃中最有特色的生产小区，多设在办公室和温室附近。通过展览区内苗木的生长状况，有目的、有重点地向参观者和客商展示本苗圃的生产经营水平和产品特色。因此，展览区内所培育的苗木应是本苗圃的特色品种，或在当地较难培育的品种，或引进和自育成功的新品种。展览区内的苗木管理应特别精细，生长茁壮，无病虫害。

2)播种区

本区是培育播种苗的区域，播种繁殖是整个育苗工作的基础和关键。实生幼苗对不良环境的抵抗力弱，对土壤质地、肥力和水分条件要求高，管理要求精细。所以，播种区应选全圃自然条件和经营条件最好的地段，并优先满足其对人力、物力的需求。具体应设在地势较高而平坦、坡度小于2°、接近水源、排灌方便、土质最优良、土层深厚、土壤肥沃、背风向阳、便于防霜冻、管理方便的区域，最好靠近管理区。如果是坡地，要选择最好的坡段、坡向。草本花卉播种还可采用大棚设施和育苗盘进行育苗。

3)营养繁殖区

该区是培育扦插苗、压条苗、分株苗和嫁接苗的区域。在选择这一作业区时，与播种区的条件要求基本相同。应设在土层深厚、地下水位较高、灌排方便的地方。扦插苗区可适当用较低洼的地方。但不像播种区那样要求严格，具体的要求还要依营养繁殖的种类、育苗设施不同而有所差异。珍贵树种扦插和进行嫩枝扦插、冬季扦插的都靠近管理区，在大棚或温室内进行，条件最好。例如，杨、柳类的扦插繁殖区，可利用比较低洼的地块或零星的土地，条件要求不必过高。

4）移植区

移植区又叫小苗区，是培育各种移植苗的作业区，占育苗面积的10%～15%。由播种区和营养繁殖区中繁殖出来的苗木，需要进一步培养成较大的苗木时，便移入移植区中进行培育。

依苗木规格要求和生长速度不同，往往每隔2～3年移植一次，逐渐扩大株行距，增加苗木营养面积。由于移植区占地面积较大，因此一般设在土壤条件中等、地块大而整齐的地方。同时依苗木的不同生态习性，进行合理安排。如杨柳类应设在低洼水湿的区域；松柏类等常绿树则应设在较高燥而土壤深厚的地方，以利带土球出圃。低矮而且较小的花灌木可移植在较干燥而土层深厚土壤条件好的地方，以利带土球出圃，最好靠近管理区；相对较大的苗木，培养时间又长，可移植在土壤相对较差和远离管理区，一般是在苗圃的外围。苗木的大小安排应本着由管理区开始逐步增大增高，形成梯式分布；最高最大的苗木培养可安排在外围。

5）大苗区

该区是培育植株的体型、苗龄均较大并经过整形的各类大规格苗木的作业区。

在本育苗区继续培育的苗木，通常在移植区内进行过一次或多次的移植，在大苗区培育的苗木出圃前不再进行移植，且培育年限较长。大苗区的特点是株行距大，占地面积大，培育出的苗木大、规格高，根系发育完全，可以直接用于园林绿化建设，满足绿化建设的特殊需要，如树冠形态、干高、干粗等高标准大苗，利于加速城市绿化效果和保证重点绿化工程的提早完成。目前，为达到迅速绿化的效果，城市绿化对大规格苗木需求不断增加。大苗区一般选在土层较厚、地下水位较低、地块整齐、运输方便的区域。在树种配置时，要注意不同树种的生态习性要求，在作业区内合理栽植。为了提高移苗成活率，宜采用可拆盆栽培技术等。为了出圃时运输方便，最好能设在靠近苗圃的主干道或在大苗区靠近出口处建立苗木假植区和发苗站，以利苗木出圃。为了起苗包装操作方便，应尽可能加大一点行株距，以防起苗时影响其他不出圃苗木的生长。

6）引种驯化区

本区用于栽植从外地引进的园林植物新品种，目的是观察其生长、繁殖、栽培情况，从中选育出适合本地区栽培的新品种，进而推广。该区在现代园林苗圃建设中占有重要位置，应给予重视。对土壤、水源等条件要求较严，并要配备专业人员管理。此区可单独设立试验区或引种区，或二者相结合，引种驯化区应安排在最好环境条件的地区，靠近管理区便于观察、研究、记录。

7）母树区

在永久性苗圃中，为了获得优良的种子、插条、接穗等繁殖材料，园林苗圃需设立采种、采条的母树区。本区占地面积小，可利用零散地块，但要土壤深厚、肥沃及地下水位较低,对栽培条件、管理水平等要求较高,目前,有些园林苗圃采用与周边农民签订合同的方式,特约繁殖母树。另外,有些乡土树种还可种植在苗圃四周,作为防护林带或在办公区的院内栽植。

8)温室和大棚区

温室和大棚区是保护地育苗和设施栽培的区域,需要较大的投资,而且也具有较高的生产率和经济效益。在北方可一年四季进行育苗。在南方则可以提高苗木的质量,生产独特的苗木产品。此区内应有组培室,利用组织培养来提高繁殖系数,培育无病毒的苗木。该区要选择距离管理区较近的地方,土壤条件好,地势高,排水好的地区。

9)其他区

为了生产上管理方便,按苗木的种类、用途划分,可设立标本区、果苗区、宿根花卉区、针叶区、阔叶区、花卉区等。

1.2.2.3　辅助用地的设计

苗圃的辅助用地(或称非生产用地)主要包括道路系统、排灌系统、防护林带及管理区建筑用地等。这些用地都是直接为苗木生产服务的,既要能满足生产的需要,又要设计合理,减少用地。辅助用地占总面积的20%～25%。

1)道路系统的设置

苗圃中的道路是连接各作业区之间及各作业区与管理区之间的纽带。道路系统的设置及宽度,应以保证车辆、机具和设备的正常通行,便于生产和运输为原则,并与排灌系统和防护林带相结合。苗圃道路系统通常设一、二、三级道路和环路。在进行设计时,首先在交通方便的地方决定出入口。

(1)一级路(主干道),应设在苗圃的中心线上,与出入口、建筑群相连,多以办公室、管理处为中心。这是苗圃内部对外联系的主要道路,可以设置一条或两条相互垂直的主干道,路宽6～8 m,要求汽车可以对开,其标高应高于作业区20 cm。

(2)二级路,通常与主干道垂直,与各作业区相连,其宽度为4～6 m,其标高应高于作业区10 cm。

(3)三级路,是沟通各作业区的作业路,宽为2 m。

(4)环路,一般是在大型苗圃中,为车辆、机具等机械回转方便而设立的,中小型苗圃视具体情况而定,可依需要设置环路。

在设计道路时,要在保证管理和运输方便的前提下,尽量做到少占用土地。中小型苗圃可以考虑不设二级路,但主路不可过窄。一般苗圃中道路的占地面积不应超过苗圃总面积的7%～10%。

2)灌溉系统的设置

园林苗圃必须有完善的灌溉系统,以保证水分对苗木的充分供应。灌溉系统主要包括水源、提水设备和引水设施三部分。

(1)水源,主要包括地面水和地下水两类。地面水指河流、湖泊、池塘、水库等,以无污染又自流的地面水灌溉最为理想,因为地面水温度较高,与作业区土温相近,水质较好,而且含有部分养分,对苗木生长有利;地下水指泉水、井水等,其水温较低,最好建蓄水池存水,以提高水温。在条件允许的情况下,水井应设在地势较高的地方,以便于地下水提到地面后自流灌溉,同时水井设置要均匀分布在苗圃各区,以便缩短引水和送水的距离。

(2)提水设备,目前多用提水工作效率高的水泵。水泵规格的大小应根据土地面积和用量的大小确定。如安装喷灌设备,则要用5 kW以上的高压潜水泵提水。

(3)引水设施,有地面明渠引水和暗管引水两种形式。

明渠引水:土筑明渠沿用已久,其占地多、渗漏量大、水流速度慢、蒸发量大、易冲垮,须注意经常维修,但修建简便,投资少,建造容易,目前有的地方仍在使用。为了提高流速、减少渗漏,现多在明渠上加以改进,在水渠的沟底及两侧加设水泥板或做成水泥槽。也有一些苗圃采用瓦管、竹管、木槽等管道送水,水流速度快,节省水。

明渠引水渠道一般分为三级:一级渠道(主渠)是把水由水源直接引出的渠道,是永久性的,主渠一般顶宽为1.5~2.5 m。二级渠道(支渠)是把水由主渠引向各作业区的渠道,通常也是永久性的,顶宽为1~1.5 m。三级渠道(毛渠)是临时性的小水渠,一般宽度在1 m左右。主渠和支渠是用来引水和送水的,水槽底应高于地面,毛渠则直接向圃地灌溉,不宜设置过高,一般底部不应超出地面,以免冲刷量过大把泥沙冲入床中,埋没幼苗。各级渠道的设置应与各级道路相配合,可使苗圃的区划整齐。渠道方向与作业区方向一致,且各级渠道常成垂直设计,即支渠与主渠垂直,毛渠和支渠垂直,同时毛渠又与苗木栽植行垂直,以利灌溉。灌溉的渠道还应有一定的坡降,以保证一定的水流速度,但坡度也不宜过大,否则易出现冲刷现象。一般渠道的坡降应保持在1/1 000~4/1 000,土质黏重的地段坡降可大些,但不超过7/1 000,水渠边坡一般采用45°为宜。较黏重的土壤可增大坡度。在地形变化较大、落差过大的地方应设跌水构筑物,通过排水沟或道路时可设渡槽或虹吸管。

暗管引水:主管和支管均埋于地下,其深度以不影响机械作业为度,阀门设于地端以方便使用。用高压水泵直接将水送入管道或先将水压入水池或水塔再流入管道。出水口可直接灌溉,也可安装喷灌机。喷灌和滴灌是使用管道进行灌溉的两种比较先进的灌溉方式。喷灌是近20多年来发展较快的一种灌溉方法,利用机械把水喷射到空中形成细小雾状水滴,进行灌溉;滴灌是一种新的灌溉技术,它是使水通过细小的滴头逐渐地渗入土壤中进行灌溉。这两种方法基本上不产生深层渗漏和地表径流,一般可省水20%~40%;少占耕地,提高土壤利用率;保持水土,且土壤不板结;可结合施肥、喷药、防治病虫等抚育措施,节省劳力;同时可调节小气候,增加空气湿度,有利于苗木的生长和增产。但喷灌、滴灌均投资较大,喷灌还常受风的影响,应加以注意。管道灌溉近年来在国内外均发展较快,今后建圃在有条件的情况下,应尽量采用管道灌溉方式。

3)排水系统的设置

排水系统对于地势低、地下水位高及降水量多而且集中的地区非常重要。排水系统主要由大小不同的排水沟组成,排水沟常分为明沟和暗沟两种,目前多采用明沟排水。排水沟的宽度、深度、位置应根据苗圃地的地形、土质、雨量、出水口的位置等因素综合决定,并且保证雨后尽快排除积水,同时要尽量占用较少的土地。排水沟的边坡与灌水渠的角度相同,但落差应大一些,一般大排水沟应设在苗圃地最低处,直接通入河、湖或市区排水系统;中小排水沟通常设在路旁;作业区的小排水沟与小区步道相结合。在地形、坡向一致时,排水沟和灌溉渠往往各居道路一侧,形成沟、路、渠并列,这是比较合理的设置,既利于排灌,又区划整齐。排水沟与路、渠相交处应设涵洞或桥梁。大排水沟一般宽1 m以上,深0.5~1 m;作业区内小排水沟宽0.3~1 m,深0.3~0.6 m。有的苗圃为防止外水进入,并排除内水,在苗圃四周最好设置较深而宽的截水沟,以起到防止外水入侵、排除内水和防止小动物及害虫侵入的作用,效果较好。排水系统占地一般为苗圃总面积的1%~5%。

4)防护林带的设置

为了避免苗木遭受风沙危害,降低风速,减少地面蒸发和苗木蒸腾,创造良好的小气候条件和适宜的生态环境,苗圃应设置防护林带。防护林带的设置规格,应由苗圃面积的大小、风害的严重程度决定。一般小型苗圃设一条与主风方向垂直的防护林带;中型苗圃在四周设防护林带;大型苗圃不仅在四周设防护林带,而且在内结合道路、沟渠,设置与主风方向垂直的辅助林带。如有偏角,不应超过30°。一般防护林防护范围为树高的15~20倍。

林带结构以乔木、灌木混交的疏透式为宜,既可减低风速,又不因过分紧密而形成回流。林带宽度和密度依苗圃面积、气候条件、土壤和树种特性而定,一般主林带宽8~10 m,株距1.0~1.5 m,行距1.5~2.0 m;辅助林带由2~4行乔木组成,株行距根据树木品种而定。林带的树种选择,应尽量就地取材,应选用当地适应性强、生长迅速、树冠高大、寿命较长的乡土树种,同时注意速生与慢生、常绿与落叶、乔木与灌木、寿命长与寿命短的树种相结合,亦可结合采种、采穗母树和有一定经济价值的树种如建材、筐材、蜜源、油料、绿肥等,以增加收益,便利生产。注意不要选用苗木病虫害中间寄生的树种和病虫害严重的树种;为了加强圃地的防护,防止人们穿行和畜类窜入,可在林带外围种植带刺的或萌芽力强的灌木,减少对苗木的危害。苗圃中防护林带的占地面积为苗圃总面积的5%~10%。

近年来,在国外为了节省用地和劳力,已有用塑料制成的防风网防风。其特点是占地少而耐用,但投资多,在我国少有采用。

5)管理建筑区的设置

该区包括房屋和苗圃内场院两部分。前者指办公室、食堂、宿舍、仓库、种子贮藏室、畜舍、工具房、车棚等,后者指集散地、假植场、积肥场、晒场、运动场等。苗圃的管理建筑区应设在交通方便、地势高燥、接近水源和电源的地方或不适合育苗的地方。大型苗圃的建筑群最好设在苗圃的中心,以方便整个苗圃的经营管理。积肥场、畜舍、猪圈要放在比较隐蔽和便于运输的地方。本区的占地面积为苗圃总面积的1%~2%。

1.2.2.4 园林苗圃用地面积的确定

为了合理使用土地,保证育苗计划的完成,对苗圃面积必须进行正确的计算,以便于征收土地、苗圃区划和建设等具体工作的进行。苗圃的总面积包括生产用地面积和辅助用地面积两部分。

1)生产用地面积计算

生产用地即直接用来生产苗木的地块,通常包括展览区、播种区、营养繁殖区、移植区、大苗区、母树区、引种驯化区以及设施区等。计算其面积,主要依据计划培育苗木的种类、数量、规格、要求,结合出圃年限、育苗方式以及轮作等因素。如果确定了单位面积的产量，即可按下面公式进行计算：

$$X = U \times \frac{A}{N} \times \frac{B}{C}$$

式中 X——该种园林植物育苗所需面积；

U——该种园林植物计划年产量；

A——该种园林植物的培育年限；

N——该种园林植物单位面积产苗量；

B——轮作区的总数；

C——该树种每年育苗所占的轮作区数。

例：每年出圃2年生矮生紫薇实生苗100万株，采用三年轮作制，即每年有1/3的土地休闲（或种绿肥），2/3的土地育苗，计划产苗量为10万株/hm^2，则

$$X = 100 \times 2/10 \times 3/2 = 20 \times 1.5 = 20(hm^2)$$

依上述公式计算出的结果是理论数字，实际生产上，在抚育、起苗、贮藏等工序中，苗木都将受到一定损失，故每年的产苗量应适当增加。一般比理论增加3%～5%的土地面积，即在计算面积时应留有余地。

某树种在各育苗区所占面积之和，即为各该园林植物所需的用地面积，各种园林植物所需用地面积总和加休闲地面积就是全苗圃的生产用地的总面积。

对于一个苗圃而言，每年都有新繁殖的苗木和出圃的苗木，一般来说每年出圃留下的空地和新繁殖或新移植苗木的面积应相等，这样不至于造成培育出的苗木没有地方移栽。育苗过多要提前采取处理措施，以防在大树或小苗行间加行种植，复种指数过大，苗木生长相互影响，造成苗木质量降低，出售困难。

2）辅助用地面积计算

辅助用地，是指非直接用于育苗生产的防护林、道路系统、排灌系统、堆料场、苗木假植以及管理区建筑等用地。苗圃辅助用地面积不超过苗圃总面积的20%～25%，一般大型苗圃的辅助用地为总面积的15%～20%，中小型苗圃占18%～25%。

1.2.2.5 苗木苗圃设计图的绘制和设计说明书的编写

1）绘制设计图前的准备

在绘制设计图时，要明确苗圃的具体位置、圃界、面积，育苗任务、苗木供应范围；还要了解育苗的种类、数量和出圃规格；确定苗圃的生产和灌溉方式，必要的建筑和设施设备的设置方式；苗圃工作人员的编制，同时应有建圃任务书，并收集各有关的图面材料如地形图、平面图、土壤图、植被分布图，调查有关的自然条件、经营条件以及气象资料和其他有关资料等。

2）园林苗圃设计图的绘制

在有关资料收集完整后，应对收集齐全的资料进行全面综合分析，确定大的区划设计方案，在地形图上绘出主要建筑区建筑物具体位置、形状、大小以及路、渠、沟、林带等位置。再依据其自然条件和机械化条件，先确定适宜的作业区长度、宽度及方向，然后根据各育苗区的要求、各占地面积，合理安排出各育苗场地，绘出苗圃设计草图，最后多方征求意见，进行修改，确定正式方案，绘出正式图。在绘制正式图时，应按地形图的比例尺，将

建筑物、道路、场地、沟、渠、林带、作业区及育苗区按比例绘制，排灌方向要用箭头表示，图外应列有图例、比例尺、指北方向等，同时将各区各建筑物加以编号或文字说明，以便识别各区位置。

3）园林苗圃设计说明书的编写

设计说明书亦是园林苗圃规划设计的文字材料，它与园林苗圃设计图构成苗圃设计两个不可缺少的组成部分。图纸上没有表达或不易表达的内容，都必须在说明书中加以说明。具体可分为总论和各论两部分进行编写。

（1）总论。主要叙述该地区的经营条件和自然条件，并分析其对育苗工作的有利和不利因素以及相应的改进措施。

经营条件包括：苗圃所处位置及当地居民的经济条件、生产情况、劳动力情况及对苗圃生产经营的影响；苗圃周边的交通状况；电力条件和机械化程度；苗圃成品苗供给的区域范围及发展展望。

自然条件包括：气候条件；土壤条件；病、虫、草、有害动物及植被情况；地形特点；水源情况。

（2）各论。①苗圃的面积计算。②苗圃的区划说明。作业区的大小；各育苗区的配置；道路系统的设计；排灌系统的设计；防护林带及防护系统的设计；建筑区建筑物设计；保护地大棚、温室、组培室设计。③育苗技术设计。④建圃的投资和苗木成本回收及利润计算等。

技能训练

实训二　苗圃规划设计

一、目的

熟练进行苗圃规划设计图的绘制及编写说明书。

二、材料与工具

罗盘仪、皮尺、花杆、计算器、绘图工具。

三、方法与步骤

（一）准备工作

在绘制设计图前，首先要了解育苗任务书、苗木规格标准表、播种量参考表、各种物资参考表、育苗作业定额参考表、各项工资标准、苗木种类符号表，掌握苗圃地的基本情况、土壤条件、水源情况、地形特点和病虫害及植被情况等。

（二）规划方案拟订

对具体条件全面综合，确定大的区划设计方案，在地形图上绘出主要建筑物的具体位置、形状、大小以及主要的路、渠、沟、林等的位置。根据各育苗的要求及占地面积，安排出适当的育苗场地,绘出苗圃设计草图。

(三)规划方案修改

经多方征求意见,进行修改,确定正式设计方案,即可绘制正式图。

(四)绘制苗圃规划设计图

正式设计图应依地形图的比例尺将建筑物、场地、路、渠、沟、林带、耕作区、育苗区等按比例尺绘制,排灌方向要用箭头表示,以喷灌用喷头表示。在图外应有图例、比例尺、指北针方向等。

(五)苗圃设计说明书的编写

苗圃设计说明书是苗圃规划设计的文字材料,它与设计图是苗圃设计不可缺少的两个组成部分。图纸上表达不出的内容,都必须在说明书中加以阐述。一般按总论和设计(应和前面理论部分一致)两个部分进行编写。

1.总论

主要叙述该地区的经营条件和自然条件,并分析其对育苗工作的有利因素和不利因素以及相应的改造措施。既包括苗圃的位置及当地居民的经济条件、生产情况、劳动力情况、苗圃周边的交通状况、机械化程度等经营条件,也包括气候条件、土壤条件、病虫害及植被情况、地形特点、水源情况等自然条件。

2.设计部分

主要指苗圃的面积计算及苗圃区划说明(耕作区的大小,各育苗区的配置,道路系统的设计,排灌系统的设计,防护林带及防护系统的设计,建筑区建筑物设计,保护地大棚、温室、组培室的设计等),育苗技术设计,建苗圃投资和苗圃概算等。

四、实训报告

绘制苗圃规划设计图和编写苗圃设计说明书。

1.3　苗圃地的准备

为了提高播种质量,保证早出苗、出全苗,必须认真做好播种前的准备工作,即包括播种前的整地、施肥、土壤处理和作业方式等。

1.3.1　整地与施肥

整地与施肥可以疏松土壤,提高土壤的蓄水能力,减少土壤水分蒸发,改善土壤水分状况、土壤孔隙度,提高土温,增强土壤微生物活动,翻耕的土地经过冬冻暴晒,促进了土壤风化,有利于释放潜在养分,结合整地施入有机肥料,能促进土壤形成团粒结构,消灭病虫害,将土壤中越冬虫和病菌被翻到地表冻死或被鸟吃掉,将土表的杂草种子深埋,使其难于发芽。总之,有效地改善了土壤中水、肥、气、热状况,为种子的萌发和根系生长创造良好环境。

1.3.1.1　整地

整地的基本要求是:及时平整,全面耕到,土壤细碎,清除草根石块,并达到一定深度,

具体操作如下:

(1)清理苗圃地。耕作前要清除苗圃地上的树枝、杂草等杂物,填平起苗后坑穴,使耕作区基本上平整,为翻耕打好基础。

(2)浅耕灭茬。是耕地前的一项表土耕作措施。它的作用是可以防止土壤水分蒸发,消灭杂草和病虫害,切碎盘根错节的根系,减少耕作阻力。浅耕深度农田一般4~7 cm,荒地要地10~15 cm。

(3)耕地。也叫翻地,是整地中最主要的环节。耕地深度根据苗圃条件和育苗要求而定,播种区一般在20~30 cm,扦插区为30~35 cm,耕地过浅不利于苗木根系生长及土壤改良;耕地过深第一易破坏土壤结构,第二使苗木根系过长,不利起苗。原则是:播种区稍浅,营养繁殖区稍深;砂土地稍浅、瘠薄黏重地和盐碱地稍深;在北方地区,秋翻宜深,春耕要浅。耕地的具体时间应视土壤含水量而定,土壤含水量达饱和含水量的50%~60%时耕地,效果最好而又省力。在实际观察来看就是手抓成团,离地1 m高处自然下落土团摔碎,这时是最佳耕作时期。

(4)耙地。耙地是耕地后进行的表土耕作措施,耙地的目的是破碎土壤,混拌肥料,平整土地,消除杂草,保持土壤水分。

耙地应在耕地后立即进行,有的也要根据苗圃地的气候和土壤条件灵活掌握,冬季有积雪时,可在第二年早春"顶凌耙地"以积雪保墒。土壤黏重的地方,也可以在第二年的春天耙地,通过风晒来改良土壤。具体的要求是耙透,达到平、松、碎。

(5)镇压。作用是破碎土块,压实表土层,在春旱风大地区,对疏松土壤进行镇压,有蓄水保墒的作用。黏重的土地或土壤含水量较大时一般不能镇压,以防土壤板结,不利于出苗。

1.3.1.2　施肥

苗圃地通常施肥以施基肥和土壤接种来改善土质,提高苗质量。具体情况如下。

1)基肥

基肥又叫底肥,在育苗前施入土壤的肥料。园林苗圃所施用的基肥,以有机肥料为主,在一定情况下,也可混入部分无机肥料。

基肥的作用:有机肥料含有苗木所必需的多种营养元素,肥效长,在整个苗木生长过程中,源源不断地提供一定数量的营养元素,以满足苗木生长的需要,并且能改善土壤的物理结构,尤其是施在渗水性差、通气困难、耕作不良的土壤中,所产生的效果更为明显。它还能增强土壤缓冲性能,抑制土壤内毒害性因子的作用。基肥的不足之处是各种成分的数量和比例并不能完全保证各种苗木的需要,某些养分还要无机肥料来补充。

基肥的种类和性质:常用的基肥种类有人粪尿、栏肥等,其中人粪尿含氮量高,且易被苗木吸收利用。在保存和施用时,不可与草木灰等碱性肥料混用,以防氨的挥发。栏肥主要指猪、牛等饲养动物的排泄物,富含多种营养物质,是很好的有机肥,此外,还有其他农家肥,如堆肥、绿肥等。工厂化生产的有机化肥,多为颗粒肥料,可直接撒施。

基肥施用量:多数有机肥均需经过腐熟才能施用,以防肥料腐熟时发热伤及种子和幼苗,苗圃地施肥依育苗种类、土壤状况和肥料而定。一般情况下,苗圃每公顷用量约为栏肥30 000 kg,绿肥22 500 kg,人粪尿10 250 kg,饼肥1 050 kg。通常多施基肥有利苗木生长,但基肥用量过多,也会对苗木生长造成不利影响,如烧苗和营养比例失调等。因此,各苗圃应根据情况决定基肥的施用量。

基肥的施用方法:通常使用有机肥料作基肥,多采用全层施肥。即在耕地前将肥料均匀地撒在地面,在翻耕过程中,肥料进入耕作层中。播种区施用基肥时,可在做床前将肥料均匀地撒在地面,浅耕埋入耕作区的中、上部。

2)土壤接种

研究表明,接种菌根菌可使苗木根系的吸收能力提高,苗木的生长速度大大加快,特别是对生长在贫瘠土壤上的苗木效果尤为明显。通常一定的菌种能在一定范围的植物上起作用,所以一定要根据树种选择适当的菌种。为了提高苗木的产量和质量,在未种过该树种的播种地上育苗,要接种上菌根菌,苗木接种了菌根菌后就会终身受益,如松类、樟子松等。

一般苗木接种菌根菌的方法有:森林菌根土接种,菌根"母苗"接种,菌根真菌纯培养接种,子实体接种,菌根菌剂接种。

(1)森林菌根土接种。在与接种苗木相同的老林中或老苗圃内,选择有菌根发育良好的地方,挖取根层的土壤,而后将挖取的土壤与适量的有机肥和磷肥混拌后,开沟施入接种苗木的根层范围,接种后要浇水。容器苗接种菌根菌时,一般在种子发芽后1个月左右进行。接种方法是:取相同树种根际40 cm土层,将菌根土覆盖在容器的土壤表面。

菌根土是最常用的一种天然菌根接种体。这种方法简单,接种效果非常明显,菌根化程度高,但需要量大,运输不方便,也有可能带来新的病菌、线虫和杂草种子。

注意远距离运输时应保持根土的湿润。土壤消毒后接种菌根土效果更好。

(2)菌根"母菌"接种。在新建苗圃的苗床上移植或保留部分有菌根苗木作为菌根"母苗",对新培育的幼苗进行自然接种。具体做法是:在苗床上每隔1~2 m移植或保留一株有菌根的苗木,在其株行间播种或培育幼苗,通常菌根真菌从"母苗"向四周扩展的速度是每年40~50 cm,一般有2年时间苗床就充分感染了菌根真菌。待幼苗感染菌根后,母株即可移出。

注意用菌根"母苗"接种最好在消毒土壤上进行。

(3)菌根真菌纯培养接种。从固体PDA、MMN或酸化麦芽汁培养基上刮下菌丝体,或从液体发酵培养液中滤出菌丝体,直接接种到土壤或幼苗侧根处。这种方法还没有在生产上广泛应用。

(4)子实体接种。各种外生菌根真菌的子实体和孢子均可作为幼苗和土壤的接种体,特别是须腹菌属、硬皮马勃属和豆马勃属等真菌产生的担孢子,更容易大量收集,用来进行较大面积的接种。具体做法是:将采集到的子实体磨碎后与土混合,或直接用孢子施于苗床上,然后翻入土内,或制备成悬浮液浇灌,或将苗根浸入悬浮液中浸泡,或将子实体埋入根系附近。还可以采用两种或多种子实体混合接种,其效果更好。此外,用担孢子对种子进行拌种也是一种接种方法。

(5)菌根菌剂接种。近些年,人工培养的菌根剂——pt菌根剂得到了广泛应用,对于松树、云杉、杨树、柳树等树种都适用,施用方法主要有浸种处理、浸根处理和喷叶处理。

1.3.2　土壤处理

土壤处理是指减少土壤中的病原菌和地下害虫,减轻病原菌和地下害虫对苗木危害的措施。生产上常用高温处理和药剂处理,其中主要是药剂处理。

1.3.2.1　高温处理

常用的高温处理方法有蒸汽消毒和火烧消毒两种。温室土壤消毒可用带孔铁管埋入土中30 cm深,通蒸汽维持60 ℃,经30 min,可杀死绝大部分真菌、细菌、线虫、昆虫、杂草种子及其他小动物。蒸汽消毒应避免温度过高,否则易使土壤有机物分解,释放出氨气、亚硝酸盐及锰等毒害植物。

基质或土壤量少的,可放在铁板上或铁锅内,用烘烤法处理。厚30 cm的土层,90 ℃维持1 h可达到消毒的目的。

在苗床上堆积燃烧柴草,既可消毒土壤,又可增加土壤肥力。但此法柴草消耗量大,劳动强度大。

国外用火焰土壤消毒机对土壤进行高温处理,可消灭土壤中的病虫害和杂草种子。

1.3.2.2　药剂处理

1)硫酸亚铁

可配成2%~3%的水溶液喷洒于苗床,用量以浸湿床面3~5 cm为宜。也可与基肥混拌或制成药土撒在苗床上浅耕,用药量225~300 kg/hm^2。

2)福尔马林

用量为50 mL/m^2,稀释100~200倍,于播种前10~15 d喷洒在苗床上,用塑料薄膜严密覆盖。育苗前应留一段时间进行挥发,以免产生药害。

以上两种药剂对防治立枯病、紫纹病等具有良好效果。

3)辛硫磷

对于蝼蛄、蛴螬、地老虎等地下害虫可用辛硫磷乳油拌种,药种比例为1:300。也可用50%辛硫磷颗粒剂制成药土预防地下害虫,用量30~40 kg/hm^2。还可制成药饵诱杀地下害虫。

4)必速灭

必速灭是一种新型广谱土壤消毒剂,由德国生产。对土壤、基质中的线虫、地下害虫和非休眠杂草种子及块根等消毒非常彻底,且无残毒,是一种理想的土壤熏蒸剂,完全可以取代蒸汽灭菌。使用方法:将待消毒的土壤或基质铺平,按1 m^3土壤或基质15 g的用药量撒上必速灭颗粒,拌匀,浇透水后覆盖薄膜。3~6 d后揭膜,再过3~10 d育苗,此期间翻动1~2次。消毒过的土壤或基质,其效果可维持连续几茬。在国外已广泛应用于花卉业、草坪业、育苗苗床、大棚温室、蘑菇床等栽培介质的消毒。2000年引入我国,并在许多大型园艺公司、蔬菜基地、高尔夫球场、草业生产基地得到了应用和推广。

1.3.3　作业方式

育苗作业有两种方式:一是苗床作业(也叫苗床育苗),另一种是大田作业(也叫大田育苗)。这两种育苗方式要求在整地施肥的基础上,根据育苗的需要把育苗地做成苗床或垄,以便于种子发芽,并为幼苗生长创造很好的环境条件。

1.3.3.1 苗床作业

对一些树种粒较小或生长缓慢,需要精细管理,通常都用苗床育苗,这种育苗方式称为苗床式育苗。一般都是在播种前5~6 d将苗床做好。苗床大小、规格以便于排灌、施肥、除草等管理措施为原则。一般情况下,苗床南北向为宜,床面宽度约为1 m;长度多取10 m、20 m或50 m等以方便计算,床间有步道,也可用来侧面灌水用,步道宽30~40 cm。机械作业时苗床可加长到50~100 m。需遮阴的苗床以东西向为宜。坡地育苗床应沿等高线设置。做床时一般先放线,然后按要求修好步道,再整平床面。机械作业时常用ZC1.2型床机,一次成型,质量好,效率高。

苗床通常分为三种,即高床、低床、平床。

(1)高床。床面高于步道15~25 cm。适于降水多、排水不良、土壤黏重及气候寒冷的地区和忌水湿苗木的应用。因为高床加厚了土层,排水良好,能提高地温,便于侧方灌溉。

(2)低床。床面低于步道15~25 cm。低床有利于保蓄土壤水分 ,方便灌溉,适合于气候干旱、水源不足的地区及喜湿怕旱树种育苗应用。

(3)平床。床面与步道高度大致相等。适合排水良好,土壤水分充足,不大需要灌溉的树种育苗应用。

1.3.3.2 大田育苗

大田育苗又分为起垄和平作两种。

1)起垄

又分为高垄、低垄两种情况。适于生长快、抚育管理要求不太严格的树种育苗的应用。

(1)高垄。高垄可以加土层,提高土温,通透性良好,苗木受光充足,所以有利于苗木生长,但耕作与管理不如苗床精细,产量一般也低于苗床。目前,我国东北、华北、西北地区培育阔叶树种苗木常用垄。起垄是在苗圃地耕耙之后,用犁或拖拉机培垄。垄高通常是15~20 cm。干燥地区可低些,水湿地应高点。垄宽以30~40 cm为宜,对干旱地垄可适当更宽一些。

(2)低垄。这也是大田式育苗方式之一。顾名思义,低垄就是垄面低于地面的垄作方式。低垄灌水方便,节约用水,利于抗旱;垄背又可防风,保护幼苗。所以,干旱、多风而水源又不足的地区及幼苗需水较多的树种多用低垄。低垄的垄面低于地面10~15 cm,类似于低床,只是床面窄小,垄背比床埂稍宽。

2)平作

平作是在已经整平的苗圃地上直接育苗,无需做床和起垄。这种育苗方式也属大田育苗,适于多行式带播和机械化作业,能充分利用土地,并可提高工效,但不便于灌溉和排水。干旱缺水地区旱作育苗,常采用平作方式。多行式带播育苗是由几条播种行组成一带,如2~6条播种行组成一带,行距相等的有两行式、三行式、四行式,行距不等的(大小行配置)有四行两组式和六行三组式等。带宽取决于播种机和抚育机械的结构与性能 。带间距离也要由所采用机具的动力或牲畜的种类确定,一般为50~60 cm。

1.3.4　苗圃技术档案的建立

苗圃技术档案是育苗生产和科学实验的历史记录，是历史的真实凭证，它记录了人们在各种活动中的思想发展、生产的经验教训和科学研究创造的成果。从苗圃开始建立起，作为苗圃生产经营内容之一，就应建立苗圃技术档案。

1.3.4.1　建立苗圃技术档案的要求

为了充分发挥苗圃技术的作用，发展育苗技术和提高苗圃经营管理水平，建立苗圃技术档案必须做到以下几点：

(1)认真落实，长期坚持，保持技术档案的连续性、完整性。

(2)设专职或兼职管理人员。多数苗圃采用由技术人员兼管的方式，这样有利于把档案的管理和使用结合起来。档案管理人员应尽量保持稳定，工作调动时要及时另配人员，做好交接工作。

(3)观察、记载要认真负责，及时准确。要求做到边观察边记载，力求文字简练、字迹清晰。

(4)一个生产周期结束后，对记载材料要及时汇总整理，分析总结，从中找出规律的东西，及时提供准确、可靠的科学数据和经验总结，指导今后苗圃生产和科学实验。

(5)按照材料的时间先后顺序或者重要程度，连同总结等分类装订，登记造册，长期妥善保存。

1.3.4.2　苗圃技术档案的主要内容

1)苗圃基本情况档案

记录苗圃地形、土壤、气候及经营条件、苗圃机构人员配置及苗圃经营性质和目标等情况。

2)苗圃土地利用档案

苗圃土地利用表见表1-1。

表1-1　苗圃土地利用表

年度	树种	育苗方法	作业方式	整地情况	施肥情况	施除草剂情况	灌水情况	病虫害情况	苗木产量、质量	备注

填表人

填写说明：

①育苗方法指播种、扦插、埋根、埋条等。

②作业方式指苗床式、大田式等。

③整地情况主要指耕地，耙地，中耕的次数、深度、时间、方法，使用工具等。

④施肥、灌水情况指肥料种类，施肥数量、方法、时间，灌水次数和时间等。

⑤除草剂情况指除草剂种类、浓度、用量、方法、时间、效果等。

⑥病虫害情况指病虫害发生种类、危害程度、防治情况等。

⑦苗木产量、质量指平均亩产量、平均株高、平均干径、成苗率。

3) 育苗技术措施档案

育苗技术措施见表 1-2。

表 1-2　育苗技术措施表

树种：　　　苗龄：　　　育苗年度：

<table>
<tr><td colspan="2">育苗面积：</td><td colspan="3">种条来源：</td><td colspan="2">繁殖方法：</td></tr>
<tr><td colspan="3">种(条)品质：</td><td colspan="4">种(条)贮存方法：</td></tr>
<tr><td colspan="3">种子消毒催芽方法：</td><td colspan="4">前茬：</td></tr>
<tr><td rowspan="2">整 地</td><td colspan="2">耕地日期：　耕地深度：</td><td colspan="4" rowspan="2">使用工具和方法：</td></tr>
<tr><td colspan="2">做床时间：　苗床面积：</td></tr>
<tr><td>项目：</td><td>时间</td><td>种类</td><td colspan="2">用量</td><td colspan="2">方法</td></tr>
<tr><td colspan="7">施基肥：</td></tr>
<tr><td colspan="2">育苗面积：</td><td colspan="3">种条来源：</td><td colspan="2">繁殖方法：</td></tr>
<tr><td colspan="7">土壤消毒　　追肥：</td></tr>
<tr><td rowspan="4">育苗</td><td>播种量</td><td>播种时间</td><td colspan="2">播种方法</td><td colspan="2">覆土厚度</td></tr>
<tr><td>扦插密度</td><td>扦插时间</td><td colspan="2">扦插方法</td><td colspan="2">成活率</td></tr>
<tr><td>砧木</td><td>嫁接时间</td><td colspan="2">嫁接方法</td><td colspan="2">成活率</td></tr>
<tr><td>移植苗龄</td><td>移植时间</td><td colspan="2">移植方法</td><td colspan="2">成活率</td></tr>
<tr><td>覆盖</td><td colspan="2">覆盖物</td><td colspan="4">覆盖起止日期</td></tr>
<tr><td>遮阴</td><td colspan="2">遮阴物</td><td colspan="4">遮阴起止日期</td></tr>
<tr><td>间苗</td><td>时间</td><td>留苗密度</td><td colspan="2">时间</td><td colspan="2">留苗密度</td></tr>
<tr><td>灌水</td><td></td><td></td><td colspan="2"></td><td colspan="2"></td></tr>
<tr><td>中耕</td><td></td><td></td><td colspan="2"></td><td colspan="2"></td></tr>
<tr><td rowspan="3">病虫害的
防治</td><td>名称</td><td>发生时间</td><td>防治日期</td><td>药剂名称</td><td>浓度</td><td>方法</td></tr>
<tr><td></td><td></td><td></td><td></td><td></td><td></td></tr>
<tr><td></td><td></td><td></td><td></td><td></td><td></td></tr>
<tr><td>出圃</td><td colspan="6">日期　　　起苗方法　　　贮藏方法</td></tr>
<tr><td>育苗新技术应用情况</td><td colspan="6"></td></tr>
<tr><td>存在问题及改进意见</td><td colspan="6"></td></tr>
</table>

填表人：

4)苗木生长发育档案

苗木生长发育见表 1-3 。

表 1-3　苗木生长发育表

树种：　　　　　苗木种类：　　　　　育苗年度：

<table>
<tr><td>开始出苗</td><td colspan="5"></td><td colspan="3">大量出苗</td><td colspan="4"></td></tr>
<tr><td>芽膨胀</td><td colspan="5"></td><td colspan="3">芽展开</td><td colspan="4"></td></tr>
<tr><td>真叶出现</td><td colspan="5"></td><td colspan="3">顶芽形成</td><td colspan="4"></td></tr>
<tr><td>叶展开</td><td colspan="5"></td><td colspan="3">开始落叶</td><td colspan="4"></td></tr>
<tr><td>叶变色</td><td colspan="5"></td><td colspan="3">完全落叶</td><td colspan="4"></td></tr>
<tr><td rowspan="5">项目</td><td colspan="12">生长量</td></tr>
<tr><td>月</td><td>月</td><td>月</td><td>月</td><td>月</td><td>月</td><td>月</td><td>月</td><td>月</td><td>月</td><td>月</td><td>月</td></tr>
<tr><td></td><td></td><td></td><td></td><td></td><td></td><td></td><td></td><td></td><td></td><td></td><td></td></tr>
<tr><td></td><td></td><td></td><td></td><td></td><td></td><td></td><td></td><td></td><td></td><td></td><td></td></tr>
<tr><td>日</td><td>日</td><td>日</td><td>日</td><td>日</td><td>日</td><td>日</td><td>日</td><td>日</td><td>日</td><td>日</td><td>日</td></tr>
<tr><td>苗高</td><td></td><td></td><td></td><td></td><td></td><td></td><td></td><td></td><td></td><td></td><td></td><td></td></tr>
<tr><td>地径</td><td></td><td></td><td></td><td></td><td></td><td></td><td></td><td></td><td></td><td></td><td></td><td></td></tr>
<tr><td>根系</td><td></td><td></td><td></td><td></td><td></td><td></td><td></td><td></td><td></td><td></td><td></td><td></td></tr>
<tr><td rowspan="10">出圃</td><td colspan="2">级别</td><td colspan="4">分级标准</td><td colspan="3">亩产量</td><td colspan="3">总产量</td></tr>
<tr><td colspan="2" rowspan="3">一级</td><td colspan="4">高</td><td colspan="3" rowspan="9"></td><td colspan="3" rowspan="9"></td></tr>
<tr><td colspan="4">径</td></tr>
<tr><td colspan="4">根径</td></tr>
<tr><td colspan="2" rowspan="3">二级</td><td colspan="4">高</td></tr>
<tr><td colspan="4">径</td></tr>
<tr><td colspan="4">根径</td></tr>
<tr><td colspan="2" rowspan="3">三级</td><td colspan="4">高</td></tr>
<tr><td colspan="4">径</td></tr>
<tr><td colspan="4">根径</td></tr>
<tr><td colspan="7">其他</td><td colspan="6">填表人：</td></tr>
</table>

5)苗圃作业档案

苗圃作业情况见表 1-4。

表 1-4　苗圃作业情况表

年　月　日

树种	作业区号	育苗方法	作业方式	作业项目	人工			畜工			机工			作业量		物料使用量			工作质量说明	备注
					小计	长工	临工	小计	长工	临工	小计	长工	临工	单位	数量	名称	单位	数量		
总计																				
记事																				

6) 苗木销售档案

记载各年度销售苗木的种类、规格、数量、价格、日期、购苗单位及用途等。

技能训练

实训三　整地与做床

一、目的

通过实训使学生掌握整地与做床的技术。

二、材料与工具

无苗的苗圃地、整地机械、镇压器、铁锹、各类型耙子、测绳、皮尺、细竹竿、有机肥料、灭病虫的农药等。

三、方法与步骤

(一) 整地

整地的基本要求是:及时平整,全面耕到,土壤细碎,清除草根石块,并达到一定标准。具体操作过程如下:

(1) 平地:对于高低不平难以耕作的圃地首先进行平整土地。

(2) 浅耕:通常深度 4 ~ 7 cm。若在生荒地、撂荒地或采伐迹地上新开垦的,深度 10 ~ 15 cm 为宜。

(3) 施肥:将腐熟的有机肥料均匀地撒到圃地上,撒开后要立即翻耕。

(4) 耕地:也叫翻地,是整地的主要环节。耕地的关键是把握好深度。一般在播种区耕地深度为 25 cm，在扦插苗区和移植苗区耕地深度为 30～35 cm。

(5) 耙地：表土要做到平整、疏松、均匀、细碎、干净。

(6) 镇压：耙地后，用镇压器、石磙、木磙等将表土压实。

(二) 做床

做床要求：高低一致，宽窄一致，床缘要直，步道平直，符合规格要求，床面平整，土壤松碎，合理选择药剂，使用方法恰当。

(1) 划线定点，苗床宽 1.2 m，长 10.0 m，步道宽 0.5 m。按此规格划线或拉绳。

(2) 做苗床，按规格要求，从步道上取土，筑成苗床，苗床高于步道 15～25 cm。

(3) 把步道修平、修直，土块打碎，苗床耙平，杂物捡净。床面边缘修成 45°，并用锹拍实。

四、实训报告

写出苗圃整地与做床的过程和要求。

思考题

1. 园林苗圃应具备哪些条件？
2. 园林苗圃生产用地应如何进行合理规划？
3. 辅助用地的规划原则是什么？
4. 基肥的作用有哪些？如何正确施用基肥？
5. 试述当地所用苗床的特点。

第2单元　种子繁殖育苗技术

教学目标

了解园林树木种实的类型、种子的采集及处理方法；理解种子贮藏期间的生命活动规律，熟练掌握种子的贮藏方法及技术要求；熟悉种子品质检验的内容，掌握种子品质检验的方法；了解种子休眠的原因及解除休眠的方法，掌握种子消毒及催芽的方法；熟练掌握播种技术及播种后的抚育管理措施。

种子繁殖也称有性繁殖，用种子繁殖所得的苗木称为播种苗或实生苗。种子繁殖一次可获得大量苗木。播种育苗技术简便，且所得的实生苗具有根系发达，生长旺盛，寿命长，对不良生长环境抗性、适应性较强等优点。因此，种子繁殖是苗木繁殖中最基本的方法。

种子是播种繁殖的物质基础，种子品质的好坏及数量的多少，直接影响着苗木的质量和数量。选择的种子不但要具有优良的遗传稳定性，还要具有发芽率高、生活力强等优良性状，故选择良种是播种工作的前提。而要想获得良种就必须掌握种实的采收、处理、贮藏和品质检验技术。

2.1　种实的类型、采集和处理

种实是种子、球果和果实的总称。林木的种实，有的是种子，如油松和马尾松；有的是果实，如糖槭、白蜡。

2.1.1　种实的类型

种实可以分为球果类、干果类、肉质果类三类。

2.1.1.1　球果类

球果是木质化鳞片叶聚集而成的球形或椭圆形的果实，绝大多数针叶树种，如松属、冷杉属、落叶松属、杉科以及柏科等的种实都属于球果类。

2.1.1.2　干果类

果实成熟时，果皮呈现干燥的状态。包括荚果、蒴果、翅果、坚果、蓇葖果等。

荚果：成熟时果皮沿腹缝线和背缝线开裂的，如刺槐、锦鸡儿、合欢、紫荆、胡枝子、皂角、台湾相思树等。

蒴果：成熟后自行裂开，内含许多种子。如杨、柳、丁香、连翘、紫薇、木槿、泡桐等。

翅果：果皮沿一侧、两侧或周围延伸成翅状。榆树、杜仲、白蜡、水曲柳、臭椿等的种实属于此类。

坚果：果皮坚硬，内含一粒种子，果皮与种皮分离，如板栗、榛子、栎类等。

蓇葖果：由单雌蕊子房发育而成，成熟时果皮在一面裂开，如梧桐、珍珠梅、玉兰等。

2.1.1.3　肉质果类

果实成熟时，果皮或其他组成部分肉质多汁，包括浆果、核果、仁果等。

浆果：一种肉质单果。常含多数种子，外果皮薄，中果皮、内果皮肉质或有时内果皮的细胞分离成汁液状，如葡萄。

核果：外果皮薄膜质，中果皮肉质，内果皮的细胞经木质化形成坚硬的壳包在种子外面，通常一粒种子，如桃、杏、李等。

仁果：果实中心有薄壁构成的若干种子室，室内含有种仁，可食部分为果皮、果肉。如梨、苹果、山楂等的果实。

2.1.2　种子的采集

要获取大量品质优良种子，必须适时采种。过早采集，种子尚未成熟，品质低劣，不耐贮存；延期采种则种粒脱落、飞散或遭受各种鸟兽的危害，使采集的种子数量减少，质量下降。因此，了解树木种子成熟和脱落的规律，在采集种子前准确鉴定种子的成熟度，才能做到适时采种，保证种子的数量和质量。

2.1.2.1　种子的成熟

种子成熟包括生理成熟和形态成熟两个过程。

1）生理成熟

当种子内部营养物质积累到一定程度，种胚形成发育到具有发芽能力时，称为生理成熟。这时种子含水量高，内部的营养物质处于易溶状态，种子不饱满，种皮不致密，种子尚未完全具备保护种仁的特性，种子水分易散失。此时采集的种实，其种仁急剧收缩，不利于贮藏，很快就会失去发芽能力，因而大多数园林种子不应在此时采集。但对一些休眠期长且不易打破休眠的树种，如椴树、山楂、水曲柳等的种子，可采集生理成熟的种子，采后立即播种，这样可以缩短休眠期，提高发芽率。

2）形态成熟

当种子完成了种胚的发育过程，在种实的外部形态上呈现出成熟的特征时称为形态成熟。此时营养物质由易溶状态转化为难溶的脂肪、蛋白质和淀粉，含水量降低，酶的活性减弱，种仁饱满，种皮致密坚硬，抗害力强，容易贮藏。园林树木种子大多宜在此时采集。

大多数种子先生理成熟，经过一段时间才达到形态成熟。也有一些种子的生理成熟和形态成熟时间几乎一致，相隔时间很短，如杨树、柳树、泡桐、木荷、台湾相思、银合欢等，当种子达到生理成熟后就自行脱落，需要及时采收。还有少数树种，如银杏、红松、白蜡等，其果实虽然在形态上已经成熟，但种胚还没有发育完全，需要经过一定时间生长发育才具有发芽能力，这类种子称为生理后熟种子。因此，生理后熟的种子采收后不能立即播种，必须经过适当条件的贮藏，才能正常发芽。

2.1.2.2　种子成熟的外部形态特征

用发芽试验或其他试验可以来确定种子的成熟，是一种可靠的方法，但是手续繁杂。生产上一般以形态成熟的外部特征来确定种子的成熟期和采种期。

(1)干果类。成熟时果皮由绿色变为黄色、褐色和紫黑色,干燥、紧缩并开裂。如刺槐、合欢、相思树、紫藤、皂荚、丁香、油茶、紫薇、水曲柳、白蜡等。

(2)肉质果类。成熟时果皮软化,颜色由绿变红、黄、紫等色,有光泽。如蔷薇、冬青、火棘、南天竹、小檗、珊瑚树等变为朱红色,银杏、山杏、佛手等变为黄色,樟树、黄波罗、女贞等由绿色变为紫色。肉质果多具有香味或甜味,色泽鲜艳,多能自行脱落。

(3)球果类。果鳞干燥硬化,由青绿色变为黄色或黄褐色。如油松、马尾松、侧柏等变成黄褐色;杉木变为黄色,部分球果因果鳞开裂后,种子容易脱落,故应及时采收。

2.1.2.3　采种期

确定采种期除要考虑种实的成熟期外,还要考虑种子的脱落期、脱落方式。采种期是否适宜,对种子产量和质量有很大影响。部分树种的采种期见表 2-1。

表 2-1　部分树种的采种期

树种	种子成熟期	果实或种子成熟特征	采种期
杨树	4~5 月	蒴果变黄,部分裂口出现白絮	4~5 月
柳树	4~5 月	蒴果变黄,部分裂口出现白絮	4~5 月
落叶松	9~10 月	球果浅黄褐色	9~10 月
桧柏	10~11 月	球果紫黑色	11~2 月
侧伯	9~10 月	果实黄褐色	10~11 月
华山松	10 月	球果黄褐色,微裂	10~11 月
刺槐	9~10 月	荚果褐色	9~10 月
板栗	9~10 月	壳斗黄褐色	9~10 月
广玉兰	10 月	果实黄褐色	10 月
杜仲	10~11 月	果壳黄褐色	10~11 月
白蜡	10 月	翅果黄褐色	10~11 月
泡桐	9~10 月	蒴果黄褐色	9~10 月
香椿	10 月	蒴果褐色	10 月

种子进入形态成熟期后,种实逐渐脱落。不同树种脱落方式不同,有些树种整个果实脱落,如浆果、核果类及壳斗科的坚果类等;有的则果鳞或果皮开裂,种子散落,而果实并不一同脱落,如松柏类的球果。因此,其采种期要因树种而异,一般有以下几种情况:

(1)成熟后,果实开裂快的,种子立即脱落或易随风飞散的小粒种子,应在未开裂前进行采种,如杨、柳、榆等。

(2)形态成熟后,果实虽不马上开裂,但种粒小,一经脱落则不易收集的种子,应在脱落前采集,如杉木、桉树、落叶松等。

(3)种子成熟后长时期挂在树上不落或不开裂,不会散落者,可以适当延迟采种期,如槐、女贞、合欢、樟、悬铃木等。

(4)成熟后立即脱落的大粒种子,可在脱落后立即由地面上收集,如壳斗科的种实核桃、板栗等。

2.1.2.4　采种方法

根据种实的大小、树体高低、种实成熟后脱落的习性和时间不同,可采用如下方法采收。

1) 地面采收

大粒种实,可以从地面上捡拾,如板栗、核桃、油茶、山桃、山杏等。采种前需将地面杂草等清除干净,或在地面铺塑料布等,人工摇动树干或用棍棒敲打枝条,使果实脱落到地面上进行采集。

2) 母株上采收

种粒小或脱落后易被风吹散的种子,以及成熟后虽不立即脱落但不宜于从地面收集的种实,都要在植株上采收,如杨、柳、马尾松等。对比较矮小的母树,可以手工采收;高大的母树,可直接利用高枝剪、采种耙、采种镰等工具采摘,还可利用采种软梯、绳套、脚蹬折梯等采种工具上树采种。交通方便且有条件时,还可借助机器进行采集,如在地势平坦的种子园或母树林,可采用装在汽车上能够自动升降的折叠梯采集种实。

3) 伐倒木上采集

在种实成熟期间进行伐木作业,可结合伐木,从伐倒木上采集种实,简便且成本低。这种方法对于种实成熟后并不立即脱落的树种,如水曲柳、云杉和白蜡等非常便利。

4) 水面上收集

对生长在水边、种子较轻的树种,如赤杨、桤木、榆树等,种子成熟脱落后漂浮在水面上,可在水面上收集。

在采种时要采取保护措施,如使用安全绳、安全带、安全帽等以确保安全;注意保护母树,减少对树木的损伤;在采种时要选择适宜的天气,一般选择无风的晴天采种,种子容易干燥,便于调制。

2.1.2.5　种子登记

种子采集之后做好登记,分清种源,防止混杂。采集的种子应分批登记,分别包装,并在容器或包装袋内外分别挂放标签。林木种子登记见表 2-2。

表 2-2　林木种子采集登记表

<table>
<tr><td colspan="2">树种名称</td><td></td><td colspan="2">采收方式</td><td></td></tr>
<tr><td colspan="2">采种地点</td><td colspan="4"></td></tr>
<tr><td colspan="2">采种时间</td><td></td><td colspan="2">本批种子重量</td><td>kg</td></tr>
<tr><td rowspan="2">采种母树情况</td><td>母树类别</td><td>散生树</td><td>片状林</td><td>行道树</td><td>林带</td></tr>
<tr><td>年龄</td><td></td><td colspan="2">光照情况</td><td></td></tr>
<tr><td rowspan="2">调制</td><td>方法</td><td colspan="4"></td></tr>
<tr><td>时间</td><td></td><td colspan="2">出种率、出果率</td><td>%</td></tr>
<tr><td rowspan="2">贮存</td><td>方法</td><td></td><td colspan="2">容器、件数</td><td></td></tr>
<tr><td>地点</td><td></td><td colspan="2">时间</td><td></td></tr>
<tr><td>备注</td><td colspan="5"></td></tr>
</table>

2.1.3　种子的处理

种实采集后,为了获得纯净优良、便于贮藏、适于播种的种子,必须尽快对种子进行处理。防止发热、发霉而降低种子品质,影响发芽率。

树木种子处理的方法因种子类型的不同而异,但方法必须恰当,才能保证种实的品质。种子处理的内容包括脱粒、净种、干燥、分级等程序。

2.1.3.1　脱粒

1)球果类

(1)自然干燥法。

球果类树种的脱粒,多采用自然干燥法,即将球果摊成薄层摊放在向阳、干燥的场地上暴晒,经常翻动或用木棒轻轻敲打,经 3 ~ 10 d,球果鳞片干燥开裂,种子即可自然脱出。油松、侧柏、云杉、白皮松、落叶松等都可采用此法脱粒。

马尾松、樟子松球果含较多松脂,鳞片不易裂开,可用沤晒法脱粒,堆沤时用清水、2% ~ 3% 石灰水或草木灰堆沤,10 ~ 15 d 后摊开,再用日晒法处理,种子即可脱出。

用自然干燥法处理球果,此法生产上应用广泛,简单易行,不会因温度高低而影响种子的质量,但脱粒需时间较长。

(2)人工干燥法。

有些地区气温低、湿度大或因天气的影响,干燥的球果数量多,可以采用人工干燥法。干燥室设计要合理,能严格控制温度、湿度。干燥室内一般有火坑、火墙、暖气或有电力加热设备。将球果放置在多层木架上的铁丝网上,并经常翻动,使之受热均匀,使种粒脱出。此法脱粒时间既短又不伤种子。

2)干果类

干果类一般需要清除果皮、果翅、碎枝、残叶等杂物。脱粒方法因种子的含水量高低不同而异,含水量低的一般采用阳干法,即在阳光下直接晒干;而含水量高的种类一般不宜在阳光下晒干,而采用"阴干法"。

(1)蒴果类。

含水量较低的蒴果,如丁香、紫薇、白鹃梅、木槿、金丝桃等,采后可直接在阳光下晒干、脱粒。对种粒比较小且含水量较多杨、柳等,采后不能日晒,应立即在干燥室进行干燥,3 ~ 5 d 后,大多数种实开裂后,即可用杨柳条抽打,使种子脱粒。

(2)荚果类。

刺槐、合欢、锦鸡儿、紫藤等荚果类种子的含水量较低,多用阳干法暴晒脱粒。种实采集后,在平地或席上摊晒 3 ~ 5 d,用棍棒敲打进行脱粒。有的荚果晒后也不易开裂,如皂荚、紫藤等,可以用手撕开荚果取出种子,或用石磙压碎荚果皮、用棍棒敲打进行脱粒。

(3)坚果类。

一般含水量较高,如板栗、栎类等,采后放于通风处阴干,不能在阳光下暴晒,以免晒伤种子使其失去发芽力。经常翻动,当种实湿度达到要求程度时即可贮藏。

(4)翅果类。

大多数翅果类含水量较低,如白蜡、臭椿、水曲柳等采集后晒干清除杂物,不必去翅即可贮存。其中榆树、杜仲不宜在阳光下暴晒,以免失去发芽力,应放在通风背阴处摊薄阴干。

(5)蓇葖果类。

一般树种都可日晒脱粒,如:珍珠梅可直接将种实摊开暴晒3~5 d,经常翻动或轻轻敲打脱粒。而牡丹、玉兰等少数蓇葖果只能阴干。

3)肉质果类

肉质果类含有较多的果胶及糖类,容易发酵和腐烂,采集后必须及时处理,否则会降低种子的品质。肉质果类一般多浸水数日,也可直接揉搓或堆沤数天后揉搓,取出种子阴干。

肉质松软的果实如樱桃、葡萄、枸杞、欧李等,可浸水揉搓或放在铁丝筛子上揉搓掉果肉,再加水漂洗干净,然后放在通风干燥的室内将种子阴干。

对于核桃、山杏、油桐、山桃等果皮较硬的大粒种子,可将其堆积起来,并淋水覆盖草帘,待果肉腐烂软化后,揉搓除去果肉,加水搅拌,漂洗干净,取出阴干。

对种粒小而肉厚的果实,如海棠、山楂、山丁子等,可将果实堆积变软后平摊在地面碾压,使果肉破碎,但摊的不宜过薄,再加水淘洗干净,阴干。对果肉可食的如梨、柑橘、苹果、李可结合果肉加工取出种子,但注意温度应保持在45 ℃以下取得的种子才不会丧失发芽能力。

2.1.3.2 净种

净种就是去掉种子中的夹杂物,如种翅、鳞片、果皮、果柄、枝叶碎片、空粒、土块、破碎种子以及异类种子等以获得纯净种子。净种工作做得愈细致,种子的纯度越高,愈有利于种子的贮藏和播种工作。常用的净种方法有以下几种。

1)风选

根据种子与夹杂物质量的不同,利用风或簸扬机净种,少量种子可用簸箕扬去杂物。此法适合于中小粒种子净种。

2)筛选

利用种子和夹杂物的直径大小不同,用不同孔径的筛子,将杂物和种子分开。

3)水选

利用种子和夹杂物的比重不同,将种子倒入水中,稍加搅拌后,饱满的种子比重大,往下沉,而瘪粒、蛀粒及夹杂物上浮,即可将杂物漂出。一般用于大而重的种子。水选的时间不宜过长,水选后不能暴晒,只能阴干。

4)粒选

适用于板栗、核桃、山桃、榛子等大粒种子的净种,可以人工挑选,将粒大、饱满、没有病虫害的种子逐粒选出。

2.1.3.3 干燥

种子经过净种处理后,必须要经过干燥才能贮藏。干燥的方法可采用日晒法和阴干法。但干燥的程度要适度,使种子的含水量能够维持其生命活动的最低限量,即达到其安全含水量(标准含水量),此时,种子呼吸微弱,消耗体内的营养最少,可以延长种子贮藏寿命。不同树种种子的安全含水量差异较大。部分树种种子的安全含水量见表2-3。

表 2-3　部分树种种子的安全含水量

树 种	安全含水量(%)	树种	安全含水量(%)	树种	安全含水量(%)
油松	7～9	杨树	5～6	桦树	8～9
马尾松	7～10	杉木	10～12	柏木	11～12
赤松	5～7	椴树	10～12	元宝枫	9～11
云杉	6～8	皂荚	5～6	麻栎	30～40
侧柏	8～11	杜仲	13～14	刺槐	7～8
水曲柳	7～10	桑树	3～5	白蜡	9～13

2.1.3.4　分级

种子分级主要是把全批种子按大小进行分类。分级工作通常与净种工作同时进行，一般采用不同孔径的筛子筛选，亦可采用风选、粒选法进行分级。一般同一批种子，种子越大，出苗率越高，幼苗也越健壮。经分级后的种子分别播种后，出苗整齐，便于管理。

技能训练

实训四　种子的采集与处理

一、目的

掌握当地主要园林树种种子的采集方法及球果类、肉质果类、干果类种子的脱粒、干燥、净种方法。

二、材料与工具

高枝剪、采种钩、剪枝剪、木棒、安全带、梯子、塑料布、种子袋、木锨、草帘、筛子、簸箕、盆、缸、桶等。

三、方法与步骤

(一)采种方法

1. 地面收集

大粒种实可以从地面上收集。采种前需将地面杂草等清除干净，在地面铺塑料布，人工摇动树干或用棍棒敲打枝条，使果实脱落到地面上进行采集。

2. 采摘法

种粒小或脱落后易被风吹散的种子，以及成熟后不立即脱落的种子，都要在植株上采收。对比较低矮的母树，可以在地面上借助剪枝剪、采种钩进行采集；高大的树木，可利用梯子直接上树采摘，有条件的可乘车载自动升降机进行采集。但要注意保护母树。

树种不同的种子分别收集装在不同的种子袋中，填写种子采集登记表。

(二)种子处理

1. 脱粒

(1)球果类。

球果类树种的脱粒,多采用自然干燥法,即将球果摊成薄层摊放在向阳、干燥的场地上暴晒,经常翻动或用木棒轻轻敲打,经3~10 d,球果鳞片干燥开裂,种子即可自然脱出。

马尾松、樟子松球果含较多松脂多,鳞片不易裂开,可用沤晒法脱粒。堆沤时用清水、2%~3%石灰水或草木灰堆沤,10~15 d后摊开,再用日晒法处理,种子即可脱出。

(2)干果类。

脱粒方法因种子的含水量高低不同而异。含水量低的一般采用阳干法,含水量高的种实采用阴干法。

如含水量低的蒴果类的丁香、紫薇、白鹃梅、木槿、金丝桃等;荚果类如刺槐、合欢、锦鸡儿、紫藤等;翅果类如白蜡、水曲柳等;蓇葖果如珍珠梅、绣线菊等采用阳干法直接将种实摊开暴晒3~5 d,经常翻动或轻轻敲打脱粒。

如含水量较高的蒴果类的杨、柳,坚果类如板栗、栎类等,翅果类的榆树、杜仲,蓇葖果如牡丹、玉兰等种实采用阴干法。即在阴凉通风处晾干,不能在阳光下直晒,而使种子脱出。

(3)肉质果类。

肉质果类一般多采用水浸、揉搓、堆沤方法,待果肉腐烂软化后,揉搓除去果肉,加水搅拌,漂洗干净,取出阴干。

2. 净种

净种方法有风选、水选、筛选和粒选等方法。根据实际需要可选用一种或同时使用多种方法。

(1)风选。

根据种子与夹杂物质量的不同,利用风或簸扬机净种,少量种子可用簸箕扬去杂物。此法适合于中小粒种子净种。实际工作中可用自然风、簸箕等简单工具进行风选。

(2)筛选。

利用种子和夹杂物的直径大小不同,用不同孔径的筛子,将杂物和种子分开。

(3)水选。

利用种子和夹杂物的比重不同,将种子倒入水中,稍加搅拌后,饱满的种子比重大,往下沉,而瘪粒、蛀粒及夹杂物上浮,即可将杂物漂出。水选法一般用于大而重的种子。水选的时间不宜过长,水选后不能暴晒,只能阴干。

(4)粒选。

适用大粒种子的净种,可以人工挑选,将粒大、饱满、没有病虫害的种子逐粒选出。

四、实训报告

将当地各种种实采集的方法及脱粒、干燥、净种的方法整理成实训报告。

2.2　种子的品质检验

种子品质通常包括遗传品质和播种品质两个方面。遗传品质是种子固有的品质,种子品质检验主要是指对种子的播种品质进行检验。通过检验种子的各项指标,以确定种子的使用价值,从而合理使用种子,避免用劣种育苗,减少生产中的损失,为播种育苗提供科学的依据。通过严格检验,还可加强种子检疫,防止病虫害蔓延。因此,种子检验是种子经营中不可缺少的一个重要环节,是实现园林种子标准化的技术保证。

种子检验要采用科学、先进和标准的方法。国家质量技术监督局颁布实施的《林木种子检验规程》(GB 2772—1999)是我国种子品质检验的法规性文件。应该严格执行规程中的有关规定。树木种子品质检验的内容包括净度测定、千粒重测定、含水量测定、发芽力测定、生活力测定、优良度测定等。

2.2.1　抽样

种子品质的检验,是根据抽取的样品经过检验分析以确定种子的质量。如果抽取的样品没有充分的代表性,那么无论检验工作如何细致、准确,其结果也不能说明整批种子的品质。为使种子检验获得正确结果并具有重演性,必须按《林木种子检验规程》规定的方法,从种批中随机抽到具有代表性初次样品、混合样品和送检样品。

2.2.1.1　样品的基本概念

1)种批

种批指在一个县、乡范围内采集的、采集期相同、加工调制和贮藏方法相同、质量基本一致、充分混合均匀一致,并在规定数量之内的同一树种的种子。

不同树种种批重量限额为:特大粒种子(如核桃、板栗、油桐等)为 10 000 kg,大粒种子(如油茶、山杏、苦楝等)为 5 000 kg,中粒种子(如红松、华山松、樟树、沙枣等)为 3 500 kg,小粒种子(如油松、落叶松、杉木、刺槐等)为 1 000 kg,特小粒种子(如桉、桑、泡桐、木麻黄等)为 250 kg。

2)初次样品

初次样品是指从种批的一个抽样点上取出的少量样品。初次样品的抽取方法决定样品的代表性,应遵从随机原则,抽样时应从每个取样容器中,或从容器的各个部位,或从散装大堆的各个部位抽取质量大体相等的初次样品。

3)混合样品

从一个种批中抽取的全部大体等量的初次样品合并混合而成的样品。

4)送检样品

送检样品是从混合样品中按送检样品规定重量分取的供检验测定用的种子。送检样品的重量至少应为净度测定样品的 2 ~ 3 倍,净度测定样品一般至少应含 2 500 粒纯净种子。大粒种子重量至少应为 1 000 g,特大粒种子至少要有 500 粒。

5)测定样品

测定样品指从送检样品中分取,供某项品质测定用的样品。

2.2.1.2　**抽取初次样品的方法**

为了使初次样品具有最大的代表性，取样的部位要分布全面、均匀，每次取样的数量要基本一致。

取样方法有取样器法和徒手法。

一批种子分装在若干件容器中时，按照一批种子的总容器件数，计算应取样品的容器数。当容器在 5 件以下时，每个容器都提取初次样品，总共提取的初次样品至少是 5 个；当容器在 6 ~ 30 个时，每 3 个容器至少提取 1 个，但总数不得少于 5 个；容器在 31 个以上时，每 5 个容器至少提取 1 个，但总数不得少于 10 个。

根据对混合样品的数量规定，首先应判断从每件容器中抽取多少初次样品。如果同一批种子，分装的容器大小不等，则应从较大的容器中抽取较多的初次样品。例如从装 100 kg 的容器中抽取的初次样品应为装 50 kg 的容器的 2 倍。

同一容器中的种子，应从上、中、下等不同的部位抽取样品。在库房等大量散装的种子，可在堆顶的中心和四角（距边缘要有一定距离）设 5 个取样点，每点按上、中、下 3 层取样。

冷藏的种子应在冷藏的环境中取样，并应就地封装样品。否则，冷藏的种子遇到潮湿温暖的空气，水汽会凝结在种子上，使种子的含水量上升。

2.2.1.3　**分样方法**

从混合样品中分取送检样品和从送检样品中分取测定样品通常采用四分法和分样器法。

1）四分法

四分法又称对角线法，把种子堆在平滑的桌面或玻璃板上，略成正方形，堆的厚度，一般小粒种子为 1 ~ 3 cm，中粒种子 3 ~ 5 cm，大粒种子 5 ~ 10 cm。然后用分样板沿两对角线把正方形分成 4 个三角形，将对顶的两个三角形的种子装入瓶中备用，取其余两个对顶三角形的种子混合起来，按上述方法继续分取，直至略多于《林木种子检验规程》规定的最低量。

2）分样器法

该法适用于种粒小的、流动性大的种子。常用的分样器是钟鼎式分样器。在正式分样前，应将种子在分样器中先混合 3 次，使种子混合均匀。将种子倒入分样器，种子分成质量大约相等的两份，取其一份继续分样，直到剩下种子大约不小于送检样品的质量为止。

2.2.2　种子物理性状测定

种子的物理性包括种子的净度、千粒重、含水量，它们都可以用数量表示，是种子品质检验的重要指标。

2.2.2.1　**净度**

净度是指被测定样品的纯净种子质量占被测样品各成分的总质量的百分数。种子净度是种子品质的重要指标之一。净度分析的目的是测定供检验样品中纯净种子、其他植物种子和夹杂物的质量分数，据此推断种批的组成。

检验时,将测定样品用天平精确称量后,倒在玻璃板上,仔细将纯净种子和其他植物种子、夹杂物分开,分别称重。计算净度:

$$净度(\%) = \frac{纯净种子重}{纯净种子重 + 其他植物种子重 + 夹杂物重} \times 100\% \tag{2-1}$$

纯净种子包括完整、未受伤害、发育正常的种子,还包括发育不完全的种子和不能识别的空粒以及虽有破口但仍具发芽能力的种子;其他植物种子指异类种子;夹杂物包括叶片、鳞片、果皮、种翅、种子碎片、土块、石砾、昆虫和其他杂质。

样品质量减去分析后的纯净种子、其他植物种子和夹杂物的质量和,其差值不得大于原质量的5%,否则应重做。

2.2.2.2 千粒重

千粒重指气干状态下1 000 粒纯净种子的重量,以克(g)为单位。千粒重是衡量种子品质好坏的标准之一,它说明种子的大小和饱满度。同一树种的种子,其千粒重越大,则种粒越大、越饱满,发芽能力越强。种子的千粒重是计算该树种播种量的重要依据。

千粒重测定以净度分析后的全部纯净种子作为测定样品。千粒重的测定方法有千粒法、全量法、百粒法。

1) 千粒法

从净度测定所得的纯净种子中不加选择地数出1 000 粒种子,共数两组,分别称重。种粒较大、千粒重为50 ~ 500 g者,可以500 粒为一组。称重后计算两组的平均重量,当两组重量之差没有超过两组平均重量的5%时,则两组试样的平均重量即为该批种子的千粒重。两组试样重量之差超过允许误差时,应再取第三组试样称重,取差距小的两组计算千粒重。如果仍然超过容许误差,则计算4 组的平均数即可。

2) 全量法

一些珍贵树种,种子数量少,纯净种子粒数少于1 000 粒,可将其全部种子称重,换算成千粒重。

3) 百粒法

多数种子应用百粒法。方法是:用人工计数或数粒器从净度分析后的全部纯净种子中随机抽取100 粒为一组,共取8 个100 粒,即8 个重复,各个重复分别称重,计算8 个重复(即8 个百粒重)的平均重量、标准差、变异系数。公式如下:

$$\bar{x} = \frac{\sum_{i=1}^{n} x_i}{n} \tag{2-2}$$

$$S = \sqrt{\frac{n(\sum x^2) - (\sum x)^2}{n(n-1)}} \tag{2-3}$$

$$C(\%) = \frac{S}{\bar{x}} \times 100\% \tag{2-4}$$

式中 x——每个重复的质量,g;

$\bar{x}$——100 种子的平均质量,g;

n——重复次数;

S——标准差；

C——变异系数。

一般种子变异系数不超过4%，种粒大小悬殊的种子变异系数不超过6%时，即认为测定合格，可按8个重复的平均数计算。若变异系数超过4%时，则应再数8个重复，称重，并计算16个重复的平均数即可。凡与平均数之差超过2倍标准差的各重复略去不计。最后由8个重复以上的平均重量乘以10即为种子的千粒重。

2.2.2.3　含水量

种子含水量是种子中所含水分的重量与种子重量的百分比。种子含水量的高低，对于种子在贮藏期间呼吸作用的强弱有着很大的影响，从而影响着种子的寿命。测定种子含水量的目的是为妥善贮存和调运种子时控制种子适宜含水量提供依据。

供含水量测定的送检样品必须装在防潮容器中，尽可能排除其中的空气，测定时要尽量减少在空气中暴露的时间，测定方法如下：

(1)将供含水量测定的送检样品倒在洁净的玻璃板上，用四分法提取两份测定样品，作为重复样品。根据所用样品盒直径的大小，决定每份样品的重量。样品盒直径小于8 cm，取样品4～5 g；样品盒直径大于8 cm，取样品10 g。称重时保留小数点后3位。

(2)种粒大的种子(1 kg种子少于5 000粒)和种皮坚硬的种子要切开或打碎，充分混合后，才能取样品。

(3)烘干。

①低温烘干。适用于所有的林木种子。将2份待测样品分别均匀地铺在样品盒里，在盛入样品前，称取样品连同盒盖的质量M_1，装入样品后称取样品及样品盒(连同盒盖)的质量M_2。放入已升温至103 ℃±2 ℃的烘箱中烘干17 h±1 h，烘箱回升至所需温度时开始计算烘干时间。达到规定时间后，迅速打开烘箱，盖好盒盖，并放入干燥器中冷却30～45 min，称出样品连同盒盖的质量M_3。M_2与M_3之差即为种子失去的水分重。测定时，实验室空气的相对湿度必须低于70%。

②高温烘干。步骤与低温烘干法相同，但烘箱的温度必须保持在130～133 ℃，样品烘干时间为1～4 h。但对实验室的空气相对湿度没有要求。

如果测定样品的含水量高于17%，可采用二次烘干。称取两个预备样品，每个样品至少称取25 g±2 mg，放入已经称重过的样品盒内，在70 ℃的烘箱内预烘2～5 h，使水分降至17%以下，取出后置于干燥器内冷却、称重、切片，称取测定样品，再用低温烘干法或高温烘干法进行二次烘干，测定含水量。

(4)计算含水量：

$$\text{含水量}(\%) = \frac{M_2 - M_3}{M_2 - M_1} \times 100\% \tag{2-5}$$

式中　M_1——样品盒和盖的质量，g；

M_2——样品盒和盖及样品的烘前质量，g；

M_3——样品盒和盖及样品的烘后质量，g。

两个重复间的容许误差范围为0.3%～2.5%。

2.2.3　种子发芽能力测定

发芽能力是播种材料最重要的品质,种子发芽力是指种子在适宜条件下发芽并长成植株的能力,常用发芽率表示。在最适宜发芽的环境条件下,在规定的期限内,正常发芽种子数占供试种子数的百分率称为发芽率。发芽率是确定播种量和一个种批等级价值的重要指标。测定方法如下。

2.2.3.1　取样

发芽测定所需的样品是从净度分析后经过充分混合的种子,用四分法将种子分成四份,从每份中随机数取25粒,组成100粒,共取4次重复。种粒大的可以50粒或25粒为一组,4次重复。

2.2.3.2　预处理

对供发芽测定的样品作预处理,以解除种子的休眠。对其进行药剂消毒、水浸、沙藏、酸碱腐蚀等催芽。具体方法见《林木种子检验规程》的附录B表B1。

2.2.3.3　置床

1)发芽床

发芽床可用纸床、沙床或土床。发芽床在使用前要认真消毒。

(1)纸床。用做发芽床的纸是疏松、通气、无毒、无菌、容易向种子不断供水的滤纸或其他类型的纸,或者洁净无毒的纱布、脱脂棉。一般适用于短期休眠的种子。

(2)沙床。做床的沙应当颗粒均匀一致,必须无菌无毒。沙颗粒直径在0.05~0.8 mm。

沙的pH值在6.0~7.5,沙不能重复使用。沙床适用于长期休眠的种子。

(3)土床。只有在纸床、沙床上发芽的幼苗出现植物毒性症状,或者对纸床上的幼苗鉴定发生怀疑时,才可以使用质地疏松、结构良好、不会板结的壤土做床,使用时不能挤压。质地紧密的土壤应适当混加蛭石或沙。做发芽床的土不能混有任何种子,土的pH值应在6.0~7.5,土不能重复使用。

2)发芽容器

发芽容器有发芽箱、发芽室、发芽盒等。发芽容器在使用前必须要消毒。

3)置床

将经过预处理的种子以1个重复为单位整齐地排列在发芽床上,种子排放在床面,应尽量使种子表面积大的一侧贴于床面。种子之间要保持一定的距离,避免病菌蔓延、根系缠绕,也便于点数。采用沙床或土床时,将需光种子压入沙(土)的表层以受光,将忌光种子播在疏松而平整的沙(土)之上,再均匀地覆盖为种子直径2~3倍厚的沙(土)。之后将发芽床放在发芽容器中。

2.2.3.4　发芽情况观察及管理

1)环境条件

水分:发芽测定所用的水不应含有杂质,水的pH值在6.0~7.5。

光照:每天给予8 h的光照,光的强度为750~1 250 lx的冷白色荧光。

通气:置床的种子要保持通气良好,但不能使发芽过度失水而影响萌发。

温度:种子的发芽温度差异很大,可以参见《林木种子检验规程》附录 B。一般树种发芽的适宜温度为 20 ~30 ℃。

2)管理

发芽测定期间应经常检查测定样品及其水分、通气状况、温度、光照条件。发芽床要始终保持湿润,切忌断水,但不能使种子四周出现水膜。用发芽盒发芽时,要常开盖,以利通气,保证种子发芽所需的氧气。轻微发霉的种粒可以捡出用清水冲洗后放回原发芽床,发霉种粒多的要及时更换发芽床或发芽容器。

3)发芽持续时间

以天数表示,自种子置床之日起算起,不包括预处理时间。如果测定样品在规定时间内发芽的种粒不多,可以适当延长测定时间。延长的时间最多不应超过规定时间的 1/2。如果在规定的结束时间之前样品已充分发芽,且后期连续 3 天每天发芽粒数不足各重复供试种子粒数的 1%,即认为发芽终止,但此种情况实际用的天数应在质量检验书中注明。

4)记录

在发芽测定记录表中记录正常幼苗、不正常幼苗、未萌发种子的数目。

正常幼苗:生长良好的幼苗;基本结构有轻微缺陷,但其他方面完全正常的幼苗;虽受次生性感染,但发育正常的幼苗。

不正常幼苗:损伤严重的幼苗;基本结构畸形或失衡的幼苗;原发性感染或腐坏,停止正常发育的幼苗;基本结构有缺失或发育不正常的幼苗。

未萌发种子:包括硬粒、新鲜健全粒、死亡粒、空粒、涩粒等。

2.2.3.5　计算发芽率

根据记录资料,分别计算 4 个重复正常幼苗的种子百分数、不正常幼苗百分数、未发芽种子的百分数。正常幼苗的百分数、不正常苗百分数和未发芽粒百分数之和必须等于 100。公式如下:

$$\text{发芽率}(\%) = \frac{\text{正常幼苗数}}{\text{供检种子数}} \times 100\% \tag{2-6}$$

种粒很小而采用称量发芽法测定的,用单位重量样品中正常幼苗数表示,单位为株/g。

检查各重复发芽百分数最大值和最小值的差距在《林木种子检验规程》规定的容许范围内,用各重复的平均数作为种批发芽率。若各重复间的最大差值超过规定的容许误差,则应当重新测定。

2.2.4　种子生活力测定

种子生活力是指潜在种子发芽能力,常用有生活力的种子数占试验样品种子总数的百分率表示。对一些较长时期休眠的树种种子,或因时间、条件有限不能作发芽试验的种子,要求在短时间内测定其潜在的发芽能力,我们可采用种子生活力测定法。生活力的测定可采用染色法来检验种子。

染色法,是指利用某些化学药剂的溶液浸泡种子,根据种胚和胚乳的不同染色反应,来判断种子有无生活力。常用的方法有四唑染色法和靛蓝染色法。

2.2.4.1　染色方法

1)四唑染色法

以2,3,5-三苯基氯化(或溴化)四唑的无色溶液作为指示剂,以显示活细胞中所发生的还原过程。指示剂参与种子活细胞的还原过程,2,3,5-三苯基氯化(或溴化)四唑经氢化作用,生成一种红色的、稳定的、不溶于水的物质,而无生活力的种子则没有这种反应。即染色部位为活组织,而不染色部位则为坏死组织。这样就能根据种胚和胚乳染色的多少与部位来鉴别种子是否有生活力及种子生活力的强弱。

四唑使用的浓度为0.1%~1%的水溶液,一般使用浓度为0.5%的溶液。可将药剂直接加入pH值在6.5~7范围的蒸馏水进行配制。溶液随配随用,不宜久存。

2)靛蓝染色法

靛蓝能透过死细胞组织使其染上蓝色,但不能透过活细胞的原生质,因此死细胞被染成蓝色,活细胞不被染色。根据种胚和胚乳的染色部位与程度来判断种子是否有生活力。靛蓝溶液的浓度为0.05%~0.1%,随配随用。

2.2.4.2　测定方法

1)取样

用净度测定后的纯净种子中随机数取100粒种子作为一个重复,共取4个重复。

2)种子催芽

为了软化种皮,便于剥取种仁,同时提高种子活力,检验前需进行催芽。

(1)进行浸种处理。多数种子通常用始温30~45 ℃的水浸24~48 h,每天换水。硬粒种子和种皮致密的种子可用始温80~85 ℃的水浸种,在自然冷却浸种24~72 h,每天换水。种皮致密坚硬的种子,可用98%的浓硫酸浸种20~180 min,充分冲洗,再用水浸种24~48 h,每天换水。

(2)将浸水后的种子置于温暖、湿润的环境下催芽24~48 h,提高种子活力。豆科植物吸水后发芽速度快,浸水后可不再催芽。

种皮软化后,剥取种仁。对于不易剥离种皮的种子,可以采取刺伤或削去部分种皮横切、纵切或切取胚方,以利于药液浸透种子。

3)染色

将剥取的种仁或胚方放入染色液中,上浮者要压沉。四唑染色要置于黑暗环境,环境温度保持在30~35 ℃,浸种时间因树种而异(可以在《林木种子检验规程》附录B表B2中查到)。染色完毕,取出种胚,用清水冲洗,置于白色湿润滤纸上,逐粒观察胚(和胚乳)的染色情况,并进行记录。根据种胚或胚乳染色部位和染色程度鉴别种子是否有生活力。

4)计算确定种子生活力

分别计算4个重复有生活力种子的百分率。

$$\text{生活力}(\%)=\frac{\text{有生活力种子数}}{\text{供检种子数}}\times 100\% \qquad (2\text{-}7)$$

重复间的最大值与最小值差距没有超过《林木种子检验规程》容许差距范围,则取各重复的平均数作为该次测定的生活力。如果各重复间的最大差距超过容许差距,则需重新测定。

2.2.5　种子优良度测定

种子优良度是通过直接观察,根据种子的形态、色泽、气味、硬度等判断种子优劣的方法,是最简易的种子品质鉴定方法。以优良种子数占供检种子总数的百分率表示。在种子收购过程中,为迅速了解种子品质,常用解剖法或挤压法来观察种子内部胚与胚乳的形态和颜色,用以判断种子的优良度。测定方法如下。

2.2.5.1　取样

从净度分析所得的纯净种子中随机抽取100粒种子,共取4个100粒,即4个重复。大粒种子可取50粒。

2.2.5.2　方法

1)解剖法

对种皮坚硬、种实干燥不易切开的种子,可用温水浸种,软化种皮。不经浸种也能切开的种子尽量不要浸种,以防由于浸种使光泽、香气、味道、菌丝等改变原样,难以观察。

分组逐粒剖开种子,切面要顺着种胚通过,仔细观察种胚、胚乳和子叶的大小、气味、色泽来判断种子的优劣。凡种粒饱满、种胚健康、色泽正常的都视为优良种子;凡种粒空瘪、腐烂变质、受病虫害侵染、种胚发育不健全的都视为低劣种子。具体标准见《林木种子检验规程》表B5"优良种子鉴别表"。各重复优良粒、空粒、腐坏粒、病虫粒等记入优良度测定记录表中。

2)挤压法

这种方法适用于含油质多的小粒种子,如桦木、落叶松、松类种子等。

松类种子含有油质,可将种子放在两张白纸间,用瓶子滚压,使种粒破碎,凡油点明显的为好种子,无油点的为空粒或劣质种子。

将纯净种子放在水中煮沸,使其吸水膨胀,种皮变软。从煮过的种子中随机抽取400粒,分成4组,放在玻璃片上挤压,每次10粒。饱满种子挤出乳白色的种仁,而空粒只挤出水。

将挤压结果按100粒一组分别记录。

2.2.5.3　计算优良度

根据记录资料,分别计算出4个重复优良种子的百分率。

$$优良度(\%)=\frac{优良种子数}{供检种子数}\times 100\% \tag{2-8}$$

检查各重复的最大值与最小值差距没有超过《林木种子检验规程》容许差距范围,则取各重复的平均数为种批的优良度。如果各重复间的最大差距超过容许差距,则必须重新测定。

2.2.6　林木种子质量分级

评价树木种子质量时,主要依据种子净度分析、发芽试验、生活力测定、含水量测定和优良度测定等结果,进行树木种子质量分级。这些指标如果不属于同一级,以单项指标低的等级定。含水量指标适合于种子收购、运输、临时贮藏。

国家质量技术监督局于1999年11月10日发布,并于2000年4月1日起实施了《林木种子检验规程》(GB 2772—1999),对全国主要林木种子的质量进行了分级。在《林木种子检验规程》中共规定了149种主要用于园林绿化的树种的种子的标准,详见《林木种子检验规程》(GB 2772—1999)中的林木种子质量检验分级表。

2.2.7　林木种子检验证书

授权的检验机构按照国家质量技术监督局发布的《林木种子检验规程》进行种子品质检验后,填写检验情况综合表,详见表2-4。

表2-4　检验情况综合表

编号

卷宗号					
样品登记号					
样品收到日期					
据送检人陈述	送检单位				
	检验申请表编号				
	种批号				
	树种				
	产地				
	送检样品重(g)				
	本批种子重(kg)				
检验结果	检验结束日期				
	净度(%)				
	千粒重(g)				
	发芽率(%)				
	优良度(%)				
	生活力(%)				
	含水量(%)				
	病虫害感染度(%)				
	本批种子等级意见				
	质量检验证书名称				
	质量检验证书号				
	发证日期				
	备注				

注:本表用于检验机构存档。

登记人________　日期______年____月____日

林木种子检验机构或代检单位根据林木种子国家标准或者地方标准和检验结果，确定种子质量等级。达到Ⅲ级以上的，核发《林木种子质量检验合格证书》，见表 2-5；未达到Ⅲ级的，核发《林木种子质量检验结果单》，见表 2-6。

合格证书一式三份，正本交送单位（人），并随货同行，副本一份存检验单位，一份留送检单位。

送检单位或个人对原检验结果有异议时，可以委托其他检验机构进行复验。经复验，其结果与原检验结果差异超过容许差距范围，可以申请仲裁检验。

表 2-5　林木种子质量检验合格证书

送检单位：____________________

树种名称：____________　学名：____________

本种批重：____________kg　本种批编号：____________

送检样品重：____________g　收到日期：____________

林木采种登记表编号：____________　检验申请表编号：____________

扦样表编号：____________　检验时间：____________

检验结果：

项目	检验结果	备注
1. 净度（%）		
2. 千粒重（%）		
3. 含水量（%）		
4. 发芽率（%）		
5. 发芽势（%）		
6. 生活力（%）		
7. 优良度（%）		
8. 病虫害感染程度（%）		

质量等级：　本证书有效期：

仲裁检验裁决：

检验单位（盖章）：　检验员：

技术负责人：　审核人：

年　月　日

表 2-6　林木种子质量检验结果单

送检单位:____________________

树种名称:____________　学名:____________

本种批重:____________kg　本种批编号:____________

送检样品重:____________g　收到日期:____________

林木采种登记表编号:____________　检验申请表编号:____________

扦样表编号:____________　检验时间:____________

检验结果:

项目	检验结果	备注
1.净度(%)		
2.千粒重(%)		
3.含水量(%)		
4.发芽率(%)		
5.发芽势(%)		
6.生活力(%)		
7.优良度(%)		
8.病虫害感染程度(%)		

质量评定:　种子质量不合格:

处理意见:

检验单位(盖章):　检验员:

技术负责人:　审核人:

年　月　日

技能训练

实训五　种子发芽率测定

一、目的

掌握种子发芽率的测定方法。

二、材料与工具

当地主要的园林树木种子3~4种;发芽床、发芽皿、恒温箱、发芽箱、直尺、烧杯、脱脂棉、纱布、滤纸、镊子、福尔马林、高锰酸钾、过氧化氢、蒸馏水、解剖刀、胶匙、检定板、温度计、标签。

三、方法与步骤

(一)取样

净度分析后的种子,用四分法将种子分成四份,从每份中随机数取25粒,组成100粒,共取4次重复。

(二)灭菌消毒

(1)试验用具如发芽器、纱布、小镊子等可煮沸消毒或用酒精擦洗消毒。恒温箱用福尔马林消毒。

(2)种子消毒可用福尔马林、高锰酸钾、过氧化氢等溶液。

(三)浸种

一般种子用始温为45 ℃的水浸种24 h,如油松、黄连木、樟子松;杨、柳等不必浸种;种皮坚硬致密的要用80 ℃以上的热水烫种。不同树种的具体方法见《林木种子检验规程》的附录B表B1。

(四)置床

1.发芽床

先在培养皿或专用发芽皿底盘上铺一层脱脂棉,然后放一张大小适宜的滤纸,加入蒸馏水浸湿。

2.发芽容器

发芽箱、恒温箱在使用前必须使用福尔马林消毒。

3.置床

将经过预处理的种子以1个重复为单位整齐地排列在发芽床上,种子排放在床面,种子之间要保持一定的距离。对忌光种子进行覆盖。置床后必须贴上标签,以防混淆。将置床后的发芽床放在恒温箱或发芽箱中。

(五)发芽情况观察及管理

1.管理

发芽测定期间应经常检查测定样品及其水分、通气状况、温度、光照条件。按《林木种子检验规程》要求,为种子发芽提供适宜的温度、光照和水分。轻微发霉的种粒可以捡出用清水冲洗后放回原发芽床。发霉种粒多的要及时更换发芽床或发芽容器。

2.发芽持续时间

以天数表示,自种子置床之日起算起,不包括预处理时间。如果测定样品在规定时间内发芽的种粒不多,可以适当延长测定时间。延长的时间最多不应超过规定时间的1/2。如果在规定的结束时间之前样品已充分发芽,且后期连续3天每天发芽粒数不足各重复供试种子粒数的1%,即认为发芽终止,但此种情况实际用的天数应在质量检验书中注明。

3.记录

在发芽测定记录表中记录正常幼苗、不正常幼苗、未萌发种子的数目。

(六)计算发芽率

根据记录结果,计算种子发芽率。附带计算不正常幼苗、硬粒、新鲜粒及死亡粒的百分数。

$$\text{发芽率}(\%) = \frac{\text{正常幼苗数}}{\text{供检种子数}} \times 100\%$$

如果各重复发芽百分数最大值同最小值的差距在《林木种子检验规程》规定的允许范围内,就用各重复发芽百分率的平均数作为该次测定的发芽率。若各重复间的最大差值超过规定的容许误差时,则应当重新测定。

四、实训报告

填写种子发芽测量记录表,计算种子各项发芽指标。

发芽测定记录表

编号:＿＿＿＿＿＿树种:＿＿＿＿＿＿样品号:＿＿＿＿＿＿样品情况:＿＿＿＿＿＿

测试地点:＿＿＿＿＿测试室内温度:＿＿＿＿℃ 测试室内湿度:＿＿＿＿% 测试仪器名称:＿＿＿＿

测试仪器编号:＿＿＿＿预处理:＿＿＿＿＿＿置床日期:＿＿＿＿＿测定条件:＿＿＿＿

		正常幼苗数										未发芽粒							
项目		样品重(g)	初次计数					末次计数	合计	不正常幼苗数	新鲜粒	死亡粒	硬死	空粒	无胚粒	涩粒	虫害粒	合计
日期																		
重复	1																	
	2																	
	3																	
	4																	
平均																		

组间最大差距:＿＿＿＿＿容许差距:＿＿＿＿＿本次测定:有效□　无效□

测定人:＿＿＿＿＿＿＿＿校核人:＿＿＿＿＿＿＿＿

测定结束日期:＿＿年＿＿月＿＿日

技能训练

实训六　种子生活力测定

一、目的

掌握种子生活力的测定方法。

二、材料与工具

当地主要的园林树木种子 3 ~ 4 种;烧杯、培养皿、检定板、量筒、小勺、镊子、解剖刀、放大镜、标签、滤纸、靛蓝染色剂、四唑染色剂。

三、方法与步骤

(一)取样

净度分析后的种子,用四分法将种子分成四份,从每份中随机数取 25 粒,组成 100 粒,共取 4 次重复。

(二)浸种

将 4 组种子分别用纱布包好,浸入室温水中,浸种时间因树种而异。多数种子通常用始温 30 ~ 45 ℃的水浸 24 ~ 48 h,每天换水。如松、云杉、落叶松等在室温下浸 3 ~ 5 d,每天换水。硬粒种子和种皮致密的种子可用始温 80 ~ 85 ℃的水浸种，再自然冷却浸种 24 ~ 72 h，每天换水。种皮致密坚硬的种子，可用98%的浓硫酸浸种 20 ~ 180 min，充分冲洗，再用水浸种 24 ~ 48 h，每天换水。

将浸水后的种子置于温暖、湿润的环境下催芽 24 ~ 48 h，提高种子活力。豆科植物吸水后发芽速度快，浸水后可不再催芽。

(三)取胚

将种子纵向剖开，剥掉内外种皮，取出种仁。取胚时要小心，勿使胚受损伤。要挑出空粒、腐坏和有病虫害的种子，并记入生活力测定记录表中。剥出的胚先放入盛有清水或垫有湿纱布的器皿中，以免胚干燥萎缩而失去生活力。

(四)染色

四唑使用的浓度为 0.1% ~ 1% 的水溶液，一般使用浓度为 0.5% 的溶液。靛蓝溶液的浓度为 0.05% ~ 0.1%，随配随用。

将剥取的种仁或胚方放入染色液中，上浮者要压沉。四唑染色要置于黑暗环境，环境温度保持在 30 ~ 35 ℃，以 30 ℃左右为宜。浸种时间因树种而异。染色时间一般在常温下为 2 ~ 3 h。染色完毕，取出种胚，用清水冲洗，置白色湿润滤纸上，借助放大镜逐粒观察胚(和胚乳)的染色情况，根据种胚或胚乳的染色部位、染色面积的大小及染色程度鉴别种子，将种子分为有生活力及无生活力的两类，并进行记录。

(五)计算确定种子生活力

分别计算 4 个重复有生活力种子的百分率。

$$生活力(\%) = \frac{有生活力种子数}{供检种子数} \times 100\%$$

重复间的最大值与最小值差距没有超过《林木种子检验规程》容许差距范围，则取各重复的平均数作为该次测定的生活力。如果各重复间的最大差距超过容许差距，则需重新测定。

四、实训报告

填写种子生活力测定记录表。

种子生活力测定记录表

编号：＿＿＿＿＿＿树种：＿＿＿＿＿＿样品号：＿＿＿＿＿＿样品情况：＿＿＿＿＿＿

测试地点：＿＿＿＿＿＿染色剂：＿＿＿＿＿＿浓度：＿＿＿＿＿＿测试室内温度：＿＿＿＿℃

测试室内湿度：＿＿＿＿＿＿%测试仪器名称：＿＿＿＿＿＿测试仪器编号：＿＿＿＿＿＿

重复	测定种子粒数	种子解剖结果			进行染色粒数	染色结果				生活力(%)	备注
		腐坏粒	病虫害粒	定粒		无生活力		有生活力			
						粒数	%	粒数	%		
1											
2											
3											
4											
小计											
平均											

测定方法：

组间最大差距：＿＿＿＿＿＿容许差距：＿＿＿＿＿＿本次测定：有效□　无效□

测定人：＿＿＿＿＿＿校核人：＿＿＿＿＿＿测定日期：＿＿＿＿年＿＿月＿＿日

技能训练

实训七 种子优良度测定与质量分级

一、目的

掌握种子优良度的测定方法及种子质量分级方法。

二、材料与工具

本地区主要园林树种的种子3~4种;烧杯、解剖刀、镊子、种子检验板、水浴锅、碾压器、白纸、玻璃板、放大镜等。

三、方法与步骤

(一)优良度的测定方法

1.取样

从净度分析所得的纯净种子中随机抽取100粒种子,共取4个100粒,即4个重复。大粒种子可取50粒。

2.方法

(1)解剖法。

对种皮坚硬、种实干燥不易切开的种子,可用温水浸种,软化种皮。不经浸种也能切开的种子尽量不要浸种。浸种时,根据种子吸水速度浸种2~4 d,每天换水1~2次(栎类可不浸种)。

分组逐粒剖开种子,切面要顺着种胚通过,仔细观察种胚、胚乳和子叶的大小、气味、色泽,并以此来判断种子的优劣。凡种粒饱满、种胚健康、色泽正常的都视为优良种子,凡种粒空瘪、腐烂变质、受病虫害侵染、种胚发育不健全的都视为低劣种子。具体标准见《林木种子检验规程》表B5"优良种子鉴别表"。各重复优良粒、空粒、腐坏粒、病虫粒等记入优良度测定记录表中。

(2)挤压法。

这种方法适用于含油质多的小粒种子,如桦木、落叶松、松类种子等。

松类种子含有油质,可将种子放在两张白纸间,用瓶子滚压,使种粒破碎,凡油点明显的为好种子,无油点的为空粒或劣质种子。

将纯净种子放在水中煮沸,使其吸水膨胀,种皮变软。从煮过的种子中随机抽取400粒,分成4组,放在玻璃片上挤压,每次10粒。饱满种子挤出乳白色的种仁,而空粒只挤出水。将挤压结果按100粒一组分别记录填入种子优良度表中。

3.计算优良度

根据记录资料,分别计算出4个重复优良种子的百分率。

$$优良度(\%)=\frac{优良种子数}{供检种子数}\times 100\%$$

检查各重复的最大值与最小值差距没有超过《林木种子检验规程》容许差距范围，则取各重复的平均数为种批的优良度。如果各重复间的最大差距超过容许差距，则必须重新测定。

(二)种子质量分级

根据种子净度测定、发芽率测定、生活力测定、含水量测定和优良度测定的结果，对照《林木种子检验规程》(GB 2772—1999)中的林木种子质量检验分级表，确定种子质量等级。这些指标如果不属于同一级时，以单项指标低的等级定。含水量指标适合于种子收购、运输、临时贮藏。

四、实训报告

填写种子优良度测定记录表。

种子优良度测定记录表

编号:________树种:________样品号:________样品情况:________

测试地点:________测试室内温度:________℃　测试室内湿度:________%

测试仪器名称:________测试仪器编号:________

重复	测定种子粒数	观察结果					优良度(%)	备注
		优良粒	腐烂粒	空粒	涩粒	病虫粒		
1								
2								
3								
4								
平均								
实际差距			容许差距					
测定方法								

本次测定：有效□　无效□　测定人:________校核人:________

测定日期:________年____月____日

2.3　种子的贮藏与运输

林木种子采后可以随采随播，但大多数树种都是秋天采种要贮藏到春天才能进行播种，或春夏采种秋天播种，另外，有些树种的结实有周期性，如红松、落叶松树种3~5年丰产一次，这就需要采取适宜的贮藏措施，要在种子丰收年大量采集进行贮存，以备歉年之用。种子贮藏是保证种子在贮藏期间能最大限度地保持种子的发芽力，延长种子的寿命，它对育苗造林关系十分重要。

2.3.1　贮藏期间种子的生命活动

种子成熟后，即转入休眠状态，休眠状态一直延续到遇有萌发条件为止。休眠状态的种子生命活动并未完全停止，仍然进行着微弱的呼吸作用。通过呼吸产生能量，维持生命，呼吸作用实际上是一种氧化作用，是在细胞中进行释放能量的过程。呼吸作用要消耗贮藏的营养物质，同时种子内部的化学成分相应地发生变化。呼吸作用进行得越强，贮藏的物质消耗得越多，从而引起种子重量的减轻和发芽率的降低，种子生命力维持的时间就越短。因此，人为地创造一个条件，使种子的代谢作用处于最低限度，消除导致种子变质的一切可能因素，而种子贮藏的任务就在于创造适宜的环境条件，使种子的呼吸作用处于最微弱的状态，将种子质量的变化降低到最低限度，从而最大限度地保持种子的生命力。

种子寿命是指在自然条件下保持生命力的时间，这是一个相对概念。种子寿命的长短依树种不同而差异很大，这与树种本身的特性和贮藏的环境条件有关。影响种子生命力的因素有内因和外因两种。

2.3.1.1　影响种子生命力的内因

1）种子的生理结构

种子的生理结构关系到种子寿命的长短。不同树种的种子内含物类型、种皮结构及生理活性不同，保存生活力的时间长短也不同。

（1）种子内含物。内含物不同的种子寿命不同，一般认为含脂肪、蛋白质多的种子（松科、豆科）寿命较长，而含淀粉多的种子（如壳斗科）寿命短。因为脂肪、蛋白质转化为可利用状态所需要的时间长，放出的能量也比淀粉高，贮藏时分解少量蛋白质或脂肪释放的能量，就能满足种子微弱呼吸的需要，故维持种子生活力的时间相对要长。

（2）种皮构造。豆科树种（如刺槐、皂荚）种子的种皮坚硬致密，不易透气、透水，有利于生命力的保存，硬粒的寿命可达几十年以上。根据文献记载，在博物馆中存放155年的银合欢种子还具有发芽能力。而柳、榆树的种子粒小、种皮薄且不致密，保护性能差，故种子寿命短，只能维持几十天到几个月。如果种皮受到机械损伤，水分、空气和微生物能自由进入种子，使呼吸作用加强，则寿命会更短。

2）种子的含水量

种子在贮存期间的含水量多少，直接影响到呼吸作用的强弱，也影响种子表面微生物的活动，从而直接危及种子的生命力，是影响到种子寿命的关键因素。种子含水量较高时，种子的呼吸强度增加，易发生霉烂；种子含水量较低时，能有效地抵御高温和低温对种子的不利影响，较好地保持种子的生活力。贮藏时种子的含水量应根据不同树种种子的安全含水量进行控制，并分别采用不同的贮藏方法。种子在安全含水量状态时最适宜贮藏，生命力保持时间最长。高于安全含水量，新陈代谢旺盛，不利于种子长期保存；低于安全含水量，无法维持种子的生命活动，容易丧失生活力。

3）种子的成熟度

未完全成熟的种子中贮藏的物质尚属易溶状态，含水量大，呼吸作用强，贮藏物质易被消耗掉，种皮薄，保护性能差，贮藏时易发霉变质，影响其生活力，缩短了种子寿命。因此，在采种时切忌“掠青”，一定要采收成熟种子。

4）种子的完好程度和净度

种子在脱粒筛选等过程中，往往会留下损伤，使种子的呼吸作用增强，加快消耗。同时，这种损伤如在不良的贮藏条件下，很容易扩展并引起腐烂，从而缩短种子寿命，妨碍其发芽。因此,从采种到种子处理一定要保持种子的完好。另外,净度低的种子容易从潮湿的空气中吸收水分,使种子呼吸增强,微生物容易滋生,种子贮藏寿命短,故在进行种子处理时及时净种去杂。

2.3.1.2　影响种子生命力的外因

主要是温度、空气相对湿度、通气条件和生物因素。

1)温度

温度与种子的生命活动有着密切的关系,在一定温度范围内(0~55 ℃)种子的呼吸作用随着温度的升高而加强,加速了贮藏物质的消耗,缩短了种子的寿命。当温度升至50~55 ℃时,种子呼吸强度下降,温度达到60 ℃而且持续时间较长时,蛋白质凝固,危害种子生命,甚至死亡。对大多数种子,低温可以抑制呼吸作用的强度,延长种子寿命。但当温度过低,对一些含水量高的种子会引起冻害,细胞破裂死亡。大多数树种种子,贮藏的适宜温度为0~5 ℃,在这种温度条件下,种子生命活动很微弱,同时不会发生冻害,有利于种子生命力的保存。温度过高、过低都会缩短种子寿命。

2)空气相对湿度

种子在贮藏期间水分的变化,主要决定于空气中相对湿度的大小。种子具有很强的吸湿性能,空气中相对湿度的变化,能直接改变种子的含水量,对种子的寿命产生很大的影响。相对湿度越高,种子的含水量增加的越快;相反,在相对湿度低时,种子的含水量就会下降。贮藏环境空气的相对湿度50%~60%时对种子较安全。因此,经过干燥处理,入库状态良好的种子还必须贮藏在适宜的环境中。如需要贮藏一个季节的种子,仓库相对湿度不应超过65%;需要贮藏2~3年的种子,相对湿度不应超过45%;长期贮藏的种子,相对湿度不应超过25%。

3)通气条件

通气条件对种子生活力影响的程度与种子本身的含水量及贮藏温度有关。含水量低的种子,呼吸作用微弱,需氧气较少,在不通气的条件下能长久地保持生命力。含水量高的种子,旺盛的呼吸作用产生的二氧化碳、水汽和热量,如通气条件不好,排放不出去,种子堆内就会发生无氧呼吸,产生大量酒精,致使种子发生霉烂、变质。所以应适当通气,以排除种堆中的水汽、二氧化碳和热量,避免无氧呼吸对种子的伤害。生产上为有效地长期保持种子生活力,除干燥、低温外,进行合理的密闭或通风是必要的。

4)生物因素

影响种子寿命的生物主要有微生物、昆虫、鼠类等。其中以微生物的危害最为严重,种子在贮藏过程中常附着大量的真菌和细菌。微生物的大量增殖会使种子变质、霉坏、丧失发芽力。提高种子纯度,尽量保持种皮的完整无损,降低环境的温度和湿度,特别是降低种子的含水量,是控制微生物活动的重要手段。据试验研究,一般种子含水量达到18%~20%,微生物会很快地繁殖起来;种子含水量在12%以下,微生物则很少活动。在贮藏期虫害、鼠害也常有发生,生产中可捕捉或诱杀来减少危害。

总之,影响种子寿命的因素是多方面的,各因素相互影响、相互制约,其中种子的含水量常常是影响贮藏效果的主导因素。因此,在贮藏时必须根据种子标准含水量的高低和各种环境条件,进行综合的研究分析,采取最适宜的贮藏条件和方法,才能最大限度地延长种子寿命。标准含水量高的种子，宜贮藏在低温、湿润和通气条件下；安全含水量低的种子，宜在低温、干燥和密封的条件下贮藏。

2.3.2 种子的贮藏技术

种子的贮藏方法根据种子的特性及贮藏的目的分为两大类，即干藏法和湿藏法。一般种子标准含水量低的适宜干藏，标准含水量高的适宜湿藏。

2.3.2.1 干藏法

干藏法即将适当干燥的种子贮藏在干燥的环境中。有时也可结合低温和密封条件进行贮藏。

1）普通干藏法

普通干藏法即将精选的种子装在麻袋、布袋、缸、木桶或其他容器中，放在干燥、通风、凉爽的种子室、仓库内。严密防鼠、防虫，种子堆放不可太厚，最好分层置于木架上，使种袋相互分开，以利空气流通。贮存期间应定期检查，如有发热、发霉及潮湿现象，要立即进行通风晾晒。大多数树木种子都适合采用此法贮藏，尤其是短期贮藏的种子，如秋季采种，第二年播种的油松、侧柏、香椿、紫荆、山梅花等树种。

2）密封干藏法

对一些寿命短、易吸水、易丧失发芽力的种子，如杨、柳、榆、桑等可用密封干藏法。即将干燥种子置于密闭并已消毒的容器中，如瓦罐、陶瓷、玻璃瓶、聚乙烯袋等，把容器口用石蜡、火漆等加以封闭，贮藏在种子库中。容器中可加入适量木炭、生石灰、硅胶和氯化钙干燥剂，并定期检查和更换干燥剂。容器不要太大，种子装的不要太满。此法能有效延长种子寿命，适用于需要长期贮藏的种子。

3）低温干藏法

将贮藏室内的温度降到0～5 ℃，相对湿度维持在50%～60%，种子充分干燥，可使种子寿命保持一年以上。如紫荆、白蜡、冷杉、侧柏、小檗、落叶松等。低温贮藏种子效果良好，但设施投入比较大。一般要有专门的种子贮藏室或种子库，并配置温控、湿控设备。

2.3.2.2 湿藏法

湿藏法即把种子置于一定湿度条件下、低温而通气的环境中进行贮藏。此法可有效保持种子生活力，并具催芽作用，提高种子出芽率和发芽的整齐度，适用于标准含水量较高的或干藏效果不好的种子贮藏。如栎类、银杏、樟、女贞、海棠、火棘、忍冬、黄杨、椴树、板栗、核桃、山楂、鹅掌楸等。

常用的方法有露天埋藏法、室内堆藏法和流水贮藏法。

1）露天埋藏法

最好选择室外地势较高、排水良好、背风向阳的地方挖坑。坑宽不超过1 m，坑长视种子多少而定，坑的深度一般为1 m左右，坑底要求在土壤冻层以下、地下水位以上。坑底先铺一层粗沙或石砾，再铺湿沙厚约10 cm，沙子的湿度以手握成团不滴水、一触即散为宜。坑中隔一段距离在坑底插上高出坑面20 cm的秸秆、草把通气。然后将种子与湿沙按容积1:3混合后放入坑内，或一层种子一层沙交替层积，每层厚度为5 cm左右。堆到离地面10～20 cm时为止，用湿沙填满坑，再覆土使之略高于地面堆成屋脊形，以利排水。在坑的四周挖排水沟,盖土厚度应根据各地气温条件而定,随着天气变冷而加厚土层。如图2-1所示。

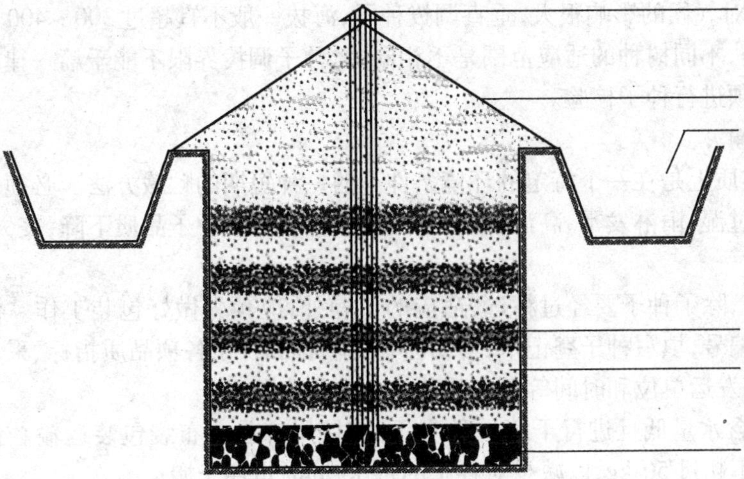

图2-1　种子露天埋藏示意图

露天埋藏法贮藏的种子贮藏量大,不需要专门设备,缺点是不便随时检查。我国北方地区广泛采用,南方地区因多雨、地温较高、地下水位高而较少采用此法。

2)室内堆藏法

选择阴凉、干燥通风、阳光直射不到的室内,先在地上铺厚约10 cm湿沙后,将种子和湿沙分层或按种子和沙的比例1:3混合堆放,堆高50~60 cm,上面盖一层沙或草帘,堆内每隔1 m左右插草把通气。如贮藏的种子数量较多,可堆成垄,垄宽0.8~1 m,垄间留出通道,有利于通气。贮藏期间要定期检查,经常洒水以保持堆内湿度。此法在我国高温多雨的南方地区被广泛采用。

3)流水贮藏法

对于一些含水量高、又要保持水分的种子,如红松、橡栎类等,可将种子装在箩筐、麻袋中沉于流水,或沉在井中贮藏,效果良好。

2.3.3　种子调拨与运输

2.3.3.1　种子调拨

园林绿化要求多种多样的树种,由于种源分布不均匀,常常需从外地调拨种子。同一树种长期生长在不同的生态环境中,就形成了与当地生态环境相适应的类型,所以在调拨种子时,必须注意种子产地的生态环境与新的育苗地的生态环境是否一致或相似,决不能盲目地调拨。而且尽量避免种源不明、远距离调运等问题。一般来说,种子调拨应注意以下几点:

(1)尽量采用本地种子,就地采种,就地育苗造林。

(2)缺种地区在调进外地种子时,要尽量选用与本地气候、土壤等条件相同或相似的地区所产的种子。

(3)由北向南和由西向东调运的范围可比相反的方向大。由北向南调拨纬度不宜超过3°~4°，由南向北调拨纬度不宜超过2°。在经度方面，由气候条件较差的地区向气候条件较好的地区调拨范围不应超过16°。

(4)地势高低对气候的影响很大，垂直调拨种子，海拔一般不宜超过300~400 m。

应该指出的是，不同树种的适应范围是不相同的，种子调拨界限不能千篇一律。种子的调入、调出都必须进行种子检验。

2.3.3.2　种子运输

种子的运输实质上是在一个特定的环境条件下的一种短期的贮藏方法。必须做好包装工作，以防种实过湿、雨淋发霉、高温、受冻或受机械损伤等使种子品质下降，丧失活力。

1)包装

种子运输之前，除了种子要经过精选、适应的干燥外，应预先做好包装工作。包装要安全可靠，并进行编号，填写种子登记卡，写明树种的名称和种子各项品质指标、采集地点和时间、每包重量、发运单位和时间等。卡片装入包装袋内备查。

(1)一般标准含水量低且进行干藏的种实，可直接用麻袋或布袋包装运输。包装不宜太紧太满，每袋不超过50 kg，以减少对种子的挤压，同时也便于搬运。

(2)对标准含水量较高且易失水而影响活力的种子，可先用塑料布或油纸包好，再放入箩筐或木箱中运输。

(3)对于含水量高的大粒种子，如橡栎类等可以装在箩筐或木箱中，在筐内填入稻草分层包装，每层厚度不超过8~10 cm，避免发热发霉。

(4)对于杨、柳树等极易丧失发芽力且需要密封贮藏的种子，在运输过程中可用塑料袋、瓶和桶等装运，使种子保持密封条件。

(5)对一些珍贵树种种子，可用小布袋或厚纸袋包装，每袋不超过5 kg，将其装入木箱中运输。

2)运输

种实在运输过程中要注意覆盖，防止雨淋、暴晒和受冻害，并在包装袋内外放置标签，以防种实混杂。大量运输时，要有专人管护，运输途中要经常检查，车辆中途停放时应将种子置于通风阴凉处，种子运送到目的地应立即进行检查，并根据情况及时进行摊晾、贮藏或播种。

技能训练

实训八　种子贮藏技术

一、目的

掌握种子贮藏的主要方法。

二、材料与工具

适于干藏、湿藏的树木种子3~5种；铁锹、秸秆、麻袋、布袋、缸、木桶、玻璃瓶、聚乙烯袋、石蜡、木炭、生石灰、氯化钙、沙子、粗沙。

三、方法与步骤

(一)干藏法

适用于安全含水量低的种子贮藏。

1. 普通干藏法

适合于短期贮藏的种子,如秋季采种,第二年播种的树种。取一种种子 2 ~ 3 kg,干燥到安全含水量,装入用福尔马林消过毒的布袋、小缸、木桶或其他容器中,放在干燥、通风、凉爽的室内贮存。严密防鼠、防虫、防潮。

2. 密封干藏法

适用于需要长期贮藏的种子。对一些寿命短、易吸水、易丧失发芽力的种子,如杨、柳、榆、桑等可用密封干藏法。将已干燥到安全含水量的种子置于密闭并经过消毒的玻璃瓶、聚乙烯袋等,种子装得不要太满,容器中可加入适量木炭、生石灰、氯化钙干燥剂。容器口用石蜡封闭,贮藏在种子库中。

(二)湿藏法

适用于安全含水量高的种子贮藏。

1. 露天埋藏法

(1)最好选择室外地势较高、排水良好、背风向阳的地方,挖坑宽不超过 1 m,坑长视种子多少而定,坑的深度一般为 1 m 左右,坑底要求在土壤冻层以下、地下水位以上。

(2)坑底先铺一层粗沙或石砾,再铺湿沙厚约 10 cm,沙子的湿度以手握成团不滴水、一触即散为宜。坑中隔一段距离在坑底插上高出坑面 20 cm 的秸秆、草把通气。

(3)将种子与湿沙按容积 1∶3混合后放入坑内,或一层种子一层沙交替层积,每层厚度为 5 cm 左右。堆到离地面 10 ~ 20 cm 时为止,用湿沙填满坑,再覆土使之略高于地面堆成屋脊形,以利排水。

(4)在坑的四周挖排水沟,盖土厚度应根据各地气温条件而定,随着天气变冷而加厚土层。

2. 室内堆藏法

适合于我国高温多雨的南方地区。

选择阴凉、干燥通风、阳光直射不到的室内,先在地上铺厚约 10 cm 湿沙后,将种子和湿沙分层或按种子和沙的比例 1∶3混合堆放,堆高 50 ~ 60 cm,上面盖一层沙或草帘,堆内每隔 1 m 左右插草把通气。如贮藏的种子数量较多可堆成垄,垄宽 0.8 ~ 1 m,垄间留出通道,有利于通气。贮藏期间要定期检查,经常洒水以保持堆内湿度。

四、实训报告

完成实训报告并简述普通干藏法、密封干藏法、露天埋藏法贮藏种子的具体方法。

2.4　播种前种子的处理

播种前进行种子处理是为了提高种子发芽率,使种子出苗整齐,促进苗木生长,缩短育苗期限,提高苗木的产量和质量。播种前种子的处理包括种子消毒和种子催芽。

2.4.1　种子消毒

播种前对种子要进行消毒,因为种子表面存在多种病菌,在催芽前对种子进行消毒可起到消毒和防护双重作用。常见的消毒方法有以下几种。

2.4.1.1　福尔马林(甲醛)浸种

一般用于针叶树及阔叶树种子消毒。在播种前 1 ~ 2 h,用 0.15% 的甲醛溶液浸种 15 ~ 30 min,取出后密闭 2 h,再将种子摊开阴干即可催芽或播种。

2.4.1.2　硫酸铜溶液消毒

用 0.1% ~ 0.3% 硫酸铜溶液浸种 4 ~ 6 h,取出阴干备用。生产实践证明,用硫酸铜对部分树种(如落叶松)种子消毒,不仅能起到消毒作用,而且还具有催芽作用,能提高种子发芽率。

2.4.1.3　高锰酸钾溶液消毒

用 0.5% 溶液浸种 2 h,或用 3% 溶液浸种 30 min。取出后密封 0.5 h,再用清水冲洗数次,阴干后备用。但对催过芽的种子以及胚根已突破种皮的种子,不能用高锰酸钾消毒。该法除灭菌作用外,对种皮也有一定的刺激作用,可促进种子发芽。

2.4.1.4　退菌特浸种

将 80% 的退菌特稀释 800 倍,浸种 15 min,捞出后阴干。

2.4.1.5　石灰水浸种

用 1% ~ 2% 的石灰水浸种 24 ~ 36 min,对于杀死落叶松种子病菌有较好效果。

2.4.1.6　敌克松拌种

用敌克松粉剂(90%)拌种,药量为种子重量的 0.2% ~ 0.5%。具体做法:先用 10 ~ 15 倍的细土配成药土,再拌种消毒,这种方法对预防立枯病效果良好。

2.4.2　种子休眠与催芽

2.4.2.1　种子休眠

种子休眠是指由于内在因素或外界条件的限制,一时不能发芽或发芽困难的现象。种子休眠的类型有生理休眠和强迫休眠两种。生理休眠是指种子收获以后,在给予适宜的发芽条件下,也不能萌发的自然现象。如红松、水曲柳、银杏、白蜡、山楂、椴树等。由于种子得不到发芽所需要的条件(如温度、水分、氧气等),暂时不能发芽而处于休眠状态,而一旦满足了发芽条件就可发芽则称为强迫休眠。如油松、侧柏、杨、柳等。休眠状态的种子如果不经过处理,播种后不能在短期内出苗,或出苗很少,即使出苗也出土不整齐,直接影响苗木的质量。因此,要弄清休眠原因,采取有效措施解除休眠,以保证种子正常发芽出苗。

由于树木种类繁多,种子内部的构造及外部形态有很大差异,种子强迫休眠的原因是得不到发芽所必需的条件,只要条件满足即可发芽,而生理休眠的原因较为复杂,主要受以下几方面因素的影响。

1)种皮(果皮)的机械障碍

种皮坚硬致密以及具有蜡质、油脂层,不易透水、透气,因而种子不能发芽,如刺槐、皂角、栾树、花椒。有些种子种皮虽能吸水,但通气性较差。特别是含水量高的种子,气体更难通过,种子因得不到氧气而不能萌发。还有些种子的种皮或果皮均能透气透水,但由于种皮过于坚硬,胚伸长时难以通过,也影响种子的萌芽,如核桃楸、山桃、山杏等。

2)种胚发育不完全

种子或种实的外部形态虽然已表现出形态成熟的特征,但种胚并未发育成熟,胚还要发育一段时间才能达到生理成熟。如银杏、红松、水曲柳、椴树、红豆杉等。东北的水曲柳种子需要在适宜的层积条件下才能逐渐完成胚的分化,研究证明,水曲柳带果皮的种子经过4~5个月的暖温(20 ℃)和4~5个月的低温(5 ℃)的变温层积,才能完成胚的分化而解除休眠。银杏采收后,在种实脱落后,种胚还很小,长度仅为胚腔长度的1/2;在贮藏过程中,胚不断地发育生长,经4~5个月后,种胚才发育完全;完成后熟之后,再给以适宜的环境条件才能发芽。

3)含有抑制物质

引起种子休眠的另一个主要原因是种子内部存在着大量的抑制剂。如脱落酸、脱水醋酸、有机酸、氢氰酸、酚类、醛类等。这些物质存在于果皮、果肉、种胚、胚乳等不同部位,但不论在哪个部位,都能抑制胚的代谢作用,使种胚处于休眠状态。如桃、杏种子含有苦杏仁苷,在潮湿条件下不断放出氢氰酸,抑制种子萌发;红松中含有脱落酸,糖槭类中含有酚类物质等。只有当这些抑制物质在外界环境条件作用下,通过自身的生理、生化变化,解除抑制作用,种胚才能解除休眠而发芽。

4)综合因素的影响

对于某一树种来讲,种子休眠可能由单一因素引起,也可能由多种因素引起。如红松、紫椴、水曲椴、山楂等种子休眠,是因种皮厚、致密、坚硬、具有蜡层而形成不易透水透气的特点,同时又由于种皮中含有单宁和其他各部位含有抑制物质等综合因素所造成的。种子休眠的原因不同,解除休眠的方法也不同。

2.4.2.2　种子催芽

通过人为方法解除种子的休眠,促进种子发芽的措施称为种子催芽。通过对种子采取一系列人为措施促进酶的活动,以满足种子内部所进行的一系列生理生化反应,增加呼吸作用,转化营养物质,促进种胚的营养生长,达到种子尽快萌发的目的。通过催芽处理可提高种子的发芽率,减少播种量,节约种子,缩短发芽时间,且出苗整齐,便于管理。因此,种子催芽是园林苗圃在育苗生产实践中一项重要的技术措施。

种子催芽的方法很多,常用的催芽方法有以下几种。

1)水浸催芽

水浸催芽主要是软化种皮,种子吸水膨胀,使酶的活性增加,促进贮藏物质的转化,以保证种胚生长发育的需要。同时在浸种、洗种时还可排除一些抑制物质,有利于打破种子休眠。

除了一些过于细小的种子外,大多数木本植物的种子基本上都可用水浸处理。水浸催芽的做法是在播种前把种子浸泡在一定温度的水中,经过一定的时间后捞出。种子与水体积比一般为1:3,浸种过程中每天换1~2次水。技术关键是应掌握浸种的水温和浸种时间的长短。

浸种的水温和时间因树种特性而异。浸种水温和时间对催芽效果有明显影响。

(1)浸种水温。

①粒小皮薄的种子可采用冷水或室温为30 ℃左右的水浸种,如杨、柳、榆、泡桐等。

②种皮较厚的可用40~50 ℃的温水浸种。如油松、落叶松、侧柏等树种。

③种皮坚硬、致密、透水性很差的种子,可用70 ℃以上的高温浸种,如刺槐、皂角、合欢、黑荆、紫穗槐、相思树、椴树、漆树等种子。用高温浸种必须注意把热水倒入种子的同时,要上下充分搅拌数分钟,使种子受热均匀。高水温浸种以后,如继续用水浸种时,每天要换水1~2次,水温约40 ℃。

对于某些富含硬粒的豆科树种,如刺槐种子,用逐次加温浸种的方法效果较好。即开始用70 ℃的温水浸种一昼夜,把膨胀的种子挑出,温水冲洗后进行催芽;对未膨胀的种子,再用80 ℃的水浸种一昼夜。浸种时要注意搅拌,再次漂洗出膨胀的种子,重复进行,直至全部吸胀为止。

(2)浸种时间。

浸种时间一般为1~2昼夜。种皮薄的小粒种子缩短为几个小时;种皮厚的、坚硬的,如核桃为5~7 d。部分树种浸种水温及浸种时间见表2-7。

表2-7 部分树种浸种水(始)温及浸种时间

树种	水温(℃)	浸种时间(h)
杨、柳、榆、梓、泡桐	冷水	12
悬铃木、桑、臭椿	30	24
樟、楠、檫、油松、落叶松	35	24
杉木、侧柏、马尾松、文冠果、柳杉、柏木	40~45	24~48
槐树、苦楝、君迁子	60~70	80~90
刺槐、合欢、紫穗槐、相思	24~72	24

种子吸胀以后便可进行催芽。种子数量少可将种子放在通气透水良好的筐、篓、筛子、湿麻袋上,大量种子可直接将种子堆放在温暖干净的土地或砖地上面,种堆不宜太高,一般为30~50 cm。盖上湿布或草帘,放在温暖处继续催芽,每天用温水淘洗种子1~2次或用洁净温水淋洗2~3次,并控制环境温度在25 ℃左右,待30%种子"咧嘴露白"时即可播种。

2)机械损伤催芽

对于种皮致密坚硬的种子,可擦伤种皮,改变其透性,增加种子的透水透气能力,从而可促进发芽。常将种子与粗沙、碎石等混合搅拌(大粒种子可用搅拌机进行),以磨伤种皮。或用3~4倍的沙子与种子混合后轻捣轻碾,划破种皮。如油橄榄、山楂、厚朴、紫穗槐等可用砂纸打擦、石磙碾压等方法。种子数量多时,最好用机械破种。

3)药物处理催芽

用化学药剂或激素处理种子,可以改善种皮的透性,促进种子内部生理变化,增强各种酶的活性,从而促进种子发芽。常用的化学药剂有硫酸、小苏打、溴化钾、对苯二酚等。这些药剂对一些种皮含有油脂、蜡质的种子或种皮厚而坚硬的种子,可以软化及腐蚀种皮后促进种子发芽。如用浓硫酸浸红松种子5 min,清水冲洗后泡40 min,出苗率明显提高;紫椴用浓硫酸浸50~60 min,可将种子外的蜡质、油脂层腐蚀掉;用1%的苏打水浸种12 h,可以去掉种皮油脂并使其种皮软化。如车梁木、黄连木、乌桕、花椒等。

该方法操作方便,故可广泛用于生产。但要严格把握好浓度和处理时间,最好通过试验后,选择适宜的参数进行处理。此外,种子处理后,应及时用清水冲洗,以免产生药害。

赤霉素、萘乙酸、吲哚乙酸、吲哚丁酸、2,4-D等处理种子,也具有良好的催芽作用。如用赤霉素处理落叶松、赤松、冷杉和柳杉等种子,它们的发芽率都有不同程度的提高。

4)层积催芽

把种子与湿润物(湿沙、泥炭、蛭石等)混合或分层放置于一定温度、湿度和通气环境中,促使其达到发芽程度的方法,称为层积催芽。这种方法催芽效果良好,在生产上被广泛使用,但所需时间较长。层积催芽能解除种子休眠,促进种子内含物质的变化,帮助种子完成后熟过程。

根据层积催芽的温度不同,主要分低温层积催芽、变温层积催芽、高温层积催芽等。

(1)低温层积催芽。

催芽的温度控制在0~5 ℃范围内的低温环境,故称低温层积催芽,也叫层积沙藏,主要条件是低温、湿润、通气。低温有利于破除种子的休眠,种子的呼吸强度减弱,养分消耗少。地点选择及层积方法可参照前述的种子露天埋藏法。将种子水选消毒后,用水浸泡3~5 d,种子用3倍的湿沙混合(分层放置),放入事先挖好的坑内或在室内堆藏。也可装于木箱、花盆中,埋入地下。坑中插入一束草把以便通气。

在进行低温层积催芽要注意以下几点:

第一,要定期检查种沙混合物的温度和湿度,如果发现有不符合要求的情况,要及时设法调节。必须控制好催芽所要求的温度,温度高了,不仅会降低催芽效果,而且会使种子腐烂。

第二,催芽强度以裂嘴和露胚根的总数达30%即可播种,人工播种催芽强度可大,机械化播种强度宜小。

第三,到春季要经常观察温度和种子催芽的程度,首先是防止催芽过度,如果已达到要求的程度,要立即播种或使种子处于低温条件,使胚根不继续生长。若播种前种子的催芽程度不够,可提前1~2周取出种子,转移到温暖(一般15~25 ℃)处再催芽,至种子达到催芽要求时为止。

第四,催芽的种子要播在湿润的土壤上,如果把种子播在干土中,会使种子回芽而造成严重损失。

(2)变温层积催芽。

变温层积催芽法是用高温与低温交替进行的催芽方法。即先高温(15~25 ℃)后低温(0~5 ℃),必要时再高温。一般高温时间短,低温时间长。催芽前应对种子进行消毒和浸种，在变温层积催芽过程中要加强水分管理。有些种子用低温层积催芽所需的时间很长，而用变温层积催芽可大大缩短催芽时间。如红松采用变温层积催芽，高温时间 45 d，低温时间 2 ~3 个月即可完成催芽过程，而低温层积催芽需要 200 d 左右；紫椴种子经 30 d 高温层积再转入 120 d 低温层积，种子发芽率为 50%，而 150 d 全部低温层积，种子发芽率仅为 38.8%。

变温层积催芽在室内和室外均可进行。方法与低温层积方法和湿藏种子方法大致相同。不同的是，在东北挖的种子贮藏坑需要深一些，要留有通气设备，要经常检查湿度。

变温之所以能加快种子发芽速度，是因为变温比恒温更适于林木种子长期经历的自然条件，可使种皮伸缩受伤，刺激酶的活性，呼吸作用加强，因而对种子发芽起到了促进作用。变温层积催芽的效果虽然好，但操作比较麻烦，故一般用低温层积催芽能取得良好效果的种子就不要用变温催芽。在生产上由于各种原因，如种子来的较晚，来不及低温层积催芽，往往采用变温层积催芽。

变温层积催芽的开始时间，对催芽效果有很大影响。开始过早，高温期过长种子容易腐烂；开始时间过晚，高温期短或因温度低未满足种子对高温期的要求，也会降低催芽效果。低温期不够对催芽效果影响更大。为了给种子创造适宜的高温条件，东北地区宜在播种前一年的 8、9 月开始催芽。先是 2 ~3 个月高温期，后是 3 ~4 个月低温期。

技能训练

实训九　种子消毒与催芽技术

一、目的

掌握种子消毒的方法及种子催芽的主要技术。

二、材料与工具

当地主要园林树木种子 3 ~5 种；福尔马林溶液、高锰酸钾溶液、石灰水、硫酸、小苏打、水盆、水桶、缸、筛子、湿沙、砂纸或锉刀。

三、方法与步骤

(一) 种子消毒

1. 福尔马林浸种

一般用于针叶树及阔叶树种子消毒。在播种前 1 ~2 h，用 0.15% 的甲醛溶液浸种 15 ~30 min，取出后密闭 2 h，再将种子摊开阴干。

2. 高锰酸钾溶液消毒

用 0.5% 高锰酸钾溶液浸种 2 h，或用 3% 高锰酸钾溶液浸种 30 min。取出后密封 0.5 h，再用清水冲洗数次，阴干后备用。但对催过芽的种子以及胚根已突破种皮的种子，不能用高锰酸钾溶液消毒。

3. 石灰水浸种

用1% ~2%的石灰水浸种24 ~36 min,对于杀死落叶松种子病菌有较好效果。

(二)催芽方法

1. 水浸催芽

除了一些过于细小的种子外,大多数木本植物的种子基本上都可用水浸处理。浸种的水温和时间因树种而异。把种子浸泡在一定温度的水中,水温一般为30 ℃左右,浸种时间24 h左右。种皮厚且致密坚硬的种子浸种水温较高,种粒小且种皮薄的种子浸种水温较低。种子与水体积比一般为1:3。种子放入温水时,注意边放边搅拌,使种子受热均匀。浸种过程中每天换1 ~2次水。

2. 药物处理催芽

常用的化学药剂有硫酸、小苏打。对种皮坚硬的种子,可用浓硫酸处理。用浓硫酸浸红松种子5 min,清水冲洗后泡40 min,出苗率明显提高。对种子上有油质或蜡质的种皮,可用1%的苏打水浸种。

3. 低温层积催芽

主要条件是低温、湿润、通气。地点选择及层积方法可参照前述的种子露天埋藏法。将种子水选消毒后,用水浸泡3 ~5 d,种子用3倍的湿沙混合(分层放置),放入事先挖好的坑内或在室内堆藏。也可装于木箱,花盆中,埋入地下。坑中插入一束草把以便于通气。

四、实训报告

简述当地主要园林树木种子的消毒及催芽方法。

2.5　播种技术

2.5.1　苗木密度与播种量

2.5.1.1　苗木密度

苗木密度是单位面积或单位长度上苗木的数量。不同规格的苗木在种植密度上的差异很大。合理的苗木密度就是在保证每株苗生长健壮的基础上,获得单位面积上或单位长度上最大限度的产苗量。保证苗木的高质优产,也就是在不降低苗木质量的前提下,争取获得最多的苗木。苗木密度过大或过小,都不利于生产出高质优产的苗木。苗木密度过大,每株苗木的营养面积小,苗木通风不好,光照不足,降低了苗木的光合作用,苗木发育不良,苗木质量随之下降;苗木密度过小,不仅不能保证单位面积的苗木产量,而且苗木过稀,苗间空地过大,土地利用率低,易滋生杂草,增加了土壤水分和氧分的消耗,给抚育管理工作带来不少的麻烦。

确定密度时要依据树种的生物学特性、生长的快慢、圃地的环境条件、育苗的年限以及育苗的技术要求进行综合考虑。对喜光树种、生长快的树种密度要小,慢生树种密度要大;阔叶树种密度宜小些,针叶树种密度宜大;对于播后一年后移植的树种密度可大些,而培育大苗宜密度小。苗木密度的大小取决于株、行距,尤其是行距的大小。播种苗床的一般行距为 8 ~ 25 cm,大田育苗一般行距为 50 ~ 100 cm,行距过小不利于通风透光,不便于管理(如机械化操作)。

通常,一年生播种苗单位面积的产苗量一般范围为:针叶树为 150 ~ 300 株/m^2,速生针叶树可达 600 株/m^2,阔叶树大粒种子或速生树种为 25 ~ 120 株/m^2,生长速度中等的树种 60 ~ 100 株/m^2。

2.5.1.2　播种量

播种量就是单位面积上或单位长度播种种子的重量。它是合理密度的基础。适度的播种量对苗木的产量和质量有很大影响。如播种量过大,会造成种子浪费,出苗过密,间苗费工,提高育苗成本而且苗木生长纤细,降低苗木质量;播种量过小,产苗量低,增加田间工作量。因此,播种前要科学地确定播种量。

确定播种量有两条途径:一是参考生产实践中得出的经验数据;二是通过一定的方法计算。

$$X = \frac{C \times (A \times W)}{P \times G \times 1\,000^2} \tag{2-9}$$

式中　X——单位面积或长度上育苗所需的播种量,kg;

A——单位面积或长度上产苗数量,株,根据育苗技术规程和生产以经验确定;

W——种子千粒重,g;

P——种子的净度(%);

G——种子发芽率(%);

C——损耗系数。

损耗系数因树种本身的种子发芽特性、苗圃地的土壤及环境条件、育苗的技术水平等的差异而不同。根据各地经验,损耗系数的变化范围如下:

大粒种子(千粒重在 700 g 以上)损耗系数 C 略大于 1。

中小粒种子(千粒重在 3 ~ 700 g)损耗系数 C 在 1.5 ~ 5。

极小粒种子(千粒重在 3 g 以下)损耗系数 C 在 5 以上,甚至 10 ~ 20。

2.5.2　播种时期与方法

2.5.2.1　播种时期

播种时期是否适宜,直接影响苗木的质量。播种期应根据苗木自身特点及当地的气候条件,分别选择适宜的播种季节,以促进种子萌发,提高出苗率,并使之出苗整齐,抗性增强。一般种子播种的时间可分为四种。

1)春播

我国大多数地区和大多数园林的花木都适合春播。春播在早春土壤解冻后进行。在幼苗不遭晚霜危害的前提下,可适当早播,以增加幼苗生长期,提高幼苗的抗性。一般北方地区在 3 月下旬至 4 月中旬,华东地区在 3 月上旬至 4 月上旬,南方地区在 2 月下旬至 3 月上旬播种。

2) 秋播

一般大、中粒种子或种皮坚硬且有生理休眠特性的园林树木种子,适于秋播。秋播可以起到低温沙藏处理和催芽的作用,且秋播的种子在翌年春季地温上升后能及时出土,使苗木生长期长,生长健壮。北方秋播时间不宜过早,以防当年秋季气温高,播种的种子当年发芽,致使幼苗越冬时遭受冻害。一般多在秋末冬初土壤冻结前越晚播种越好。适合秋播的树种有红松、水曲柳、椴树等休眠期长的深休眠的林木种子及栎类、核桃、板栗等大粒种子。

3) 随采随播

一些含水量大、寿命短、生活力弱、失水后易丧失发芽力的种子,应随采随播,如杨、柳、榆、桑、枇杷和七叶树等树木的种子。

4) 周年播种

一些原产于南方的热带树种,种子萌发主要受温度的影响。温度合适,可随时萌发。因此,在有条件时可周年播种。

2.5.2.2　播种方法

常用的播种方法主要有撒播、条播和点播。

1) 撒播

撒播是将种子均匀地撒在播种的苗床上。主要用于小粒种子的播种。如悬铃木、泡桐、杨、柳、猕猴桃等树木种子的播种。撒播育苗的优点是,播种简单,播种迅速,产苗量高。缺点是费种子,撒播的用种量一般是条播的 2 倍,且出苗过密而导致通风透光不良,苗木生长细弱而影响苗木质量,也不利于抚育管理。如种子过小,撒播时可先混适量细沙后再播种,播种量不宜过大。

2) 条播

条播即按一定的行距将种子均匀地撒在播种沟内,是植物播种生产中应用最广泛的一种方法。条播一般要求播种沟宽度 10 ~ 15 cm,行距 20 cm。适合于中小种子,如刺槐、合欢、侧柏、松、海棠等的播种。其优点是比撒播节约种子,苗木有一定的行间距离,受光均匀,通风条件好,又便于抚育管理和机械化作业,苗木生长健壮,起苗也方便。播种行以南北行为好,有利于苗木受光均匀。

3) 点播

点播是按一定的株行距挖穴播种或按一定行距开沟,再按一定株距播种的方法。此方法适用于大粒和发芽势强、种子较稀少的树木种子的播种。如银杏、核桃、板栗、桃、七叶树等。点播节约种子,株行距大,通风透光条件好,便于抚育管理。但播种费工,单位面积的产苗量低。一般最小行距不小于 30 cm,株距不小于 10 ~ 15 cm。为了利于幼苗生长,播种时应注意种胚方向,使种子的尖端与地面垂直,以便于胚根入土和胚芽的出土。

2.5.3　播种技术

播种工作包括划线、开沟、播种、覆土、镇压、覆盖等几个环节。这些工作的质量和配合的好坏,直接影响播种后种子的发芽率、发芽势以及苗木生长的质量。

2.5.3.1　**划线、开沟**

播种前划线定出播种位置，目的是使播种行通直，便于抚育和起苗。按设计的株行距在苗床上开沟，播种沟宽度一般2～5 cm，如采用宽条播种，可依其具体要求来确定播种沟宽度，沟的深度要根据种粒的大小来确定，一般为种子直径的3倍左右。开沟宽窄深浅一致，沟底要求平，以保证种子覆土厚薄均匀。对极小粒种子（如杨、柳类）可不开沟，混沙直接撒播。

2.5.3.2　**播种**

开沟后应立即播种，以防播种沟干燥，影响种子发芽。人工播种主要是通过人把种子播种在育苗地上。播种前要根据事先计算的播种量，按苗床数量等量分开，然后按地块取种播种。播种要均匀，播种小粒种子，可掺细沙混播。为避免出现先密后稀的现象，可分数次播种，以减少种子浪费。使用机械播种，工作效率高，下种均匀，覆土厚度一致。开沟、播种、覆土镇压一次完成，既节省了人力，也可做到幼苗出土整齐一致，是今后园林苗圃育苗的发展趋势。

2.5.3.3　**覆土**

播种后应及时覆土，覆土是播种后用土、细沙或腐殖土等覆盖种子。目的是保持种子适宜的水分和温度，并防止风吹跑种子和鸟兽的危害，以促进种子发芽和幼芽出土。覆土厚度常影响种子萌发，因此覆土要均匀，厚度要适宜，过厚不利于发芽、出土；过薄种子易暴露，种子易干，因缺水而无法发芽。一般覆土厚度为种子直径的2～3倍。

具体的厚度应根据种子的发芽特性、气候、土壤条件、播种期和管理技术的差异来定。一般大粒种子覆土宜厚，小粒种子宜薄；干旱季节播种宜深，潮湿多雨季节播种宜浅；沙质土壤保水性差覆土宜厚，黏重土壤覆土宜薄；春、夏播种的覆土宜薄，北方秋季播种宜厚。部分树种播种覆土厚度见表2-8。

表2-8　部分树种播种覆土厚度

树种	覆土厚度(cm)
杨、柳、桦、桉、泡桐等极小粒种子	以隐见种子为度
落叶松、杉木、柳杉、樟子松、榆树、黄檗、黄栌、马尾松、云杉等种粒大小相似的种子	0.5～1.0
油松、侧柏、梨、卫矛、紫穗槐等种粒大小相似的种子	1.0～2.0
刺槐、白蜡、水曲柳、臭椿、复叶槭、椴树、元宝枫、槐树、红松、华山松、枫杨、梧桐、女贞、皂角、樱桃、李子等种粒大小相似的种子	2.0～3.0

覆土应选用疏松土壤或木屑、细沙、草木灰、泥炭、腐熟的马粪等，不宜用黏重土壤。

2.5.3.4　**镇压**

镇压可使种子与土壤紧密结合，使种子充分利用土壤中的水分，利于发芽。播种后用石磙轻压或轻踩一下，对疏松干燥的土壤进行镇压更为重要。湿润、黏重的土壤不宜镇压。否则易造成土壤板结，影响种子发芽。

2.5.3.5　**覆盖**

覆盖的目的是保持土壤湿度、防止表土板结、调节地表温度、减少杂草滋生，促进种子发芽。生产中常用的覆盖材料有苇帘、地膜、遮阳网、稻草、锯末、谷壳、麦秆之类。最好就地取材。要求所使用的覆盖物不易腐烂,不带杂草种子和病虫害。一般在大部分幼苗出土后应及时撤除。

2.5.4 播后管理

播种后,从幼苗出土到苗木的生长过程中,要进行一系列的抚育管理工作。

抚育管理的主要技术措施包括遮阳、间苗与补苗、截根、中耕除草、灌溉、施肥、病虫害防治、苗木防寒等。

2.5.4.1 遮阳

遮阳是为了防止日光灼伤幼苗和减少土壤水分蒸发而采取的一项降温、保湿措施。幼苗出土后,组织幼嫩,对炎热、干旱和强烈光照等环境条件的抵抗能力很弱,需要进行遮阳保护。一般树种在幼苗期间都不同程度地喜欢庇荫环境,特别是一些喜阴树种,如白皮松、冷杉、云杉、红松、女贞等。生产上常用的遮阳材料有遮阳网、苇帘、竹帘等,透光率以 50% ~80% 为宜。遮阳时间为上午 9 时至下午 4 时左右。

2.5.4.2 间苗与补苗

在实际生产中,要求适量播种,出苗均匀,密度合理。但由于环境条件和操作技术的原因会经常出现出苗不齐、稀密不均现象。因此,必须进行合理间苗、补苗,调整密度,为幼苗生长提供良好的通风透光条件,使幼苗健康生长。

1) 间苗

间苗指将部分苗木除去,又称疏苗。既要保证播种小苗的最佳营养空间,又要保证单位面积产苗量。间苗工作应提早进行。间苗次数依苗木的生长速度而定。一般为 1 ~2 次,对大部分阔叶树种,如槐树、刺槐、白蜡等幼苗生长快,抵抗力强,可在齐苗后一次间完;生长较慢的针叶树种则需要 2 ~3 次间苗,第一次间苗在苗高 5 cm 时进行,苗高达到 10 cm 时进行第二次间苗,最后一次为定苗。定苗留苗数应比计划产苗数高 5% ~10%,用做最后补苗。

间苗最好在雨后或灌溉后进行,间苗后要及时浇水,以淤塞间苗留下的苗根空隙,防止根系失水死亡。

2) 补苗

补苗是移植过密的苗补栽到缺苗处。补苗可结合间苗同时进行,时间最好选在阴雨天或 16 时以后进行,避免强烈阳光,防止失水。补苗后及时浇水,并根据需要采取遮阳等措施,提高补苗成活率。

2.5.4.3 截根

截根即用弓形截根刀或锋利的铁锹等在适宜的部位斜切入土,将主根截断,目的是控制主根的生长,促使苗木多生侧根、须根,提高苗木质量和苗木移植成活率。适用于主根发达、侧根发育不良的树种,如核桃、橡栎类、梧桐、樟树等树种。截根可在春季生根前、幼苗长出 4 ~5 片真叶时进行,深度以 5 ~10 cm 为宜;也可以在早秋苗木处于速生期末期、根系尚未停止生长时进行,深度以 10 ~15 cm 为宜。截根后应及时灌水。

2.5.4.4 灌溉与排水

1) 灌溉

水分在种子萌发和苗木生长发育过程中起着相当重要的作用。幼苗出土后组织嫩弱，对水分敏感，略有缺水即易发生萎蔫现象，水大又会发生烂根涝害，因此幼苗期间灌水工作是一项重要的技术措施。幼苗期根系分布浅，灌水应"小水勤灌"，经常保持土壤上层湿润，就能满足幼苗对水分的需要。随着幼苗的生长，苗木的茎叶急剧增长，逐渐延长两次灌水间隔时间，增加每次灌水量。

对生长后期的苗木，要减少灌水，控制水分，防止苗木徒长，促进木质化，提高抗寒能力。

灌水时间一般在早晨或傍晚进行。

灌溉方法主要有侧方灌溉、漫灌、喷灌、滴灌等。应积极提倡喷灌和滴灌等进行节水灌溉，提高水的利用率。

2) 排水

苗圃地每个作业区都应有排水沟，在雨季或暴雨来临前要清理排水沟，以保证排水沟渠畅通，能将积水全部排出圃地，保证苗圃不出现涝情；特别是在地势低洼的苗圃地，在播种油松、马尾松、刺槐和广玉兰等不耐水湿的种类时，尤其应及时排出积水，以免引起涝灾和病害，造成苗木生长不良，甚至死亡。

2.5.4.5 中耕除草

中耕除草可以疏松表层土壤，改善土壤结构，减少土壤水分的蒸发，增加土壤的保水蓄水能力，并促进土壤空气的流通，给土壤微生物创造适宜的生活条件，有利于根系的生长发育。同时可以有效减少杂草对土壤水分、养分的竞争，减少病虫害传染源，降低病虫害的发生。中耕和除草通常结合进行，苗木生长初期，中耕宜浅，每当灌溉或降雨后，当土壤表土稍干后就可以进行，其深度为 2 ~ 4 cm。随着苗木的生长，可逐渐加深至 10 cm。中耕除草的次数，应根据土壤、气候、苗木生长状况以及杂草孳生状况等而定。一般 1 年生播种苗一年内为 6 ~ 10 次，2 年生苗为 3 ~ 6 次。

除草工作是在苗木抚育管理工作中工作量最大、时间最长、人力用的最多的一项工作。杂草与苗木争夺养分和水分，危害苗木的生长，因此必须及时清除。除草应掌握"除早、除小、除了"原则，大力消灭杂草。除草可以采用人工拔除，但用工量过大，目前提倡使用化学除草剂来消灭杂草，效果较好。

2.5.4.6 追肥

苗木施肥是培养壮苗的一项重要措施，直接影响苗木的质量。追肥一般以氮肥为主，适当配以磷、钾肥。苗木在不同发育阶段对肥料的需求是不同的，一般来说，播种苗生长初期需氮、磷较多，速生期需大量氮，生长后期应以钾为主、磷为辅，减少氮肥。

追肥是为补充基肥的不足，追肥应根据树种的喜肥特性、苗木的生长情况、生长时期、土壤养分状况和肥料种类等的不同而异。追肥应遵循"少量多次"的原则，第一次追肥宜在幼苗出土后 1 个月，当年最后一次追施氮肥应在苗木停止生长前 1 个月进行。

追肥的方法有土壤追肥和根外追肥两种，土壤追肥是把肥料通过挖穴或开沟施入土壤上面覆土。根外追肥是利用植物的叶片能吸收营养元素的特点，而采用液肥喷雾的施肥方法，用肥量小，肥效快，常用于补充磷、钾或微量元素，对需要量不大的微量元素在根外追肥时，应注意严格控制肥料浓度，一般微量元素浓度采用0.1% ~0.2%，一般化肥采用0.2% ~0.5%。

2.5.4.7　**病虫害防治**

对苗木生长过程中发生的病虫害，应遵循“防重于治，防治结合”和“治早、治小、治了”的原则，尤其应注意地下害虫。地下害虫一般不容易防治，而且对小苗危害极大。在栽培措施上要注意加强苗木田间抚育管理，清除杂草，减少病虫害的发生。尽可能进行轮作，以减少病虫害的中间寄主。一旦发现苗木病虫害应及时进行药剂防治。

2.5.4.8　**苗木防寒**

苗木防寒是北方地区常用的一项保护措施。苗木的组织幼嫩，尤其是秋梢部分，入冬时不能完全木质化，抗寒力低，且易受冻害；早春幼苗出土或萌芽时，也最易受晚霜的危害，因此要注意苗木的防冻。防寒防冻除应采取适时早播、合理施肥、秋季控制肥水、促进木质化，以提高苗木本身的抗寒能力等措施外，还应采取其他的防寒措施。

1）*覆盖法*

用稻草、马粪、落叶等把幼苗全部覆盖起来，在霜冻到来之前到晚霜过后撤除覆盖物。此法可提高土温，同时也可改良土壤结构，增加有机肥，防寒效果好，应用较普遍。

2）*埋土法*

一般在土壤封冻前，将小苗顺着有害风向按倒，勿折伤苗木，用土全部埋严。埋土厚度一般以超过苗梢1 ~10 cm为宜。生长较高的苗木，不能按倒的，可在其根部培土，土堆高度20 ~30 cm，埋后整理拍平，也具有一定的防寒效果。到第二年春季解冻后，在苗木萌芽前及时将培土扒开。埋土法是北方地区防止苗木冻害的有效方法。

3）*灌水法*

入冬前将苗木灌足冻水，增加土壤湿度，保持土壤温度，使苗木提高抗寒能力。注意灌冻水不宜过早，一般在土壤封冻前进行，灌水量要大。

4）*设防风障*

在风大的北方冬季和春季，架设防风障可以减低风力，减少苗木水分的蒸腾，尤其适用于北方干旱地区。对一些珍贵大苗或新引进的苗木，如雪松、龙柏、玉兰等可采用此法防寒。一般在土壤结冻之前架设风障。架设风障先以木棒或铁管做成支架，然后铺设塑料编织布，并用铁丝木板加固拴牢。也可采用高粱、玉米秆等埋立成行建防风障，风障的方向与主风方向垂直，风障间距离一般为风障高的10 ~15倍，翌年春季起苗前把风障清除。

5）*熏烟法*

播种苗出土后面临着一个遭遇晚霜的问题。这时的小苗很嫩，细胞含水量较大，极易受冻害。可采用熏烟法防霜冻，其原理是熏烟时，烟和水汽组成的烟雾能减少土壤的热量散失，防止土温降低。同时，发烟时烟粒吸收热量，使水汽凝结成液体，放出热量，可提高气温，防止霜冻。

方法是在预报有霜冻的夜晚，组织人员将树枝、杂草、秸秆、锯末等堆放在苗圃地里，每亩3 ~4堆，每堆5 ~20 kg，在夜间气温降到0 ℃时，在小苗区的上风方向点燃，使烟雾覆盖苗床。要求做到火小、烟大,保持有较浓的烟幕,一直保留到日出后1~2 h。

熏烟法只在气温不低于-2 ℃时才有显著效果,风大的天气无法进行,而且熏烟工作进行时间比较长,费工费时,生产中采用的较少。

6)假植法

可结合翌春移植,将苗木在入冬前掘出,按不同规格分级埋入假植沟或在地窖中假植,可有效防止冻害。适用于落叶乔灌木中怕冻的中小苗和准备明春移栽或出圃的苗木。假植沟选在地势较高、排水良好、背阴、背风的地方,沟的方向与当地主风方向垂直。此方法操作简便,安全可靠,是育苗工作中被常采用的一种防寒方法。

此外,根据苗木的不同及各地的实际情况还可采用密植、利用冷床栽培、窖藏、设暖棚等方法进行防寒。

技能训练

实训十　播种技术

一、目的

通过实训,使学生掌握播种的程序及播种量的计算方法。

二、材料与工具

树木种子、锹、锄头、盛种容器、皮尺、草帘、稻草、药品(福尔马林、高锰酸钾、敌克松)喷壶、称量器具。

三、方法与步骤

(一)种子精选

对种子除去杂质并从中选出具有良好播种品质的种子。可选用筛选、风选、水选、粒选等方法。

(二)种子消毒与催芽

使用实训九已经消毒和催过芽的树木的种子进行播种。

播前1~2周,检查种子催芽情况,如发现种子未萌动或萌动得不好,可将种子移到温暖处,上面加盖塑膜,使种子尽快发芽。当30%的种子裂口时即可播种。

(三)播种

1.确定播种量

根据该种子的发芽率、净度、千粒重确定单位面积苗圃地的播种量。

2.划线开沟

用锄头开沟,沟要直,宽窄深浅一致,沟底要求平。对极小粒种子(如杨、柳类)可不开沟,混沙直接撒播。

3. 播种

播种前要根据事先计算的播种量，按苗床数量等量分开，然后按地块取种播种。播种要均匀，播种小粒种子，可掺细沙混播，可分数次播种。

4. 覆土

播种后应及时覆土，用疏松土壤草木灰、泥炭、腐殖土等覆盖种子。覆土要均匀，厚度要适宜，一般覆土厚度为种子直径的 2 ~3 倍。

5. 镇压

播种后用石磙轻压或轻踩一下，以压实土壤。

6. 覆盖

覆盖材料最好就地取材，可用苇帘、地膜、遮阳网、稻草。要求所使用的覆盖物不易腐烂，不带杂草种子和病虫害。

7. 浇水

已催芽的种子，播后必须浇水。根据覆盖材料选择合适的浇水方式。

四、实训报告

完成实训报告，说出播种的主要操作程序及在播种过程中要注意的事项。

技能训练

实训十一　出苗前和幼苗期管理

一、目的

掌握苗木出苗前后一系列的抚育管理工作，包括遮阳、间苗与补苗、截根、中耕除草、灌溉、施肥等，掌握其具体的操作技术。

二、材料与工具

遮阳网、稻草、锄头、铁锹、喷壶、水桶、肥料、移植铲、除草剂。

三、方法与步骤

（一）覆盖

可用苇帘、地膜、稻草覆盖，厚度以不见土面为度。

（二）遮阳

可以使用遮阳网、苇帘、竹帘等遮阳材料，透光率以 50% ~80% 为宜。遮阳时间为上午 9 时至下午 4 时左右。

（三）间苗与补苗

选择适宜的时期进行间苗和补苗。用移植铲把密集株、病弱苗间出，把生长健壮的过密苗补栽到缺苗处，间苗后立即浇水，补苗后进行适当的遮阴。

(四)灌溉

幼苗出土后组织嫩弱,对水分要求严格,灌水应“小水勤灌”,经常保持土壤上层湿润,就能满足幼苗对水分的需要。随着幼苗的生长,逐渐延长两次灌水间隔时间,增加每次灌水量。

(五)松土除草

松土除草可以在出齐苗后结合灌溉进行,除草应掌握“除早、除小、除了”原则。除草可以采用人工拔除,也可以使用除草剂进行杂草的防除。

(六)追肥

追肥应遵循“少量多次”的原则,第一次追肥宜在幼苗出土后 1 个月,随着苗木的逐渐长大,可以加大追肥量。当年最后一次追施氮肥应在苗木停止生长前 1 个月进行。

(七)病虫害防治

在苗木生产过程中,要经常检查苗木的生长状况,发现有病害的苗木,及时拔除,并对症及时喷洒杀菌剂,尤其应注意地下害虫的防治,发生虫害喷洒杀虫剂进行防治。

四、实训报告

将幼苗的抚育管理工作中应注意的问题整理成实训报告。

思考题

1. 生理成熟的种子与形态成熟的种子有何区别?
2. 种子品质指标包括哪些?
3. 常用的种子催芽方法有哪些?
4. 以条播为例说明播种各工序的技术要求。
5. 苗木在播种后如何进行抚育管理?

第 3 单元　营养繁殖育苗技术

教学目标

掌握营养繁殖苗繁育成活的原理和影响因素。重点掌握扦插、嫁接、分株、压条的实际操作技能，以便科学、合理地运用各种栽培技术进行园林种苗生产，最终获得优质丰产的种苗。

3.1　扦插繁殖

营养繁殖(又称无性繁殖)是以母株的营养器官(根、茎、叶、芽等)的一部分，通过分株、压条、扦插、嫁接、组织培养等方法来培育新植株。它是利用植物细胞的全能性和再生能力，以及与另一植物通过嫁接合为一体的亲和力来进行繁殖的。用无性繁殖法获得的苗木称为营养苗。

扦插繁殖是利用植物营养器官(如茎、叶、根、芽等)的再生能力或分生机能，将其从母体上切取，在适宜的条件下，插在土、沙或其他基质上，促使其发生不定芽和不定根，成为完整独立的新植株。经过剪截用于直接扦插的部分称为插穗，用扦插繁殖培养的苗木叫扦插苗。扦插苗比播种苗生长快，开花早，短时间内可育成多数较大幼苗，能保持原有品种的特性。扦插苗无主根，多为浅根系，寿命较短，抗性不如播种苗。对不易产生种子的园林植物，多采用这种方法繁殖后代。

3.1.1　扦插繁殖原理

3.1.1.1　插条的生根类型

插穗能否成活，主要取决于插穗能否生根。植物的根系分为定根和不定根。由种子的胚发育而成的根(不论是主根还是侧根)称为定根；由茎、枝、叶等部位长出的根称为不定根。插穗产生不定根的部位因树种而异，有些树种主要从插穗周身皮部生根，如杨树、柳树等；有些树种主要在基部愈伤组织以及愈伤组织邻近的茎节上生根，如法桐等；而有些树种在插穗皮部和愈伤组织两个部位都能生根。这 3 种生根类型其生根的准备和机理是不相同的，从而在生根难易上也不相同。皮部生根需要的时间较短，愈伤组织生根需要的时间相对较长。生根快的树种成活率高，生根慢的树种成活率低。

1)皮部生根型

根原基是茎或枝皮部生根的物质基础。它是在较宽的髓射线与形成层交叉处形成的薄壁细胞群，细胞质浓，排列紧密；外端通向皮孔，吸收氧气；内端通过髓射线与髓心相连，从髓心吸收营养，取得营养物质。根原基的形成时间因树种不同而有差异，一般为 7 月中旬至 9 月下旬。因此，硬枝扦插一般用 1 年生枝条，采穗时间一般在树木休眠期。

插穗插入基质后,在适宜的温度、湿度、通气条件下,根原基开始生长、发育,穿过韧皮部,长出皮孔,生成不定根。不定根在土壤中吸收养分和水分,保证了插穗的成活。皮部生根的部位,一般是插穗在土壤中温度、湿度、通气最适宜的位置。皮部生根后,插穗已经成活,愈伤组织继续生长分化,形成大量根系。一般来说,这种皮部生根型属于易生根树种。

2)愈伤组织生根型

植物在伤口的刺激下,有生成愈伤组织的能力,愈伤组织有保护伤口、恢复生机的功能。由于伤口的刺激,形成愈伤激素,引起形成层薄壁细胞分裂,在伤口处形成半透明的瘤状突起物,具有明显细胞核的薄壁细胞群,这就是初生愈伤组织,其作用是保护伤口,吸收水分和养分,同时具有继续分生的能力。愈伤组织继续分化,在其深部可形成细胞质较浓、颜色较深的细胞团,即根原始体,然后发育成不定根。这种生根情况是要先长出愈伤组织然后再分化出根,因此需要的时间较长,生根较慢。

凡是扦插成活较难、生根较慢的树种,其生根部位大多是愈伤组织生根。产生愈伤组织是个较长的过程,如果从生成愈伤组织到长出根系这段时间,温、湿条件控制不好,插穗会因不能生根而死亡。

3)综合生根类型

事实上有许多植物的生根是处于中间状况的,既兼有皮部生根和愈伤组织生根的两种类型,如杉木、花柏等。其生根状况是皮部生根在先,愈伤组织生根在后,或者愈伤组织生根在先,皮部生根在后。先从皮部生根的成活率较高,如毛白杨、小叶杨等;先从愈伤组织生根的成活率较低,如花柏等针叶树和有些阔叶树。

3.1.1.2 扦插生根的生理基础

在研究扦插生根的理论方面,有许多学者做了大量工作,从不同角度提出了许多见解,虽由于缺少系统的试验,未能形成完整的扦插生根的理论,但这些见解经过生产实践取得了较为理想的效果,并以此来指导扦插实践。现将这些观点简单介绍如下。

1)植物的再生与不定根的形成

植物扦插繁殖的主要任务是对不定根的诱导。不定根的形成主要取决于植物的再生能力,再生能力强的植物,枝条在生长期内即能形成大量的不定根原基,脱离母体后,遇到适当的环境条件,就可形成不定根。再生能力弱的植物,扦插的枝条需在适宜的环境条件下,在愈伤组织形成的基础上进行不定根诱导,促其生根。

2)生长素

植物的生长活动受植物体内专门的生长物质控制,而植物伤口愈伤组织的形成及扦插生根是植物本身的生命活动,因而受到生长素的控制和调节。生长素根据来源分为以下两种。

(1)内源生长素。植物体内产生的激素,现已发现的有5种,即生长素、赤霉素、细胞分裂素、脱落酸和乙烯。这些激素在植物体内含量很少,只有百万分之一,但对植物的生理活性起很大作用。扦插生根、愈合组织的形成是受生长素控制和调节的,与细胞分裂素和脱落酸也有一定的关系。枝条本身所合成的生长素可以促进根系的形成,其主要是在枝条幼嫩的芽和叶上合成,然后向基部运行,参与根系的形成。实践证明,人们利用植物嫩枝进行扦插繁殖,其内源生长素含量高,细胞分生能力强,扦插容易成活。如葡萄插穗本身不存在潜伏根原基,当葡萄插穗带叶扦插后,其根系非常发达,假如事先把芽和叶摘除掉,生根能力就会受到显著的影响,或者根本不生根,说明插穗生根需要重要物质,这就是植物的叶和芽能合成天然生长素和其他影响生根的有效物质,并经过韧皮部向下运输至插穗基部,这表明有一个由顶部至基部的极性运输,同时也说明插穗基部是促进根形成最活跃的地方。由此为人类利用植物内源生长素与人工合成外源生长素来促进插穗基部不定根的形成提供了依据。目前,已知的内源生长素有生长素 a、生长素 b 和吲哚乙酸(IAA)。

(2)外源生长素。非植物体内产生,而是由人工合成的各种生长素,如吲哚乙酸(IAA)、吲哚丁酸(IBA)、萘乙酸(NAA)、萘乙酰胺(NAD)、广谱生根剂 ABT 和 HL-43 等,用这些生长素处理插穗基部后提高了生根率,而且缩短了生根时间。嫩枝扦插促进生产不定根是依据植物体内源生长素含量高而促成的,硬枝扦插时没有细嫩部分提供生长素,体内生长素含量极低,所以,需要补充外源生长素促进生根。利用激素处理的扦插枝条形成的根系强大,根长、根粗、根多,苗木生长健壮,对扦插育苗有着多、快、好、省的意义。

生长素对插条生根的影响在许多试验和生产实践中都已证实。但同时也发现,生长素不是唯一促进扦插枝条生根的物质,尤其对于很多难生根的植物往往难以达到预期的效果,表明除生长素外,另有一类物质辅助,才能导致不定根的发生,这类物质就是生根辅助因子。这类生根辅助因子在易生根的植物上含量较高,但单独使用这类物质,对插条生根没有影响。只有与生长素结合,才能有效地促进生根。

3)生长抑制剂

生长抑制剂是植物体内一种对生根有妨碍作用的物质。研究证实,生命周期中老龄树抑制物质含量高,而在树木年生长周期中休眠期含量最高,硬枝扦插靠近梢部的插穗又比基部的插穗抑制物含量高。因此,生产实际中,我们可采取相应的措施,如流水洗脱、低温处理、黑暗处理等,消除或减少抑制剂,促进插穗生根。

4)营养物质

插条的成活与其体内养分,尤其碳素和氮素的含量及其相对比率有一定的关系。一般说 C/N 比高,即植物体内碳水化合物含量高,相对的氮化合物含量低,对插条不定根的诱导较有利。低氮可以增加生根数,而缺氮会抑制生根。插穗营养充分,不仅可以促进根原基的形成,而且对地上部分增长也有促进作用。实践证明,对插条进行碳水化合物和氮的补充,可促进生根。一般在插穗下切口处用糖液浸泡或在插穗上喷洒氮素如尿素,能提高生根率。但外源补充碳水化合物,易引起切口腐烂。

5)发育状况

由于年代学、个体发育学和生理学三种衰老的影响,植物插条生根的能力也随着母树年龄的增长而减弱。根据这一特点,对于一些稀有、珍贵树种或难繁殖的树种,为使其在生理上"返老还童",可采取以下有效途径:

(1)绿篱化采穗。即将准备采条的母树进行强剪,不使其向上生长。

(2)连续扦插繁殖。连续扦插 2~3 次,新枝生根能力急剧增加,生根率可提高

40%～50%。

(3)用幼龄砧木连续嫁接繁殖。即把采自老龄母树上的接穗嫁接到幼龄砧木上,反复连续嫁接2～3次,使其"返老还童",再采其枝条或针叶束进行扦插。

(4)用基部萌芽条作插穗。即将老龄树干锯断,使幼年(童)区产生新的萌芽枝用于扦插。

6)茎的解剖构造

插条生根的难易与茎的解剖构造也有着密切的关系。如果插穗皮层中有一层、二层或多层的纤维细胞构成的一圈环状厚壁组织时,生根就困难;如果皮层中没有或有而不连续的厚壁组织时,生根就比较容易。因此,扦插育苗时可采取割破皮层的方法,破坏其环状厚壁组织而促进生根。

3.1.2 扦插成活的条件

在插条生根过程中,插条不定根的形成是一个复杂的生理过程。影响因素不同,成活状况也不同。即使同一植物种、品种也能形成生根情况的差异。这表明插条扦插后能否生根成活,除与植物本身的遗传因素(内因)有关外,还与外界环境因子(外因)有密切的关系。

3.1.2.1 内因

影响插条生根的内因主要有植物的遗传特性、采条母体的年龄、插条的年龄及在母体上的着生部位、插条的发育状况及长短、插条的叶面积等。

1)树种特性

插条生根的难易与植物的遗传特性有关,不同的植物种有着不同的遗传特性。从茎的解剖结构看,髓射线密而细、韧皮部厚的树种不易形成根原基,也就不能形成定根。有些树种含有抑制物质,插穗在受伤的情况下产生的植物生长激素被插穗产生的抑制物质所抵消,导致插穗难以生根。因此,不同植物扦插生根成活的难易差别很大,即使是同一科、同一属、同一种的不同单株,其生根能力也不一样。以木本植物为例,根据插条生根的难易,可将植物分为四类:

(1)极易生根的植物:如柳树、柽柳属、水杉、杉木、南天竹、青杨派、黑杨派、北京杨、小叶黄杨、紫穗槐、连翘、迎春、葡萄、地锦等,插条扦插后极易生根。

(2)较易生根的植物:如刺槐、国槐、毛白杨、新疆杨、泡桐、侧柏、茶、茶花、罗汉松、珍珠梅、杜鹃等,插条扦插后较易生根。

(3)较难生根的植物:如黑枣、臭椿、苦楝、梧桐、樱桃、小叶赤杨、光叶赤杨、枫杨、白蜡、槭树、日本五针松、美洲五针松等,插条扦插需要一定的技术措施方能生根。

(4)极难生根的植物:如松类、板栗、核桃、栎类、圆柏、桦树、柿树、鹅掌揪等,插条扦插后极难生根,即使经过特殊处理,生根率仍非常低。

2)母树的树龄

插穗的生根能力是随着母树年龄的增长而降低的,在一般情况下母树年龄越大,植物插穗生根就越困难,而母树年龄越小则生根越容易。树木新陈代谢作用的强弱,是随着发育阶段变老而减弱的,其生活力和适应性也逐渐降低。相反,幼龄母树的幼嫩枝条,其皮层分生组织的生命活动能力很强，所采下的枝条扦插成活率高。所以，在选条时应采自年幼的母树，特别对难以生根的树种，应选用1～2年生实生苗上的枝条，扦插效果最好。如珙桐5～6年生母树1年生枝条生根率可达58%～65%，用10年生母树的1年生枝条生根率显著下降；雪松4～5年生母树1年生枝条的生根率最高。母树随着年龄的增加而插穗生根能力下降的原因，除了生活力衰退外，还有生根所必需的物质减少，而阻碍生根的物质增多，如用赤松、黑松、扁柏、落叶松、柳杉等树种扦插中，发现有生根阻碍物质或单宁类物质。随着年龄的增加，母树的营养条件可能更坏，特别是在采穗圃中，由于反复采条，地力衰竭，母体的枝条内营养不足，也会影响插穗生根能力。

3）插穗的年龄

插穗年龄对生根的影响显著，一般以当年生枝的再生能力最强，这是因为嫩枝插穗内源生长素含量高，细胞分生能力旺盛，促进了不定根的形成。多年生苗木上的1年生枝条作插穗，比1年生实生苗木作插穗生根能力低；多年生树木上的多年生枝条生根能力更低。

4）枝条的部位及其发育状况

枝条的部位主要包括两方面：一方面是枝条在母体上着生的部位，另一方面是指一个枝条上的不同部位。这两方面部位上的变化，都不同程度地影响着插条成活率的大小。

同一株母体，在其上不同部位着生大量枝条。由于着生部位不同，这些枝条生活力的强弱也不同。一般根颈处萌发的枝条再生能力强，着生在主干上的枝条再生能力也较强。相反，树冠部和多次分枝的侧枝插穗成活率低。因为母树根颈部位的一年生萌蘖条其发育阶段最年幼，再生能力强，又因萌蘖条生长的部位靠近根系，得到了较多的营养物质，具有较高的可塑性，扦插后易于成活。干基萌发枝生根率虽高，但来源少。所以，作插穗的枝条用采穗圃的枝条比较理想，如无采穗圃，可用插条苗、留根苗和插根苗的苗干，其中以后二者更好。

针叶树母树主干上的枝条生根力强，侧枝尤其是多次分枝的侧枝生根力弱，若从树冠上采条，则从树冠下部光照较弱的部位采条较好。在生产实践中，有些树种带一部分2年生枝，即采用“踵状扦插法”或“带马蹄扦插法”常可以提高成活率。

硬枝插穗的枝条，必须发育充实、粗壮、充分木质化、无病虫害。

同一枝条的不同部位根原基数量和贮存营养物质的数量不同，其插穗生根率、成活率和苗木生长量都有明显的差异。但具体哪一部位好，还要考虑植物的生根类型、枝条的成熟度、不同的生长时期和扦插方法等。

一般来说，常绿树种中上部枝条较好。这主要是中上部枝条生长健壮、代谢旺盛、营养充足，且中上部新生枝光合作用也强，对生根有利。落叶树种硬枝扦插中下部枝条较好。因为下部枝条发育充实，贮藏养分多，为生根提供了有利因素。若落叶树种嫩枝扦插，则中上部枝条较好。由于幼嫩的枝条中上部内源生长素含量最高，而且细胞分生能力旺盛，对生根有利，如毛白杨嫩枝扦插，梢部最好。

枝条的粗细、充实与否，直接影响着枝条内营养物质含量的多少，并影响着插穗能否生根成活。插条扦插后至生根前的一段时间内，主要靠插条体内的营养物质维持生命，体内营养物质的多少，与插穗的成活或成活后苗木的生长有着密切的关系。凡是插条粗壮、发育充实、营养物质丰富的插条容易成活，且生长较好；而插条较细、不充实、营养物质少的插条不易成活，即使成活，生长也较差。所以采条扦插时，多选择生长健壮、发育充实、营养物质丰富的枝条作插条，以达到提高成活率、确保育苗质量的目的。对不同粗细的插穗而言，粗插穗所含的营养物质多，对生根有利。插穗的适宜粗细因树种而异，多数针叶树种直径为0.3～1 cm，阔叶树种直径为0.5～2.5 cm。一些树种的1年生枝条大多纤细，营养物质含量少，虽然有的能成活，但生长速度较慢，苗木瘦弱。为保证这类树种的成活率和生长效果，可采取插条带2年生枝扦插，以提高插条内营养物质的含量，保证插条体内的生理活动，保证插条的成活率。

5）插穗的长短

插穗的长短不但对扦插成活、苗木的生长有一定的影响，而且影响繁殖的数量。从扦插质量上看，绝大多数树种长插条根原基数量多，贮藏的营养多，有利于保证插条生根成活的数量。但扦插繁殖数量取决于插穗的来源。在插穗较少的情况下，为提高苗木的产量，应根据树种的生物特性，找出既经济、生根效果又好的最适宜的插穗长度，既不浪费插穗，又能保证成活。插穗长短的确定要以树种生根快慢和土壤水分条件为依据，一般草本植物7～10 cm，落叶树硬枝插穗10～25 cm，常绿树种10～15 cm，最上边一个芽离插穗顶端要1 cm，防止插穗顶端失水而影响顶芽发育。随着扦插技术的提高，扦插逐渐向短插穗方向发展，有的甚至一芽一叶扦插，如茶树、葡萄采用3～5 cm的短枝扦插，效果很好。

6）插穗的叶面积

植物带叶扦插，插穗上的叶面积对插穗的生根成活有两方面的影响：一方面在不定根形成的过程中，插穗上的老叶片能够进行光合作用，补充碳素营养，供给根系生长发育所需要的养分和生长激素，促进愈合生根；另一方面，当插穗的新根系未形成时，叶面积过多、蒸腾量过大，易造成插穗失水而枯死。因此，带叶扦插插穗留叶多少一般要根据具体情况而定，一般插穗10～15 cm长，留叶2～4片；若有喷雾装置，定时保湿，则可留较多的叶片，以便加速生根。

另外，从母树上采集的枝条或插穗，对干燥和病菌感染的抵抗能力显著减弱，因此在进行扦插繁殖时，一定要注意保持插穗自身的水分。生产上，可用水浸泡插穗下端，不仅增加了插穗的水分，还能减少抑制生根物质。

3.1.2.2 外因

影响插条生根的外因主要有温度、湿度、通气、光照、基质等。各因素之间相互影响、相互制约，因此扦插时必须使各种环境因子有机协调地满足插条生根的各种要求，以达到提高生根率、培育优质苗木的目的。

1）温度

温度对插穗的生根成活以及生根速度有着极大的影响，是扦插育苗中的一个限制因素。温度变化影响到扦插植物生根的难易、成活率的高低。适宜的生根温度范围因树种、扦插材料不同而有差异。一般植物休眠枝扦插时，切口愈伤组织和不定根的形成速度与温度的关系是：8～10 ℃时少量愈伤组织形成，10～15 ℃时愈伤组织形成最快，10 ℃以上开始生根，15～25 ℃生根最适宜，25 ℃以上生根率开始下降，36 ℃插条难以存活。由此可见，大多数树种休眠枝扦插的生根最适宜温度范围在15～25 ℃，20 ℃为最适温度。不同树种由于生态习性不同,适宜的温度范围略有不同,最低、最高温度也不相同。

温度对离体存活及生根的影响是温度越高呼吸作用越强,插条的养分消耗越快,不利于插穗存活。对带有一定量叶片的嫩枝插穗,温度越高,其蒸腾强度越大,插穗的水分损失越严重。试验认为,插床基质温度要高,而空气温度要低,相差10 ℃左右生根良好,地温和气温差有利于地下部分不定根首先生成,而芽子随后萌动,保证了插穗存活、生根。为了形成上、下温差,提高扦插生根率,生产上常采用全光雾插技术和基质增温扦插技术。

另外,夜间温度超过20 ℃是有害真菌为害最严重时期。插穗离体伤口一旦染病,将会严重影响存活和生根。生产实践中常把扦插最佳时期安排在春季(早春)和秋季(晚秋)冷凉季节就是这个道理。

2)湿度

在扦插生根过程中,掌握好基质湿度、空气湿度、插条自身含水量是保证离体存活和生根的技术关键,尤其是嫩枝扦插,应特别注意保持合适的湿度。

(1)基质湿度,是指插穗基部所在基质的湿度,它直接关系到离体的存活、愈合组织的形成、不定根的产生。对扦插基质的要求是要有较高的持水量,并有良好的透气性。基质湿度要求20%~25%。基质湿度一般用基质材料来控制,如夏季扦插常用的基质有河沙、蛭石、珍珠岩、膨体砂、炉灰渣等,它们共同的特点是水量过大也不会影响良好的透气性。如蛭石、珍珠岩等持水量都比较大,可节约用水。而春季、秋季扦插的基质则应选择保水性良好的、能贯通地下毛管水的壤土。

(2)空气湿度,是指插穗上部所在空间的湿度。空气湿度对休眠期插条影响不大,对嫩枝扦插、带叶扦插影响极大。因为离体缺少吸水的器官,而叶的蒸腾作用还在进行,为了保证离体存活,必须控制插穗的蒸腾强度,而增加空气湿度是最有效的措施。

空气的相对湿度对难生根的针、阔叶树种的影响很大。插穗所需的空气相对湿度一般为90%左右。硬枝扦插可稍低一些,但嫩枝扦插空气的相对湿度一定要控制在90%以上,使枝条蒸腾强度最低。生产上可采用喷水、间隔控制喷雾等方法提高空气的相对湿度,使插穗易于生根。

(3)插穗自身含水量。

插穗自身含水量直接影响插穗的存活和生根。关键在于采穗的时机,应在早晨最好,经过一夜的吸水,蒸腾的损失还小,组织细胞的含水量比较充分。对采条母株提前灌水,对一些花灌木也是非常必要的。对冬季采取的失水较多的插条,扦插前应浸泡吸水,以利于生根。

3)光照

光照对插穗成活既有有利作用,也有不利作用。充足的光照能够增加土壤温度,促进插穗生根;对一些带叶的嫩枝插穗,可保证一定的光合强度,增加插穗中的营养物质,并且利用在光合生产中产生的内源生长素促进生根,缩短生根时间,提高成活率。但光照强度过大,会增大土壤的蒸发量、插穗及叶片的蒸腾量,造成插穗体内失水而枯萎死亡。因此,在光照过强时,可通过喷水、遮阴等措施来维持插穗体内水分代谢平衡。

4)扦插基质

当不定根发生时,呼吸作用增强,因此要求扦插基质具备供氧的有利条件,同时保持湿润;扦插不宜过深,愈深则氧气愈少。扦插基质以中性为好,酸性不易生根。扦插生根后就移苗,可以不施肥。目前所用的扦插基质有以下三种状态:

(1)气态。把空气造成水汽弥雾状态,将插穗吊于雾中使其生根成活,称为雾插或气插。雾插只要控制好温度和空气相对湿度就能充分利用空间,插穗生根快,缩短育苗周期;但由于插穗在高温、高湿的条件下生根,炼苗就成为雾插成活的重要环节之一。

(2)液态。把插穗插于水或营养液中使其生根成活,称为液插。液插常用于易生根的树种。由于营养液作基质,插穗易腐烂,一般情况应慎用。

(3)固态。生产上最常用的固体基质,一般有沙壤土、河沙、蛭石、珍珠岩、炉渣、炭化稻壳、花生壳等。这些基质的通气、排水性能良好。但反复使用后,颗粒往往破碎,粉末成分增加,故要定时更换新基质。

沙壤土:圃地大田扦插育苗常用的土壤,较疏松透气,保水、保肥,来源广泛。沙壤土常作为容易生根树种的扦插基质。

河沙:河沙是一种石英岩或花岗岩等经风化和水力冲刷的不规则颗粒,它本身无空隙,但颗粒之间通气性好,无毒、无菌、无化学反应。由于通气性好,导热快,取材容易,使用方便,因而是目前广泛采用的生根基质,特别在弥雾条件下,多余的水分能及时排出,以防因积水引起腐烂,是夏季嫩枝扦插育苗的优良基质。

蛭石:蛭石是一种单斜晶体天然矿物,产于蚀变的黑云母或金云母的岩脉中,是黑云母或金云母变化的产物。但用于基质的蛭石是经过1 000 ℃的高温焙烧而成的膨化制品,膨化后体积增大到15~25倍,体质轻,孔隙度大,具有良好的保温、隔热、通气、保水、保肥的作用。因为经高温燃烧,因而无菌、无毒。化学稳定性好,是国内外公认的最理想的扦插基质。

珍珠岩:珍珠岩是铝硅天然化合物,是先将珍珠岩轧碎并加热到1 000 ℃以上、经过高温燃烧而成的膨化制品,具有封闭的多孔性结构,化学结构稳定,长期使用不溃碎。由于珍珠岩的结构是封闭的孔隙,水分只能保持在聚合体的表面,或聚合体之间的孔隙中,故珍珠岩有良好的排水性能,且有良好的保温、隔热、通气、保肥等性能,是全光雾插育苗冬季采用的最好基质。

泥炭土:又称草炭,是古代湖泊沼泽植物埋藏于地下,在缺氧条件下,分解不完全的有机物,内含大量未腐烂的植物质,干后呈褐色,酸性反应,质地疏松,有团粒结构,保水能力强。但含水量较高,通气性差,吸热力也差,故常和其他基质(如河沙、珍珠岩)混合使用。

炉渣:炉渣是煤经高温燃烧后剩下的矿质固体,由于颗粒大小和形状不一,需要筛制后作为扦插基质。煤渣颗粒具有很多微孔,颗粒间隙也很大,具有良好的通透性,并具保肥、保水、保温等性能。无毒、无菌,来源广泛,价格低廉,也是较好的扦插基质。

炭化稻壳、花生壳:该物具有透水通气、吸热保温等优点,而且稻壳、花生壳经高温炭化后,不但杀灭了杂菌,还能提供丰富的磷、钾元素,是冬季或早春、晚秋时期进行扦插育苗的良好基质。

此外,常用的基质还有腐殖质、苔藓土、泡沫塑料等。

以上基质在生产中可视当地资源条件而定,可单独使用,也可以依据植物种类相互混合使用。在生产中通常采用混合基质扦插,如沙土的配制:含沙40%~50%,黏土35%~

40%，有机肥15%～20%；腐殖质土的配制：含腐殖质20%～30%，黏土40%～50%，沙20%～30%；泥炭土的配制：泥炭与沙等量混合。

基质的选择应根据树种的要求，选择最适宜的基质。在露地进行扦插时，大面积更换扦插土，实际上是不可能的，故通常选用排水良好的沙质壤土。有些基质如蛭石、炉渣等在反复使用过程中容易破碎，粉末增多，影响透气，因此必须进行定期更换或将其筛出，补充新的基质。

扦插后插穗的基部切口形成愈伤组织时期，土壤宜紧实，有利于愈伤组织的形成。当插条进入大量发根阶段，土壤宜疏松透气，以利不定根形成与生长，所以在扦插后期，宜进行轻微松土，以增加插壤的透气性，加速根系生长。

3.1.3　促进插穗生根的技术措施

植物种类不同，对各种处理的反应也不同。即使同种植物的不同品种，对一些药剂反应也不同，这是由于年龄不同、插条发育阶段不一、母株的营养条件及扦插时期等方面的差异导致的。促进插条生根的方法较多，现简略介绍如下。

3.1.3.1　植物生长激素及生根促进剂处理

对不易发根的树种，采用植物生长激素、生根促进剂处理能促进发根。生根剂、植物激素的主要作用是加强插穗的呼吸作用，提高酶的活性，促进分生细胞分裂。

1）生长激素处理

目前使用最广泛的生长激素有吲哚乙酸（IAA）、吲哚丁酸（IBA）、萘乙酸（NAA）、2,4－D等，对于茎插均有显著作用，但对根插及叶插效果不明显。处理后常抑制不定芽的发生。生长素的应用方法较多，有粉剂处理、液剂处理、酯剂处理。扦插繁殖中以粉剂及液剂处理为多。粉剂处理时，将溶解的生长素与滑石粉混合均匀，阴干后制成粉剂，将湿插穗基部蘸上粉末，再行扦插。混入生长素之量视扦插种类、扦插材料而异。配制吲哚乙酸、吲哚丁酸及萘乙酸等试剂时，应先溶于少量酒精（95%），然后配制成不同浓度的药液。低浓度（如50～200 mg/L）溶液浸泡插穗下端6～24 h，高浓度（如500～10 000 mg/L）溶液可进行快速处理（几秒钟到1 min）。应用于易生根之插条时，浓度宜低，对生根较难的插穗，浓度要高些。

2）生根促进剂处理

（1）ABT生根粉。它是中国林业科学研究院王涛研究员于20世纪80年代初研制成功的。ABT生根粉是一种广谱高效生根促进剂，用其处理插穗，能渗入插穗不定根形成的整个生理过程，具有补充外源激素与促进植物体内源激素合成的功效，因而能促进不定根的形成，缩短生根时间，并能促进不定根原基迅速生根，效果优于吲哚丁酸等生长激素。ABT生根粉有5个型号，其中1号用于处理珍稀树种和难生根树种，2号用于处理较容易生根树种。1号生根粉与2号生根粉使用方法：硬枝扦插用50～200 mg/L，插穗浸泡8～20 h或用500～1 000 mg/L溶液快浸5 s，也可用1 000～5 000 mg/L粉剂蘸。

（2）911生根素。它是湖北省林业科学研究院周心铁研究员发明。911生根素最初用于难生根树种松树针叶束水培扦插育苗，能使松树针叶束生根率达到85%。后来制成粉剂，用于其他难生根树种扦插。使用浓度为100～200 mg/L，插穗浸泡12～24 h。

(3)HL－43 生根剂。由华中农业大学涂炳坤、胡婉仪教授发明。对公认的生根非常困难的板栗等 33 个树种,用 HL－43 生根剂处理后进行全光喷雾扦插,获得较好的生根效果,其中板栗生根率达到 82.4%。使用浓度及方法:插穗在原液中浸泡 5～10 s,或将原液用水稀释 10 倍,浸泡 1～6 h 扦插。

另外,山西农业大学林学系研制并获国家科技发明奖的"根宝",昆明市园林所等研制的"3A 系列促根粉"等,均能提高多种树木如银杏、桂花、板栗、红枫、樱花、梅、落叶松等的生根率,其生根率可达 90% 以上,且根系发达,吸收根数量增多。

3.1.3.2 机械处理

在树木生长季节,将枝条基部环剥、刻伤或用铁丝、麻绳或尼龙绳等捆扎,阻止枝条上部的碳水化合物和生长素向下运输,使营养物质积累在伤口部位,至休眠期再将枝条从基部剪下进行扦插,能显著地促进生根。

3.1.3.3 软化处理

软化处理对部分木本植物效果良好。即在插条剪取前 2～3 周,先在剪取部分进行遮光处理(用不透水的黑色塑料袋或黑布罩住),使之变白软化,预先给予生根环境和刺激,促进根原组织形成。待遮光部分变白,即可自遮光处剪下扦插。

3.1.3.4 洗脱处理

洗脱处理一般有温水处理、流水处理、酒精处理等。洗脱处理不仅能降低枝条内抑制物质的含量,同时还能增加枝条内水分的含量。

1)温水洗脱处理

将插穗下端放入 30～35 ℃的温水中浸泡几小时或更长时间,具体时间因树种而异。某些针叶树如松树、落叶松、云杉等浸泡 2 h,起脱脂作用,有利于切口愈合生根。

2)流水洗脱处理

将插条放入流动的水中,浸泡数小时,具体时间也因树种不同而异。多数在 24 h 以内,也有的可达 72 h,甚至有的更长。

3)酒精洗脱处理

用酒精处理也可有效地降低插穗中的抑制物质,大大提高生根率。一般使用浓度为 1%～3%,或者用 1% 的酒精和 1% 的乙醚混合液,浸泡时间 6 h 左右,如杜鹃类。

3.1.3.5 营养处理

用维生素、糖类及其他氮素处理插条,也是促进生根的措施之一。如用 5%～10% 的蔗糖溶液处理雪松、龙柏、水杉等树种的插穗 12～24 h,对促进生根效果很显著。若用糖类与植物生长素并用,则效果更佳。在嫩枝扦插时,在其叶片上喷洒尿素,也是营养处理的一种。

3.1.3.6 化学药剂处理

用化学药剂处理插穗,可增强新陈代谢作用,有效地促进插条生根,如蔗糖、醋酸、磷酸、高锰酸钾、硫酸锰、硫酸镁等。如生产中用 0.1% 的醋酸水溶液浸泡卫矛、丁香等插条,能显著地促进生根。蔗糖处理插穗的含量一般在 1%～10%,蔗糖主要为插穗提供营养物质。用 0.05%～0.1% 的高锰酸钾溶液浸插穗 12 h,除能促进生根外,还能抑制细菌发育,起消毒作用。

3.1.3.7　低温贮藏处理

将硬枝放入0～5℃的低温条件下冷藏一定时期(至少40 d),使枝条内的抑制物质转化,有利生根。

3.1.3.8　增温处理

春天由于气温高于地温,在露地扦插时,易先抽芽展叶后生根,以致降低扦插成活率。为此,可采用在插床内铺设电热线(即电热温床法)或在插床内放入生马粪(即酿热物催根法)等措施来提高地温,促进生根。

3.1.3.9　倒插催根

一般在冬末春初进行。利用春季地表温度高于坑内温度的特点,将插条倒放坑内,用沙子填满孔隙,并在坑面上覆盖2 cm沙,使倒立的插穗基部的温度高于插穗梢部,这样为插穗基部愈伤组织的根原基形成创造了有利条件,从而促进生根,但要注意水分控制。

3.1.4　扦插育苗的方法

园林植物的种类繁多,习性各异。在植物扦插繁殖中,要根据不同植物的生长特性,在不同的时期选择相应的扦插类型进行繁殖。

扦插繁殖按照插穗器官分为枝插、根插、芽插和叶插等。枝插按照插穗的木质化程度与扦插季节分为硬枝扦插(又称休眠期扦插)、软枝扦插(又称绿枝扦插、嫩枝扦插、生长枝扦插),叶插包括全叶插和片叶插。其分类情况如下:

- 扦插
  - 枝插
    - 软枝扦插
    - 硬枝扦插
      - 长穗插
        - 普通插
        - 踵形插
        - 槌形插
      - 短枝插(单芽插)
  - 叶插
    - 全叶插
    - 片叶插
  - 根插
    - 全根插
    - 段根插
  - 芽插

在园林苗木的培育中,最常用的是枝插,其次是根插和叶插。现介绍如下。

3.1.4.1　枝插

枝插即用树木的枝条作插穗进行扦插,使其产生新根,形成一个新的植株。枝插分为嫩枝扦插、硬枝扦插。

1)嫩枝扦插

嫩枝扦插又称绿枝扦插、半木质化扦插、软枝扦插,是在生长季节用生长旺盛的幼嫩的、未木质化或半木质化的枝条进行扦插育苗的方法。其特点是光合作用、蒸腾作用及各种代谢活跃。内源生长素含量相对较高,容易生根。对于一些休眠期扦插不易生根的植物如银杏、松属、紫玉兰、腊梅、茶花、卫矛、海桐、杜鹃花、冬青等,用嫩枝扦插则能取得较好的效果。嫩枝扦插的不利条件在于在夏季高温条件下扦插时,离体带有一定量的叶片,蒸腾强度大，插穗最易失水，对扦插环境湿度要求较高。该季节为真菌、细菌繁衍活动旺盛期，插穗极易染病，影响离体（生根之前）保存率。对基质及环境必须认真消毒。嫩枝扦插在夏季进行，扦插设施常采用全日照自动间歇喷雾设施或荫棚、塑料小拱棚保护地设施，也可采用大盆密插、暗瓶水插等方法，以保证适宜的空气湿度。

插穗长度依植物种类、节间长度及组织软硬而异，通常为5～15 cm，组织以老熟适中为宜，过于柔嫩易腐烂，过老则生根缓慢。软材扦插必须保留一部分叶片，若去掉全部叶片则难生根。对叶片较大的种类，为避免水分蒸腾过多，可把叶片的一部分剪掉。一般保留3～4个芽，插穗下切口为平口或斜口，剪口应位于叶或腋芽之下。阔叶树一般保留2～3个叶片，针叶树脱去底部3～5 cm叶子，下部插入基质中。在制穗过程中要注意保湿，随时注意用湿润物覆盖或浸入水中。多汁液种类应使切口干燥半日至数天后扦插，以防腐烂。

嫩枝扦插因插穗枝条柔嫩，扦插用地需整理得更加精细、疏松，常制作专门插床。插穗一般垂直插入基质中，扦插深度应根据树种和插穗长度而定，一般为插穗全长的1/3～1/2。如能人工控制环境条件，扦插深度越浅越好，可为0.5 cm左右，不倒即可。扦插密度以两插穗之叶相接、互不遮盖为宜。

2）硬枝扦插

用已经完全木质化的枝条作插穗进行扦插育苗的方法称为硬枝扦插，适用于扦插容易成活的植物，如杨树、柳树、悬铃木、月季、花柏、女贞、连翘、紫藤、忍冬、绣线菊、无花果、桑、葡萄、石榴、侧柏、桧柏、云杉等。

硬枝扦插可在春、秋两季进行，最适宜的时期为春季，在腋芽萌动前进行扦插，北方春季当土壤解冻后立即扦插。秋季扦插在尚未落叶、生长停止前1个月进行，以保证插穗形成愈伤组织和不定根，为安全越冬打下基础。北方寒冷地区秋插容易产生冻害，干旱地区秋插时第一芽容易干枯，故一般不宜在秋季扦插。南方常绿树种常在冬季扦插，可直接在苗圃地内进行，经过冬、春生长成苗，而北方较少冬插，但可在温室内进行。

扦插时直插、斜插均可，但倾斜角不能太大，扦插深度为插穗全长的1/2～2/3。干旱地区、沙质土壤可适当深些。注意不要碰伤芽眼，插入土壤时不要左右晃动，并用手将周围土壤压实。春季大田扦插时可做成垄和畦。在垄背上扦插为垄插，插穗插在畦中为畦插。多数情况下垄插优于畦插，因为垄插时表土层比较深，根系附近土壤疏松透气，且土壤吸收阳光的面积大，地温升高快，有利于插穗生根。另外垄插灌水在高垄之间，不会因灌水而影响土壤透气性。但是，在沙性土壤扦插，特别是在气候非常干旱的地区由于保水困难不宜垄插。

硬枝扦插按照插穗的长短通常分为长穗插和单芽插两种。长穗插是用两个以上的芽进行扦插，单芽插是用一个芽的枝段进行扦插，由于枝条较短，故又称为短穗插。

（1）长穗插。

通常有普通插、踵形插、槌形插等。

①普通插。是木本植物扦插繁殖中应用最多的一种，大多数树种都可采用这种方法。既可采用插床扦插，也可大田扦插，如平作或垄作。一般插穗长度为10～20 cm，插穗上保留2～3个芽，剪切口时上切口距顶芽1 cm左右向芽的反方向斜剪，下切口的位置依植

物种类而异，一般在节附近薄壁细胞多，细胞分裂快，营养丰富，易于形成愈伤组织和生根，故插穗下切口宜紧靠节下。下切口有平切、斜切、双面切、踵状切等几种切法（见图3-1）。

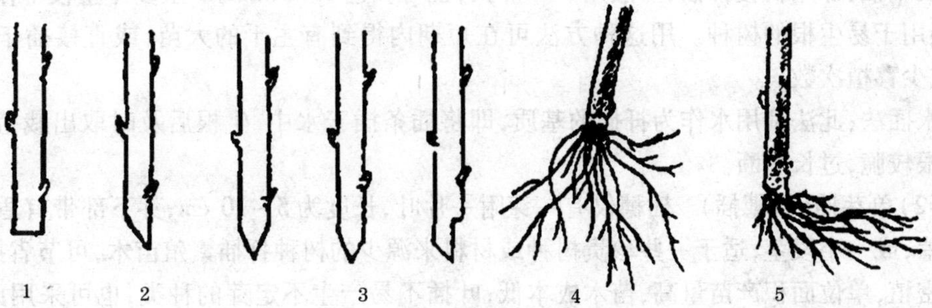

图3-1　插条下切口的形状与生根

1—平切；2—斜切；3—双面切；4—下切口平切生根均匀；5—下切口斜切根偏于一侧

易生根的植物和嫩枝插穗多采取平切，愈合速度快，生根均匀，呈环状分布，伤口小，可以减少切口腐烂。生根较困难的植物采用斜切和双斜面切，由于切口与基质接触面大，利于吸收水分和养分，但易形成偏根，根系集中于切面先端，且此法剪制费工，不便机械化截穗。当插穗剪好后，将插穗插入土中或基质中，插入深度为插穗长度的1/2～2/3。凡插穗较短的宜直插，既避免斜插造成偏根，又便于起苗。

②踵形插。插穗基部带有一部分2年生枝条，形同踵足。这种插穗下部养分集中，容易发根，但浪费枝条，即每个枝条只能取一个插穗，适用于松类、柏类、桂花等难成活的树种（见图3-2）。

③槌形插。是踵形插的一种，基部所带的老枝条部分较踵形插多，一般长2～4 cm，两端斜削，成为槌状（见图3-2）。

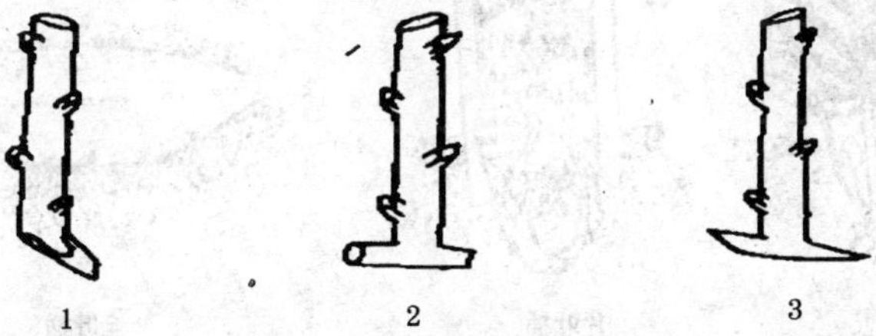

图3-2　插条的剪取与硬枝扦插

1—踵形插；2、3—槌形插

除以上三种按材料形态分出的扦插外，为了提高生根成活率，在普通插的基础上采取各种措施形成的几种插法如下。

割插：插穗下部自中间劈开，夹以石子等。利用人为创伤的办法刺激伤口愈合组织产生，扩大插穗生根面积。此法多用于生根困难，且以愈伤组织生根的树种，如桂花、茶花、梅花等。

土球插：将插穗基部裹在较黏重的土壤球中，再将插穗连带土球一同插入土中，利用土球保持较高的水分。此法多用于常绿树和针叶树，如雪松、竹柏等。

肉瘤插：此法是在枝条未从母树上剪下之前的生长季中，以割伤、环剥、绞缢等办法造成插穗基部形成以愈伤组织突起的肉瘤状物，增大营养贮藏，然后切取进行扦插。此法程序较多，且浪费枝条，但利于生根困难的树种繁殖，因此多用于珍贵树种繁殖。

长干插：即用长枝扦插，一般用 50 cm 长，也可长达 1 ~ 2 m 的 1 至多年生枝干作为插穗，多用于易生根的树种。用这种方法可在短期内得到有主干的大苗，或直接插于欲栽处，减少移植次数。

水插法：此法利用水作为扦插的基质，即将插条插于水中，生根后及时取出栽植。水插的根较脆，过长易断。

(2)单芽插（短穗插）。插穗仅有一芽附一片叶，长度为 5 ~ 10 cm，芽下部带有盾形茎部一片，或一小段茎，适于一些珍贵树种或材料来源少的树种扦插繁殖苗木，可节省插穗，适于密植，单位面积产苗量高，苗木成本低；叶插不易产生不定芽的种类，也可采用此法，如橡皮树、山茶花、桂花、天竺葵、八仙花、宿根福禄考、彩叶草、菊花等。但对插穗要求严格，扦插技术要求较高。一般先在保护地内采用营养钵扦插，待生根长梢具有 4 ~ 6 片叶后再移植大田。若于大田直接扦插，扦插后覆盖稻草，并经常向上喷水，防止插穗风干，待生根、萌芽后撤去覆盖物。

3.1.4.2　**叶插**

用于能自叶上发生不定芽及不定根的种类。凡能进行叶插的植物，大都具有粗壮的叶柄、叶脉或肥厚的叶片。叶插须选取发育充实的叶片，在设备良好的繁殖床内进行，以维持适宜的温度及湿度，才能获得良好的效果。叶插包括草本花卉、观叶草本植物的全叶插和片叶插，以及木本植物的针叶束水插育苗。

1）全叶插

以完整叶片为插穗。按叶片扦插部位不同分为平置法和直插法两种，见图 3-3。

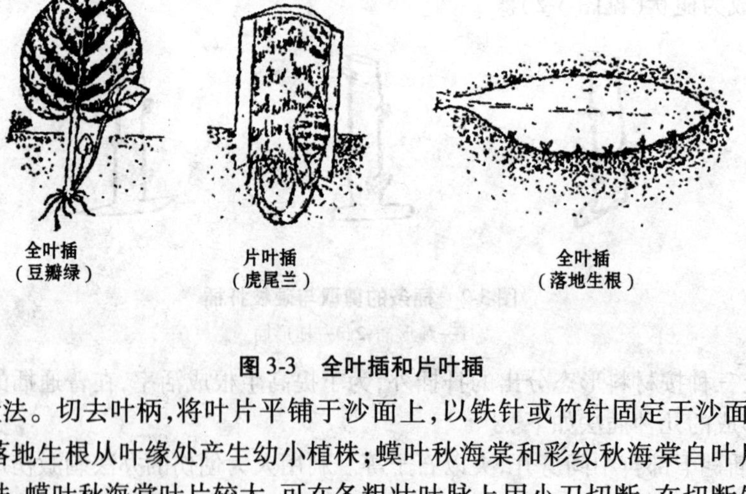

图 3-3　全叶插和片叶插

(1)平置法。切去叶柄，将叶片平铺于沙面上，以铁针或竹针固定于沙面上，下面与沙面密接。落地生根从叶缘处产生幼小植株；蟆叶秋海棠和彩纹秋海棠自叶片基部或叶脉处产生植株，蟆叶秋海棠叶片较大，可在各粗壮叶脉上用小刀切断，在切断处发生幼小植株。

(2)直插法。也称叶柄插法，将叶柄插入沙中，叶片立于面上，叶柄基部就发生不定芽。大岩桐进行叶插时，首先在叶柄基部发生小块茎，之后发生根与芽。用此法繁殖的花卉还有非洲紫罗兰、豆瓣绿、球兰、虎尾兰等。百合的鳞片也可以扦插。

2)片叶插

将一个叶片分切为数块,分别进行扦插,使每块叶片上形成不定芽。用此法进行繁殖的有蟆叶秋海棠、大岩桐、豆瓣绿、虎尾兰、八仙花等。

将蟆叶秋海棠叶柄、叶片基部剪去,按主脉分布情况,分切为数块,使每块上都有一条主脉,再剪去叶缘较薄的部分,以减少蒸发,然后将其下端插入沙中,不久就从叶脉基部发生幼小植株。大岩桐也可采用片叶插,即在各对侧脉下方自主脉处切开,再切去叶脉上方较薄部分,分别把每块叶片下端插入沙中,在主脉下端就可生出幼小植株。虎尾兰的叶片较长,可横切成 5 cm 左右的小段,将其下端插入沙中, 自下端可生出幼株。虎尾兰分割后应注意不可使其上下颠倒,否则影响成活。

3)针叶束水插育苗

于秋冬季节,选择生长健壮的 2 年生苗木或幼龄枝的当年生粗壮针叶束作繁殖材料。采回针叶束后,将其洗净,然后将叶束贮藏在经过消毒的纯沙中(叶束埋深 2/3 即可),并浇透水,经常保持湿润,温度控制在 0 ~ 10 ℃,约一个月。沙藏起脱脂作用。沙藏后的叶束,可用快刀片在生长点以下将叶束基部切去(勿伤生长点),造成一新鲜伤口,有利愈合生根。切基后的叶束再进行激素处理。

配制一定的营养液进行水插,营养液的基本配方为:硼酸 50 ~ 70 mg/L,硝酸铵 20 mg/L,维生素 B_1 20 mg/L,还可以根据树种不同加其他药品如维生素 B_6 等。营养液用井水即可,pH 值在 7 以下。将经过切基、激素处理的针叶束插入水培营养液中,并固定。温度控制在 10 ~ 28 ℃,空气相对湿度在 80% 左右,积温达到 1 000 ℃左右,生根加快。一般一周左右要冲洗叶束,清洗水培容器,并更换营养液一次。

当叶束根长到 1 ~ 2 cm 时,即可进行移植,同时接种菌根。移植时用小铲开孔,插入带根叶束,深度以掩埋住根即可,轻轻压实,要经常保持土壤的湿润。移植初期,中午前后阳光太强,要适当遮阴。移植后最关键的问题是促进生长点的萌动、发芽、抽茎生长。叶束发芽与叶束的质量有密切关系。叶束健壮,重量大,易发芽。此外接种菌根、喷洒赤霉素等对促进发芽有积极的作用。叶束苗长出新根、发芽、抽茎后的管理,同一般的育苗方法。

3.1.4.3　根插

对于枝插繁殖困难的树种,可用根插方法进行繁殖。用根来培养成一个新植株,关键是根上能够形成不定芽。可用根插繁殖的植物大多具有粗壮的根,粗度不应小于 2 mm。同种植物,根较粗较长者含营养物质多,也易成活。一般凡是在自然生长条件下,树的周围能够萌发出根蘖苗的树种,都可以用根插来繁殖。

晚秋或早春均可进行根插,也可在秋季掘起母株,贮藏根系过冬,至来年春季扦插。冬季也可在温室或温床内进行扦插。

因树种不同选取的根穗粗度有所差别,原则是插条长些好、粗壮些好,一般根穗长度为 15 ~ 20 cm,大头粗度为 0.5 ~ 2 cm,如刺槐采用粗度为 0.3 ~ 1.2 cm 的嫩根,切成 6 ~ 12 cm 长插条。从生产成本、产量考虑应控制在以上范围,粗壮根可短些,细弱的根应长些。插条应按粗细进行分级、打捆,分清上、下切口,用油漆在上切口涂标记,也可上切口剪成平口，下切口剪成斜口，以避免扦插时颠倒方向。根部插条容易失水，要认真假植好，以备春季扦插。

可进行根插的植物有秋牡丹、肥皂草、毛蕊花、剪秋罗、宿根福禄考等，可在温室或温床中进行。把根剪成3~5 cm长，撒播于浅箱、花盆的沙面上（或播种用土），覆土（沙）约1 cm，保持湿润，待产生不定芽之后进行移植。还有一些植物，根部粗大或带肉质，如芍药、荷包牡丹、泡桐、野漆、臭椿、千头椿、洋槐、香椿等，可剪成3~8 cm的根段，垂直插入土中，上端稍露出土面，待生出不定芽后进行移植。

3.1.5 全光喷雾扦插育苗技术

全光喷雾扦插是在全日照条件下，不加任何遮阴措施，利用半木质化的嫩枝插穗和排水通气良好的插床，并采用自动间歇喷雾的现代技术，进行高效率的规模化扦插育苗的方法。这种方法是当前国内外广泛采用的育苗新技术，其优点是能充分利用自然条件；生根迅速，苗木生长快，育苗周期短；生产成本低廉；苗木培育接近自然状态，较快适应移栽后的环境；可实行专业化、工厂化和良种化的大规模生产，是今后林木育苗现代化的发展方向。

3.1.5.1 嫩枝扦插的生根特性

1）插穗的叶片能进行光合作用

嫩枝扦插一般插穗上都带有叶片，在全日照条件下这些叶片能进行光合作用。由于植物的极性作用，将光合产物转移到插穗基部，使插穗基部积累了许多生根物质，为生根提供了丰富的物质基础。

2）嫩枝插穗先生根后发芽

在全光照喷雾条件下进行带叶扦插育苗时，插穗都首先产生不定根，待形成根系后才逐渐发芽长出新的枝和叶，这是嫩枝插穗具有的先生根后发芽的特点。从外部条件看，强烈的阳光照射，温度升到27 ℃以上时，便会抑制芽的发育和生长，此时虽然间歇喷雾能降低空气温度，但温差变化很大，仍不利于芽的生长。而基质内温度比较稳定，有利于生根。同时，长日照和较高的空气温度，有利于生长素等生根物质的形成和发挥作用。这些外在的因素也为插穗先生根创造了很好的条件。

3.1.5.2 全光喷雾扦插设备的类型

目前，我国广泛采用的自动喷雾装置有3种：电子叶喷雾设备、双长悬臂喷雾装置和微喷管道系统。其构造的共同点是都由自动控制器和机械喷雾两部分组成。

1）电子叶喷雾设备

电子叶喷雾设备主要包括进水管、贮水槽、自动抽水机、压力水筒、电磁阀、控制继电器以及输水管道和喷水器等。使用时将电子叶安装在插床上。由于喷雾，电子叶上形成一层水膜，便会接通两个电极，控制继电器的两个电磁阀关闭，使水管上的喷头自动停止喷雾。之后由于蒸发，电子叶上的水膜逐渐消失。一旦水膜断离两个电极，电流也被切断。此时，由于控制继电器支配的电磁阀打开，又继续喷雾。这种随水膜干燥情况而自动调节插床水分的装置，在叶面水分管理上是比较合理的。它最大的成功是根据插穗叶片对水分的生理需要而自控间歇喷雾，这对插穗生根非常有利。

2）双长悬臂喷雾装置

这是我国自行设计的对称式双长臂自压水式扫描喷雾装置，采用了新颖实用的旋转扫描喷雾方式和低压折射式喷头，正常喷雾不需要高位水压，在160 m^2 喷雾面积内，只需要0.4 kg/cm^2 以上的水压即可。

对称双长臂旋转扫描喷雾装置的工作原理是：当自来水、水塔、水泵等水源压力系统以水压0.5 kg/cm^2 的水从喷头喷出时，双长悬臂在水的反冲作用下，绕中心轴顺时针旋转进行扫描喷雾。它的主要构造包括水分蒸发控制仪、喷雾系统等。

3）微喷管道系统

采用微喷管道系统进行扦插育苗，具有技术先进、节水、省工、高效、安装使用方便、不受地形影响、喷雾面积可大可小等优点。其主要结构包括水源、水分控制仪、管网和喷水器等。插床附近最好修建水池，一般每个333.3 m^2，水池体积不低于6 m^3。水压在4 kg/cm^2 以上，出水量在70 000 L/h左右。

3.1.5.3　插床

全光喷雾扦插育苗的苗床应选在地势平坦、排水良好、四周无遮光物体的地方。插床所用的基质有河沙、蛭石、珍珠岩、炉渣、锯末、炭化稻壳、草炭等。可用架空苗床或沙床。

1）架空苗床

其优点：可对容器底部根系进行空气断根，增加容器之间的透气性，减少基质的含水量，提高早期苗床的温度，便于安装苗床的增温设施。

架空苗床的建造：地面用一层或两层砖铺平，地面上面砌3～4层砖高的砖垛，砖垛之间的距离根据育苗盘尺寸确定。每个插床砖垛的顶面应在同一水面上，上面摆放育苗托盘。一般在每4个苗床之间修一共用水池。苗床上安装自动喷雾装置。

育苗托盘用塑料或其他材料制作而成，底部有透气孔。育苗容器码放在托盘上面，有利于空气断根，有利于实现育苗过程机械化作业。

2）沙床

其优点：能使多余的水分自由排出，但散热快，保温性能差。在早春、晚秋和冬季育苗时，应选择保温性能好的基质或增加加温设备和覆盖物。

沙床的建造：沿床的外周用砖砌高40 cm的砖墙，砖墙的底层留多处排水孔。床内最下层铺小石子，中层铺炉渣，上层铺纯净的粗河沙。沙床上安装自动间歇喷雾装置。每次喷水能使沙床基质内变换一次空气。

3.1.5.4　全光喷雾扦插育苗技术

在树木生长季节，从采穗圃或生长健壮的枝条上剪取当年萌发的带有数枚叶片的嫩枝作插穗。把插穗扦插在自然全光照的露天苗床上（扦插技术同嫩枝扦插）。扦插完后接通电源，即可进行自动喷雾。根据需要可在喷雾水中添加必要的药剂。全光喷雾扦插育苗生根过程中能一直保持叶面不萎蔫、不腐烂，基质不过湿，使许多难以生根的树木在这种条件下能够生根。

技能训练

实训十二　扦插繁殖技术

一、目的

通过本次实训进一步熟悉扦插育苗技术要领，学会嫩枝扦插、硬枝扦插及插后管理等技术。

二、材料与工具

(一)材料

根据实训季节，选择本地区适宜扦插的园林植物插穗材料2～3种，插穗若干；生根粉或萘乙酸、吲哚乙酸、吲哚丁酸等；酒精。

(二)用具

一般苗床或沙床、修枝剪、钢卷尺、盛条器具、测绳、喷水壶、铁锹、平耙等。

三、方法与步骤

(一)硬枝扦插

1. 整地做床

一般在沙壤土苗圃进行。先翻耕，深度为30 cm左右，再整地做插床。南方可用高床，北方可用低床，床宽1～1.2 m。插前先用0.5%的高锰酸钾溶液进行消毒。

2. 选条

落叶树木在秋季落叶后至春季萌芽前均可采条，常绿树在芽苞开放前采条为宜。选生长健壮、无病虫害、品质优良的母树，在其上采集健壮的1年生枝或近根颈处1～2年生的萌蘖条作插穗。

3. 剪穗

插穗剪成10～20 cm长，上剪口位于芽上1～1.5 cm处，下剪口位于芽的基部、萌芽环节处，或带部分老枝等。

4. 生根粉处理

将1 g包装的1号生根粉用6～8 mL的酒精溶解，再加水稀释成1 000～1 500 mg/L溶液，把插穗基部在溶液中速蘸，或把剪好扎成捆的插穗基部放入已配好的50～200 mg/L溶液中浸泡，插穗基部浸入溶液中2～3 cm，时间一般8～24 h。

5. 扦插

将插穗按一定的株行距扦插在插床上，长插穗一般斜插，短插穗一般直插，扦插深度为插穗全长的1/2～2/3。株距5～10cm，行距20～40 cm。

6. 插后管理

插后喷足第一次水，用地膜覆盖、遮阳网遮阴、喷水、通风等措施来保持基质和空气的湿度和温度，以促进生根。

(二)嫩枝扦插

1. 插床消毒

对插床基质进行翻耕并用0.5%的高锰酸钾溶液进行消毒。

2. 选条

选取生长健壮、无病虫害的半木质化的当年生嫩枝作插穗。

3. 制穗

插穗剪成5~10 cm长,上剪口距顶芽1~1.5 cm,下剪口在芽下0.1 cm处平剪。

4. 生根粉处理

一般用速蘸法处理,生根粉浓度比硬枝扦插要低一些。

5. 扦插

采用湿插法直插,扦插深度为插穗全长的1/3~1/2。密度以插后叶片互不覆盖为度。

6. 插后管理

插后注意遮阴(全光喷雾扦插不需遮阴)、保持基质和插床空气湿度。当插穗发根后,每隔一周喷施0.1%~0.3%氮、磷、钾复合肥。

(三)注意事项

大田扦插基质要用沙壤土较好;插穗最好随采随插;嫩枝扦插在采穗、制穗期间,注意用湿润物覆盖嫩枝,以免失水萎蔫;扦插要在早晨和傍晚进行;扦插时注意保护上切口处的芽,同时防止倒插;插穗要与基质密接;插后要进行精细管理。

四、实训报告

分析影响扦插生根成活的因素,比较不同树种在相同管理条件下扦插成活的情况,抽样调查不同树种扦插成活后根系生长和苗木生长情况,调查成活苗木是属于哪一种生根类型(皮部生根型、愈伤组织生根型、综合生根型)及苗木生长情况。

不同树种扦插成活情况调查表

扦插树种	扦插时期	扦插方法	扦插数量	成活数量	成活率(%)	备注

扦插育苗根系和苗木生长情况调查表

调查日期	扦插树种	开始生根(月-日)	生根数量(条)	根长(cm)	开始萌芽(月-日)	苗高(cm)	地径(cm)

3.2 嫁接繁殖

嫁接是切取具有优良性状植株上的营养器官枝或芽，接在另一有根植株的茎、枝、根上，使之愈合生长在一起，形成一个独立的新植株的方法。供嫁接用的枝或芽叫接穗。承受接穗的有根植株叫砧木。以枝条作为接穗的称枝接，以芽作为接穗的称芽接。用嫁接方法培育出来的苗木称嫁接苗。嫁接苗的砧穗组合常以"穗/砧"表示，例如，"桂花/小叶女贞"表示桂花嫁接在小叶女贞砧木上。嫁接苗和其他营养繁殖苗不同之处在于它借助了另外一种植物的根，因此称嫁接苗为它根苗。

3.2.1 嫁接的意义和作用

嫁接是将两个特性有区别的植株合为一体的技术，嫁接苗发挥了两个树种或品种的优势。一是发挥了接穗树种的园艺特性优势，使嫁接苗得以继承接穗树种的优良特性，如观赏价值、经济价值、环保价值等；二是发挥了砧木树种的特点和优势，如繁殖系数高、繁殖工艺简单、自身抗性强、生长势旺盛等。嫁接苗的生产工艺，既要达到生产的树种具优良品质的要求，又能达到繁育优良苗木生长量和繁殖量的目的。某优良树木品种的优良特性无法用种子繁殖来解决遗传问题，用其他营养繁殖法（如扦插繁殖）有很大困难时，只有利用嫁接才能解决。嫁接方法在园林苗木生产中常用来解决的问题有以下几种。

3.2.1.1 保持母本的优良性状

嫁接所用的接穗，均采自性状优良的母树上。由于是无性繁殖，接穗的遗传性状保持稳定，能够保持母本原有的优良性状。有一些树种产生优良性状的芽变，可用嫁接方法将其优良性状保持和固定下来。

3.2.1.2 提早开花结果

由于嫁接所用的接穗是从发育阶段已处于成年期的大树上采取的，其童期已度过，嫁接成活后的嫁接苗是母株生长发育的延续，再加上有砧木强大的根系提供充足的养分，使其生长快，有利于营养物质的积累。因此，嫁接苗常比实生苗明显提早开花、结果。如果用花芽或花枝作为接穗，接后当年即可开花结果。生产中如银杏、红松、板栗等实生苗开花结实迟的树种，可通过嫁接大大缩短开花结实年龄。

3.2.1.3 增强树木品种的抗性

利用砧木的抗性影响，增强接穗抗性。如大叶黄杨在北京地区表现抗寒性较差，利用抗寒性很强的华北卫矛作砧木，繁殖的大叶黄杨嫁接苗抗寒性明显提高；再如用侧柏作砧木嫁接龙柏、翠柏、洒金柏，可提高这些常绿树的抗寒能力，使其在北京地区能安全越冬。

3.2.1.4 克服不易繁殖的缺陷

有很多具有优良性状的树种、品种，往往因为没有种子、种子少或种子繁殖不能保存原有优良性状等因素，难以进行有性繁殖，而通过扦插等无性繁殖手段又难以成活，则嫁接就成为其主要的甚至是唯一的繁殖手段，如碧桃、梅花、日本五针松和一些树种的芽变品种等。日本五针松引入我国后生长较好，但结实率低，且种子多发育不良，发芽率低，生长又慢，基本上都是依靠嫁接来繁殖的。

3.2.1.5　扩大繁殖系数

由于嫁接所用的砧木可用种子繁殖，容易获得，而接穗仅用一小段枝条或一个芽，用材比较经济，且繁殖期较短，因此嫁接同其他营养繁殖方法相比，其繁殖系数是较高的。

3.2.1.6　补救创伤、恢复树势、更换新品种

有很多古树名木，由于人畜破坏和病虫的危害，树势衰弱，可用生长健壮的砧木进行桥接或寄根接，促进生长，恢复树势。如果树冠缺枝，可在缺枝处嫁接新的枝、芽，使树冠丰满美观。如果品种不良，影响果树产量、园林绿化效果，以及人体健康，可用高接换头的方法更换新品种。如进行"垂枝"换头的树木品种有龙爪槐、垂枝榆、垂枝碧桃等，进行"曲枝"换头树木品种有龙桑、龙枣、龙须柳等。雌雄异株的植物可用嫁接改变植株的雌雄。嫁接还可使一树多种、多头、多花，提高其观赏价值。

嫁接繁殖也有不足之处，如嫁接主要限于双子叶植物，而单子叶植物嫁接则难以成活；嫁接苗的寿命较短；嫁接费工费时，技术要求较高；嫁接苗成活后砧木上易滋生萌蘖等。目前，园林植物中除了木本植物采用嫁接外，草本花卉应用不多，其主要应用在：一是宿根花卉中菊花常以嫁接法进行菊艺栽培，如大立菊、塔菊等，用黄蒿或白蒿为砧木嫁接菊花品种而成。二是仙人掌科植物常采用嫁接法进行繁殖，同时具有造型作用。

3.2.2　接穗和砧木的准备

3.2.2.1　砧木的选择与培育

1）砧木的选择

砧木是形成新植株的基础，其好坏对嫁接苗以后的生长发育、树体大小、品质、花量、结实、产量等具有很大影响。例如，使嫁接苗乔化或矮化，变丛生为单干生，变灌木低位开花为小乔木高位开花，变常绿灌木为常绿小乔木，增强繁育品种的抗寒性，增加花色、品种等，而且对嫁接成活关系重大。因此，嫁接时，选择适宜的砧木是保证嫁接达到理想目的的重要环节。

由于砧木对接穗影响大，且各地可选砧木种类繁多，在选择砧木时应因地制宜，同时在选择时应具备以下几个条件：与接穗具有很好的亲和力；对栽培地区的环境条件适应能力强，根系发达，生长强健；对接穗的生长、开花、结果、寿命有很好的影响；对病虫害、旱涝、低温、大气污染等有较好的抗性；种源丰富、繁殖系数高、繁殖工艺简单、成本低；在运用上能满足特殊的需要，如乔化、矮化、无刺等。树木嫁接常用的砧木见表3-1。

不同地区、不同生态环境都有着相适应的砧木种类，根据栽培要求及区域化原则，从本地乡土树种中选择出各种适宜的砧木类型，当地的种源缺乏时，也可以就近引入砧木种类，引种地与栽培地生态条件愈相似，引种成功率愈大。

2）砧木的培育

多以条播、点播的实生苗或撒播的移栽苗作砧木最好。它具有根系深、抗性强、寿命长和易大量繁殖等优点。但对种子来源少或种子繁殖不易的树种，也可用扦插、分株、压条等营养繁殖苗作为砧木。

表 3-1　树木嫁接常用的砧木

树种	砧木名称	树种	砧木名称	树种	砧木名称
板栗	板栗、茅栗、锥栗、麻栎	柑橘	枳、酸橘、酸橙、红橘、柚、枳橙	梨	杜梨、豆梨、棠梨、砂梨
核桃	山核桃、核桃楸	桃	山桃、毛桃、杏	楸树	梓树
柿树	普通柿、君迁子	李	山桃、毛桃、山杏	山茶	油茶
枣树	酸枣	柚	酸柚	五针松	黑松
苹果	山定子、海棠	桂花	小叶女贞、水蜡	龙爪槐	国槐
郁李	山桃	碧桃	毛桃、山桃	龙爪榆	榆树
杏	山桃、山杏	紫叶李	毛桃、山桃	金枝槐	国槐
山楂	野山楂	樱桃	野樱桃、山桃	龙爪柳	柳树
梅花	梅、毛桃、山桃	龙桑	桑	红花刺槐	刺槐
牡丹	芍药	樱花	野樱桃	大叶黄杨	丝棉木
广玉兰	白玉兰	枇杷	枇杷、石楠	羽叶丁香	北京丁香

播种育苗，一般是早春进行。为了提高地温，促进苗木生长，可以加盖小拱棚。苗木定植时应保持规则的株行距，以便嫁接操作。一般采用宽窄行方法，即在 1 ~ 1.2 m 的畦面上播种 4 行，窄行距 20 cm，两窄行间距 40 cm。砧木苗除应灌溉、施肥、中耕除草、保持其旺盛生长外，还应通过摘心等措施控制苗木高度，促进其茎部加粗，并将苗木嫁接部位的枝叶及早剪除，以便于嫁接操作。同时在嫁接前要充分保证水分供应，使之生长旺盛，树液流动加快，利于嫁接和愈合。在进行插皮接或芽接时，为使砧木“离皮”，可于嫁接前 1 个月左右，在砧木基部进行培土和灌水，促进形成层活动，使其易于剥皮，提高嫁接成活率。

砧木的大小、粗细、年龄，对嫁接成活和接后的生长有密切的关系。实践证明，一般嫁接所用的砧木，粗度以 1 ~ 3 cm 为宜。生长快而枝条粗壮的核桃，砧木宜粗；山茶、桂花等，砧木可稍细。砧木的年龄以 1 ~ 2 年实生株为最佳，生长慢的树种也可用 3 年生以上的苗木作砧木。子苗嫁接所用的砧木则是刚刚萌动的芽苗。因此，要根据不同植物种类、不同嫁接方法的要求，生产出大量的、合格的砧木，满足生产需要。

3）砧木的利用方式

砧木的种类很多，性状不尽相同，嫁接后的生长反应不同，因此对砧木的利用方式也不同，现介绍几种常用的利用方式：

（1）共砧。也称本砧，即砧木与接穗品种同属一种。砧木可以是种子繁殖，也可是无性繁殖。无性繁殖的砧木遗传与亲本相同，但无主根，抗性差。种子繁殖的砧木因异花授粉的缘故，变异大。但共砧种源丰富、利用方便，为嫁接首选砧木，果树栽培上常应用。如苹果、柿、枣、荔枝、梨、桃、枇杷等多在应用，并在应用中选育出一些较好的类型。如苹果中元帅的实生砧耐寒、抗火疫病和颈腐病及绵蚜等。

(2)矮化砧、乔化砧。根据嫁接后砧木对植抹高度及大小的影响,将砧木分为乔化砧和矮化砧两类。乔化砧是指在生产中一般砧木嫁接后,植株形成的树体。乔化砧嫁接后反映出的特点为:适应性强、嫁接亲和力强,根系发达,生长健壮,寿命长,种源丰富,但因树体高大,管理不便,开花结果晚。矮化砧是指能控制接穗生长、树体小于标准树体的一类砧木。其特点是树冠紧凑,适于密植,经济利用土地,管理养护方便,但树木长势弱,易老化。园林观赏上常利用矮化砧,如盆栽观花类、观果类树木。

(3)基砧与中间砧。基砧是指在双重或多重嫁接中位于苗木基部带根的砧木,也称根砧。位于基砧和接穗之间的一段砧木称为中间砧。双重嫁接的苗木由基砧、中间砧、接穗三部分组成。这种利用砧木的目的:一是利用多种砧木的特性共同对接穗影响,或补充一种砧木的性状不足,控制植株生长或提高抗性、适应能力;二是调节基砧与接穗的亲和性或解决中间砧种源不足的矛盾。如榅桲是梨的矮化砧,但接东方梨亲和力较差,因此利用哈蒂(Hardy)或故园(Oldhome)等西洋梨品种作中间砧,则有利于东方梨成活,并培育成矮化苗木。

3.2.2.2 接穗的采集与贮藏

1)接穗的采集

接穗应采自品种纯正、观赏或经济价值高、生长健壮、无病虫害的青壮年母树。从采穗母树的外围中上部,选向阳面、光照充足、发育充实的1~2年生枝条作为接穗。春季嫁接,一般采取节间短、生长健壮、发育充实、芽体饱满、无病虫害、粗细均匀的1年生枝条。但有些树种也可用2年生以上的枝条作接穗,如无花果、油橄榄等。针叶常绿树的接穗应带有一段2年生发育健壮的枝条。夏季嫁接,一般采用芽接,接穗主要采用当年生的发育枝,宜随采随接。从外地采回的接穗,要立即剪去嫩梢和叶片(保留叶柄),及时用湿布包裹,如桃、李等。也有采用头一年秋冬经贮藏的1年生枝条,如枣树的1年生枝条可贮藏到第二年5~6月份嫁接。秋季枝接、芽接一般都采用当年生健壮枝条。

2)接穗的贮藏

如果夏、秋芽接的接穗不能及时使用,可将枝条下部浸于水中,放在阴凉处,每天换水1~2次,可短期保存4~5天。如果要求保存时间更长,则可将枝条放入井中、冷窖中保存,最好是用湿布或塑料薄膜包裹后放在冰箱中保存。如需长途运输,则需要让接穗充分吸水,用浸湿的麻袋包裹后,再装入塑料袋运输。运输中还要经常检查,不断补充水分,防止接穗失水。

春季嫁接用的接穗,一般在休眠期结合冬季修剪将接穗采回,每100根打成一捆,附上标签,标明树种或品种、采条日期、数量等,在适宜的低湿下贮藏,一般沙藏于地窖内,也可室外沙藏。贮藏期间要经常检查,注意保持适当的低温和湿度,以保持接穗新鲜,防止失水、发霉。特别在早春气温回升需及时调节湿度,防止接穗芽体膨大,影响嫁接效果。对有伤流现象、树胶或单宁含量高的接穗可用蜡封方法贮藏,如核桃、板栗、柿等树种的接穗,用此法贮藏效果较好。

蜡封方法:将秋季采回的枝条,剪成8~13 cm长的接穗(一个接穗上至少有3个饱满的芽)。用水浴法将石蜡溶解,即将石蜡放在容器中,再把容器放在水浴箱或水锅内加热,通过水浴使石蜡熔化,当蜡液达到85~90 ℃时,将接穗两头分别在蜡液中速蘸,使接穗表面全部蒙上一层薄薄的蜡膜,中间无气泡。一般1万根接穗耗蜡量为5 kg。然后将一定数量的接穗装于塑料袋中密封好,放在 - 5 ~0 ℃的低温条件下贮藏备用。翌年随时都可取出嫁接,存放半年以上的接穗仍具有生命力。这种方法不仅有利于接穗的贮藏和运输,而且可有效地延长嫁接时间,在生产上具有很高的实用性。

经低温贮藏的接穗,在嫁接前的1 ~2 天放在0 ~5 ℃的湿润环境中进行活化,经过活化的接穗,接前再用水浸12 ~24 h,能提高嫁接成活率。

3.2.3 影响嫁接成活的因素

影响嫁接成活的主要因素有砧木和接穗的亲和力、砧木和接穗的质量、外界条件及嫁接质量等。

3.2.3.1 内因

嫁接成活的内因包括砧木和接穗的亲和力,砧木、接穗的生活力及树种的生物学特性等。

1)砧木和接穗的亲和力

嫁接亲和力就是接穗与砧木经嫁接而能愈合生长的能力。即接穗和砧木在形态、结构、生理和遗传性彼此相同或相近,能够互相亲和而结合在一起的能力。嫁接亲和力的大小,表现在形态、结构上,是彼此形成层和薄壁细胞的体积、结构等相似度的大小;表现在生理和遗传性上,是形成层或其他组织细胞生长速率、彼此代谢作用所需的原料和产物的相似度的大小。

嫁接亲和力是嫁接成活最基本的条件。不论用哪种植物,也不论用哪种嫁接方法,砧木和接穗之间,都必须具备一定的亲和力。亲和力高,嫁接成活率也高;反之,嫁接成活的可能性就小。亲和力的强弱与树木亲缘关系的远近有关。一般规律是亲缘关系越近,亲和力越强。所以,品种间嫁接最易成活,种间次之,不同属之间又次之,不同科之间则较困难。

2)砧木、接穗的生活力及树种的生物学特性

愈伤组织的形成与植物种类和砧、穗的生活力有关。一般来说,砧、穗生长健壮,营养器官发育充实,体内营养物质丰富,生长旺盛,形成层细胞分裂最活跃,嫁接就容易成活。因此,砧木要选择生长健壮、发育良好的植株,接穗也要从健壮母树的树冠外围选择发育充实的枝条。如果砧木萌动比接穗稍早,可及时供应接穗所需的养分和水分,嫁接易成活;如果接穗萌动比砧木早,则可能因得不到砧木供应的水分和养分"饥饿"而死;如果接穗萌动太晚,砧木溢出的液体太多,又可能"淹死"接穗;有些种类,如柿树、核桃富含单宁,切面易形成单宁氧化隔离层,阻碍愈合;松类富含松脂,处理不当也会影响愈合。当砧、穗代谢类型不同,吸收或排出的物质种类和数量差异较大时,嫁接不易成活。

接穗的含水量也会影响嫁接的成功。如果接穗含水量过少,形成层就会停止活动,甚至死亡。一般接穗含水量应在50%左右。所以接穗在运输和贮藏期间,不要过干或过湿。嫁接后也要注意保湿,如低接时要培土堆,高接时要绑缚保湿物,以防水分蒸发。

此外,如果砧木和接穗的组织结构、生长发育速度不同,嫁接则会形成“大脚”(砧木粗接穗细)或“小脚”(砧木细接穗粗)现象。如在黑松上嫁接五针松,在女贞上嫁接桂花,均会出现“小脚”现象。除影响美观外,生长仍表现正常。但是,在没有更理想的砧木时,在园林苗木的培育中仍可继续采用上述砧木。

3.2.3.2　外因

主要是温度和湿度的影响。在适宜的温度、湿度和良好的通气条件下进行嫁接,则有利于愈合、成活和苗木的生长发育。

1)温度

温度对愈伤组织形成的快慢和嫁接成活有很大的关系。在适宜的温度下,愈伤组织形成最快且易成活,温度过高或过低,都不适宜愈伤组织的形成。一般来说植物在25℃左右嫁接最适宜,但不同物候期的植物,对温度的要求也不一样。物候期早的比物候期迟的适温要低,如桃、杏在20~25 ℃最适宜,而山茶则在26~30 ℃最适宜。春季进行枝接时,各树种安排嫁接的次序主要以此来确定。

2)湿度

湿度对嫁接成活的影响很大。一方面嫁接愈伤组织的形成需要具备一定的湿度条件;另一方面,保持接穗的活力也需一定的空气湿度。大气干燥则会影响愈伤组织的形成和造成接穗失水干枯。土壤湿度、地下水的供给也很重要。嫁接时,如土壤干旱,应先灌水增加土壤湿度。

3)光照

光照对愈伤组织的形成和生长有明显抑制作用。在黑暗的条件下,有利于愈伤组织的形成,因此嫁接后一定要遮光。低接用土埋,既保湿又遮光。

此外,通气对愈合成活也有一定影响。给予一定的通气条件,可以满足砧木与接穗接合部位形成层细胞呼吸作用所需的氧气。

3.2.3.3　嫁接质量

在所有嫁接操作中,用刀的技术和速度是最重要的。

1)接穗的削面是否平滑

接穗和砧木之间的接触面和紧密程度是影响嫁接成活的关键因素。这就要求接穗的削面一定要平滑,这样才能和砧木紧密贴合。如果接穗削面不平滑,嫁接后接穗和砧木之间的缝隙就大,需要填充的愈伤组织就多,就不易愈合,因此削接穗的刀要锋利,削时要做到平滑。

2)接穗削面的斜度和长度是否适当

嫁接时,接穗和砧木间同型组织接合面愈大,二者的输导组织愈易沟通,成活率就愈高;反之,成活率就愈低。

3)接穗、砧木的形成层是否对准

如上所述,大多数植物的嫁接成活是接穗、砧木的形成层积极分裂的结果。因此,嫁接时二者的形成层对得越准,成活率就越高。

嫁接速度快且熟练,可避免削面风干或氧化变色,从而提高成活率。熟练的嫁接技术和锋利的嫁接刀,是嫁接成功的基本条件。

3.2.4 嫁接技术

3.2.4.1 嫁接时期

嫁接时期与嫁接树种的生物学特性、物候期和采用的嫁接方法有密切关系。因此,根据树种特性,采用适宜的嫁接方法,并选择在适宜的时期进行嫁接是保证嫁接成活的关键。一般讲,枝接宜在春季芽未萌动前进行,芽接宜在夏、秋季砧木树皮易剥离时进行,而嫩枝接多在生长期进行。具体时期有以下3种。

1)春季嫁接

春季是枝接的适宜时期,主要在2月下旬至4月中旬,一般在早春树液开始流动时即可进行。落叶树宜用经贮藏后处于休眠状态的接穗进行嫁接,常绿树采用去年生尚未萌动的1年生枝条作接穗。如接穗芽已萌动,则会影响成活率,但有的树种如腊梅则以芽萌动后嫁接成活率高。春季嫁接,由于气温低,接穗水分平衡好,因而易成活,但缺点是愈合较慢。大部分植物适于春季嫁接。

2)夏季嫁接

夏季是芽接和嫩枝接的适宜期,一般是5~7月份,尤其以5月中旬至6月中旬最为适宜。此时,砧、穗皮层较易剥离,愈伤组织形成和增殖快,利于愈合。常绿树山茶、杜鹃等均适于此时嫁接。长江流域及其以南地区的桃、李等,也可在此时嫁接。

3)秋季嫁接

秋季也是芽接的适宜时期,从8月中旬至10月上旬。这时期新梢成熟,养分贮藏多,芽已完全形成,充实饱满,也是树液流动、形成层活动的旺盛时期,因此树皮容易剥离,最适宜芽接。如樱桃、杏、苹果、梨、枣、杨、桃、李、榆叶梅、月季等都适宜于此时芽接。

总之,只要砧、穗自身条件及外界环境能满足要求,即为嫁接适期。同时还要注意短期的天气条件,如雨后树液流动旺盛比长期干旱后嫁接为好;阴天无风比大风、干晴天气嫁接为好;接后1周不下雨比接后马上遇到阴雨天好。

3.2.4.2 嫁接用具

嫁接方法不同,砧木大小不同,所用的工具也不同。嫁接工具主要有嫁接刀、修枝剪、手锯、手锤等。嫁接刀可分为芽接刀、枝接刀、单面刀片、双面刀片等,还有磨刀石。为了提高工作效率和嫁接成活率,嫁接前要正确磨好刀具,使刀口锋利。

绑扎材料常用塑料薄膜、麻皮、蒲草、马蔺等,以塑料薄膜应用最为广泛,其保温、保湿性能好,且能松紧适度。根据砧木的粗细和嫁接方法的不同,选用厚薄和长短适宜的塑料薄膜。一般芽接所用的塑料薄膜较薄,剪成的塑料条窄而短,枝接所用的塑料薄膜比芽接要厚,塑料条相对也长一些、宽一些。砧木越粗,所用的塑料条就越长、越宽。用蒲草、马蔺绑扎,很易分解,不用解绑,尤其是用根作砧木时具有较大优势。

涂抹材料,通常用接蜡或泥浆,用来涂抹嫁接口,以减少嫁接部位失水,防止病菌侵入,促进愈合,提高嫁接成活率。泥浆用干净的生黄土,加水搅拌成稠浆状即可。接蜡分固体接蜡和液体接蜡两种。固体接蜡的原料为松香4份、黄蜡2份、动物油(或植物油)1份,按比例配制。配制时,先将动物油加热熔化,再将松香、黄蜡倒入,并加搅拌,至充分熔化即成。固体接蜡平时结成硬块,用时需加热熔化。液体接蜡的原料为松香8份、动物油

1份、酒精3份、松节油1份。先将松香和动物油一起加热，等全部熔化后，稍稍冷却，再放入酒精，数量以起泡沫但泡沫不过高为适。然后注入1份松节油，最后再注入2～3份酒精。边注边搅拌，便成液体接蜡。液体接蜡使用方便，用毛笔蘸取涂抹切口，酒精挥发后便成一层蜡膜。液体接蜡易挥发，应用容器封闭保存。

3.2.4.3　嫁接方法

嫁接时，要根据嫁接植物的种类、砧木大小、接穗与砧木的情况、育苗的目的与季节等，选择合适的嫁接方法。生产中常用的嫁接方法，根据接穗的种类分为枝接和芽接两种，根据砧木上嫁接的位置不同分为茎接、根接、芽苗接等。枝接又根据枝条木质化程度的高低分为硬枝接和嫩枝接两种。不同的嫁接方法都有与之相适应的嫁接时期和技术要求。

1)枝接

枝接多用于嫁接较粗的砧木或在大树上改换品种。枝接时期一般在树木休眠期进行，特别是在早春砧木树液开始流动、接穗的芽尚未萌动时最好。此法的优点是接后苗木生长快，健壮整齐，当年即可成苗，但需要接穗数量大，可供嫁接时间较短。枝接常用的方法有切接、劈接、靠接、髓心形成层对接、舌接、腹接、桥接、根接、芽苗砧嫁接等。

(1)切接法。切接法一般用于直径1～2 cm的小砧木，是枝接中最常用的一种方法(见图3-4)。嫁接时先将砧木距地面5～10 cm处剪断、削平，选择较平滑的一面，用切接刀在砧木一侧略带木质部(在横断面上为直径的1/5～1/4)垂直向下切深2～3 cm的切口。削接穗时，接穗上要保留2～3个完整饱满的芽，将接穗从距下切口最近的芽位背面，用切接刀向内切一深达木质部但不超过髓心的长削面，削面长2～3 cm，再于切面背面末端削成长0.8～1 cm的小斜面。将削好的接穗，长削面向里(向着髓心)插入砧木切口，使双方形成层对准密接。接穗插入的深度以接穗削面上端露出0.2～0.3 cm为宜，俗称"露白"，有利愈合成活。如果砧木切口过宽，可对准一侧形成层，然后用塑料条由下向上捆扎紧密，使形成层密接和伤口保湿。必要时可在接口处涂接蜡或封泥，可减少水分蒸发，达到保湿的目的。嫁接后要保持接口湿度，防止失水干枯，可采用套袋、封土和涂接蜡等措施。

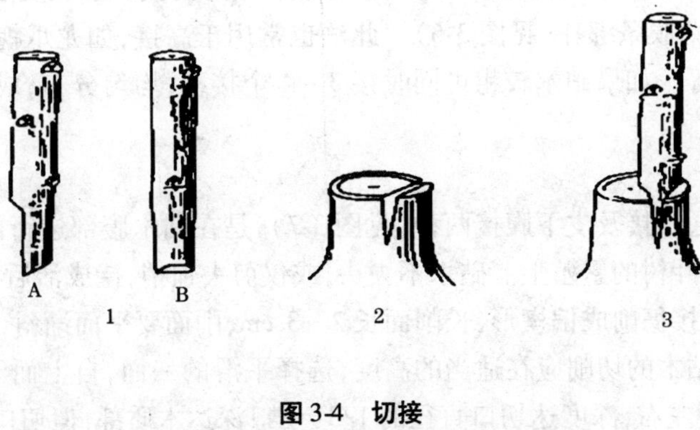

图3-4　切接

1—削接穗；2—削带木质部纵切砧木；3—砧穗结合

(2)劈接法。适用于大部分落叶树种。通常在砧木较粗、接穗较细时使用(见

图 3-5)。根接、高接换头和芽苗砧嫁接都可使用。高接将砧木在离地面 5 ~ 10 cm 处锯断,用劈接刀从其横断面的中心垂直向下劈一切口,切口长约 3 cm。把采下来的接穗去掉梢头和基部不饱满芽的部分,剪成 5 ~ 8 cm 长,至少有 2 ~ 3 个芽的枝段,在芽上 0.5 ~ 0.8 cm 处平剪或向芽的反方向斜剪,接穗基部削成楔形,削面长约 3 cm,接穗外侧要比内侧稍厚,削面要平滑。接穗削好后,把砧木劈口撬开,将接穗厚的一侧向外,窄面向里插入劈口中,使两者的形成层对齐,接穗削面的上端应高出砧木切口 0.2 ~ 0.3 cm。当砧木较粗时,可同时插入 2 个或 4 个接穗。一般不必绑扎接口,但如果砧木过细,夹力不够,可用塑料薄膜条或麻绳绑扎。为防止劈口失水影响嫁接成活。接后可培土覆盖或用接蜡封口。

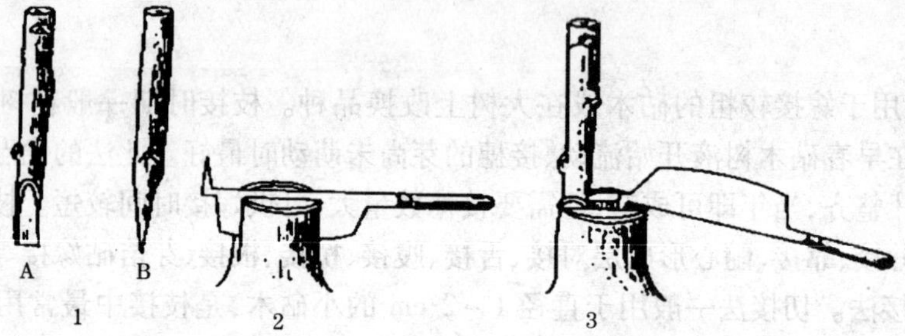

图 3-5　劈接

1—削接穗;2—劈砧木;3—插接穗

(3)插皮接。

插皮接是枝接中最易掌握,成活率最高,应用也较广泛的一种。要求在砧木较粗,并易剥皮的情况下采用。高接和低接都可采用此法。一般在距地面 5 ~ 8 cm 处断砧,削平断面,选平滑处,将砧木皮层划一纵切口,长度为 3 ~ 5 cm。接穗削成长 3 ~ 5 cm 的单斜面,削面要平直并超过髓心,厚 0.3 ~ 0.5 cm,背面末端削成长 0.5 ~ 0.8 cm 的一个小斜面或在背面的两侧再各微微削去一刀。嫁接时,把接穗从砧木切口沿木质部与韧皮部中间插入,长削面朝向木质部,并使接穗背面对准砧木切口正中,接穗上端注意"留白"。如果砧木较粗或皮层韧性较好,砧木也可不切口,直接将削好的接穗插入皮层即可。最后用宽 1 cm 左右的塑料薄膜条绑扎(见图 3-6)。此法也常用于高接,如龙爪槐的嫁接和花果类树木的高接换种等。如果砧木较粗可同时接 3 ~ 4 个接穗,均匀分布,成活后即可作为新植株的骨架。

(4)腹接。

腹接又分普通腹接及皮下腹接两种(见图 3-7),是在砧木腹部进行的枝接,多在生长季进行,常用于针叶树的繁殖上。砧木不去头,或仅剪去顶梢,待成活后再剪去上部枝条。

①普通腹接:接穗削成偏楔形,长削面长 2 ~ 3 cm,削面要平而渐斜,背面削成长 1 cm 左右的短削面。砧木的切削应在适当的高度,选择平滑的一面,自上而下斜切一刀,刀口与干的夹角为 30°左右,深度达切口直径的 1/3(切口深达木质部,但切口下端不宜超过髓心),切口长度与接穗长削面相当。将接穗长削面朝里插入切口。至少要保证一侧形成层对齐,插入时注意不要将接穗皮层松动,接后绑缚保湿。

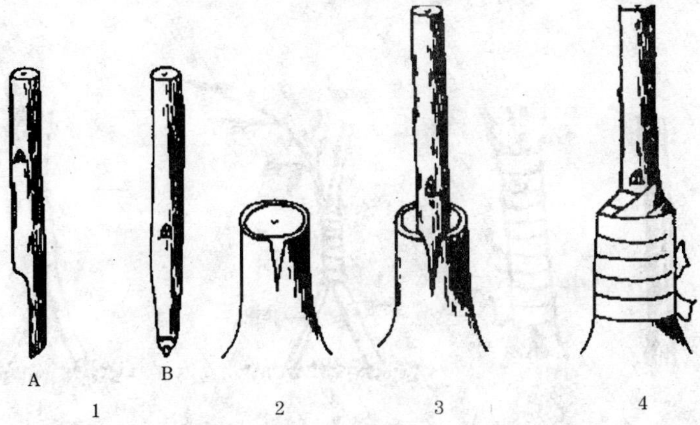

图 3-6　插皮接

1—削接穗;2—切砧木;3—插接穗;4—绑扎

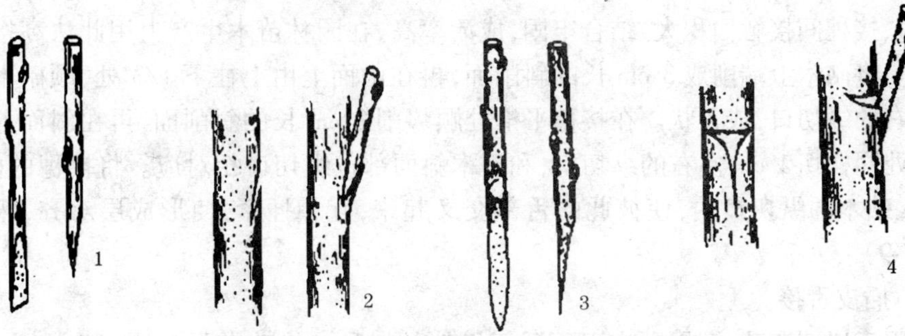

图 3-7　腹接

1—削(普通腹接)接穗;2—普通腹接;3—削(皮下腹接)接穗;4— 皮下腹接

②皮下腹接:皮下腹接即砧木切口不伤及木质部,将砧木横切一刀,再竖切一刀,呈"T"字形切口。接穗长削面平直斜削,背面削成一小斜面。撬开皮层插入接穗,绑扎即可。

(5)靠接。

靠接是特殊形式的枝接,可在生长期内进行,但要求接穗和砧木都要带各自的根系,愈合后再剪断,操作麻烦,但靠接成活率高。多用于接穗与砧木亲和力较差、嫁接不易成活的观赏树和柑橘类树木。

嫁接前使接穗和砧木靠近。嫁接时,按嫁接要求将二者靠拢在一起。选择接穗和砧木上粗细相当的靠接部位。然后将接穗与砧木分别朝结合方向弯曲,各自形成"弓背"形状。用利刀在弓背上分别削 1 个长椭圆形平面,削面长 3 ~ 5 cm,削切深度为其直径的 1/3。二者的削面要大小相当,以便于形成层吻合。削面削好后,将接穗、砧木靠紧,使二者的削面形成层对齐,用塑料条绑缚(见图 3-8)。愈合后,分别将接穗下段和砧木上段剪除,即成 1 棵独立生活的新植株。

(6)舌接。

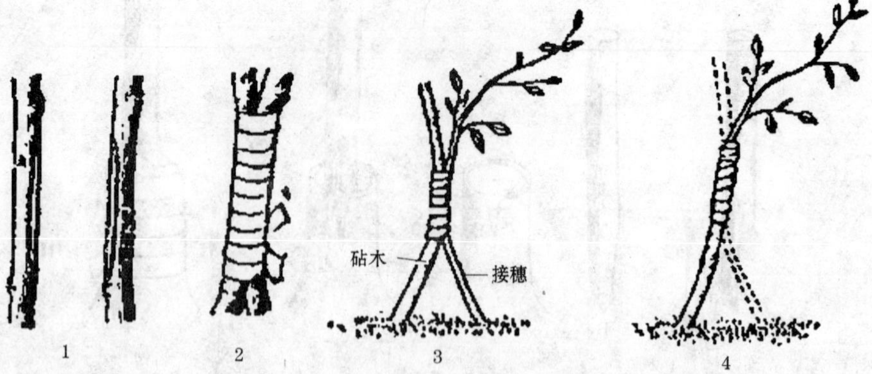

图 3-8　靠接

1—砧穗削面;2—接合并绑严;3—绑缚砧、穗后的情况;4—剪去砧木上端和接穗下端

舌接适用枝条较软较细,粗 1 ~2 cm,且大小粗细相近的砧木和接穗之间嫁接。舌接时,砧木、接穗间接触面积大,结合牢固,成活率高,在园林苗木生产上用此法高接和低接都可以。将砧木上端削成 3 cm 长的斜削面,再在削面上由上往下 1/3 处,顺砧木住下切 1 cm左右的纵切口,成舌状。在接穗平滑处顺势削 3 cm 长的斜削面,再在斜面上由下往上 1/3 处同样切 1 cm 左右的纵切口,和砧木斜面部位纵切口相对应。将接穗的内舌(短舌)插入砧木的纵切口内,使彼此的舌部交叉起来,互相插紧,使形成层对齐,然后绑扎(见图 3-9)。

(7)插皮舌接。

多用于树液流动、容易剥皮而不适于劈接的树种。将砧木距离地面 5 ~ 10 cm 处锯断,选砧木平直部位,削去粗老皮,露出嫩皮(韧皮)。将接穗削成 5 ~7 cm 长的单面马耳形,捏开削面皮层,将接穗的木质部轻轻插于砧木的木质部与韧皮部之间,插至微露接穗削面,然后绑扎(见图 3-10)。

(8)髓心形成层对接。

多用于针叶树的嫁接。以砧木的芽开始膨胀时嫁接最好,也可在秋季新梢充分木质化时进行嫁接。剪取带顶芽长 8 ~10 cm 的 1 年生枝作接穗。除保留顶芽以下 10 余束针叶和 2 ~3 个轮生芽外,其余针叶全部摘除。然后从保留的针叶 1 cm 左右以下开刀,逐渐向下通过髓心平直切削成一削面,削面长 6 cm 左右,再将接穗背面斜削 0.5 cm 小斜面。选择树木中干顶端 1 年生枝作砧木。在略粗于接穗的部位摘掉针叶,其摘掉针叶部分的长度略长于接穗削面。然后从上向下沿形成层或略带木质部切削,削面长、宽皆同接穗削面,下端斜切一刀,去掉切开的砧木皮层,斜切长度同接穗小斜面相当。嫁接时将接穗长削面向里,使接穗与砧木之间的形成层对齐,小削面插入砧木切面的切口,最后用塑料薄膜条绑扎严紧。待接穗成活后,再剪去砧木枝头。为保持接穗萌发枝的生长优势,可用摘心法控制砧木各侧生枝的生长势。另外,对针叶树采用髓心形成层对接法进行地面嫁接或顶梢嫁接,有利于克服嫁接苗偏冠现象(见图 3-11)。

(9)桥接。

常用于补修树皮受伤但根未受伤的大树或古树。当观赏树木或果树因人畜危害弄伤

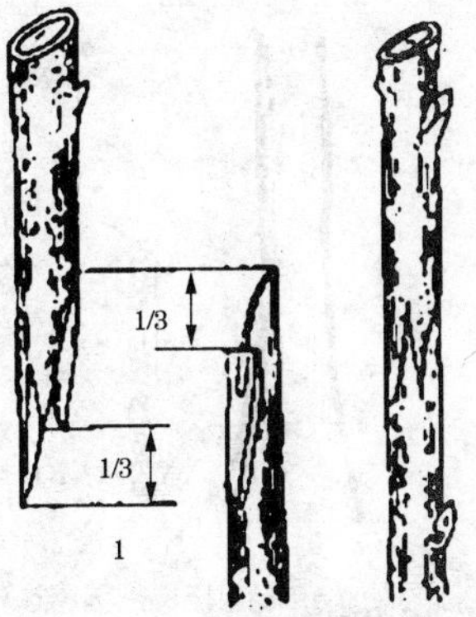

图3-9　舌接

1—砧穗切削;2—砧穗结合

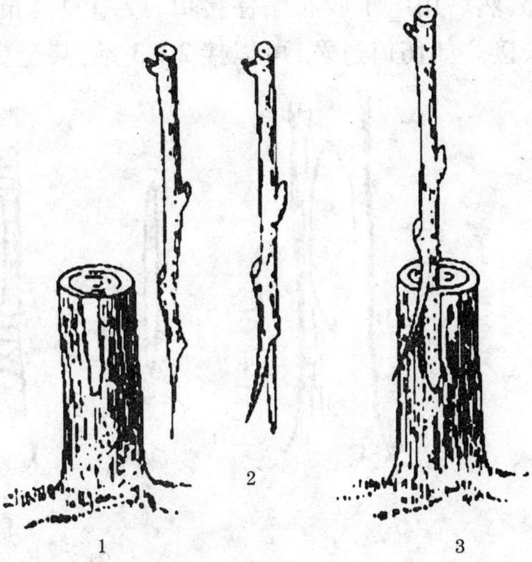

图3-10　插皮舌接

1—剪砧;2—削接穗;3—插接穗

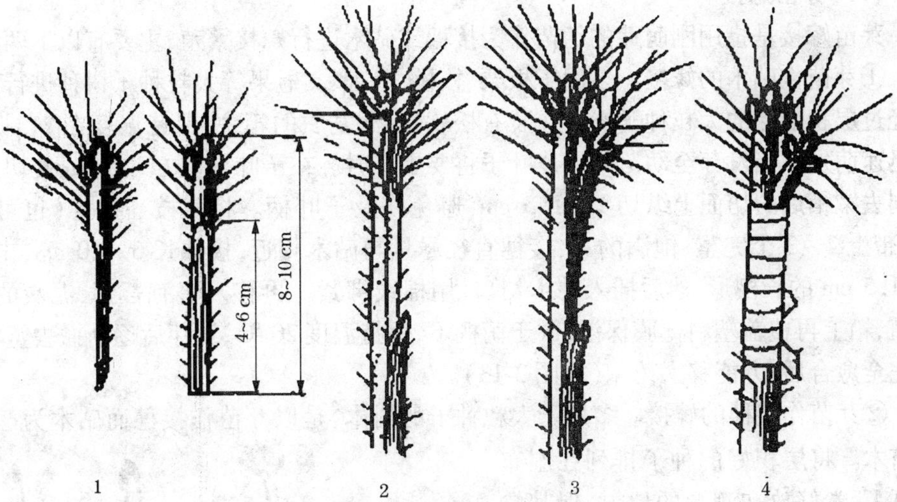

图3-11　髓心形成层对接

1—削接穗;2—削砧木;3—接后状况;4—绑扎

树皮或因切除病斑后出现伤口,这些伤口如果较大,就不易愈合,使上下营养物质输送受阻,这时可采用桥接法来补救(见图3-12)。桥接是利用插皮接的方法,在早春树木刚开始进行生长活动,韧皮部易于剥离时进行,用亲和力强的种类或同一树种作接穗。桥接时如果伤口下有发出的萌蘖,可在萌蘖高于伤口上部削成马耳形斜面,背面削成马蹄形,长0.3~0.5 cm,插入砧木切口处,称为桥接法的一头接。如果伤口下部没有萌蘖,可用稍长于砧木上下切口的一年生枝作接穗,在接穗上、下端的同一方向分别削成与插皮接相同的长3~5 cm的削面。砧木切削时,将受伤已死或被撕裂的树皮去掉,露出上下两端健康组织。将伤口上下端皮层各开"T"字形或倒"T"字形接口,横口切成半月形,然后撬开皮层,将接穗分别插入砧木伤口上下端皮层内,再用1.5 cm长小铁钉钉住插入的接穗削面和砧木皮部，然后用电工胶布贴住接口，或用塑料布系住接口，以减少水分散失。此种接法称为两头接。如伤口过宽，可以接2～3条，甚至更多的接穗，称为多枝桥接。

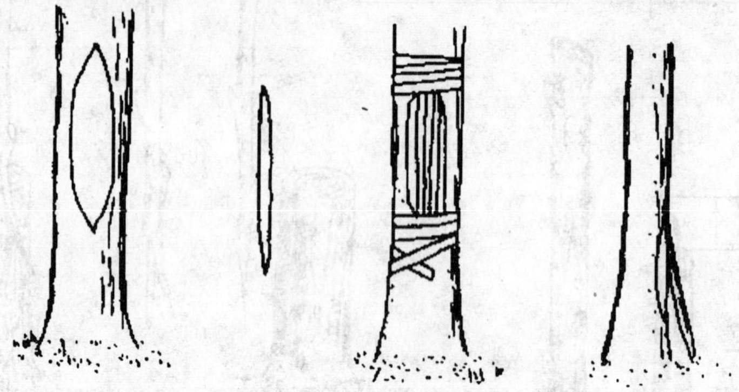

图3-12　桥接

1—伤口修整；2—削接穗；3—绑扎；4—小苗桥接

(10)芽苗嫁接。

芽苗嫁接是指用刚萌芽的幼苗作为接穗或砧木进行嫁接繁殖，主要有以下两种：

①芽苗作砧木的嫁接。多用于板栗、核桃、银杏、文冠果等大粒种子树种进行的嫁接。将经过层积催芽的大粒种子播种在装有松软、湿润基质的箱中，保持温度在21～27 ℃以利迅速萌发。当发芽至幼苗第一片叶子将要展开时。在子叶柄上方1.5 cm处切去嫩梢，在削去嫩梢后的切面上纵切1～1.5 cm，避免伤及子叶柄。将嫩枝当接穗（也可用休眠枝）带上2～3个完整、饱满的芽，接穗直径尽量与砧木相近，接穗长6～10 cm，末端削成1～1.5 cm的长楔形，然后插入砧木切口，用棉线绑紧。再移入盛有苔藓、泥炭的木箱中假植，箱上再覆盖塑料薄膜保湿，放于荫棚下，保持温度20 ℃，发芽后逐渐撤去塑料薄膜，待完全愈合后，方能移入苗床（见图3-13）。

②芽苗作接穗的嫁接。多用于大粒种子的树木，是以芽苗作接穗而砧木为已木质化的苗木。将层积好的种子排列在湿布湿纸上，卷好放在潮湿的地方，促其发芽，这样生长出来的胚根、胚茎长而且直，有利于削取接穗。取已发胚根，但尚未长出胚芽的幼苗，按劈接法或腹接法削取芽苗接穗，砧木作相应的切口。拨开砧木的切口，插入芽苗接穗并绑缚。由于芽苗过于幼嫩，不宜绑得过紧，避免压破幼苗。整个嫁接过程要特别细心，避免成活率降低（见图3-14）。

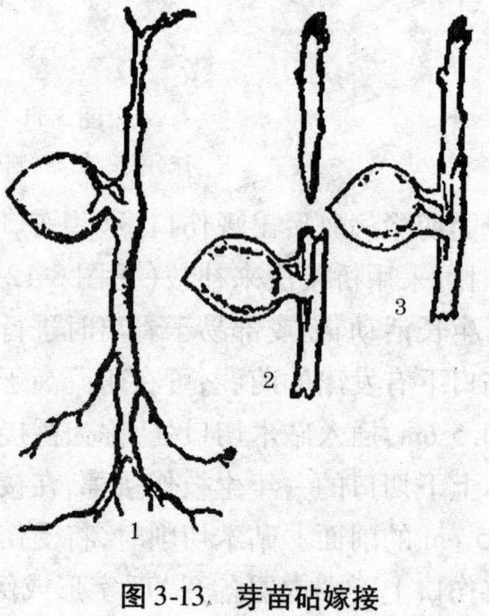

图3-13　芽苗砧嫁接

1—发芽的芽苗；2—劈砧和削接穗；3—嫁接

2）芽接

用芽作接穗进行的嫁接称为芽

接。芽接的优点是节省接穗，对砧木粗度要求不高，1 年生砧木就能嫁接，即使嫁接不成活对砧木影响也不大，可立即进行补接。但芽接必须在树木皮层易剥离时方可进行。常用的芽接方法有嵌芽接、"T"字形芽接、方块芽接、套芽接等。

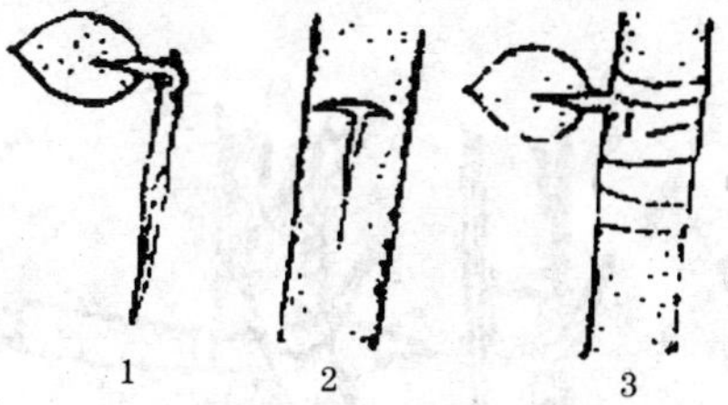

图 3-14　芽苗接穗的嫁接

1—削接穗；2—切砧；3—插入接穗并绑缚

(1)嵌芽接。

嵌芽接也叫带木质部芽接。此种方法不仅不受树木离皮与否的季节限制，而且用这种方法嫁接，接合牢固，利于嫁接苗生长，已在生产上广泛应用。其具体做法如图 3-15 所示。接穗上的芽，自上而下切取，先从芽的上方 1 ~ 1.5 cm 处稍带木质部向下切一刀，然后在芽的下方 1 cm 处横向斜切一刀，取下芽片。在砧木选定的高度上，取迎风面光滑处，从上向下稍带木质部削与接芽片长、宽均相等的一切面。将此切开的稍带木质部的树皮上部切去，下部留有 0.5 cm 左右。然后将芽片插入切口，使两者形成层对齐。再将留下的韧皮部贴到芽片上，用塑料薄膜条绑扎好即可。

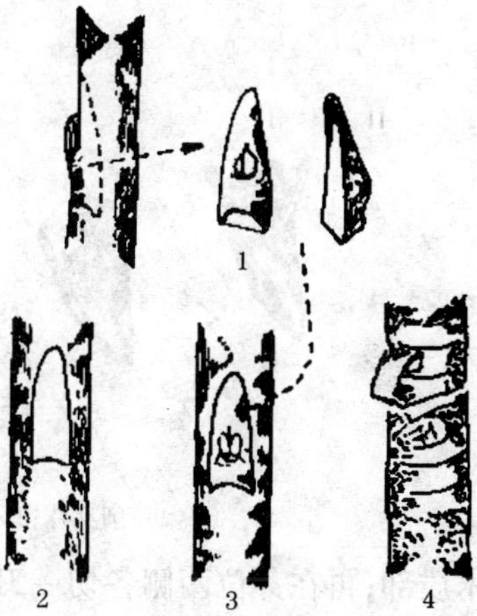

图 3-15　嵌芽接

1—削接芽；2—削砧木切口；
3—嵌好接芽；4—绑扎

(2)"T"字形芽接。

"T"字形芽接也是生产中常用的一种方法，因其接芽片呈盾形，故也称盾形芽接。"T"字形芽接必须在树液流动、树木离皮时进行。具体做法如图 3-16 所示。采取当年生新鲜枝条为接穗，除去叶片，保留叶柄，先从芽的上方 0.5 cm 左右处横切一刀，刀口长 0.8 ~ 1 cm，深达木质部，再从芽下方 1 cm 左右处稍带木质部向上平削，使刀口与横切的刀口相接，削成上宽下窄的盾形芽片。用手横向用力拧，即可将芽片完整取下，然后去掉木质部，芽在盾形芽片上居中或稍偏上。切记剥离时不可将芽内维管束带下，芽片要保湿，不得风干。选用 1 ~ 2 年生的小苗作砧木。在砧木距地面 5 ~ 8 cm，选树干迎风面光滑处，横切一刀，深度以切断皮层为准，再从横切口中间向下垂直切一刀，使切口呈"T"字形。左手捏住芽片叶柄，右手用芽接刀骨柄轻轻地撬开砧木的韧皮部，迅速将接芽插入撬开的"T"字形切口内，压住叶柄往下推，接芽全部插入后再往回推至接芽的上部与砧木上的横切口对齐。手压接芽叶柄，用塑料薄膜条将切口自下而上绑扎好，芽露在外面，叶柄也露在外面，以便检查成活。

(3)方块芽接。

取方块状芽片，芽片与砧木形成层接触面积大，成活率较高，多用于柿树、核桃等较难接活的树种。因其操作较复杂，工效较低，一般树种多不采用。用专门的双刃芽接刀可提高工效。其具体方法如图 3-17 所示。用双刃芽接刀在饱满芽等距离的部位横切一刀，深

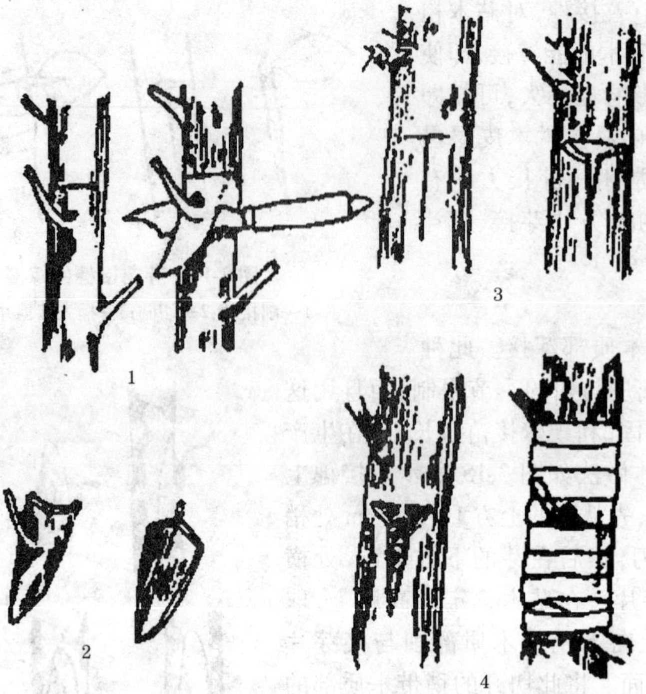

图 3-16　"T"字形芽接

1—削芽片；2—芽片形状；3—切砧木；4—芽片插入及绑扎

达木质部；再在芽位两侧各切一刀，也深达木质部，取下长方形芽片。再按芽片大小在砧木上用双刃芽接刀切横向的两个切口，再在两切口中间或一侧将韧皮部纵向切断。这样砧木的切法就有两种：一种是切成"]"形，砧木韧皮部只能向一侧打开，称"单开门"芽接；另一种是切成"Ⅰ"形，砧木韧皮部可以向两侧打开，称"双开门"芽接。注意嵌入芽片时，使芽片四周至少有三面与砧木切口皮层密接，然后将砧木韧皮部覆盖在芽片上，用塑料薄膜条绑扎即可。

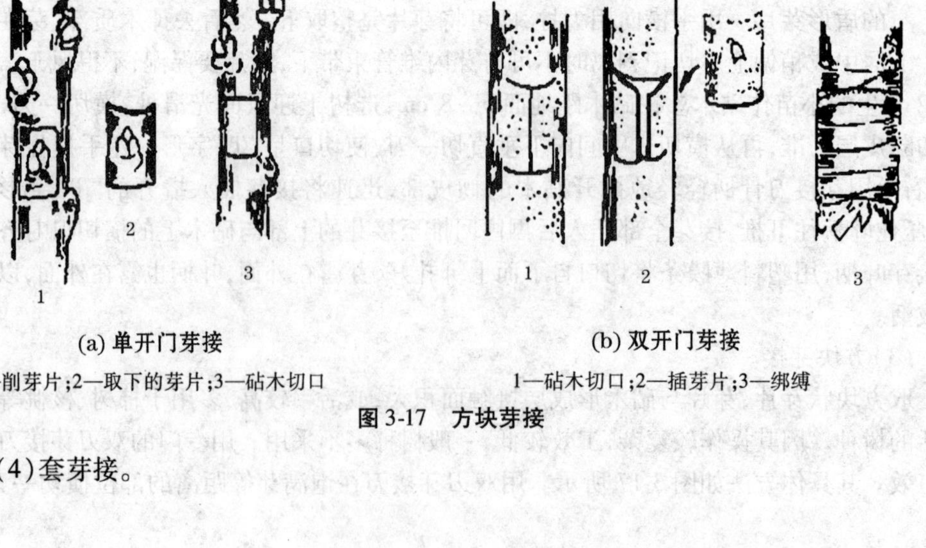

(a) 单开门芽接　　(b) 双开门芽接

1—削芽片；2—取下的芽片；3—砧木切口　　1—砧木切口；2—插芽片；3—绑缚

图 3-17　方块芽接

(4)套芽接。

套芽接又称环状芽接。其接触面积大,易于成活。主要用于皮部易于剥离的树种,在春季树液流动后进行。具体方法如图3-18所示。先从接穗枝条芽的上方1 cm左右处剪断,再从芽下方1 cm左右处用刀环切,深达木质部,然后用手轻轻扭动,使树皮与木质部脱离,抽出管状芽套。再在砧木上选择粗细与芽套相同的部位,剪去上部,呈条状剥离树皮。随即把芽套套在木质部上,对齐砧木切口,再将砧木上的皮层向上包合,盖住砧木与接芽的接合部。若砧木过粗或过细,可将芽套在芽的背面纵向切开,砧木可不剪砧,只取同样大小的树皮,将接芽套在砧木上,用塑料薄膜条绑扎好即可。

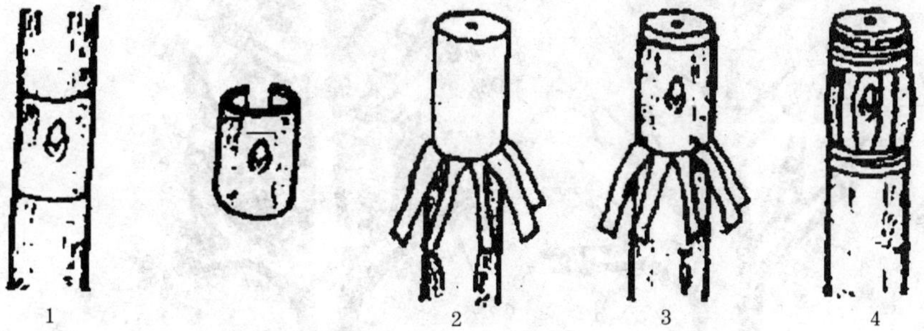

图3-18　套芽接

1—取套状芽片;2—削砧木树皮;3—接后;4—绑扎

3)根接

用植物根系作砧木,将接穗直接接在根上。适于秋冬季节于室内进行,接后埋于湿沙中促其愈合,成活后栽植,如牡丹嫁接常用。根接时可用劈接、切接、靠接等方法,操作步骤与之相同。根据接穗与根砧的粗细不同,可以正接,即在根砧上端劈切接口;也可以倒接,即将根砧按接穗的削法切削,在接穗下端劈切接口进行嫁接(见图3-19)。绑扎材料不宜用塑料条,因为塑料条不会自然降解,需要专门解绑。一般用麻皮、蒲草、马蔺草等绑扎。

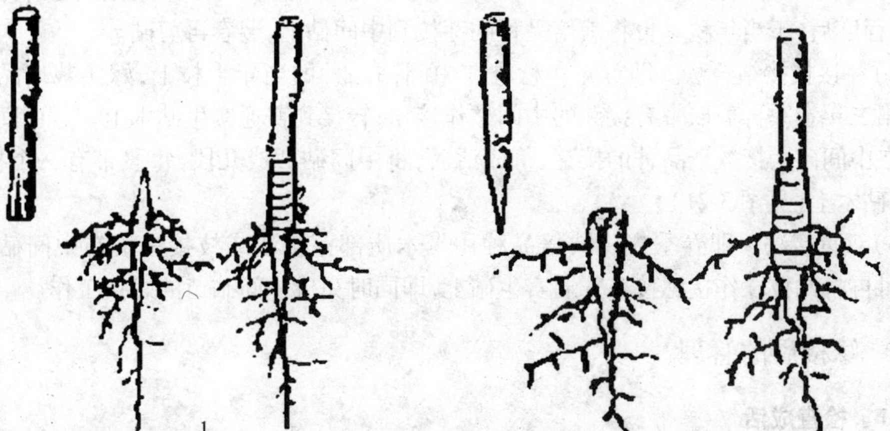

图3-19　根接

1—倒接;2—正接

4) 多头高接

一是针对已长成树型的树种改换品种、增加多类品种，提高观赏效果，或繁殖接穗时应用。二是针对无更新能力的树种修复树冠。采用枝接或芽接方法在树冠的各个枝干上进行嫁接。原多在野生果树、低品质果园改造中应用，目前在园林上多用在生长旺盛但观赏性差的花木达到在一株树上五彩缤纷的效果(见图3-20)。

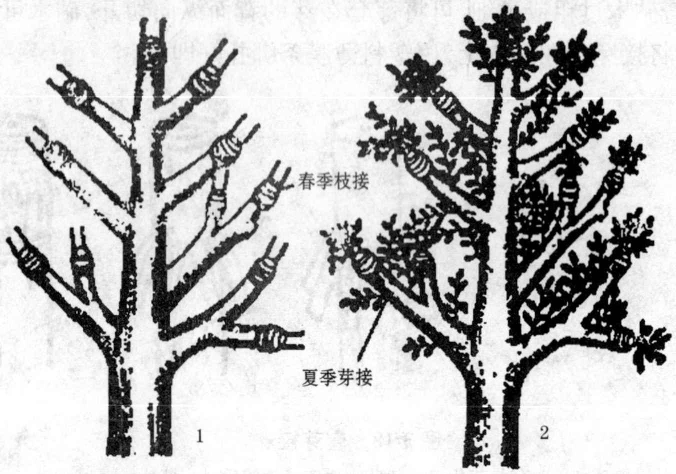

图 3-20 多头高接

1—多头高接骨架和接后状况;2—多头高接后生长初期状况

5) 双重嫁接

双重嫁接是指在一般的实生砧木与栽培品种接穗之间，加接具有特殊性状的枝段(中间砧)，以达到增强砧木与接穗之间的亲和力，或使树体矮化、提高栽培品种的抗性等目的。可采用如下方法：

(1)连续芽接法。即在秋季先将中间砧的芽接在砧木上，让其生长1年后，于第二年秋季再将栽培品种的芽接在中间砧上。或在夏季将中间砧的芽接在实生砧木上，待其长到一定程度后，于当年秋季再将栽培品种的芽接到中间砧上，翌春再剪砧。

(2)芽接枝接结合法。即首先在秋季在中间砧品种的当年生枝上，嫁接栽培品种的芽，于第二年春季再剪取带有接芽的中间砧作接穗，转接到普通实生砧木上。若中间砧紧缺，可在中间砧上接数个品种的接芽，待成活后，将中间砧截成几段，每段带有一个接芽，再接到砧木上(见图3-21)。

(3)双重接法。即春季先将栽培品种用带木质部芽接法或枝接法接在中间砧枝段上，同时再将此枝段作接穗接在普通实生砧上，即同时完成中间砧苗的嫁接工作。

3.2.5 嫁接后的管理

3.2.5.1 检查成活

枝接和根接，在接后20～30 d即可检查成活情况。凡接穗上的芽已经萌发生长或仍保持新鲜的即已成活。芽接苗在接后7～15 d即可检查成活。接芽上有叶柄的很好检查。只要用手轻轻碰叶柄，叶柄一触即落的，表示已成活。这是因为叶柄产生离层的缘

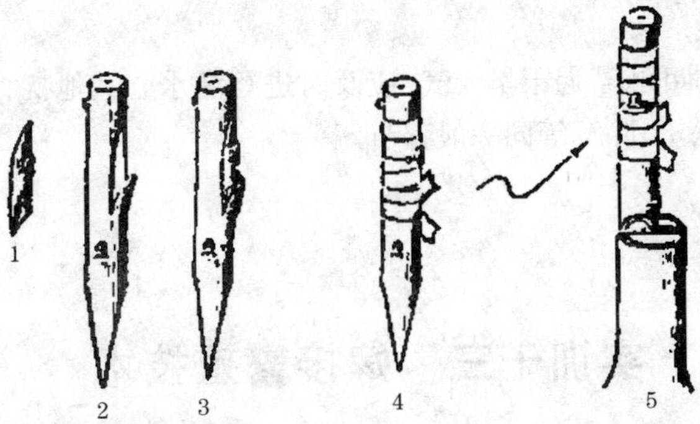

图3-21　芽接枝接结合法

1—品种芽片;2—中间砧;3—嵌芽接;4—绑扎;5—再枝接

故,若叶柄干枯不落的为未成活。接芽不带叶柄的,则要解除绑缚物进行检查。若芽体与芽片呈新鲜状态,已产生愈伤组织的,表明已嫁接成活,把绑缚物重新扎好。若在春、夏季嫁接的,由于生长量大,可能接穗已萌动生长,更易鉴别。若芽片已干枯变黑,没有萌动迹象,表明已经死亡。

3.2.5.2　补接

嫁接失败时,应抓紧时间进行补接。如芽接失败的,且嫁接时间已过,树木不能离皮,则于翌年春季用枝接法补接。对枝接未成活的,可将砧木在接口稍下处剪去,在其萌发枝条中选留一个生长健壮的进行培养,待到夏、秋季节,用芽接法补接。

3.2.5.3　解除绑缚物

当接穗已反映嫁接成活、愈合已牢固时,就要及时解除绑缚物,以免接穗发育受到抑制,影响其生长。但解除绑缚物的时间也不宜过早,以防因其愈合不牢而自行裂开死亡。枝接、根接的在检查成活情况时,将缚扎物放松或解除;嫁接时培土的,将土扒开检查,芽萌动或未萌动,但芽仍新鲜、饱满,切口产生愈合组织,表示成活,将土重新盖上,以防受到暴晒死亡。当接穗新芽长到2~3 cm时,即可全部解除绑缚物。

3.2.5.4　剪砧、抹芽和除蘖

凡嫁接苗已检查成活,但在接口上方仍有砧木枝条的(特指枝接中的腹接、靠接和芽接中的大部分),要及时将接口上方砧木的大部分剪去,以利接穗萌芽生长。剪砧可分两次完成,最后剪口紧靠接口部位。春季芽接的,可和枝接一样同时剪砧;秋季芽接的,应在第二年春季萌动前剪砧。

嫁接成活后,由于接穗、砧木亲和差异,促使砧木常萌发许多蘖芽,与接穗同时生长,或提前萌生,争夺并消耗大量养分,不利于接穗成活。为使养分集中供给接穗生长,要及时抹除砧木上的萌芽和根蘖,一般需去蘖2~3次。

3.2.5.5　设立支柱

接穗在生长初期很娇嫩,所以,在春季风大的地区,为防止接口或接穗新梢风折和弯曲,应在新梢生长后设立支柱。由于这项操作工作量极大,生产上也可采取降低接口、在新梢基部培土、嫁接于砧木的主风方向等途径防止或减轻风折。上述两次剪砧,其中第一次剪砧时在接口以上留一定长度的茎干就是代替支柱的作用,待刮害风的季节过后再行第二次剪砧。

3.2.5.6　**田间管理**

嫁接苗接后愈合期间,若遇干旱天气,应及时进行灌水。其他抚育管理工作,如病虫害防治、灌水、施肥、松土、除草等同一般育苗。

技能训练

实训十三　嫁接繁殖技术

一、目的

通过本次实训进一步熟悉嫁接繁殖技术要点,学会枝接、芽接,以及接后的管理等技能,并掌握提高嫁接成活率的关键技术。

二、材料与工具

修枝剪、芽接刀、切接刀、剪刀、手锯、高枝剪、双刃芽接刀、磨刀石、塑料薄膜、湿布、石蜡、接穗。

三、方法与步骤

(一)芽接

1. 芽接时间

芽接安排在 8 月下旬至 9 月底进行,南方可安排在 6 月中旬至 7 月下旬进行。

2. 剪穗

选生长健壮、性状优良、无病虫害的植株作采穗母树。剪取母树树冠外围中上部向阳面当年生枝作接穗。采穗后要立即去掉叶片,保留叶柄,并注意保湿。

3. 嫁接方法

主要练习"T"字形芽接、嵌芽接和方块芽接。

4. 嫁接技术

切削接穗中上部饱满芽,基部和顶部芽不宜使用。切削砧木与插穗时,切削面要平滑,大小要吻合。嫁接时,形成层要对齐,绑扎要紧密,芽和叶柄要露出。

5. 接后管理

要及时剪梢或扭梢,2 周内检查成活并适时补接,要及时解绑和抹芽。

(二)枝接

1. 枝嫁时期

一般安排在春季 2 月下旬至 4 月中旬进行。

2. 剪砧

枝接前对苗圃播种的 1 ~2 年生实生苗进行剪砧,在距地面 10 cm 左右处剪去砧木主干,并将截面削平。

3. 采穗

从品种纯正的优良母树上，剪取树冠外围中上部生长健壮、芽尚未萌动的1年生枝条，或利用秋冬剪取经贮藏的枝条作接穗。枝接时，接穗一般剪成8 cm长左右，接穗上有3个以上的饱满芽，上剪口离上芽0.5 cm平剪或向芽的反方向斜剪。

4. 嫁接方法

枝接主要练习劈接、切接、腹接、插皮接、髓心形成层对接等嫁接技能。

5. 嫁接技术

切削接穗时，削面要平滑；砧木和接穗的形成层至少有一侧要对齐；勿将接穗插到底，要"露白"。劈接时接穗稍厚的一侧朝外。

6. 接后管理

适时检查成活、补接、解绑、剪砧、抹芽、设立支柱等。

(三)注意事项

要做好嫁接前的各项准备工作，包括磨好嫁接刀，使刀口锋利；按接穗粗细剪好一定长度和宽度的塑料条。准备好嫁接用的接穗；接穗要用湿布包裹，以免失水影响嫁接成活；嫁接不要在雨天进行；嫁接时按要领小心操作，用力均匀，以免伤了手指。

四、实训报告

记载嫁接时间、地点，使用的砧木、接穗种类，嫁接的方法、数量，统计和比较各种嫁接方法的成活率，总结经验，分析嫁接成活率高低的原因。做好嫁接后苗木的管理工作。

嫁接成活率调查表

嫁接方法	嫁接时期	砧木种类	接穗品种	嫁接株数	嫁接成活株数	成活率(%)	备注

3.3　其他营养繁殖技术

3.3.1　分株繁殖技术

分株繁殖是利用植物的再生能力，人为地将植物体上长出来的新个体与母体分离另行栽植而成为独立的新植物体的繁殖方法。在生产中，分株繁殖主要用于植株根蘖、匍匐茎、根状茎、吸芽生根后切离母体培育成独立新植株的一种无性繁殖方法。这种萌蘖从母体上切割下来就是一些较完整的单体植株，容易栽植成活，因为这种繁殖是有根植株分离，成活率高，并能保持母本的优良性状，成形早，见效快，简单易行，但繁殖系数取决于母体数量，因此繁殖系数小，苗木规格不整齐，不能适用于大面积栽培，多用于少量繁殖和名贵花木及草花的繁殖。

3.3.1.1　分株时期

分株繁殖主要在春、秋两季进行。由于分株法多用于花灌木和草花的繁殖，因此要考虑到分株对开花的影响，一般春季开花的植物在秋季落叶后进行，而秋季开花的则在春季萌芽前进行。

3.3.1.2　分株方法

1）根（茎）蘖繁殖法

根蘖是在树根上产生不定芽，长出地面形成一些未脱离母体的小植株，如刺槐、银杏、枣、香椿、臭椿、桑等。茎蘖是在茎的基部长出许多茎芽，形成许多不脱离母体的簇生小植株，如牡丹、蜡梅、迎春、贴梗海棠、月季、玫瑰等灌木类。根（茎）蘖繁殖法就是用利刃将根（茎）蘖株分割出来，另行栽植，形成新植株的方法。根（茎）蘖繁殖按分割形式差异分为以下几种（见图3-22）：

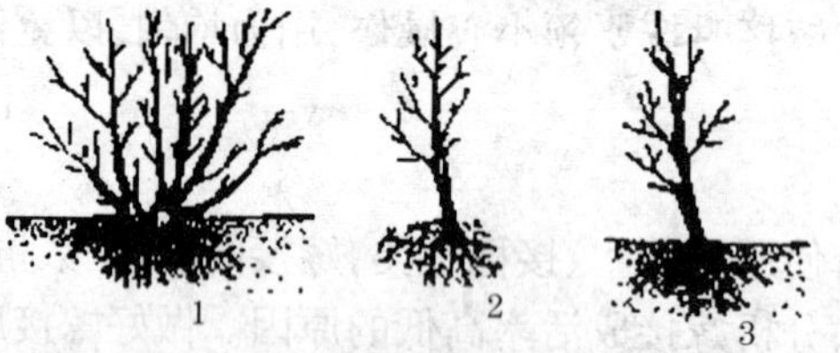

Ⅰ侧分法（灌丛分株）

1—切割；2—分离；3—栽植

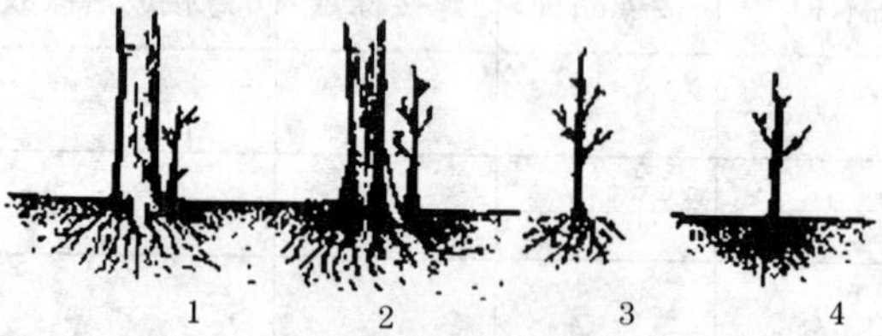

Ⅱ侧分法（根蘖分株）

1—长出根蘖；2—切割；3—分离；4—栽植

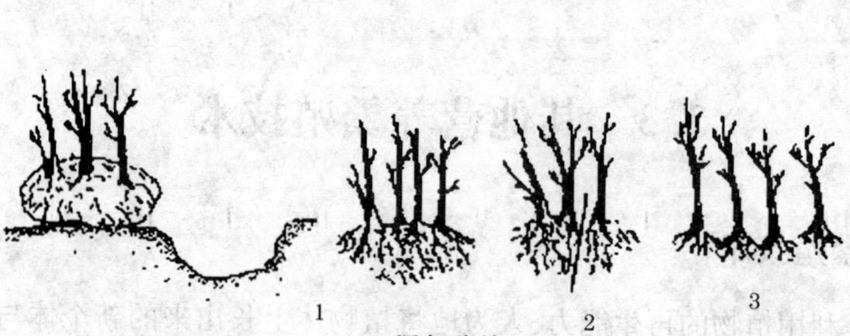

Ⅲ掘起分株

1—挖掘；2—切割；3—栽植

图3-22　木本植物分株繁殖

（1）侧分法。将母体一侧或两侧土挖开，露出根系，将带有一定茎干和根系的萌株带根挖出,另行栽植。挖掘时注意不要对母体根系造成太大的损伤,以免影响母体的生长发育,减少萌蘖数量。

(2)掘起分株。将整棵植株全部带根起出,然后用利刃将植株部分切开成数份,每份均应在地上部各带 1 ~ 3 个茎干,地下部带有一定数量的根系,分株后适当修剪,再另行栽植。

根(茎)蘖繁殖需要促进植株萌生大量幼株。现常用的栽培方式是在休眠期间距植物母体 1 m 以外挖宽 30 ~ 60 cm 环形的沟,切断粗 1 ~ 2 cm 的母根,然后施入肥料,填平沟。初夏在断根沟附近发出许多根(茎)蘖苗,再按 10 cm 株距定苗,疏除多余根(茎)蘖苗,秋后或次春即可移栽。易发生根(茎)蘖繁殖的木本植物如枣、石榴、樱桃、银杏、玫瑰、香椿、珍珠梅、连翘、毛白杨、紫荆等树种。草本植物如萱草、玉簪、蜀葵、宿根福禄考,以及禾本科中一些草坪地被植物(见图 3-23)。

图 3-23 草本植物分株繁殖

2)走茎繁殖法

叶丛中抽生出来的节间较长的茎,称为走茎。在节上着生叶、花和不定根,也能产生幼小植株。把幼小植林切断与母体连接的部分即形成独立的新植株(见图 3-24),如虎耳草、吊兰、蛇莓等。这种走茎沿着地面生长,可以自然增殖和扩大分布。走茎的生长受光照、温度影响,在光照 12 h 以上、温度高于 10 ℃时即开始生长。在自然情况下,新植株产生在互生节上,虽然新植株生有叶和根,但仍通过走茎与母体相连,只有在走茎枯死或切断后,每个新的植株才能形成独立的个体。匍匐茎(stolon)与走茎相似,但节间稍短,横走地面并在节处生不定根及芽,多见于禾本科的草坪植物,如狗牙根、野牛草等,也可繁殖新株。

图 3-24 走茎繁殖

3)吸芽繁殖法

吸芽为一些植物根颈部或近地面叶腋处自然发生的短缩、肥厚呈莲座状的短枝,其上有芽。吸芽的下部可自然生根,故可自母株分离而另行栽植。如多浆植物中的芦荟、景天、拟石莲花等在根颈处常着生吸芽,凤梨的地上茎叶腋间也生吸芽,均可用此法繁殖。园艺上常用伤害其根部的方法,刺激其发生吸芽(见图 3-25)。

图 3-25　吸芽繁殖

分株繁殖法的应用取决于各种植物的生长习性和遗传特性,因此分株方法、时期及管理都有所不同。一般早春开花的种类在秋季生长停止后进行分株,夏秋开花的种类在早春萌动前进行分株。禾本科的草坪草既可在休眠期进行,也可在生长期内进行。生长健壮、管理粗放的分株繁殖可以在苗圃露地栽植,如美人蕉、大丽花、萱草、玉簪等,有些需要集约管理的多在塑料大棚或温室内进行,如虎耳草、凤梨、花毛茛等。

3.3.2　留根繁殖技术

留根繁殖是利用母株的根蘖,或在苗圃地起苗时留在土壤里的根系萌发出新芽培育苗木的方法。适用于根蘖性较强的毛白杨、刺槐、火炬树、泡桐、枣等。此法育苗技术简便、成本较低、节约种条和劳力,但苗木参差不齐,合格苗产量少。留根繁殖育苗有以下两种方法。

3.3.2.1　利用母株根蘖育苗

在早春环绕母株 2 m 向外开沟,宽 20 ~ 30 cm,深 40 cm 左右以切断根系,然后培土 30 cm 左右并灌水,以促进母株的萌蘖萌发。当根蘖苗达到 20 cm 左右时,距苗木 10 ~ 15 cm 处切断母株根系,促进自根发育,待成苗后出圃。也可利用母树自然萌生的根蘖苗,但应先将根蘖苗移植于苗圃培育 1 年,使其根系得到良好发育再起苗出圃。

3.3.2.2　苗圃留根育苗

利用埋条法或扦插法育苗时,当年不起苗只平茬,以培育良好的根系。第二年秋季起苗时开始留根,即先将苗木周围 20 cm 左右的侧根切断,再挖出苗木,留下部分根系,然后施肥,平整土地后灌水。翌年春季土壤解冻后再次灌水,进行浅中耕松土,松土深度为 3 ~ 6 cm,再平整床面。在幼芽出土前尽量不灌水以防土壤板结,出土后再灌水和松土除草。幼苗长至 10 m 左右时进行间苗和定株,并在幼苗基部培土,促进其多生根。

3.3.3　压条繁殖技术

压条繁殖是将未脱离母体的枝条压入土内或空中包以湿润物,待生根后把枝条切离母体,成为独立新植株的一种繁殖方法。此法多用于扦插繁殖不容易生根的树种,如玉兰、蔷薇、桂花、樱桃、龙眼等。

3.3.3.1　压条的时期及枝条选取

1)休眠期压条

从秋季落叶后到春季萌芽前,利用1~2年生成熟枝进行压条。

2)生长期压条

在生长期进行压条,雨季一般用当年生的枝条进行压条;常绿树种以生长期压条为好。

3.3.3.2　压条的种类及方法

1)低压法

根据压条的状态不同分为普通压条、水平压条、波状压条、堆土压条等方法(见图3-26)。

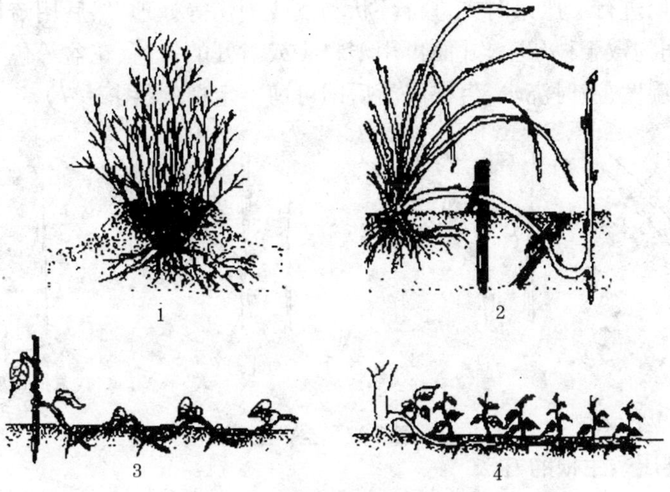

图3-26　低压繁殖的各种形式

1—堆土压条;2—普通压条;3—波状压条;4—水平压条

(1)普通压条法。这是最常用的压条方法。适用于枝条离地面比较近而又易于弯曲的树种,如迎春、腊梅、大叶黄杨、木兰、栀子、夹竹桃等。具体方法为:在休眠期或生长期中,将母株上近地面的1~2年生的枝条弯到地面,下部刻伤或环剥后,在接触地面处,挖一深10~15 cm、宽10 cm左右的沟,靠母树一侧的沟挖成斜坡状,相对壁挖垂直。将枝条顺沟放置,枝梢露出地面,并在枝条上弯曲处,插一木叉固定,然后覆土,被压部位深为8~20 cm,视枝条大小而定。经常保持压条部位湿润,待枝条生根成活后,从母株上分离即可。一根枝条只能压一株苗。对于移植难成活或珍贵的树种,可将枝条压入盆中或筐中,待其生根后再切离母株。

(2)波状压条法。适用于枝条细长柔软及蔓性树种,如紫藤、荔枝、葡萄、常春藤、铁线莲、凌霄等。即将整个枝条刻伤或环剥数处,波浪状压入沟中,枝条弯曲的波谷压入土中，波峰露出地面。使压入的地下部分产生不定根，而露出地面的芽抽生新枝，待成活后分别与母体切离成为新的植株。

(3)水平压条法。适用于枝长且易生根的树种，如连翘、紫藤、葡萄、迎春等。通常只在早春进行。即顺枝条的着生方向，按枝条的长度开水平沟，沟深 2 ~ 5 cm，将整个枝条水平压入沟中，用木钩分段插住固定，使每个芽节处下方产生不定根，上方芽萌发新枝。待成活后分别切离母体栽培。一根枝条可得多株苗木。

(4)堆土压条法。适用于丛生性和根蘖性强的树种，如杜鹃、牡丹、木兰、贴梗海棠、八仙花等。于早春萌芽前，对母株进行平茬截干，促进萌蘖。灌木可从根际处抹头，乔木可于树干基部刻伤，促其萌发出多根新枝。待新枝长到 30 ~ 40 cm 高时，即可在其基部刻伤或环剥后进行堆土压埋。在压条培土过程中，注意保持土壤湿度。一般经雨季后就能生根成活，翌春将每个枝条从基部剪断，切离母体进行栽植。

2)高压法

高压法也叫空中压条法。凡是枝条坚硬不易弯曲或树冠太高枝条不能弯到地面的树枝，可采用高压繁殖，如橡皮树、桂花、山茶、米兰、龙眼、叶子花、龙血树、广玉兰等。高压法一般在生长期进行。压条时先进行环状剥皮或刻伤等处理，然后用疏松、肥沃土壤或苔藓、蛭石等湿润物敷于枝条上，外面再用塑料袋或对开的竹筒、花盆等包扎好，以后注意保持袋内土壤的湿度，适时浇水，生根成活后即可剪下定植(见图 3-27)。

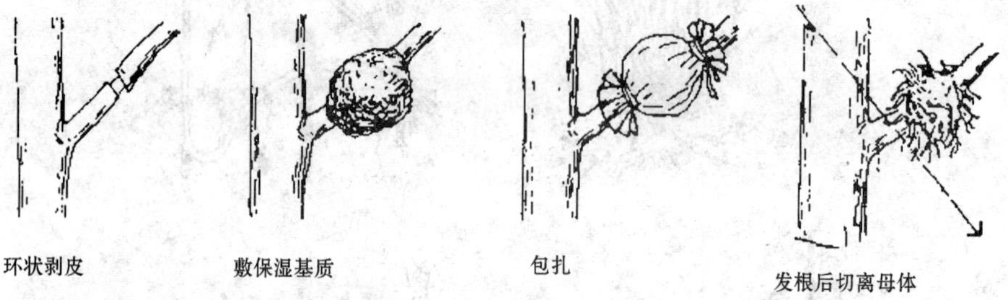

图 3-27　空中压条

3.3.3.3　促进压条生根的方法

对于不易生根或生根时间较长的树种，为了促进压条快速生根，可采用刻伤法、软化法、生长刺激法、扭枝法、绞缢法、劈开法及土壤改良法等阻滞有机营养向下运输而不影响水分和矿物质的向上运输，使养分集中于处理部位，刺激不定根的形成。

3.3.3.4　压条后的管理

压条之后应保持土壤的合理湿度，调节土壤通气和适宜的温度，适时灌水，及时中耕除草。同时要注意检查埋入土中的压条是否露出地面，若露出则需重压，留在地上的枝条如果太长，可适当剪去部分顶梢，有利于营养积累和生根。

分离压条苗的时期，取决于根系生长状况。当被压处生长出大量根系，形成的根群能够与地上枝干部分组成新的植株，能够协调体内水分代谢平衡时，即可分割。较粗的枝条需分 2 ~ 3 次切割，逐渐形成充足的根系后方能全部分离。新分离的植株抗性较弱，需要采取措施保护，适量的灌水、遮阴以保持地上、地下部的水分平衡，冬季采取防寒措施保护压条苗越冬。

3.3.4 埋条繁殖技术

埋条繁殖就是将剪下的1年生生长健壮的发育枝或徒长枝全部横埋于土中,使其生根发芽的一种繁殖方法,实际上就是枝条脱离母体的压条法。

3.3.4.1 埋条时间

埋条时间多在春季。具体时间因树种而异。如毛白杨埋条繁殖,要求有较高的温度生根效果才好。埋条过早、气温偏低不利发芽,同时为保持土壤湿润需经常灌水,也造成地温下降,不利于生根发芽。埋条过晚,毛白杨枝条上的芽膨大萌动,易被碰落,造成枝条上缺芽而导致出苗率降低,毛白杨埋条一般在3月下旬进行。

3.3.4.2 埋条方法

由于土壤疏松程度、保水能力不同,以及树种遗传、生理特点不同,埋条方法也不相同。

1)平埋法

在做好的苗床上,按一定行距开沟,沟深3~4 cm,宽6 cm左右,沟底要平,沟深要一致。将枝条平放沟内。放条时要根据条子的粗细、长短、芽子着生的情况等搭配得当,并使多数芽向上或位于枝条两侧。为了防止缺苗断垄,在枝条充足的情况下,最好双条排放,并尽可能地使有芽和无芽的地方交错开,以免发生芽的短缺现象造成出苗不均。放枝条时如遇上弯条,可在弯曲的内侧剪一裂口,深达中心,但不宜剪断,将弯取直。放好枝条后,用细土埋好,覆土1 cm即可,切不可太厚,以免影响幼芽出土。

2)点埋法

点埋法基本与平埋法相同,只是埋土方法有所不同,点埋法是在一些发芽处不埋土,使芽暴露在外,以利发芽,其他地方用土厚埋,以加强保水能力,减少灌水次数,以利保持地温。具体操作:按一定行距开一深3 cm左右的沟,种条平放沟内,然后每隔40 cm,横跨条行堆成一长20 cm、宽8 cm、高10 cm左右的长圆形土堆。两土堆之间枝条上应有2~3个芽,利用露天较高的温度发芽生长,土堆内保留的枝条生根。土堆埋好后要踩实,以防灌水时土堆塌陷。点埋法出苗快且整齐,株距比平埋法规则,有利于定苗,且保水性能也比平埋法好,但点埋法操作效率低,费工费时。

3.3.4.3 埋条后的管理

埋条之后,需要进行一系列的管理措施来增加成苗数量和提高成活率,管理措施主要有以下几种。

1)灌水

埋条后应立即灌水,使土壤与埋条紧密结合。以后要经常灌水,保持土壤湿润。浇水的间隔时间以保持湿润、避免地温过低为准,一般在生根前每隔5~6 d灌一次水。浇灌时注意水流要缓,水流过急易将埋条冲出或把埋条淤埋过深,影响生根发芽。

2)扒除过厚的土壤与掩埋露出的枝条

灌水时,往往容易造成土壤被冲刷和淤积。出现冲刷时,不但会把枝条上面的薄土冲走,甚至会把枝条冲出,造成枝条失水而枯萎死亡。出现淤积时,增加枝条上方土层的厚度,不利于萌芽。这两种现象都会造成缺苗断垄。因此,在埋条未生根发育之前,要经常检查埋土情况,扒除厚土,掩埋露出的枝条。

3)培土与间苗

埋入的枝条一般在条子基部较易生根,而中部以上生根较少但易发芽长枝,因而容易造成根上无苗、苗下无根的偏根现象。因此,当幼苗长至10~15 cm高时,结合中耕除草,于幼苗基部培土,促使幼苗新茎基部发生新根。待苗高长至30 cm左右时,即进行间苗。一般分两次进行,第一次间去过密苗或有病虫害的弱苗,第二次按计划产苗量定苗。

4)追肥及培垄

当幼苗长至40 cm左右时,即可在苗行间施肥。结合培垄,将肥料埋入土中,以后每隔20 d左右追施人粪尿一次,一直持续到雨季到来之前。这样前期促进苗木快长,后期停止追肥,使其组织充实,枝条充分木质化,利于安全越冬。

5)除蘖及断枝

当幼苗生长至40 cm左右时,腋芽开始大量萌发,应及时除蘖,促使苗木加快生长,并维持主枝的生长,使其长成直立健壮的主干。一般除蘖高度为1.2~1.5 m,不可太高,以防徒长,使干茎细弱。

当年秋季,用利器将每株苗之间相连的地下老枝截断,使苗木之间断绝联系,单株独立生长并长成完整独立的根系。

另外,中耕除草、病虫害防治等抚育工作也要跟上。

技能训练

实训十四　分株、留根、压条和埋条技术

一、目的

通过实训进一步熟悉分株、留根、压条、埋条繁殖技术要点,学会分株、留根、压条和埋条繁殖的实际操作技能。

二、材料与工具

修枝剪、芽接刀、手锯、锹、锄、铲、斧或柴刀、生根粉、塑料薄膜、绳子、沙壤土或苔藓、木屑等。

三、方法与步骤

(一)断根法分株

(1)在母树树冠外围环状挖深40 cm、宽30 cm的沟,切断直径1~2 cm树根,并将伤口削平。

(2)在沟内施入肥料并用松散土覆盖断根。

(3)当苗长到20~30 cm高时,注意间苗,每丛留1~2株,并加强肥水管理。

(4)当年秋或翌年春天分级移栽到苗圃不同的地块作进一步的培育。

(二)留根育苗

(1)秋天将前一年春季埋条苗距植株20 cm左右处断根,取苗留根。

(2)施肥,平整土地后灌水。翌年春季土壤解冻后再次灌水,进行浅中耕松土,松土深度为3 ~6 cm,再平整床面。在幼芽出土前尽量不灌水以防土壤板结,出土后再灌水和松土除草。

(3)幼苗长至10 m左右时进行间苗和定株,并在幼苗基部培土,加强肥水管理,促进其多生根。

(4)当年秋或翌年春天分级移栽到苗圃不同的地块作进一步的培育。

(三)压条育苗

(1)时间及材料选择。春季选取品质优良的母树,在其上选2 ~3年生的枝条,直径1.5 ~2 cm。

(2)环状剥皮。在选定的枝条上距基部10 cm处环状剥皮,宽度为3 ~4 cm。

(3)涂抹生根剂。可用毛笔蘸3 000 mg/kg的吲哚丁酸涂抹切口。

(4)包扎生根基质。用湿肥泥、锯末各半相混作基质,或用苔藓土作基质,湿度以用手捏不出水为度。用塑料薄膜在环切口下扎成漏斗状后,填入基质并压实,最后扎紧塑料薄膜上部。

(5)经过2 ~4个月薄膜内有大量根系时,便可切离母株,剪去部分枝叶后移栽。

(四)埋条育苗

(1)采集种条。落叶后和发芽前采集种条,秋冬采集的种条要贮藏起来,春天萌芽前可随采随埋。

(2)埋条前将枝条进行浸水催芽处理。

(3)沿南北方向做成低床,并挖埋植沟,沟距30 cm,沟深4 ~6 cm。

(4)将枝条水平放入沟内踏实,随放随覆土,踏实,并浇足水。

四、实训报告

试分析影响压条和埋条生根成活的因素,调查压条、埋条生根结果,调查分株育苗和留根育苗单位面积产苗量及各级苗木所占的比例,统计主要分株树种分株育苗的繁殖系数。

思考题

1. 影响嫁接成活的因素有哪些?
2. 嫁接的主要方法有哪些? 如何选择?
3. 影响扦插成活的因素有哪些? 如何促进扦插生根?
4. 扦插的方法有哪些? 各有什么优缺点?
5. 分株和压条的方法各有哪些? 分别适用于哪些园林植物?

第4单元 园林育苗新技术

教学目标

了解组织培养育苗、水培育苗、容器育苗、温室育苗和穴盘育苗的概念、应用情况,熟悉各种育苗新技术常用的材料与设施,掌握各种育苗的技术过程和关键的管理技术,通过实训教学,进一步巩固和熟练掌握各种育苗新技术的操作步骤与关键技术环节。

4.1 组织培养育苗技术

4.1.1 组织培养的概念与应用

4.1.1.1 植物组织培养的概念

植物组织培养(Plant Tissue Culture)是以细胞全能性作为理论依据,采用人为方法创造一个适合于植物组织或细胞生长的理想条件,使细胞的全能性得以发挥,培养得到完整植株或组织器官的过程。广义的植物组织培养包含多种离体培养技术,不仅包括在无菌条件下利用人工培养基对离体的植物组织和器官的培养,而且包括对原生质体和悬浮细胞的培养。Gamborg 曾根据所培养的植物材料的不同,把组织培养分为五种类型,即愈伤组织培养、悬浮细胞培养、器官培养(胚、花药、子房、根和茎的培养等)、茎尖分生组织培养和原生质体培养。

4.1.1.2 植物组织培养技术的应用

20 世纪 60 年代以后,植物组织培养技术开始在生产上应用,并且逐渐朝着产业化方向发展。随着科学技术的不断进步,植物组织培养技术已成为现代农业生产中重要的技术手段。

1)在快速繁殖和植物脱毒上的应用

离体无性繁殖是在人工控制的无菌条件下,使植物在人工培养基上繁殖的技术。植物脱毒和离体快速繁殖是目前植物组织培养应用最多、最有效的一个方面。据不完全统计,目前已有近 400 种植物的离体繁殖获得成功,其中许多具有重要经济价值的花卉(如兰花、菊花、石竹)、果树(草莓、无籽西瓜、葡萄)、经济作物(马铃薯、甘蔗)、林木(桉树、杨树)均已在种苗生产上广泛应用,取得了巨大的经济效益和社会效益。

很多植物都带有病毒,特别是无性繁殖植物,但是,感病植株并非每个部位都带有病毒,White 早在 1943 年就发现植物生长点附近的病毒浓度很低甚至无病毒。如果利用组织培养方法,取一定大小的茎尖进行培养,再生的植株有可能不带病毒,从而获得脱病毒苗,再用脱毒苗进行繁殖,则种植的植物就不会或极少发生病毒。目前,利用组织培养进行脱毒在葡萄、马铃薯、烟草、菊花、香石竹、大蒜等多种作物上已成功应用。

2)在植物种质资源保存和交换上的应用

农业生产是在现有种质资源的基础上进行的,由于自然灾害和生物之间的竞争以及人类活动对大自然的影响,已有相当数量的植物物种在地球上消失或正在消失。具有独特遗传性状的生物物种的绝迹是一种不可挽回的损失。利用植物组织和细胞法低温保存种质,可大大节约人力、物力和土地,同时也便于种质资源的交换和转移,防止有害病虫的人为传播,给保存和抢救有用基因带来了希望。例如胡萝卜和烟草等植物的细胞悬浮物,在-20~-196℃的低温下贮藏数月,尚能恢复生长,再生成植株。

3)在植物育种上的应用

目前,国内外把植物组织培养已普遍应用于作物育种,并在单倍体育种、胚胎培养、细胞融合、遗传转化、培养细胞突变体等方面均取得了显著成就。如通过原生质体融合,可部分克服有性杂交不亲和性,而获得体细胞杂种,从而创造新种或育成优良品种,这是组织培养应用最诱人的一个方面,目前已获得40余个种间、属间甚至科间的体细胞杂种和愈伤组织,有些还进而分化成苗。

4)在植物次生代谢产物上的应用

利用组织或细胞的大规模培养,有可能生产出人类所需要的一些天然有机化合物,如蛋白质、脂肪、糖类、药物、香料、生物碱及其他活性化合物。这些化合物许多都是高等植物的次生代谢产物,有些化合物还不能大规模人工合成,而靠植物产生这些化合物来源有限。因此,利用组织培养方法培养植物的某些器官或愈伤组织,并筛选出高产、高合成能力、生长快的细胞株系,以进行工业化生产,是一条行之有效的途径。目前,已有20多种植物的培养组织中有效物质高于原植物,国际上已获得这方面专利100多项。近年来,用单细胞培养生产蛋白质,将给饲料和食品工业提供广阔的原料生产前途;用组织培养方法生产微生物以及人工不能合成的药物或有效成分的研究正在不断深入,有些已投入工业化生产,预计今后将有更大发展。

5)在遗传、生理、生化和病理研究上的应用

组织培养推动了植物遗传、生理、生化和病理学的研究,已成为植物科学研究中的常规方法。花药和花粉培养获得的单倍体和纯合二倍体植株,是研究细胞遗传的极好材料。在细胞培养中很容易引起变异和染色体变化,从而可得到作物的附加系、代换系和易位系等新类型,为研究染色体工程开辟新途径。

4.1.2　组织培养育苗的基本设备

植物组织培养所需实验设备,应根据不同的研究目的而定。一般说来,凡用于微生物实验室、生化实验室及细胞培养实验室等的实验设备、仪器、器皿与设施,大多可用于植物组织培养工作。主要实验设备有清洗设备、消毒设备、培养基原料配制与贮藏设备、培养容器、无菌操作设备及培养室设备等。一般应设清洗室、培养基配制室、灭菌室、无菌操作室、培养室、化学实验室、细胞学实验室及炼苗室等,应根据植物组织培养对象与规模等需要因地制宜地设置。

4.1.2.1　常规设备

常规设备主要是用于试剂保存与称量、培养基配制与分装以及水处理等,根据实际需

要予以配置。

1)天平

根据实验需要,配备2~3台不同精度的天平。用于一般称量有0.1或0.01感量的天平,还有精确度较高的0.001或0.000 1感量的天平。

2)冰箱

各种维生素和激素类药品以及培养基母液均需低温保存,在一般情况下均可利用普通冰箱完成。实验室一般配备冰箱1~2台,1台用于药品的贮藏,1台用于保存培养基母液等。

3)酸度计

用于测定培养基等的pH值,其精度要求因实验需要而定,一般要求可测定pH值范围在1~14,精度0.01即可。

4)加热器

用于培养基的配制。研究性实验室一般选用带磁力搅拌功能的加热器,规模化大型实验室则应选用大功率加热和电动搅拌系统。有时,亦可用电炉代替加热器。

5)纯水器

离体培养应使用符合实验要求的纯水或蒸馏水。用于一般培养,可使用4级过滤的反渗透纯水器,也可使用蒸馏水器。对于一些精确培养实验,有时需要使用双蒸水或超纯水,应配备更高一级的纯水设备。

6)分装设备

用于培养基分装。培养基分装可以采用手工分装和自动分装。手工分装一般只适用于小型实验,对于一些较严格的实验也可辅助使用定量分装瓶或注射器,以便使每一容器的培养基均等。而对于一些大型生产实验室,则需要使用相应的培养基分装设备。选择分装设备主要根据实验规模和精度而定,而选择的分装设备最好能有较大的可调节范围,以便适于不同实验的需要。

4.1.2.2 灭菌设备

灭菌设备包括高压蒸汽灭菌锅、干热消毒柜、过滤灭菌装置、喷雾消毒器和紫外灯等。高压蒸汽是常用的灭菌设备,一般用于培养基、玻璃器皿及其他可高温灭菌用品的灭菌,根据实验室规模大小可选择手提式、立式、卧式等不同规格的产品。干热消毒柜用于一些金属工具如镊子、剪刀、解剖刀等的灭菌,亦可用于玻璃器皿的灭菌,一般可选择温度200℃左右的普通或远红外消毒柜。过滤灭菌器用于一些酶制品、激素以及某些维生素等不能高温灭菌试剂的灭菌。

4.1.2.3 无菌操作设备

无菌操作设备主要有超净工作台、接种箱等。超净工作台是现在普遍使用的无菌操作设备,它采用双重吸附过滤后的空气,按一定风速净化操作台面的原理设计。其操作台面是一个半开放区,因此具有使用方便、操作人员舒适等优点。通过过滤的空气连续不断地经台面吹出,微生物很难在工作台内滞留,从而保持了较好的无菌环境。

4.1.2.4 培养设备

培养设备是根据需要选用不同规格和控制精度的设施与设备,包括培养架、培养箱和摇床等。培养架可根据培养室房间的高度设计成4~5层,每层间隔40~50 cm。光照强度可根据培养植物的特性确定需要安装的灯管数。由于灯管一般安装在上一层隔板下方,常使上层隔板温度升高,因此培养架间隔板最好设计成双层中空型,以避免放置培养物的隔板局部温度上升。对于一些要求精确控制的培养实验可在培养箱中进行,以便于温度、光照等条件的精确控制。植物培养箱一般采用光照培养箱,其光照强度和时间可人为设置并能自动控制。

4.1.2.5　培养器皿及实验用具

玻璃器皿是最常用的培养器皿,包括各种规格的培养皿、培养瓶、试管等。玻璃器皿透光性好,便于观察,同时还可以高温高压灭菌,因而可以反复使用。此外,玻璃器皿的化学稳定性好,不会分解对培养物产生危害的有毒物质。但玻璃器皿在洗涤和操作中容易损坏,因而增加了实验成本。近年来,一些高分子新型材料也逐渐用于制造各种培养器皿,因其质地轻、不易破碎而受到欢迎,但此类器皿大多数不能高温灭菌,只能一次性使用,因而实验成本高。最近,我国的一些实验室采用德国进口的聚碳酸材料,设计生产了一种可高温灭菌的培养盒,透光性好,质地坚硬,对培养物无毒,但由于材质的性质限制,在加工工艺上要求较严。如果能适当改进加工工艺,这一材质有可能是替代玻璃的理想材料。除了培养器皿外,接种用具是另一类重要的实验用具,包括解剖刀、各种剪刀、镊子等。这类用具一般为金属材质,需要经受200 ℃以上的干热消毒,因此一般要求以不锈钢材质为宜。

4.1.3　组织培养的洗涤与灭菌技术

4.1.3.1　洗涤技术

1)洗涤液

一般使用两类洗涤液,一类是合成洗涤剂,一类是铬酸洗涤液。合成洗涤剂通常是在洗涤时加入适量溶解后即可使用,而铬酸洗涤液则应事先配制。铬酸洗涤液是强氧化剂,去污能力很强,特别是在加热后去污效果更好,一般可加热到40~45 ℃。铬酸洗涤液可反复使用,直至溶液呈青褐色为止。铬酸洗涤液具有较强的腐蚀性,使用时应十分谨慎,以免发生意外。

2)洗涤方法

(1)玻璃器皿洗涤。新的玻璃器皿上附有游离的碱性物质,其洗涤方法是用1%的HCl溶液浸泡一昼夜,用合成洗涤剂洗刷,清水反复冲洗,再用蒸馏水冲洗1~2次。已使用过的玻璃器皿只需用合成洗涤剂洗刷,用清水和蒸馏水冲洗干净即可。

(2)塑料用品洗涤。塑料用品一般用合成洗涤剂洗涤,因其附着力较强,冲洗时必须反复多次,最后用蒸馏水冲洗。

(3)金属用品洗涤。金属用品一般不宜用各种洗涤液洗涤,需要清洗时,一般用酒精擦洗,并保持干燥。

4.1.3.2　灭菌消毒技术

防止微生物污染是植物细胞工程技术中的重要环节,所用的培养基、培养器皿、各种操作工具及培养材料都要进行灭菌、消毒。灭菌一般有物理方法和化学方法两种,物理方法又分为物理灭菌和物理除菌,其中干热、湿热、射线处理等属于物理灭菌范围,而过滤、离心沉淀等属于物理除菌范围。化学方法包括使用消毒剂、抗菌素等方法。

1）培养基灭菌

培养基一般采用湿热灭菌法，即将分装好的培养基放在高压灭菌锅中，待压力开始上升时，打开放气阀排除冷空气。关闭放气阀，当压力上升至 1.08×10^5 Pa、温度为 121 ℃时，开始计时，使之维持在该压力和温度条件下 15 ~ 20 min。培养基的灭菌时间不宜过长，以防培养基成分变化。有些培养基成分在高温下容易分解，这时可采用过滤除菌的方法单独过滤后，再加入到已经灭菌的培养基中。

2）玻璃器皿灭菌

玻璃器皿可在上述压力和温度条件下适当延长灭菌时间，一般以 25 ~ 30 min 为宜。玻璃器皿还可采用干热灭菌的方法灭菌，即在 150 ℃烘箱中加热 40 min，或在 120 ℃条件下灭菌 2 h。玻璃器皿放入烘箱之前必须完全干燥，以免引起破碎，灭菌时温度要缓慢上升，灭菌后待温度逐渐下降到 60 ℃以下时才能开箱门，以免器皿因突然冷缩而破碎。

3）金属用具灭菌

常用的组织培养工具多是金属制品，如刀、剪、镊等，使用前和使用过程中均必须灭菌并保持无菌状态。使用前的灭菌可采用干热或湿热灭菌。使用过程中的灭菌常常是将其浸泡在 70% 的酒精中，再以火焰将酒精烧去，待冷却后使用。国外现在设计使用一种小型电热石英砂灭菌器，是一种十分方便的设备，它可以代替酒精，从而免除了使用酒精火焰的危险。

4）接种室灭菌

接种室常采用定期熏蒸，熏蒸剂常用甲醛加高锰酸钾，一般每 100 mL 甲醛加 5 g 高锰酸钾。为避免其气体对人体的危害并达到较好的消毒效果，一般熏蒸期间应将接种室封闭 3 ~ 5 d。接种室的灭菌除定期熏蒸外，每次使用前还可喷洒 75% 的酒精或 2% 的新洁尔灭，并用紫外灯照射 0.5 h，以保证接种室的无菌环境。

5）外植体的消毒

组织培养所使用的外植体几乎包括了植物体的各个部位，如根、茎（包括鳞茎和茎段）、叶（包括子叶和叶片）、花瓣、花药、胚珠、胚、块茎、茎尖、维管组织、髓部等，不同的植物种类和部位消毒的方法有所差异。常用的植物消毒灭菌剂有各种次氯酸盐、氯化汞等。次氯酸盐一般用于一些较软和较幼嫩的组织消毒，消毒时间一般在 5 ~ 30 min，氯化汞灭菌效果最好，但其残留液最难去除，而且对植物组织的伤害亦较大，因此必须严格控制好消毒时间，一般不超过 15 min，使用浓度为 0.1% ~ 0.2%。种子、块根、块茎及较硬的组织可采用氯化汞消毒以保证灭菌效果。表 4-1 为几种常用消毒剂的效果比较。

表 4-1　几种常用消毒剂的效果比较

消毒剂	使用浓度（%）	消毒时间（min）	效果	残液去除难易
次氯酸钙	10	5 ~ 30	好	易
次氯酸钠	2 ~ 5	5 ~ 30	好	易
新洁尔灭	10 ~ 20	5 ~ 30	好	易
氯化汞	0.1 ~ 1	2 ~ 10	最好	最难
过氧化氢	10 ~ 12	5 ~ 15	较好	最易
抗菌素	4 ~ 50 mg/L	30 ~ 60	较好	较难

4.1.4 培养基的选择与配制

4.1.4.1 几种常用培养基配方

正确选择培养基是关系到植物组织培养能否成功的基础。培养基的种类很多,但各种组合培养基都是由大量元素、微量元素、维生素和氨基酸、碳源等基本成分构成。常见的基本培养基的配方如表 4-2 所示。基本培养基中各成分的浓度一般以 mg/L 或 g/L 为单位表示。

表 4-2 几种常用培养基的配方 (单位:mg/L)

	成分	MS (1962 年)	White (1963 年)	B5 (1968 年)	MT (1969 年)	Nitsch (1969 年)	N_6 (1974 年)
大量元素	KCl		65				
	$MgSO_4 \cdot 7H_2O$	370	720	500	370	185	185
	$NaH_2PO_4 \cdot H_2O$		16.5	150			
	$CaCl_2 \cdot 2H_2O$	440		150	440		160
	KNO_3	1 900	80	3 000	1 900	950	2 830
	$CaCl_2$					166	
	Na_2SO_4		200				
	$(NH_4)_2SO_4$			134			463
	NH_4NO_3	1 650			1 650	720	
	KH_2PO_4	170			170	68	400
	$Ca(NO_3)_2 \cdot 4H_2O$		300				
微量元素	$FeSO_4 \cdot 7H_2O$	27.8			27.8	27.8	27.8
	Na_2-EDTA	37.3		37.3	37.3	37.3	37.3
	$MnSO_4 \cdot 4H_2O$	22.3	4.5		22.3	25	4.4
	$MnSO_4 \cdot H_2O$			10			
	KI	0.83	0.75	0.75	0.83		0.8
	$CoCl_2 \cdot 6H_2O$	0.025		0.025	0.025		
	$ZnSO_4 \cdot 7H_2O$	8.6	3	2	8.6	10	1.5
	$CuSO_4 \cdot 5H_2O$	0.025	0.001	0.025	0.025	0.025	
	H_3BO_3	6.2	1.5	3	6.2	10	1.6
	$NaMoO_4 \cdot 2H_2O$	0.25	0.002 5	0.28		0.25	
	$Fe_2(SO_4)_3$		2.5				
有机成分	肌醇	100	100	100	100	100	
	烟酸(维生素 B_3)	0.5	0.5	1	0.5	5	0.5
	盐酸硫胺素(维生素 B_1)	0.1	0.1	10		0.5	1
	盐酸吡哆素(维生素 B_6)	0.5	0.1	1	0.5	0.5	0.5
	甘氨酸	2	3		2	2	2
	蔗糖	30 000	20 000	20 000	50 000	34 000	50 000
	pH 值	5.8	5.6	5.5	5.7	6.0	5.8

基本培养基不含激素,激素的种类和浓度常常根据实验目的自行设定。在园林植物组织培养中,通常加入的生长调节剂有两类:一类是生长素类,常用的有2,4-D、NAA、IAA、IBA等;另一类是细胞分裂素类,常用的有KT、6-BA、ZT等。通常情况下需要不同种类的激素配合加入,引导培养物向着理想的方向分化(生长)。

4.1.4.2 培养基的配制

1)母液的配制

为了避免每次配制培养基都需称量各种化学药品,通常按培养基原量的浓度增大10倍、100倍或1 000倍等配制成一种浓缩液,这种浓缩液叫做母液,使用时按比例稀释成需要的浓度。各种大量元素无机盐配成的母液叫大量元素母液,通常配制成10~20倍母液;微量元素无机盐配制在一起称为微量元素母液,通常配制成100~200倍母液,铁盐应单独配制;各种维生素和激素,如IAA、NAA、2,4-D、6-BA等,需要灵活搭配使用,通常单个配制母液。配好的母液需贮存于2~4 ℃的冰箱中,定期检查有无沉淀和微生物污染。

2)培养基的配制、高压灭菌与保存

培养基的配制过程一般是:

(1)先在洁净的不锈钢锅里放入约750 mL蒸馏水,加入所需要的琼脂和糖,最好能在水浴锅里将琼脂溶化,如果直接加热应不停地搅拌,防止在锅底烧焦或沸腾溢出。

(2)将各种贮备液按所需量分别用移液管吸取并混合,并按需要加入植物激素和其他欲加入的物质。

(3)加蒸馏水将最终体积调整到1 L。但应当预先测试一下,在接近沸腾的时候1 L培养基所占的体积和在锅内壁上所在的位置,最好能做一刻度为记号,或用下口杯等定容积。

(4)充分混合均匀以后,用HCl或NaOH溶液调节pH值至所需要的酸碱度(一般为pH 5.5~5.8),调整pH值可用精密pH试纸或酸度计。然后复核一遍各物品是否已加好,如无遗漏、差错,进行分装。

(5)趁热将培养基倒入下口杯中,通过下口橡皮管上的弹簧夹控制,将培养基分装入培养容器(如试管、三角瓶、培养皿、罐头瓶或专用培养容器等)中,按容器的大小和培养要求放入适当量的培养基即可。分装时,注意不要把培养基粘附到容器口或距离口较近的内壁上,以免今后引起污染。分装中还应不时搅动下口杯中的培养基,否则先后分装的各瓶培养基凝固能力不同。若需配成液体培养基,则不需加入琼脂,依配方制成并分装于培养容器中即可。然后再严加棉塞和包头纸或包扎其他覆盖物。

(6)将包扎好的培养基放入高压灭菌器中,灭菌后取出(灭菌方法见上文),放置于室内(最适温度为10 ℃)贮存备用。灭菌后的培养基一般应在1~2周内用完,短时间可存放于室温条件下,如不能尽快用完,最好存放于4 ℃条件下。如需加入过滤灭菌的药品,应在高压灭菌后,培养基凝固之前加入,并轻摇使之均匀。因此,培养基的装入量和过滤灭菌后的物质都需要事先计算好,定量加入,混合均匀备用。

4.1.5　组织培养的方法与程序

4.1.5.1　无菌培养物的建立

包括外植体的选择、采样、灭菌与接种。外植体指的是从植物体上切取下来用于组织培养的部分。

1）外植体的选择

根据植物种类和组培快繁的途径来进行。通常再生能力较弱的木本植物、较大的草本植物以采取茎段比较适宜，可在培养基上促其侧芽萌发、增殖。对一些比较容易繁殖，或本身短小、缺乏显著茎的草本植物，则可采用叶片、叶柄、花托、花萼、花瓣等作为外植体。通过顶芽和腋芽的发育进行组培快繁的，其外植体宜用顶芽、侧芽或带芽的茎段。通过不定芽的发育进行组培快繁的，宜选容易产生不定芽的器官作外植体，如大岩桐与秋海棠的叶片、百合与水仙的鳞片、玉簪的花等。通过胚状体的发育进行组培快繁的，常用胚、分生组织或生殖器官作外植体。兰科植物原球茎的发育是从茎尖或侧芽的培养中获得的。

2）外植体采样

要注意选取受污染较轻、无病虫害、生长健壮、发育充实的植株。采摘前加强肥水管理，给予充足营养，久晴之后采摘距地面部位较高、暴露在阳光下的枝条等。

3）外植体灭菌与接种

采取的外植体尽快带回实验室，剪除多余部分，然后用自来水冲洗30 min以上，再在70%的酒精中浸泡不超过30 s，再用灭菌剂（2%～10%次氯酸钠水溶液）浸泡3～15 min，取出后用无菌水冲洗4～5次，即可接种。经过灭菌的外植体必须在超净工作台上，在无菌条件下接种到已备好的培养基上。

4.1.5.2　外植体生长与分化的诱导

通过顶芽和腋芽的发育进行再生的，为促进侧芽分化生长，常在培养基中添加0.1～10 mg/L的细胞分裂素及少量生长素（0.01～0.5 mg/L）或0.05～1 mg/L的赤霉素。诱导外植体产生不定芽的所用激素与上述相同，其中生长素浓度应低于细胞分裂素。诱导胚状体的发育，一部分植物种类在培养初期，要求必须含适量生长素类物质，多用2,4-D，以诱导分化、愈伤组织生长和胚性细胞形成，后期则必须降低或完全去掉2,4-D才能完成胚状体的发育，如金鱼草、矮牵牛、紫苏等；另一部分植物则在只含细胞分裂素的培养基上可诱导胚状体，如檀香、红醋栗、山岭麻黄等；大多数植物在生长素和细胞分裂素同时添加的培养基上可诱导出胚状体，如彩叶芋、海枣、山茶等。原球茎的诱导比较容易，只需用MS基本培养基或稍提高NAA浓度0.1～0.2 mg/L即可。

诱导的环境条件依培养对象的种类而有所不同。一般要求在23～26 ℃的恒温，每天12～16 h，1 000～3 000 lx的光照条件下进行培养。另外，培养室要求清洁卫生，以减少污染。

4.1.5.3　中间繁殖体的继代培养

将在第二阶段诱导出的芽、胚状体、原球茎等称为中间繁殖体。将中间繁殖体在人为控制的最好的营养供应、激素配比和环境条件下进行进一步的培养增殖，即转接继代。具体做法是：配制适宜继代的培养基，将中间繁殖体不断接种其上，在培养室继续培养。注意继代工作必须及时，否则，中间繁殖体的老化会影响其进一步增殖。

4.1.5.4 生根与壮苗培养

在中间繁殖体增殖到一定数量后，即开始进行生根与壮苗的培养。将最后一次继代培养的中间繁殖体未发黄老化或出现拥挤前，及时转移至生根培养基上，转移的同时进行苗丛、胚状体或原球茎的分离。较低的矿物元素浓度、较低的细胞分裂素含量及较多的生长素有利于生根，故此时一般采用1/2或1/4的MS培养基，全部去除细胞分裂素或减少至极少量，加入适量萘乙酸的方法。对于容易生根的种类可直接在培养室外进行嫩茎的扦插或延长其在继代培养瓶中生长的时间，均可生根，形成完整植株。壮苗则可通过减少培养基中糖含量和提高光照强度来实现。

4.1.5.5 试管苗的出瓶与移栽

试管苗是在培养室中无菌、有营养与激素供给、适宜的光照、恒定的温度和100%的相对湿度下生长的，非常娇嫩，要适应外界环境必须逐步过渡。首先打开瓶盖，于室内自然光照下培养锻炼2～3 d。然后取出苗，用室温的水涮掉幼苗上粘着的培养基，将幼苗栽入经过灭菌的蛭石、珍珠岩或配制好的专用基质中，开始可浇含有一定量大量元素的培养液，逐步过渡到正常的肥水管理，移栽前期要适当遮阴。一般炼苗4～6周，待苗木生长正常后，可进入田间栽培。

4.1.6 防止外植体褐变的技术措施

组织培养过程中外植体褐变是影响组织培养成功的重要因素。褐变包括酶促褐变和非酶促褐变，目前认为植物组织培养中的褐变主要是由酶促引起的。采取综合措施是防止外植体褐变的有效方法，从选择适宜的外植体到整个组织培养的过程，都要严加注意，控制好每个环节。防止外植体褐变的技术措施一般有以下几种。

4.1.6.1 选择适当的外植体

选择适当的外植体是克服褐变的重要手段，不同时期、不同年龄的外植体在培养中褐变的程度不同，成年植株比实生幼苗褐变的程度严重，夏季材料比冬季、早春和秋季的材料褐变程度严重。取材时还应注意外植体的基因型及部位，选择褐变程度轻的品种和部位作外植体。

4.1.6.2 对外植体进行预处理

对较易褐变的外植体材料进行预处理可以减轻酚类物质的毒害作用。其处理方法是：在外植体的消毒或分割过程中，采用1%的柠檬酸溶液浸泡10～15 min，再接种到合适的培养基上，可使外植体褐变减轻。

4.1.6.3 添加褐变抑制剂和吸附剂

褐变抑制剂主要包括抗氧化剂和多酚氧化酶的抑制剂。前者包括抗坏血酸、半胱氨酸、柠檬酸、聚乙烯吡咯烷酮（PVP）等，后者包括SO_2、亚硫酸盐、氯化钠等。在培养基中加入褐变抑制剂，可减轻酚类物质的毒害。其中PVP是酚类物质的专一性吸附剂，常用做酚类物质和细胞器的保护剂，可用于防止褐变。在倒挂金钟茎尖培养中加入0.01% PVP对褐变有抑制作用，而用0.7% PVP、0.28 mol/L抗坏血酸、5%双氧水一起加入到0.58 mol/L蔗糖溶液中振荡45 min，对褐变有明显的抑制作用。

4.1.6.4　进行预培养和连续转移

在外植体接种后预培养1～2 d立即转移到新鲜培养基中,可减轻酚类物质对培养物的毒害作用,连续转移5～6次培养可基本解决外植体的褐变问题。在山月桂树的茎尖培养中,接种后12～24 h转入液体培养基中,以后每天转移1次,连续1周,褐变便可得到完全的控制。此法比较经济,简单易行,应是克服褐变的首选方法。

另外,研究表明,选择合适的外植体消毒剂和控制消毒时间、适当大小的外植体组织块、合适的外源激素的种类和浓度、适当的光照强度等措施也是防止外植体褐变的有效措施。

技能训练

实训十五　组织培养育苗技术

一、目的

植物组织培养技术已广泛应用于现代农林商业化生产。本实验以蝴蝶兰为材料进行组织培养,旨在让学生掌握以花梗腋芽和顶芽为外植体的组培程序,完成培养基配制、外植体消毒、接种、继代、生根等操作过程,提高操作技能。

二、材料与工具

(一)材料

具有花梗腋芽和顶芽的蝴蝶兰成苗,已诱导产生芽或芽丛的无毒苗,可用于诱导生根的组培苗。

(二)设施设备

150 mL三角瓶或专用组培瓶若干,500 mL烧杯5个,500 mL、100 mL量筒各5个;不同规格的移液管或移液器若干,解剖刀、镊子、玻璃棒若干;pH计、电子天平、高压灭菌锅、超净工作台、光照培养室等组培配套设备。

(三)试剂

硝酸铵、硝酸钾、氯化钙、硫酸镁、磷酸二氢钾、硫酸铁、Na_2-EDTA、硫酸锰、硫酸锌、氯化钴、硫酸铜、钼酸钠、碘化钾、硼酸、甘氨酸、肌醇、盐酸硫胺素、盐酸吡哆醇、烟酸,75%酒精棉球、氯化汞消毒液、无菌水等。

三、方法与步骤

(一)母液的配制

培养基的组成与用量见表4-2 MS培养基,配制方法见上文,配制时注意以下几点:

(1)大量元素母液一般比使用浓度高10～100倍,微量元素母液可提高到200～1 000倍。

(2)生长素类一般配成0.1～0.5 mg/mL的母液,IAA、NAA可先用少量95%乙醇溶解,再加水定容。

(3)细胞分裂素类先用少量 1 mol/L 盐酸溶解,再加水定容。

(4)各种维生素和氨基酸一般可以直接溶解于水中,为配制方便,可将培养基中的几种维生素类物质混合在一起配成母液,但各种维生素应分别溶解后再行混合。

(二)蝴蝶兰诱导、继代培养基的配制

各种成分组成见下表:

蝴蝶兰诱导、继代培养基组成

培养基成分	用量
大量元素	1/3MS 的大量元素
微量元素	微量元素同 MS
维生素与有机物质	维生素、有机物质同 MS
6-BA	3~5 mg/L
NAA	0.5 mg/L
椰子汁	150 mg/L
柠檬酸	30 mg/L
pH	5.6

操作步骤如下:

(1)在洁净的不锈钢锅里加入约 750 mL 蒸馏水,并加入所需琼脂和糖。琼脂先在锅内溶化,如直接加热应不停搅拌,防止锅底烧焦或沸腾溢出。

(2)按量加入母液。

(3)加蒸馏水使最终体积为 1 L,做好标记,沸腾冷却后保证体积仍为 1 L。

(4)将上述已充分混合的培养基用 1 mol/L KOH 或 NaOH 调整 pH 值至 5.6,核对各物品是否已经加好,如无遗漏或差错则可以分装。

(5)趁热将培养基倒入三角瓶中,注意培养基不要粘到瓶口,以免日后污染。分装过程中应不时搅拌瓶内培养基,以防先后分装的各瓶培养基凝固能力存在差别。

(6)培养基分装后应尽快密封容器口,并及时进行高压灭菌消毒。

(三)外植体取材、处理和接种

从蝴蝶兰出现花梗到花朵凋谢,只要花梗尚未枯黄,都可用做试材。具体操作过程如下:

(1)剪下花梗,用蘸有 75% 酒精的棉球将外表擦拭干净,然后以节为单位切段,含芽的花梗上下保留不同长度,上短下长,置于超净工作台上,准备消毒。

(2)将花梗腋芽上的苞叶去除,并用解剖刀把节与芽相接处清理干净。若在花梗节段表面有病斑或焦枯部分,用解剖刀削去。

(3)将经前处理的花梗节段放入消毒水中消毒,消毒时间依材料、质地、嫩度不同而异。一般花朵盛开或花朵已谢的成熟花梗,消毒时间为 15~20 min,较嫩组织将时间缩短为 10~12 min。消毒期间经常摇动瓶子,使消毒剂能够充分接触外植体,提高消毒效果。

(4)消毒完成后将材料取出,置于盛无菌水的烧杯中,用无菌水荡洗3~5次。

(5)将冲洗后的外植体置于无菌培养皿中,用解剖刀截去两端与消毒液接触的部分,取中间部分插入已准备好的消过毒的培养基内。

(6)每瓶接种1个外植体,置培养室培养。培养室温度25 ℃ ±1 ℃,光照强度1 500 lx,每天光照10~16 h。

(四)继代培养

将在诱导培养基上诱导产生的芽或芽丛从花梗上切离,转入继代培养基上培养,一般每瓶接种6~10株无根苗,培养条件与诱导培养相同,继代培养基可同原诱导培养基。

(五)壮苗与生根培养

将继代培养繁育的小苗转移到生根培养基中,生根培养基与继代培养基的差异主要是生长素浓度的不同,一般蝴蝶兰生根培养基中BA浓度为1.0 mg/L、NAA为0.1 mg/L,同时在培养基中添加香蕉泥和马铃薯泥,利于根的诱导。将光强调节到3 000 lx左右可以促使培养的植株健壮。

四、实训报告

(1)调查诱导培养、继代培养和生根培养中组培苗的生长状况,写出实训报告。

(2)蝴蝶兰组培还可以用哪些组织和器官等作为外植体?与用腋芽和顶芽相比有何优缺点?

4.2 水培育苗技术

4.2.1 水培育苗概述

水培是将植物根系连续或不连续地浸入营养液中进行培养的一种方法。注意营养液内要有足够的氧气,并处于黑暗中。通气方法一是采用强迫通气,把多孔的管子放于栽培床内,向营养液中通气;二是利用水泵使营养液来回循环,营养液深度一般为10~15 cm,在30 m长的栽培床中,营养液一般每小时要完全更换1~2次。常见的水培育苗类型有聚氨酯泡沫小方块育苗和深水漂浮育苗。

4.2.1.1 聚氨酯泡沫小方块育苗

将育苗专用的聚氨酯泡沫小方块平铺于育苗盘中,育苗块大小约4 cm^3,高约3 cm,在每一小块的中央切一个"X"形缝隙。育苗时,将已催芽的种子逐个嵌播于缝隙中,整片聚氨酯泡沫放置于塑料育苗盘中,在育苗盘中加入营养液,让种子出苗、生长,待成苗后一块块分离,进行定植。此法适用于深液流水培或营养液膜栽培。

4.2.1.2 深水漂浮育苗

在温室或塑料棚内建造营养液池,然后将苗盘漂浮于含有完全营养液的水池中,完成种苗的萌发、生长和成苗过程。此法在湖北、云南、福建、河南、贵州等地已大规模应用于烟草生产中,被国家烟草专卖局列为"十五"期间推广的育苗新技术之一。

水培育苗为作物根系提供了相对稳定的营养、pH值和温度环境,利于作物快速生长。

深水漂浮育苗时，育苗板漂浮于营养液表面，操作时移动方便。另外，还具有换茬方便、迅速，土地利用率高，省水省肥，可实现自动化控制，幼苗整齐度好，利于培育壮苗等诸多优点。但在育苗过程中，对营养液消毒和无菌操作要求严格，一旦感染病害，将难以控制，有时会造成严重损失，对小株型的作物育苗管理方便，但对大株型作物管理不便。

4.2.2 水培育苗的主要设施和设备

4.2.2.1 设施

水培育苗的主要设施包括育苗床、育苗板、营养液循环系统、自动控制系统和营养液消毒装置。

4.2.2.2 苗床

水培育苗以集中育苗为宜，苗床多为长方形，用红砖、空心砖或木板做成，用黑色塑料薄膜铺底，薄膜边缘盖在苗床边梗或木板上，并检查是否漏水，如发现渗漏应及时更换薄膜或彻底补好漏洞。水培育苗的苗床宽度根据设施的规格而定，以大于 120 cm 为宜；苗床长度依播种面积而定，一般以 10 m 为宜。用 100 m^2 以上的大棚育苗，则应尽可能扩大水面，在大棚中间做一条 50 cm 宽的走道，两侧沿大棚走向做成大营养液池，以提高幼苗生产效率。大棚两侧最好有 100 cm 的垂直高度，以利于管理操作和通风。苗床做好后，于播种前一周灌营养液，盖上薄膜提高营养液温度。

4.2.2.3 水源和水质

水源对避免秧苗染病很重要，而水质影响到营养液 pH 值和各种元素的有效利用。水培育苗的苗床用水必须清洁、无污染，可用井水、自来水或河水，禁止用坑塘水，以防黑胫病、根黑腐病等病害的发生。有条件的地方，最好事先进行水质分析，了解所用水的 pH 值及营养元素含量，以便调节。

4.2.3 水培营养液的配制

4.2.3.1 几种主要营养液配方

育苗营养液可使用无土栽培的配方，使用标准浓度的 1/3 ~ 1/2 剂量，也可使用育苗专用配方。常见的几种营养液配方见表 4-3 ~ 表 4-6。

4.2.3.2 水培营养液的配制

在配制营养液时，要先看清各种药剂的商标和说明，仔细核对其化学名称和分子式，了解其纯度、是否含结晶水等，然后根据选定的配方，准确称出所需的肥料并加以溶解。

溶解无机盐类时，可先用 50 ℃的少量温水将其分别溶解，然后按配方开列的顺序，逐个倒入装有相当于所定容量 75% 的水中，边倒边搅拌，最后用水定容到所需的量。调节 pH 值时，应先把强酸强碱加水稀释或溶化，然后逐滴加入到营养液中，并不断用调节 pH 精密试纸或酸度计进行测定，调节至所需的 pH 值为止。在配制营养液时，对微量元素要严格控制，因为在营养液中微量元素使用不当，即使只有很少剂量，也能引起中毒。在选择微量元素肥料时，要注意对营养液调节 pH 值的影响，因为其中某些元素，如铁在碱性环境中易生成沉淀，不能被植物吸收。

表 4-3　道格拉斯的孟加拉营养液　（单位:g/L）

成分	化学式	营养液（五种配方）				
		1	2	3	4	5
硝酸钙	$Ca(NO_3)_2$	0.06			0.16	0.31
硝酸钠	$NaNO_3$		0.52	1.74		
硝酸钾	KNO_3					0.70
硫酸铵	$(NH_4)_2SO_4$	0.02	0.16	0.12	0.06	
过磷酸钙	$Ca(H_2PO_4)_2+CaSO_4$	0.25	0.43	0.93		0.46
磷酸二氢钾	KH_2PO_4				0.56	
硫酸钾	K_2SO_4	0.09	0.21			
碳酸钾	K_2CO_3			0.16		
硫酸镁	$MgSO_4$	0.18	0.25	0.53	0.25	0.40
总计		0.6	1.57	3.48	1.03	1.87

表 4-4　汉普营养液　（单位:g/L）

大量元素		微量元素	
成分	用量	成分	用量
硝酸钾 KNO_3	0.7	硼酸 H_3BO_3	0.000 6
硝酸钙 $Ca(NO_3)_2$	0.7	硫酸锰 $MnSO_4$	0.000 6
过磷酸钙 $Ca(H_2PO_4)_2+CaSO_4$	0.8	硫酸锌 $ZnSO_4$	0.000 6
硫酸镁 $MgSO_4$	0.28	硫酸铜 $CuSO_4$	0.000 6
硫酸铁 $Fe_2(SO_4)_3$	0.12	钼酸铵 $(NH_4)_6Mo_7O_{24}$	0.000 6
总计	2.6	总计	0.003

表 4-5　月季、君子兰等观花植物营养液　（单位:g/L）

成分	用量	成分	用量
硝酸钾 KNO_3	0.6	硫酸亚铁 $FeSO_4$	0.015
硝酸钙 $Ca(NO_3)_2$	0.1	硼酸 H_3BO_3	0.006
硫酸镁 $MgSO_4$	0.6	硫酸铜 $CuSO_4$	0.000 2
硫酸钾 K_2SO_4	0.2	硫酸锰 $MnSO_4$	0.004
磷酸铵 $(NH_4)_3PO_4$	0.4	硫酸锌 $ZnSO_4$	0.001
磷酸二氢钾 KH_2PO_4	0.2	钼酸铵 $(NH_4)_6Mo_7O_{24}$	0.005
乙二胺四乙酸二钠 Na_2-EDTA	0.1		

表 4-6 观叶花卉营养液 (单位:g/L)

成分	用量	成分	用量
硝酸钙 $Ca(NO_3)_2$	0.492	硝酸铵 NH_4NO_3	0.04
硝酸钾 KNO_3	0.202	硫酸钾 K_2SO_4	0.174
磷酸二氢钾 KH_2PO_4	0.136	硫酸镁 $MgSO_4$	0.12

4.2.4 水培基质

当水培育苗植物材料无法被支撑时,要选用相应的支撑材料,这种用于水培育苗时起支撑作用的基质称为水培基质。常用的水培基质有河沙、砂砾、陶粒、蛭石、珍珠岩等。不同的基质性质不同,根据育苗材料的不同进行选用。

4.2.5 水培育苗播种与扦插技术

4.2.5.1 水培播种育苗技术

以聚氨酯泡沫小方块育苗为例。育苗前将种子进行催芽,种子露白后待用。把聚氨酯泡沫小方块事先在营养液中浸泡 12 ~ 24 h,平铺在育苗盘中,在每一小块的中央切一个"X"形缝隙。然后将已催芽的种子逐个嵌播于缝隙中,在育苗盘中加入营养液,待种子出苗、生长、成苗后分离,进行定植。

4.2.5.2 水培扦插育苗技术

以深水漂浮育苗为例。将育苗基质填充于相应的容器中,然后将容器镶嵌于泡沫板或专用育苗盘中。育苗材料按要求剪截成 10 ~ 15 cm 长短,插入已填装基质的容器中,用手按压,以免倒伏。然后将泡沫板或育苗盘放入营养池中进行培养。待插条生根萌发成为完整的植株后即可移栽。

4.2.6 水培营养液的管理

水培育苗营养液管理是一项非常重要的工作,要调节好营养液浓度和 pH 值,科学控制供液时间和供液量。

试验表明,供液早晚对幼苗生长有明显影响。从幼苗出土时开始供液与子叶展平期或第一片真叶期开始供液相比较,其生长量显著增加,说明幼苗出土后,在异养向自养过渡阶段,适当提前供液时间是必要的。一般在幼苗出土、进入绿化室后即开始浇灌或喷洒营养液,每天一次或两天一次。

不同作物对营养液浓度要求不同,同一作物在不同生育时期也不一样。总体说来,幼龄苗的营养液浓度应稍低一些,随着秧苗生长,浓度逐渐提高。有人认为,幼苗期的营养液浓度应为成株期标准浓度的 1/2 或 1/3,但也有人认为苗期也应使用标准配方的浓度。

营养液的酸碱度直接影响到养分的溶解度和根系的吸收功能,进而影响作物的生长发育。所以,营养液酸碱度的调节在营养液管理中必不可少。营养液的 pH 值变化受生理酸性盐和生理碱性盐的用量与比例、栽种植物种类(植物根系的选择性吸收)、每株植物所占营养液体积的多少、营养液的更换频率等多种因素影响。在实际生产过程中,最好选用一些生理酸碱性变化较平稳的营养液配方,种植密度不要太大,并及时更换营养液。

当营养液的 pH 值上升时,可用稀 H_2SO_4 或稀 HNO_3 溶液来调节;当营养液的 pH 值下降时,可用 NaOH 或 KOH 溶液来调节。

水培育苗的幼苗根系大部分生长在营养液中,液层深厚很容易造成根系缺氧。不同作物种类对营养液中溶存氧浓度的要求不同,水生植物对营养液的溶存氧含量要求较低,旱生植物要求较高。晴天时,温度越高,光照强度越大,植物对营养液中溶存氧的消耗越多。因此,要根据具体情况设法提高营养液溶存氧量,在生产上主要通过人工的方法增氧,如搅拌营养液、通入压缩空气、营养液循环流动等。

关系水培育苗成败的一个很重要方面就是要根据作物生长进程而对营养液液位高低进行调控,这一环节直接影响到幼苗的发芽、根系生长和养分吸收,调控不当有可能抑制幼苗根系的生长,间接影响后期产量。液位管理应遵循使所有幼苗根系能吸收到营养液,同时又不致根颈窒息死亡的原则。

技能训练

实训十六　水培育苗技术

一、目的

水培育苗作为无土栽培的一种方式在一些经济发达地区已广泛采用。通过本实训,加深学生对水培育苗的理解,熟悉育苗的过程,掌握关键技术环节。

二、材料与工具

花卉种子,育苗盘,聚氨酯泡沫小方块,小刀,化学药剂(参考表 4-5),烧杯、容量瓶、移液管等。

三、方法与步骤

(一)营养液的配制

配方参考表 4-3 ~ 表 4-6,各种试剂的用量需减少到 1/3。配制方法参考植物组织培养母液的配制方法。

(二)种子催芽

大粒种子需用 45 ℃左右的温水浸种 12 ~ 24 h,用 0.5% 高锰酸钾浸种消毒 3 ~ 5 min 捞出,用清水冲净后即可播种。小粒种子可直接播种。

(三)播种

把聚氨酯泡沫小方块整齐地排在育苗盘中,用小刀将聚氨酯泡沫小方块中央切一“X”形缝隙,将处理好的种子夹在缝隙中。将配好的营养液加入育苗盘,将营养盘放在育苗床中进行培养。

(四)营养液的管理

待种子萌发后,每隔 1 ~ 2 d 向幼苗喷洒稀薄的营养液一次,促进幼苗生长。期间注意检测营养液浓度的变化、pH 值、供液量和通气情况，并调整至合适的状态。

四、实训报告

总结育苗的过程，指出关键技术环节，写出实训报告。

4.3　容器育苗技术

4.3.1　容器育苗概述

用各种不同容器和营养基质培育的苗木称为容器苗。自 20 世纪 50 年代一些国家开始进行容器苗生产以来，容器苗已有了很大发展。据统计，瑞典容器苗产量占其全国总产苗量的 80%，挪威为 50%，芬兰为 50%，南非为 90%，巴西为 90%。80 年代是容器苗大发展时期，先进容器苗生产国家已形成一套从种子处理、苗木培育到造林的科学育苗体系。

我国从 20 世纪 50 年代开始便进行容器苗生产，但发展较缓慢，而大面积应用于生产，仅有 20 多年历史。广东省于 20 世纪 50 年代后期，用容器培育桉树、木麻黄、马尾松等苗木。60 年代中期在广东雷州林业局及广西东门林场等地，采用营养砖培育桉树容器苗，大面积造林取得成功。至 70 年代，容器育苗在我国南方已广泛推广应用于国外松、木麻黄、黑荆树、相思、银合欢等树种。70 年代初期开始，我国北方的河北、山西、北京、内蒙古等地，开始用容器苗造林。目前，我国华南地区容器苗占全部苗木的 25% ~30%，国外松、木麻黄、桉树、相思等主要热带常绿树种的工程造林，几乎全部用容器苗。

在容器苗生产技术和设备方面，"七五"期间我国分别建成了华南、西北和东北地区年产 100 万株容器苗试验工厂。在不同地区，针对不同树种，开展了容器苗工厂化生产过程中有关营养基质配方、施肥技术、容器规格、病虫害防治以及温、光、气、水、湿等最佳环境因子及其调节技术的研究。中国科学院石家庄农业现代化研究所研制开发了新型塑料大棚，内设全封闭式塑料棚膜快速揭盖自然通风装置、幕帘式双重覆盖遮阴降温及保温装置、悬吊轨道平移式微量喷灌机、四回程燃煤暖风机、低压二次螺旋进风二氧化碳发生器、二氧化碳测定仪、移动式育苗床等，为工厂化生产创造了良好的条件。广西壮族自治区林业科学研究所研制出了容器育苗装播作业线，可一次完成装填营养土、压实、冲穴、播种、覆土等多道工序，生产效率为 1 万杯/h。但是这些机械设备至今没有形成规模化和商品化生产，推广效果不理想，从而限制了我国容器苗的机械化和自动化。目前，很多地方的容器苗生产还停留在手工作业的低技术含量阶段。

4.3.2　容器育苗的特点

与传统的地栽方式相比，容器育苗有以下几个特点。

1)没有缓苗期，可四季移植

与普通裸根苗相比，应用容器育苗时，容器苗的根系在容器内形成，因苗随根际土团(有时和容器一起)栽种，起运苗和栽种过程中根系不易损伤，栽植后没有缓苗期，成活率高，发棵快，生长旺盛，对于不耐移栽的苗木尤为适用，在绿化应用时可根据工程需要适时移植。

2）营养和环境条件可人为控制

容器育苗所用的营养土是经过认真选择和配制的，加以容器育苗常在塑料大棚、温室等保护设施中进行，故可使苗的生长发育获得较佳的营养和环境条件，苗木生长快，育苗周期大大缩短。大田育苗需 3 ~ 4 年才能出圃造林，容器育苗仅需半年至 1 年即可造林，每株苗木的育苗成本不到大田育苗的 50%。

3）便于管理和运输

生长阶段可根据生长情况适时调节苗木间的距离，便于修剪。运输时可节省起苗包装时间和费用等。

4）节约繁殖材料，利于工厂化育苗

容器育苗所用的种子一般都经过严格的挑选，每个容器只播种一至几粒，可节省大量种子；容器育苗有利于实现育苗机械化、自动化操作的工厂化育苗。

4.3.3　育苗容器

育苗容器种类很多，形状、大小、制作材料也多种多样，可根据树种、育苗期限、育苗方法、苗木规格等不同要求进行选择。容器的形状有六角形、四方形、圆形、圆锥形等。为了避免根系在容器中盘旋成团和定植后根系伸展困难，目前采取的防止措施有：

（1）在容器内壁上制作引导根系生长的突起棱，当根系长至容器壁时，沿突起棱向下生长而不会在容器内盘旋。

（2）在容器内壁上涂碳酸铜，当苗木根系接触到重金属离子时，会停止生长，防止根系盘旋，造林后脱离碳酸铜的苗木根系又会继续生长，形成发达根系，但是碳酸铜会污染环境。

（3）容器制作时，在容器壁上留出边缝，当苗木侧根系长到边缝接触到空气时，根尖便停止生长，留下具有活力的根尖，同时又促进形成更多须根，但不会形成盘旋根，造林后根尖又继续生长，林木会发展成发达根系。这种方法是目前最先进、最有效的防止根系盘旋的方法，有人又称之为空气修根。

容器大小相差很大，主要受树种和苗木规格制约，为降低成本，应采用能保证造林成效所允许的最小规格。目前在北美、北欧等温带地区多用小型容器，其直径 2 ~ 3 cm，高 9 ~ 20 cm，容积 40 ~ 50 cm^3。在热带、亚热带地区，培育较大苗木，容器的容积可超过 100 cm^3。

制作容器的材料有软塑料、硬塑料、纸浆、合成纤维、稻草、泥炭、黏土、特制的纸、厚纸板、单板、竹篾等。容器有单个的，也有组合式的。有的容器与苗木一起栽入土中，有的则不能，有一次性容器，也有多次回收使用的容器。我国绝大多数采用塑料袋单体容器杯和蜂窝连体纸杯容器。

4.3.4　育苗基质的配制

培养基是装在容器里供育苗的材料，又称营养土或基质，它是容器育苗成功与否的关键因素之一。培养基必须具有良好的物理性质，有较强的保水力和空隙度，有适当的阳离子交换能力，结构充实致密，重量轻，不带杂草种子和病虫。目前，国内外将育苗基质分为土壤基质和无土基质两大类。一般用天然土壤与其他物质、肥料配制的基质称为土壤基质，不用天然土壤，而用泥炭、蛭石、珍珠岩、树皮、锯末等人工或天然材料配制的基质称为无土基质。许多国家主要采用泥炭和蛭石的混合物，一般按1∶1或3∶2的体积比配制。有的用50%表土、25%～50%泥炭、0～25%蛭石的混合物。在大规模容器育苗时，也常用腐殖质含量高、保水能力强的腐熟有机肥和化肥制成。各地区都根据自己情况研究确定了适合本地区树种的基质成分及比例，如表4-7、表4-8所示。总体来看，我国的培养基多采用天然土壤配制而成，实际上天然土并不适宜作容器苗培养基，它不仅重量大，而且物理性、保水性、空隙度等方面远不如泥炭、蛭石等材料。因此，采用适宜的培养基是我国容器苗生产亟待解决的问题。

表4-7 培育容器苗的基质成分及其比例

序号	基质成分及比例	适用容器	树种	适用地区
1	火烧土30%～50%，黄心土50%～70%，菌根土10%～20%，过磷酸钙3%	塑料薄膜	马尾松、湿地松、火炬松、加勒比松、黑荆树	华南
2	火烧土或腐殖质土或圃地土30%～40%，黄心土40%～50%，腐熟厩肥10%～20%，过磷酸钙3%	塑料薄膜	木麻黄、大叶相思、台湾相思	华南
3	火烧土30%～40%，圃地土40%～50%，腐熟厩肥10%～20%，过磷酸钙3%	营养砖	桉树类	华南
4	黄心土50%～60%，火烧土20%～30%，菌根土10%～20%，过磷酸钙2%	塑料薄膜	桉树类	西南
5	腐殖质土50%，黄心土30%，土杂肥20%，过磷酸钙2%	塑料薄膜	桉树类	西南
6	黄心土70%，腐殖质土30%（黏土掺沙20%～30%），过磷酸钙2%	塑料薄膜	侧柏、油松、落叶松、樟子松、云南冷杉	西北
7	圃地土80%，土杂肥20%，过磷酸钙2%	塑料薄膜	侧柏、油松、落叶松、樟子松、云南冷杉	西北
8	腐殖质土60%，黄心土15%～20%，土杂肥15%～20%（黏土掺沙5%～10%）	塑料薄膜	侧柏、油松、落叶松、樟子松	东北
9	黄心土或林地表土（黏土掺沙1%～2%），过磷酸钙3%	营养钵	侧柏、油松	华北

注：引自我国国家标准《容器育苗技术》参考文件的附录B。

表4-8 国内常用的无土基质配方

序号	基质配方	树种	适用地区
1	锯末炭或腐熟锯末50%+蛭石50%	马尾松、湿地松、桉类	广西
2	泥炭藓50%+蛭石25%+炉渣25%	香椿、侧柏	甘肃
3	泥炭70%+厩肥28%+过磷酸钙2%	樟子松	吉林
4	腐熟锯末或草炭（堆放2～3年）100%	兴安落叶松	大兴安岭

为预防苗木发生病虫害，培养基需进行消毒。消毒方法很多，可用蒸汽加热处理，也可在培养基中拌入适量的杀菌剂或采用化学药剂熏蒸。例如，可用工业用硫酸亚铁(3%)，1 m^3 培养基用25 kg，翻拌均匀后，用不透气的材料覆盖24 h以上，或翻拌均匀后装入容器，在圃地薄膜覆盖7～10 d后即可播种。

4.3.5　容器育苗的技术流程及设备

4.3.5.1　技术流程

钵、盘育苗和营养土块育苗的技术流程如图4-1、图4-2所示。

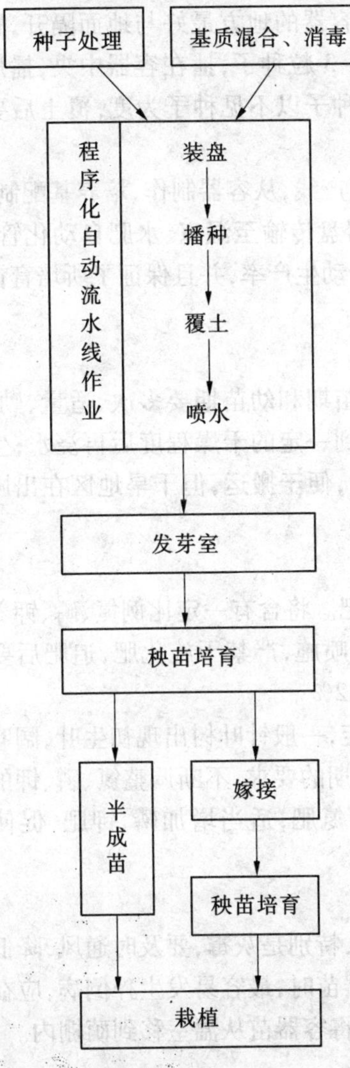

图4-1　钵、盘育苗的工艺流程作业图
(王秀峰,2000)

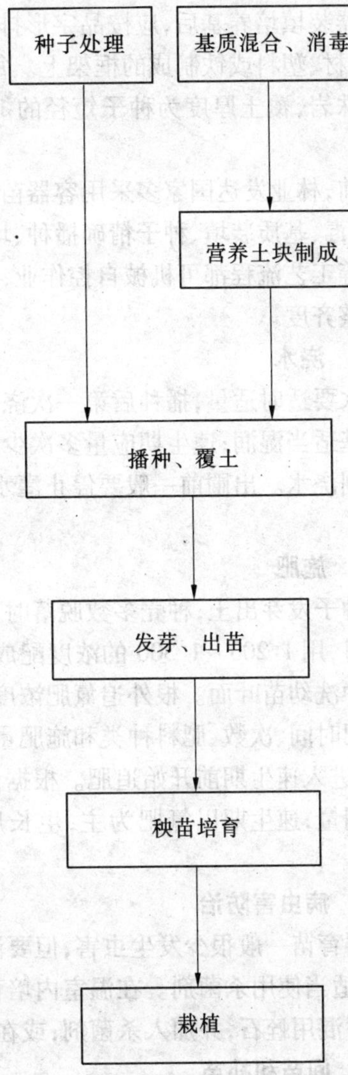

图4-2　营养土块育苗的工艺流程作业图
(王秀峰,2000)

4.3.5.2　容器育苗的主要设备

容器育苗的主要设备如下：①种子处理、包衣车间；②基质混合和消毒设备；③播种车间，包括自动送钵（盘）机，基质装钵（盘）、压穴、播种、覆土、喷水设备等；④营养土块制作车间；⑤自动控温、控湿装置，能够自动调控温、湿度以及 CO_2 浓度等；⑥全自动式智能嫁接机、促进愈合装置（光、温、湿自动调控）。

4.3.6 容器育苗技术

4.3.6.1 播种

容器育苗必须采用良种，种子品质达到国家标准规定的二级以上的种子。播种前要对种子进行催芽和消毒，具体方法参照裸根苗培育的有关内容。

容器装填培养基后，应按品字形排列成行，摆放容器的地方最好与地面隔开，置于用木材、竹材、塑料或铁制成的框架上。每个容器播 2 ~3 粒种子，播在容器中央，播后覆细土或珍珠岩，覆土厚度为种子短径的 1 ~3 倍，微粒种子以不见种子为度，覆土后要立即浇水。

目前，林业发达国家多采用容器苗自动化装播生产线，从容器制作、培养基配制、容器清洗、消毒、基质装填、种子精确播种、均匀覆土、容器盘传输至温室、水肥自动化管理、环境控制等工艺流程都可机械自控作业，大大提高了劳动生产率，并且保证了所培育苗木的质量和整齐度。

4.3.6.2 浇水

浇水要适时适量，播种后第一次浇水要充分，出苗期和幼苗期要多次、适量、勤浇，保持培养基适当湿润；速生期应量多次少，在培养基达到一定的干燥程度后再浇水；生长后期要控制浇水。出圃前一般要停止灌水，以减少重量，便于搬运，但干旱地区在出圃前要浇水。

4.3.6.3 施肥

当种子发芽出土，种壳多数脱落时，开始进行追肥。将含有一定比例氮、磷、钾养分的混合肥料，用 1∶200 ~1∶300 的浓度配成水溶液，进行喷施，严禁干施化肥，追肥后要及时用清水冲洗幼苗叶面。根外追氮肥浓度为 0.1% ~0.2%。

追肥时间、次数、肥料种类和施肥量根据树种而定，一般针叶树出现初生叶，阔叶树出现真叶，进入速生期前开始追肥。根据苗木各发育时期的要求，不断调整氮、磷、钾的比例和施肥用量，速生期以氮肥为主，生长后期停止使用氮肥，适当增加磷、钾肥，促使苗木质化。

4.3.6.4 病虫害防治

容器育苗一般很少发生虫害，但要注意防治病害，特别是灰霉，要及时通风，降低空气湿度，并适当使用杀菌剂。在温室内培育松、杉类容器苗时，最容易发生猝倒病，应在配制培养基时混用蛭石，并加入杀菌剂；或在种子萌发后，将容器苗从温室移到荫棚内。

4.3.6.5 间苗和补苗

在容器育苗生产中，往往因为播种不均匀而出现出苗不均匀现象，一般在种壳脱落、幼苗出齐后 15 d 左右，小苗发出 2 ~4 片叶子时间苗和补苗。最后每个容器中保留 1 株苗。需要注意的是，在间苗和补苗前要先浇水，等水渗干后再间苗，这样不会伤根。补苗后一定要再浇一遍水，但不要太多。

4.3.6.6　**温、湿度管理**

在利用温室或其他保护地进行育苗时,要控制好室内的温度和湿度。白天室内的温度应控制在 25 ℃以上,但最高不要超过 35 ℃,夜间控制在 15 ℃左右。出苗前室内相对湿度保持在 80%左右,出苗后室内相对湿度保持在 50% ~60%。

4.3.6.7　**出圃**

容器苗的出圃标准,主要不是根据苗木高度而是要求充分形成根系团。凡是未形成根团的、苗木长势衰弱的、有根腐现象的,都不能出圃。

容器苗的包装和运输,根据所采用的容器而定,对于采用硬质塑料容器育苗,一种方法是将苗木同容器盘一起放在运输架上,运到造林地,栽植人员用特制的挎容器盘的背带,一人能同时携带两个育苗盘,共 80 ~90 株苗木,配合使用植苗器,能大幅度提高栽植效率和质量。造林后要回收容器。另一种方法是在苗圃将苗木从硬塑料容器中拔出,用塑料薄膜包裹好根团,放在包装箱内进行运输。运输时要防止根团损坏。

技能训练

实训十七　容器育苗技术

一、目的

容器育苗技术是当今世界农林业生产的一项先进育苗技术。根据不同的育苗目的,对营养土的选择、容器的选择和育苗技术具有不同的要求。本实训通过对油松容器育苗全过程的操作,掌握营养土的配制、播种和管理等关键技术。

二、材料与工具

一年贮藏油松种子、高锰酸钾、ABT 生根粉,袋壁厚 0.04 ~0.05 mm、直径 6 ~8 cm、高 12 ~15 cm 的塑料营养袋,大田土、腐叶土、过磷酸钙、硫酸亚铁、多菌灵,细沙,铁锹、筛子等工具。

三、方法与步骤

(一)营养土的配制

田土过筛,取 50%和 48%的腐叶土及 2%的过磷酸钙混合,喷洒 0.05%的硫酸亚铁溶液,搅拌均匀后用塑料薄膜覆盖 24 h,然后扒开晾晒 48 h,装袋前拌入适当的水分。

(二)种子处理

首先用高锰酸钾对油松种子进行消毒处理:将油松种子用 45 ℃的温水浸泡至自然冷却 24 h,把浮于水面的坏种、烂种及杂物除去,然后用 0.5%高锰酸钾溶液浸种 3 ~5 min 后捞出来,在箩筐中用清水冲洗干净,装进塑料袋后放在冷库里进行低温 0 ~5 ℃催芽,时间一般 24 h 左右。然后用 ABT 生根粉 2 000 倍溶液浸种 2 h,将浮于水面的坏种、烂种及杂物除去,取出即可播种。

(三)做床与装袋

畦长根据地形而定,畦宽一般为1.2 m,畦高15 cm左右,放营养袋畦面宽1.1 m,畦面两边留3~5 cm,预防营养袋子摆上后,边沿营养袋子塌下,便于管理。营养袋装土时要把袋内的土压实,手工装土不要太满,一般比容器口低1~2 cm,放在畦面上时要挤紧排齐,排好后及时喷水,让袋子里的土更紧实。然后搭棚防止暴晒。

(四)播种

将处理好的种子播入营养袋中,每袋2~3粒,用沙土覆盖,厚度0.5~1 cm,然后用清水喷湿,让种子和沙土紧实在一起,起到保湿保温的作用。晴天、白天应喷水数次,阴雨天减少喷水或不要喷。一般24~48 h后种子就开始出芽。

(五)苗期管理

出苗期间保持土壤湿润,待苗长出2~3片真叶后即可进行间苗和补苗。为防止立枯病,芽苗移栽后应喷洒1次0.2%的多菌灵溶液。每隔2 d喷洒1次0.3%~0.5%硫酸亚铁溶液,以淋湿营养土表层为度。每次喷药后再用清水喷洒一遍防止药害。幼苗脱壳后要及时追肥,可用稀释1%的人粪尿水溶液或0.1%的尿素水溶液喷洒。为防苗木肥伤,施肥后即用清水喷洗苗木。随着苗木的生长,施肥量可逐渐增加,可适当加入磷肥或钾肥。一般10~15 d追肥1次,直到苗木根伸出营养袋出圃为止。

四、实训报告

总结容器育苗的营养土配制、种子处理、播种及管理的关键技术,写出实训报告。

4.4 温室育苗技术

温室俗称暖房,是采用透光材料覆盖屋面而形成的具有保护性能的、供冬春低温季节栽培蔬菜、花卉、培育秧苗及热带植物等的生产设施。我国的温室依覆盖材料的不同分为玻璃温室与塑料温室。塑料温室常见的有塑料大棚和塑料薄膜日光温室。它是多用于露地无法栽培的情况下,进行蔬菜、果品、花卉等栽培的园艺设施。它的结构简单、种类较多、用途较广、发展很快,在人们日常生活和生产中越来越占据重要的地位。

温室育苗不同于室外育苗。室内生产能抵御自然灾害,能防霜、防轻冻、防风、防轻度冰雹等。室内的温度、湿度、光照等,都较露地更容易调节和控制,使之更适宜苗木生长的需要。温室育苗其气候因子及生长条件主要由人工控制,改变了传统的春播形式,可提前育苗60~90 d,延长了苗木生长期,变一季育苗为二季育苗。温室育苗对珍贵树种尤为重要。然而,温室栽培属于高投入、高产出的技术密集型产业,对技术人员要求标准高,难度大,需严格掌握。

4.4.1 温室育苗概述

世界上玻璃温室的出现是在18世纪以后,最初的玻璃温室是由纸窗温室改装的,可以在冬季栽培耐寒的蔬菜。以后为了扩大栽培面积,增加了温室的跨度,配备了加温、保温设施,一年四季都可以进行果菜类蔬菜的生产。

我国利用温室栽培蔬菜历史悠久。温室生产的大发展，还是近10多年的事情，其中一个重要原因，就是塑料温室的出现。由于塑料耐腐蚀、机械强度大、透明度较好、价格低廉等特点，再加上塑料温室结构简单，耐用性能较好，成本较低，建筑容易，拆装方便，因而较玻璃温室更快地被广大农民接受，大面积推广开来。

我国最早利用日光温室在冬春季节不加温生产蔬菜的是辽宁省大连市瓦房店市和鞍山市海城等地的科技工作者与菜农。他们于1985年冬至1986年春在北纬40°~41°地区研究开发出高效节能型日光温室，在－20 ℃的严寒气候条件下生产出冬春茬黄瓜，并且在不加温的条件下使亩产量高达10 000 kg以上。

此后，北京、山东、江苏、山西、河北、内蒙古等地也试验成功，使日光温室高效节能等适用技术进一步扩大，栽培作物种类也由黄瓜扩大到西葫芦、番茄、辣椒等喜温果菜和多种叶菜类蔬菜，以及草莓、葡萄等浆果。番茄、茄子、西葫芦亩产量也高达10 000 kg。在取得成功的经验之后，农业部技术推广总站于1990年正式立项开发推广。此项技术在北纬34°以北地区组织实施，取得了极显著的经济效益和社会效益。日光温室生产蔬菜的高效益，促进了日光温室的大发展。近年来日光温室生产葡萄、草莓取得明显效益，鲜切花生产也取得了成功，因此拓宽了生产领域，发展了温室园艺，必将为农业发展注入新的活力。

目前先进国家和国内的一些合资企业以及一些教学科研单位的温室设施栽培管理如温室、连栋大棚中整地、做畦、覆盖薄膜、施肥、定植、采收、产品加工包装等，已全部或部分实现了机械化、自动化、省力化，减轻了劳动强度，提高了劳动生产率。

我国对温室控制系统的研究比较晚，从目前的研究情况看，水平与国外相比仍有较大的差距。我国温室中95%以上为日光温室。普通加温温室和现代化大型温室，由于能源问题，运行效果不经济，限制了在我国的大面积发展。温室通常包括加温系统、降温系统、通风系统、遮阳系统、微灌系统和中心控制系统等，它属于集约高效农业，在我国尚处于实验阶段，但代表我国设施栽培的发展方向。

4.4.2　温室的种类、构造及其附属设施

4.4.2.1　温室的种类及构造

1）根据覆盖材料分类

（1）玻璃温室。框架采用镀锌钢材、铝合金材料和木材等，覆盖玻璃。玻璃温室透光性好，寿命长。但玻璃温室造价高，夏天降温较难，保温性比薄膜温室差。室内空气湿度低，适于喜强光和低湿环境的花灌木及花卉等的育苗与栽培。

（2）塑料薄膜温室，又称塑料大棚。采用竹、木和钢材等为骨架材料，覆盖塑料薄膜。塑料薄膜温室具有保温性好、价格低廉、易于大面积推广等优点，但塑料大棚易于吸尘，透光性差，覆盖材料寿命短，塑料易老化。室内空气湿度大，适于耐弱光和湿润环境的观叶类苗木的育苗与栽培。

（3）PC板温室。框架采用镀锌钢材或铝合金材料等，覆盖PC板。此温室具有透光率高、保温性能好、寿命长等优点，但造价高，PC板使用一段时间后透光率下降，影响采光量。适于大多数种类苗木的育苗与栽培。

(4)聚碳酸酯中空板温室。聚碳酸酯类塑料制品属硬质材料,其作为覆盖材料,使温室整体透光性好,保温性能较普通塑料薄膜或玻璃提高1倍,可节省冬季保温运行成本50%,而且外形美观漂亮。该种温室结构合理,抗击穿、风载及雪载能力强,室内环境因子的调控已经完全实现了电脑智能化控制。中空板有双层和三层结构,寿命可达10年以上,是新一代玻璃代替产品,但聚碳酸酯中空板温室及配套设备成本高、一次性投资大,目前聚碳酸酯中空板温室只能适应于珍稀树种、花草蔬菜等附加值较高的苗木的工厂化育苗生产。

2)*根据屋面形式分类*

(1)单屋面温室。构造简单,东西向,一般北面用混凝土或砖做成高墙,屋面向南倾斜为玻璃面,能充分利用阳光,保温性高,但通风较差,光照不均衡。适于冬季栽培,操作较方便,是最古老的形式(见图4-3)。

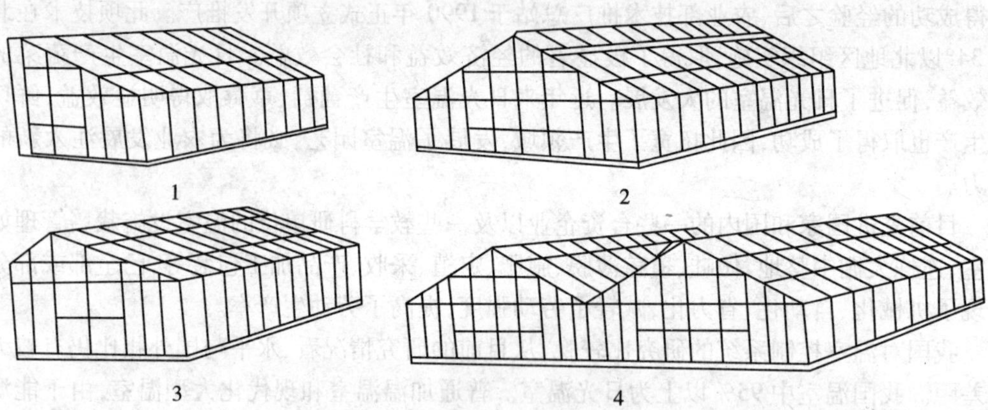

图4-3　常见玻璃温室的种类

1—单屋面温室;2—双屋面温室;3—不等屋面温室;4—连栋式温室

(2)双屋面温室。一般采用南北走向,东西面采光,两个倾斜屋脊等长,屋面角应小于35°,屋顶均为玻璃或聚碳酸酯硬质材料覆盖。有单栋式和连栋式两种。该温室光照与通风良好,但保温性能差,昼夜温差大,适于温暖地区使用。这种温室采光量均等,室内利用面积大,夏季通风性良好,用途最广。

(3)不等屋面温室。屋脊两边不均等,一般采用东西走向,坐北朝南,南北面有不等长的屋面,北面的屋面长度比南面的短,约等于南面的1/3。东、西、北侧为砖墙,南面为玻璃,分两段(天窗与地窗)。跨度一般为5~7 m,高2~2.5 m,天窗长2.2 m,地窗1.6 m或等长,天窗与水平线倾角小于15°~22°,地窗角小于38°~53°。北墙内侧有煤火烟道加温设备。夜间玻璃屋面覆盖蒲席保温。兼有单屋面温室和双屋面温室的优点,冬季采光性和保温性更好,防寒方便,为最常用的一种。我国北方长期以来大量发展了这种类型的简易加温温室。

(4)连栋式温室。是由两座以上同样面积和同样式的温室连接起来的温室。便于机械化、自动化管理操作。南北向建设,土地利用率可达90%~100%,而单栋式仅为60%~70%。缺点是连接部光线较差,通气性不及单栋式好,易遭雪害。我国在20世纪80年代初期,从国外引进的大型温室多属于这一类型。国内上海长征温室厂、上海农业机械所和中国农业工程研究设计院都有单栋式、连栋式玻璃温室的商品生产能力。这种温室保温良好,适合作大面积的栽植。

3)根据室内温度高低分类

(1)高温温室。又称热温室。室内温度一般保持在18~30 ℃,专供栽培原产于热带的种类和冬季促成栽培之用。

(2)中温温室。又称暖温室。室内温度一般保持在12~20 ℃,专供栽培原产于亚热带、热带高原的种类之用。

(3)低温温室。又称冷温室。室内温度一般保持在7~16 ℃,专供栽培原产于亚热带、大部分暖温带种类之用。

(4)冷室。室内温度保持在0~10 ℃,供亚热带、暖温带种类越冬之用。

4)根据用途分类

(1)展览温室。又称陈列温室。陈列苗圃培育的主要出圃苗木种类,也供参观和科普之用。

(2)繁殖温室。也称栽培温室。专供播种、扦插和培育幼苗之用。

(3)生产温室。专供成品苗的生产用,多为移植容器苗。也可生产盆花和切花。

5)根据能源的供给与否分类

(1)加温温室。用人工加温方法,保持一定的室内温度的温室。

(2)不加温温室。不需人工加温方法,也能保持一定的室内温度的温室。

4.4.2.2　温室的附属设施

1)加温系统

主要采用锅炉散热管加温或热风机(暖房机)热风加温等。目前采用燃油热风炉加温的较多;利用热水管道加温,在我国常采用燃煤加热,其优点是运行安全性好,室温均匀,室内温度不致有急剧的变化;缺点是室温升高慢,设备材料多,一次性投资大,安装维修费时费工,消耗燃料较多,燃煤排出的炉渣、烟尘污染环境,需占用土地。美国、日本、韩国等多采用热风机(暖房机)直接向温室内进行热风加温。热风加热系统是利用热风机把热风送到温室各部位加热的方式。该系统采用燃油或燃气加热,其特点是室温升高快,停止加热后降温也快,易形成叶面渍水,加热效果不及热水管道加热系统,但节省设备资材,安装维修方便,占地面积小,一次性投资少等,适于面积小、加温周期短、局部或临时加热需求大的温室。

此外,温室加温还可利用工厂余热、太阳能集热加温器、地下热交换等节能方式。

2)保温系统

多用无纺布、LS节能保温膜、银灰色"夜暖膜"、双层或多层保温幕、棉被、草帘等,用手动或机动揭盖,可保温和节省能耗达24%。

3)降温系统

除通过开窗自然通风外,效果好的有湿帘风机降温系统,可降低室温5~6 ℃。具体做法是在温室的靠北面的墙上安装专门的纸制湿帘,在南面对应的温室墙上安装大功率排风扇。使用时必须将整个温室封闭起来,开启湿帘水泵使整个湿帘充满水分,再打开排风扇排出温室内的空气,吸入外间空气,外间的热空气通过湿帘时因水分的蒸发而使进入温室的空气温度较低，从而达到降低室内温度的目的。另外，也可采用喷雾系统来降温，但由于其湿度太大，降温效果往往不尽如人意；利用不同遮光率的遮阳网、帘膜等，在夏季阳光过强时，形成遮阳降温效果。

4）光照系统

冬天或连续的阴雨天气会使温室中的光照严重不足，影响种苗的质量，而有些植物必须用光照处理来调节生长。因而在温室中最好有加光装置，光源可采用白炽灯、日光灯、高压钠灯、金属卤灯等，在种苗生产中最好采用高压钠灯和金属卤灯作为加光的光源。补光系统由于是作为光合作用能源，补充阳光不足，要求光强在 10 klx 以上，悬挂的位置宜与栽植行相垂直。

5）通风系统

良好的通风性能对种苗生产是非常重要的，通风系统包括自然通风和机械通风两种。自然通风是开启顶窗、侧窗而产生通风效果；机械通风是通过置于侧壁的排风扇及室内的搅拌扇来完成的。目前应用的主要是结合湿帘系统的大型通风机和温室内部环流风机。通过大型通风机可实现温室内外空气交换，而内部环流风机可以使温室内部空气实现循环而降低叶片表面湿度和达到夏季辅助降温的目的。在冬季和多雨季节，温室内空气湿度相当高，温室内部的空气循环有助于降低植株茎叶表面的水分和减少病虫害的发生。

6）灌溉与施肥系统

早期引入的温室以喷灌为多，可根据设施内土壤湿度自行调节；近年来引进的温室多为滴灌系统或滴灌与喷灌兼有的灌溉系统。滴灌较喷灌更节水，同时可降湿防病。设施内施肥系统与喷、滴灌系统相结合，可根据苗木的需求实现滴灌与施肥的自动化作业。

7）CO_2 施肥装置

设施内有 CO_2 发生装置，通过燃烧航空汽油或丙烷产生 CO_2 进行设施内 CO_2 补给。为及时检测 CO_2 的浓度，需在温室中安装 CO_2 分析仪，通过计算机控制系统检测并实现 CO_2 浓度的精确控制。

8）计算机自动控制设备

温室设施的关键技术是环境调控技术与自动化技术。人们利用温室创造供苗木生长发育所需要的适宜条件，主要包括室内温度、湿度的自动调节，水温及灌水量的自动调节，CO_2 施肥的调节，以及降温等方面的调节与控制方法。其方式有两种：一是单因子控制，分别对温度、湿度、光照、CO_2 浓度等因子进行调控；二是多因子综合控制，用计算机调控室内多种环境因子，首先要将各种不同植物不同生长发育阶段所需的综合环境要素输入计算机中，用一定的计算机控制程序软件，当温室中某一环境要素发生变化时，其他多项要素能自动作出相应的反应，并进行修正和调整。一般以光照为始变条件，温度、湿度、CO_2 浓度等为随变条件，使这 4 个主要环境要素始终处在最佳的组配状态。目前，当务之急是研发具有自主知识产权的、符合国情的、不同气候型和不同温室作物生育并考虑到温室作物对环境影响这一因素的，智能灵巧的计算机全自控环境软硬件系统。

4.4.2.3 温室室外附属设施

1）温床

利用人工加温，并有较完善的保温设备的苗床叫温床。温床一般用于早春提前播种、秋播及部分盆花越冬和扦插繁殖。

(1)温床的加温方式。可分蒸汽或电热加温和酿热物加温两种。前者是利用金属管道将热水或蒸汽通到床底部以增加床温,也有用电热丝铺在床底用电加热的;后者是利用微生物分解有机质所发生的热能增加床温。常用的酿热物有马粪、其他畜粪、垃圾、落叶等,其中以马粪为最好,用完后还可以配制培养土。

(2)温床的构造。温床南北向设置,一般宽 1.2 ~ 1.5 m,长度可根据用地大小、作业情况而定。周围有围墙,南低北高,墙高视温床用处而定。一般北墙距地面 50 ~ 70 cm,南墙距地面 20 ~ 40 cm。为了提高保温性,可将温床做成半地下式,床顶加盖玻璃窗。

(3)温床的填装。必须在前一年秋季将床坑挖好,翌年 3 月上旬将酿热物装入床内,15 cm 左右为一层,分 3 次填装完,共 45 cm 厚。下层为发热迟缓的碎草,中层为发热快的牛马粪,每次填完要踏实,并加适量的温水或人粪尿,装完后床面插一温度计,用来观察床面的温度变化,并立即覆盖窗扇或塑料薄膜。3 ~ 5 d 后酿热物发酵,温度上升。待酿热物充分发酵,温度稳定不再上升后,在酿热物上面铺 10 ~ 15 cm 厚的床土,即可使用。如作扦插繁殖时,在酿热物上铺 10 ~ 15 cm 厚的河沙或珍珠岩后才能使用。

2)冷床

冷床的构造与温床相同,但它完全利用太阳的热量而不用任何人工加温,在北方叫阳畦。它主要供温床育成的苗木进行强化和锻炼,较耐寒的苗木种类可在冷床内越冬,早春可用于夏(或秋)花卉的提前播种,也可用于耐寒花卉的促成栽培。冷床应建在地势高燥、排水良好、土质较黏、背风向阳的地方。

3)荫棚

温室育苗越夏荫棚大多为东西向延长,设在温室旁、通风良好又不积水处。一般高 2.5 ~ 3 m,多用铁管和水泥柱构成,棚架上多用遮阴网覆盖。荫棚分永久性和临时性两种,可根据苗木种类选择不同种类的遮阴网,可单层或多层覆盖。

4.4.3　塑料大棚温室建造及苗木常规管理

1965 年我国开始应用简易塑料大棚。当时主要是为北方蔬菜的"冬提前、秋延后栽培"而广泛应用,后来在全国各地迅速推广。材料从竹木、水泥预制件、钢筋直到镀锌钢管。经过科技人员 10 余年来的总结提高,我国塑料大棚的棚架结构基本定型。它的使用面积仅次于北方的日光温室。由于它具有较玻璃温室结构简单、拆建方便、一次性投资较少、土地利用率高等优点,所以从东北到华北都广为利用。不仅用做设施育苗,还可以用来进行遮雨育苗及无土栽培。

4.4.3.1　温料大棚温室的类型

1)塑料大棚覆盖材料的种类与性能

随着科学技术的进步,大棚膜的种类不断增加,性能也日趋完善。现就常用大棚膜的特性介绍如下:

(1)聚氯乙烯(PVC)棚膜。新膜具有良好的透光性,但吸尘性强,易受污染,膜上易附着水滴,透光率下降快。夜间保温性能比聚乙烯膜强,且耐高温日晒,抗张力、伸长力强,较耐用,撕裂后易粘补。但耐低温性不如聚乙烯膜,并且相同厚度、相同质量的膜,覆

盖面积约为聚乙烯膜的3/4。根据生产工艺中添加剂的不同,聚氯乙烯膜又有以下三种:

①PVC普通膜。有效使用期为4~6个月,厚度为0.08~0.12 mm,幅宽有1.0 m、2.0 m、3.0 m三种。

②PVC无滴膜。它是在聚氯乙烯膜的原料中再加入一定比例的表面活性剂,使膜表面具有与水相似的表面张力,导致吸附在膜表面的小水珠能凝结成大水珠而沿膜流下,仅在膜的表面留下极薄的水膜,对透光率影响较小。PVC无滴膜防雾滴持效期4~6个月。

③PVC防尘无滴膜。它是针对PVC无滴膜吸尘性强的特点而研制的一种新膜,是在PVC无滴膜的外表面附上一层不易吸尘的薄膜制成的,其厚度为0.12 mm,使用寿命长,可在较长时期内保持良好的透光性。

(2)聚乙烯(PE)棚膜。PE棚膜透光性强,不易吸尘,耐低温性好,耐高温性差,相对密度轻。但其夜间保温性能不及PVC膜,常出现夜间棚温逆转现象。抗张力、伸长力不及PVC膜,但延伸率大。由于其制作时可采用吹塑工艺,所以幅度可大可小,最宽的可达10 m,是南方地区的主要棚膜。根据添加剂的不同,PE膜又有以下几种:

①PE普通膜。有效使用期为4~6个月,厚度为0.06~0.12 mm,幅宽有2.0 m、4.0 m、5.0 m等。

②PE长寿膜。又称PE防老化膜,是在生产PE普通膜的原料中加入一定比例的紫外线吸收剂及抗氧化剂等防老剂制成的。它克服了PE普通膜不耐高温、易老化的缺点,有效使用寿命延长至12~18个月。

③PE长寿无滴膜。它是在生产PE长寿膜的原料中加入无滴剂制成的。使用期长,防雾滴持效期为2~4个月。

④PE多功能膜。它是在生产PE普通膜的原料中加入多功能助剂,因而使产品具有长寿、保温、增加散射光、无滴的特性,同时具有阻止某些波长的紫外线透过的特性,从而减轻某些病害发生。使用寿命12~18个月,防雾滴持效期2~4个月。

⑤漫反射棚膜。它是在PE棚膜原料中加入一定比例对太阳光透射率高、反射率低、化学性质稳定的漫反射晶核制成的。它能使直射阳光的入射减少,降低白天中午棚内的高温峰值,增加午前、午后光线的透过率,同时夜间保温性能良好,有利于作物生长,是热带、亚热带地区高温季节适宜的大棚覆盖材料。

(3)乙烯-醋酸乙烯(EVA)棚膜。它是以乙烯-醋酸乙烯酯共聚物为基础材料制成的棚膜,具有耐低温、耐老化、透光率好、机械强度高等优点,而且投入产出比更合理,被誉为我国第三代农用薄膜。目前,正在全国示范推广的EVA膜有EVA无滴长寿膜和EVA高保温日光膜。

(4)有色透明薄膜。它是在塑料薄膜中加入适当的颜色,使透过薄膜的光线有利于光合作用。不同波长的光对不同的植物有不同的反应。波长在400~500 nm的蓝光可活跃叶绿体运动,有利生长;500~600 nm的绿光则可使光合能力下降,生长减弱;波长在600~700 nm的红光可以增强叶绿素光合能力,也有利于生长。

2)塑料大棚温室的类型

由于塑料有软有硬、可大可小、质量轻、可塑性强等优越性能,形成了比玻璃温室更多的结构类型,分述如下。

(1)按加温形式分类。

①日光塑料大棚。主要是利用太阳能提高室温,通过土墙及后屋蓄热保温,或通过覆盖物、风障保温,有时也采用临时火炉加温。一般规模较小,可作季节性大棚使用。此种温室结构可简可繁,消耗能源很低或不需要消耗能源,生产成本低,具有很大的潜力。

②人工加温塑料大棚。室内具有人工加温系统,如电热加温、热水加温、热气加温、热风加温、烟道加温等。加温塑料大棚一般多为固定式保护设施,它可以栽培各种类型的苗木,对花卉的花期调控能力也较日光塑料大棚强。

(2)按建筑材料分类。

①竹木结构塑料大棚。主要以竹木材料作支撑结构。拱条用竹竿或毛竹片,屋面横梁和边柱用圆木,顶端呈拱形。这种塑料大棚结构简单,投入资金少,建造容易。缺点是空间低矮,操作不便,抗风雪能力弱。常用的竹木结构大棚有悬梁吊柱式竹木大棚(见图4-4)。悬梁吊柱式竹木大棚宽8~12 m,高2~2.2 m,长50~70 m;在"三北"地区及黄淮地区应用较多。

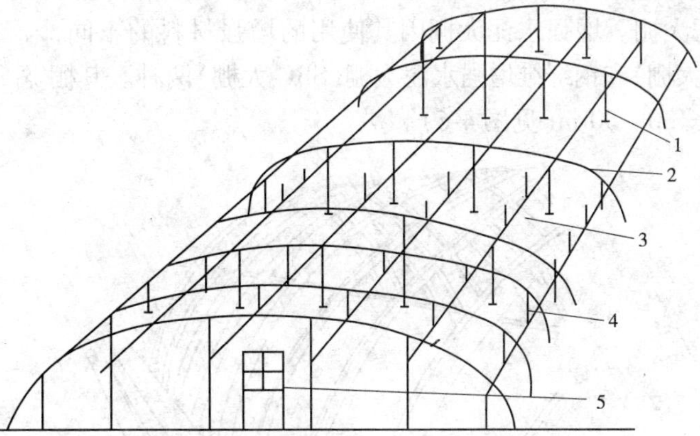

图4-4　悬梁吊柱式竹木大棚骨架图

1—立柱;2—拱杆;3—纵向拉杆;4—吊柱;5—门

②装配式镀锌钢架结构塑料大棚。装配式镀锌钢架大棚的基本结构与竹木结构相似,但无立柱,主要采用镀锌钢管制成各种成套的管架。均由专门厂家生产,使用较多的为GP系列、PGP系列及P系列。特点是应用方便,可以随意组装,且拆装简单,塑料薄膜覆盖容易,并能防锈。目前应用较多。

③全塑结构塑料大棚。它是以工程塑料管材为大棚的主承力结构架,用工程塑料连接件和坚固件,配以塑料棚膜构成的全塑工程塑料大棚。主要特点是质量轻,运输、安装、施工简单,可节省费用,不锈蚀,不用涂漆维护。全塑大棚管材、连接件、坚固件均采用热塑性玻纤增强塑料。

④全竹结构塑料大棚。用竹条弯成弓形,两端插入苗床的两侧或两侧的土埂上,用横杆在弓顶部或两侧将各弓串联起来。属于无边桩的拱罩或简易大棚,拆建方便,成本较低,适宜小规模苗木生产。全竹结构大棚(见图4-5)棚宽4~5 m,高1.8~2.0 m,长30~50 m,棚内一般不设立柱。由于受到竹竿强度的限制,全竹结构大棚不宜太宽和过高,否则牢度较差,使用中易受大风、积雪的危害。它是江淮地区应用的主要类型。

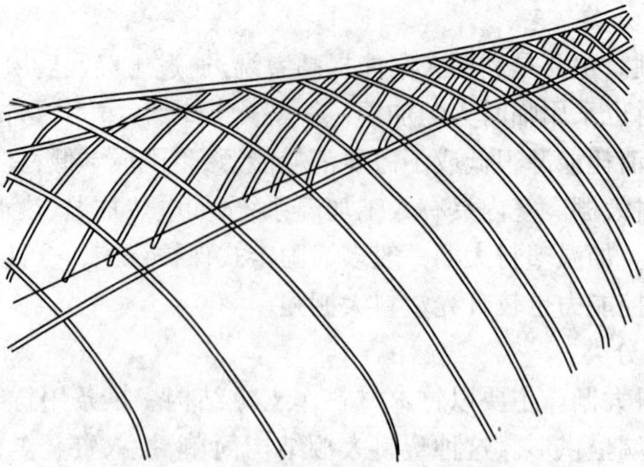

图 4-5　全竹结构大棚外貌示意图

⑤焊接钢结构塑料大棚。它是以钢筋和钢管焊接成大棚的骨架结构。可做成大跨度、连栋式温室。特点是骨架强度高,室内无立柱,空间大。但钢材容易锈蚀,需要加以维护。

⑥增强水泥大棚。增强水泥大棚因其使用的增强材料的不同,因而有玻璃纤维增强水泥大棚(GRC 大棚)和钢纤维增强水泥大棚(SRC 大棚)两种。其棚宽 6 m ,棚高 2.5 m,拱间距 1 m,棚长 30 ~ 50 m(见图 4-6)。

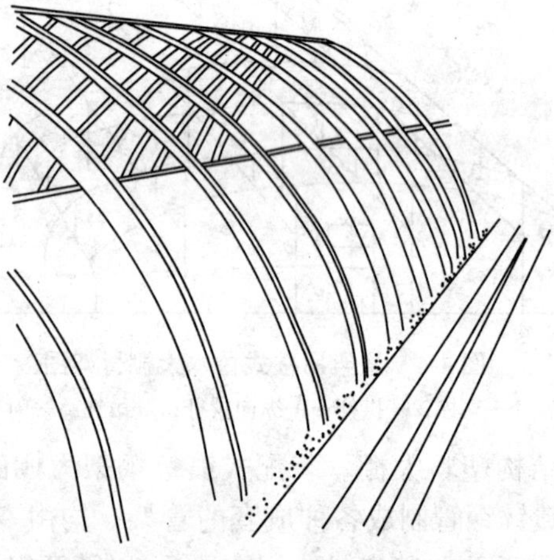

图 4-6　增强水泥塑料大棚

(3)按大棚的栋数分类,可分为单栋塑料大棚、连栋塑料大棚(见图 4-7)。

(4)根据大棚的屋顶形状分类,可分为拱圆形和屋脊形塑料大棚。

(5)根据大棚的利用时间分类,可分为全年利用型、单作利用型、春作大棚和秋作大棚等。

塑料大棚选用哪种类型,需要根据应用目的、栽培作物、利用时期,以及投资、管理和当地的气象条件等,因地制宜、因陋就简地选择设计当地适宜的结构类型。

4.4.3.2　温料大棚温室的建造

1)一般塑料大棚温室的建造

选择地势平坦、排灌方便、背风向阳、便于管理的地方建造大棚温室。一般坐偏西北

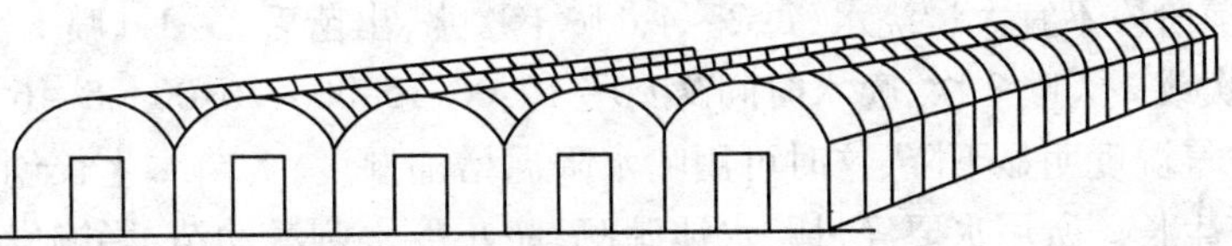

(a)圆拱形

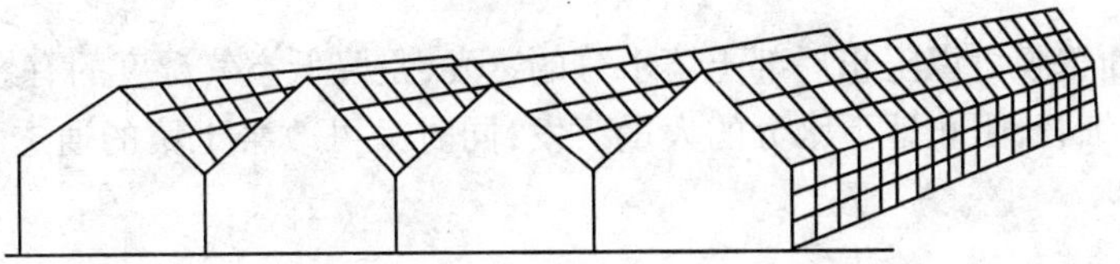

(b)屋脊形

图4-7　连栋塑料大棚

朝偏东南。后山用砖或泥垒成墙，中间加一层保温板；也可不垒墙，直接用镀锌管或钢管作拱架，上面覆盖塑料薄膜。

它有圆拱形和屋脊形两种形式，一般采用圆拱形。用竹、木或轻型角钢作为构架，上覆农用聚氯乙烯塑料薄膜，有时需覆草帘或遮阳网，以调节室内温度和光照强度。建造塑料大棚时先埋设立柱，埋好立柱后在各纵排立柱上架设横梁，用以托架拱杆。拱杆是支撑棚膜的骨架。将拱杆架好后，可覆塑料薄膜。薄膜要拉平，再用压膜线压紧，使其成瓦棱形。

塑料大棚的形式、规格均依需要而定。可在墙壁的南侧搭上单面或弧形的小拱架，也可搭成单拱或多拱的连接式大棚，棚架可木制，也可用钢材。建造塑料大棚的原则是经济实用、因地制宜、使用方便。

2)智能塑料温室的建造

智能温室是在现代温室设计的基础上，增加对温度、湿度、光照、CO_2 等环境因子的调控和监测装置，实现对温室内环境因子的自动监测和调节。塑料薄膜连栋充气温室采用圆拱形结构。温室一般顶高4.8~5.8 m，肩高2.5~3 m，间跨6~9 m，铝合金或镀锌钢材结构。设有天窗、侧窗和地窗、室内外双层遮阳网、室外喷淋、室内喷雾等降温装置，天窗、侧窗自动开启和关闭装置，还有加温、补光和 CO_2 施肥装置等附属设施。

4.4.3.3　塑料大棚育苗常规管理

1)温度管理

棚内最适于苗木生长的温度为25~30 ℃，最高不能超过40 ℃，夜间则以15 ℃左右为宜。温度高低要进行人为调控。秋末冬初重点是增温、保温，注意大棚密闭，减少通风换气的面积与次数，夜间要在棚膜外覆盖草帘，阴天白天可不卷草帘。冬末春初(4月中下旬至5月上旬)温度稍有回升，日温差较大，可在午间温度最高时通风换气。5月中旬以后，棚外气温升高，棚内温度也随之升高，全天温度在22~30 ℃。当棚内气温升至30 ℃时，要采取降温措施。方法是喷雾、洒水、灌水，打开门窗，卷起棚底塑料，实行大面积通风。温度达35 ℃时要将全部棚膜揭去，有必要时可用遮阴网遮阴。

2)湿度管理

棚内夏季一般温度较高，蒸发量大，除要求播种前灌足底水外，还应经常保持苗床湿润。在出苗前阶段不宜大量浇水，每 2 ~4 d 喷 1 次水，出苗后 2 ~3 d 喷 1 次水，生长旺期每天喷水 1 次或 2 天喷 3 次，喷水时间 9:00 ~10:00、15:00 ~16:00。5 ~6 月温室内气温急剧升高，空气湿度明显下降，这时可用喷水降温增加湿度，为苗木生长创造良好的适宜环境，以加速生长。所用水要经过贮水池晾晒，防止冷水刺激幼苗，影响发育。容器育苗要根据墒情适时洒水。针叶树苗每 1 ~2 d 洒水 1 次，不宜过多，湿度大易烂种，并感染立枯病。

另外，地面覆膜可以阻止局部土壤水分的蒸发，是降低空气湿度的有效措施。适时中耕可以切断毛细管，阻止地下水分的大量蒸发，同时又可改善土壤的通透性，有利于根系的发育。

3) 通风换气

通过通风既可调节温度、湿度，又可调节空气组成。棚外气温低于 10 ℃时，夜间要关闭气窗，早晨打开门、窗进行通风换气。棚外气温达 20 ~25 ℃时，夜间也要打开门、气窗，白天打开所有侧窗和天窗。当气温升至 30 ℃时，要卷起周围薄膜至 1 m 高，下午温度降至 20 ℃时，放下薄膜，关闭部分气窗。进入 6 月份，将全部棚膜揭去。在大风天气要关闭大棚所有通风气窗及门窗，以防大风将棚膜撕裂。

育苗温室内的空气相对湿度不宜过高，以防湿度过高导致某些微生物的滋生。如果相对湿度超过了 80% ~90%，就容易发生苗木的叶部病害和猝倒病。苗木生长最适湿度为 70% ~80%，允许变幅为 60% ~90%，过高、过低均不利。在塑料棚内空气相对湿度一般都比较大，这有利于苗木生长，但也易感染病害，应注意调节。棚内相对湿度以保持在 70% 左右为宜。通过适时通风换气能有效地调节空气湿度。

4) 土壤管理

追肥要及时，再配合根外追肥。早期以氮、磷肥为主，后期以磷、钾肥为主。每一生长周期施 5 ~6 次。5 ~7 月是苗木生长的旺盛阶段，可在适当时期进行追肥 2 次，666.7 m^2 左右的塑料棚每次可施尿素 2.5 kg。容器苗每 10 ~15 d 手工拔草 1 次，苗床育苗可用小锄松土除草。

5) 病虫害防治

由于温室内温度高、湿度大，有害生物特别是真菌、细菌容易繁殖，最易发生灰霉、立枯、根腐病等病害。因此，病虫害防治成为温室容器育苗成败的关键之一。所以，要加强管理和注意环境卫生；室内排水良好，清除其他作物；经常通风，湿度保持低于 80%，浇水时间短；温室器材、容器架、手工工具、容器、地面等在育苗前均应清洗消毒；温室结构坚实，使用排水良好的培养基；在阶段发芽结束以前不能施氮肥。发现病虫害最好及时采取生物防治，尽可能不采用化学药剂，减少环境污染。对针叶树幼苗危害大的主要是立枯病。坚持以防为主，严格种子及土壤消毒，注意通风换气，春播不宜过晚。只要注意这些环节，基本可以防止立枯病的发生和蔓延。湿度较高时，降低温度，加强通风，立枯病也不至于大发生。生产实践表明，化学药剂防治立枯病，不如调节棚内温、湿度，加强通风换气等措施效果好。

6) 撤棚及炼苗

为增强棚内苗木的抗性及适应外界环境能力，要及时撤棚，并注意撤棚前的炼苗过程。即先撤掉上部薄膜的1/4～1/2，以后逐渐撤膜。撤膜过早，对苗木生长不利，甚至造成苗木死亡。

4.4.4 温室的环境控制技术

温室靠太阳光辐射增温，靠玻璃、塑料薄膜、保温毯、草苫等覆盖保温，室内温、湿度受外界气候变化而变化，不同种类的幼苗或同种幼苗不同生长发育阶段对温度、湿度和光照要求不同。育苗期，温度的高低和湿度的大小，不仅影响幼苗的生长，而且与苗期病害的发生紧密相关，是育苗成败的关键因素。因此，加强室内环境管理尤为重要。

温室环境调控主要是指综合调节温室内部的温度、光照、水肥等条件，促进作物生长，提早开花结果，提高作物产量和品质，同时抑制病虫害发生的技术措施。现简介如下。

4.4.4.1 温度管理

全年生产苗木的温室，温度应控制在15～30 ℃。温度过低或过高，都不利于苗木生长。因此，使用温室生产苗木，必须根据季节和苗木生长要求适时采取保温、加温或降温等措施。

1）保温

当白天温度下降到25 ℃时，应关闭门窗保温；当温度低于15 ℃，必须采取更有效的保温措施，如草帘、双层薄膜或保温毯覆盖保温。

2）加温

为维持苗木正常生长，防止苗木在温度较低的冬季出现冷害或冻死，或者为满足喜温植物的生长，可以采用酿热、火道、锅炉、热风或电热加温等方式来提高室内温度。

3）降温

棚内温度最高不能超过40 ℃，当温度超过30 ℃时，就应考虑降温。全年利用的温室在高温季节全天降温，低温季节的晴天中午时段温度过高时也要进行降温。可通过通气、遮阴、室内喷雾、屋面淋水及冷却系统进行降温。为了提高温室的降温效果，降低能耗，往往几种方法同时运用。如遮阳网和湿帘风扇降温配合，喷雾降温和湿帘风扇降温配合等，以求得经济、实用。

4.4.4.2 光照管理

光的调控主要运用于花卉生产上。例如，菊花很多品种属典型短日照类型，为了提早开花，可用遮光的方法来缩短日照；又如，美国石竹先要经低温春化，然后在长日照条件下开花，因此可用补光来提早开花。应该指出的是，各种作物对光周期反应与温度条件有密切的关系，是一个比较复杂的生理生化过程，在此不作介绍。

1）补充光照

冬季、40°以北的高纬度地区或阴雨、下雪天数长的地区，日照强度和时数不足，光照质量下降。为促进苗木光合作用和生长发育，应进行补光。

补光的作用有两种：一是在光照不足的条件下，进行补光，来提高作物的光合作用，促使作物正常生长，提高产量和品质。这种补光通常是连续的长时间的补充光照。二是为了促使长日作物提早开花，而采用的打破黑暗条件的补光措施，通常为间断的较短时间的补充光照。无论是哪种目的的补充光照，都应该考虑到光源和光照度问题。

作为补充光照来提高作物光合作用的光源一般不采用白炽灯,因为白炽灯的光效率低,约为6.9%,通常可采用荧光灯、汞磷灯、金属卤灯、高压钠灯等,尤以高压钠灯、金属卤灯为好。虽然高压钠灯、金属卤灯一次投资大,但从长远来说是最经济的。补光量依植物种类和生长发育阶段而定。为促进生长和光合作用,补充光照的强度一般为光饱和点减去自然光照的差值效果最好。补充光照的强度为10 000~30 000 lx,增加光照的强度一般应达到60 W/m^2,并且光源要离地2~3 m。补光时间也因植物种类、天气状况、纬度和月份而变化。

作为打破黑暗条件的补光措施,可将暗期分成两段或多段,利用补光措施,打破黑暗条件,延长光周期长度。灯源通常采用白炽灯。一般情况下,如果延长补光时间,则光照度可以弱一些;如果缩短补光时间或用闪光处理,则需要提高光照度。

2)遮光

遮光的作用有两种:一是在光照过强的条件下进行遮光,促使一些喜阴或半耐阴苗木正常生长,提高产量和品质。二是为了促使短日作物提早开花,而采用的缩短日照长度的遮光措施。

对一些喜阴或半耐阴苗木的生长,遮光是必要的。一般在中午光照太强时,利用草席、苇帘、遮阳网覆盖而达到减弱光照的目的,而在早晚光照较弱时则应将覆盖物除去。

为了使短日照植物提早开花,可用遮光的方法来缩短日照。最常用的方法是在作物上罩上一种可以使光照度降到22 lx以下的不透明材料,例如,黑棉布、黑塑料布等。覆盖时间从下午4时至6时30分开始,到第二天上午7时至9时之间揭开。覆盖次数根据作物及当地条件而定。

值得注意的是,如果在夏季晴朗天气条件下覆盖,有可能造成覆盖物下作物积累热量过多的危险,应晚些覆盖或用风扇将覆盖物下的热气排走。另外,各种作物对光照度的敏感性不一致,应根据具体作物选择覆盖材料。有时较强的路灯、检查温室的灯光、覆盖物的缝隙漏光等,都会造成开花推迟,应引起重视。

4.4.4.3 湿度管理

湿度的调控包括空气湿度的调节和土壤水分的调节。

1)空气湿度的调节

空气湿度通常用空气的相对湿度和绝对湿度来表示。空气湿度的大小,直接影响到作物蒸腾速度的快慢、作物吸收水分的快慢。因此,对作物光合作用率、作物生长速度以及对病害的控制都有重要影响。空气湿度对作物的影响还因作物的种类不同而有较大差异。在实际生产上一定要根据作物种类的特性加以综合调控。

空气湿度的调节有增加空气湿度和降低空气湿度两个方面。

(1)增加空气湿度。空气的绝对湿度随着气温的升高而逐渐加大,而相对湿度则正好相反,随着温度的升高而逐渐下降,到夜间空气相对湿度最大,基本接近100%,多余的水汽冷凝成露滴。

增加空气湿度主要是采用向空气中高压或低压喷雾来完成的。将高压或低压喷头与恒湿器连接起来,就可以起自动喷雾的作用。应该注意的是,喷雾用水一定要经过过滤,并选用优质的水质以防止盐分沉积在叶片上形成危害。另外,每到傍晚温度下降时,空气相对湿度增加,这时可切断电源停止喷雾,防止喷雾过多,夜间在叶片上形成冷凝水滴,增加病害的传播发生。

另外,还可采用增加灌水、遮阴、降低室内温度、减少通风或采用湿帘等方法提高湿度。

(2)降低空气湿度。室内空气相对湿度以60% ~70%为宜,如果湿度过高,棚膜内凝聚的水珠较多,甚至长期在棚内循环,则不利于幼苗生长,使抗逆能力减弱,给苗期病害危害创造了有利条件。此时必须及时采取措施降低空气湿度。降低空气湿度的方法很多。寒冷季节在温室内加热,使温室内外形成温差,水汽就会在温室内表面凝结成水滴,有明显减湿作用。打开天窗通风,降湿效果明显。此外,采用遮阴减少作物水分蒸腾、喷化学药剂关闭作物叶片气孔、增加 CO_2 浓度使气孔关闭、减少气流速度、减少水分从叶子扩散到空气中、揭膜排湿的措施,或用90%草木灰与10%的生石灰拌匀,撒施在苗床土上消毒吸湿,降低土壤湿度。这些措施都能起到有效地降低空气湿度的作用。

2)土壤水分的调控

土壤水分调控的主要依据是作物根系的吸水能力、作物对水分的需求量、土壤的结构及施肥的多少等。在黏重的土壤中,虽然能有较大的持水量,但灌水过多则易造成根际缺氧;相反沙土持水能力差,则需增加灌水量和灌水次数来满足作物对水分的需求。理想的土壤结构是既有一定的持水力,又有良好的通气性,合适的灌水量能满足作物对水分的需求,多余的水能迅速渗入土壤深层。

土壤含水量通常采用多孔杯张力计来测定,它能够对直接贴近杯子的土壤水分作出感应,通过与自动灌水系统连接,达到自动灌水。此外,土壤实际含水量也能通过测定样品重量和干燥后的重量来获得。

灌水方法主要有滴灌、微喷灌和地中灌溉等。地中灌溉又称“毛管灌溉”。它是用细管的陶瓷为原料做成水管,埋在土表下15 cm左右,当水通过时依靠陶瓷的毛管作用,将水源源不断地输入到土壤中,供作物生长利用。或者是用硬质塑料管,打上孔径1.2 ~1.4 mm的小孔,间距20 cm,在管外面套上网状聚乙烯管套,埋入土中供水。

3)灌水自动化

灌水与作物生长阶段、土壤结构等因素有关,因此要做到真正的自动化是困难的。通常采用手动和自动联合的方式。方法有:

(1)控制时间的方法。预先测出保护地土壤的含水量、满足灌水量所需时间,使用泵或者电磁阀门通过自动计时开关加以控制。

(2)电阻控制方法。土壤的含水量、溶液浓度不同,电阻也随之变化,预先了解电阻与水分含量以及土壤溶液的浓度相互间的关系,设置一个希望达到水分含量的范围,可达到自动控制。

(3)水分张力控制方法。把水分张力计的变化用电力放大继电器控制。在小型温室里,用一根张力计,就可以判断温室中土壤水分情况,达到自动控制。但在大型温室中,由于水分变化剧烈,单凭一支张力计很难判断土壤水分情况,以达到自动控制。

在自动灌水的同时,加入肥料自动混入器,可使施肥达到自动化。

技能训练

实训十八　温室的环境控制育苗技术

一、目的

了解温室或大棚的构造及一般建造技术；掌握温室或大棚内苗木管理的技术要求。

二、材料与工具

(一)材料

温室大棚种苗。

(二)器具

育苗温室或大棚、室内各种管理设备及用具。

三、方法与步骤

(一)温室或大棚的建造

参观调查温室或大棚了解其结构、建造要求，以及附属设施。

(二)温室或大棚育苗管理

1. 温度管理

根据室(棚)内温度变化，采取综合措施进行保温或降温，保持室(棚)温15～30 ℃。

2. 光照管理

根据季节变化和地区特点，分别进行补光和遮光，维持适宜的光照条件。

3. 湿度管理

根据室(棚)内湿度的变化，采取综合增湿措施，如喷水增湿、通风换气降湿，使室(棚)内的湿度适宜苗木生长。

4. CO_2 管理

一般情况下，在适宜的时间打开门窗，补充CO_2。若天气原因不宜开门窗，则采取有机肥释放CO_2、液体或固体补充CO_2、燃烧释放CO_2等措施。

注意事项：采用燃烧释放CO_2时，必须停止室内通风；气体中不应含有有毒成分；燃烧时会产生大量水气，室内温度将因此升高；不能在夜间施用CO_2；燃烧时有足够的空气供应。

5. 苗木常规管理

喷灌、施肥、病虫害防治、修剪、炼苗等。

四、实训报告

(1)写出温室或大棚参观调查报告，重点叙述温室或大棚的构造及其附属设施。

(2)简述室(棚)内苗木管理的技术特点。

4.5　穴盘育苗技术

4.5.1　穴盘育苗概述

穴盘育苗是一种以草炭、蛭石、珍珠岩等轻型基质材料为育苗基质,以不同规格的塑料穴盘为育苗容器,采用机械化自动精量播种生产线完成基质装填、压穴、播种、覆土、镇压和浇水等系列作业,然后在催芽室和温室等设施内进行有效的管理,一次培育成苗的现代化育苗技术体系。

美国在20世纪60年代最先研究开发了穴盘育苗技术,70年代实现商品化。20世纪80年代,穴盘育苗技术在欧、美、日等地普及推广,目前已成为许多国家专业化生产商品苗的主要方式。穴盘育苗技术自1985年引进我国,曾先后被列为农业部"七五"和"八五"重点科研项目,1987年在北京建立了第一个工厂化穴盘育苗场——花乡工厂化育苗场,进行穴盘苗商品化生产的示范和推广。"九五"以来,各地积极调整种植业结构,农业现代化、产业化步伐明显加快,传统的育苗方式和技术已不能适应较大规模蔬菜、花卉等园艺作物生产的需要,这给穴盘育苗带来了新的发展契机。目前,工厂化穴盘育苗已成为我国园艺作物育苗的重要形式。

穴盘育苗是现代育苗技术发展的较高层次。它以先进的温室工程设备装备种苗生产车间,将现代生物技术、环境调控技术和信息管理技术贯穿于整个育苗过程中,以现代企业经营模式进行优质种苗的生产与销售,使育苗实现快速、优质、高效和规模化。穴盘育苗播种时一穴一粒,成苗时一穴一株,根系与基质紧密缠绕,根坨呈上大下小的塞子形,适于蔬菜、花卉等作物的工厂化育苗。

4.5.2　穴盘育苗的技术流程

穴盘育苗是在人工控制的最佳环境条件下,采用科学化、标准化技术措施,运用机械化、自动化手段,使育苗实现快速、优质、高效和规模化生产。穴盘育苗的一般流程如图4-8所示。

4.5.3　穴盘育苗的设施

穴盘育苗的设施可根据育苗要求、目的和条件综合考虑。工厂化穴盘育苗的设施应具有先进和完整配套的特点,一般要求性能良好、环境调控能力较强的玻璃或加温塑料温室;局部小面积的穴盘育苗也应因地制宜,配置必要的育苗设施和设备。北方地区亦可采用结构性能较好的日光温室,但要配备适当的加温或补温设备,如电热温床等,以防地温过低等极端条件出现。

4.5.3.1　基质处理车间

穴盘育苗多为批量生产,基质用量较大,而且常使用复合基质,需要基质混合、搅拌、消毒等机械。所以,基质处理车间不仅要存放一定数量的育苗基质,而且要能容纳相应的机械设备,并留有作业空间。基质存放在天棚内或者是通风良好的车间内,不要露天存放,消毒后的基质要避免与未消毒的基质接触。

4.5.3.2　装盘及播种车间

工厂化穴盘育苗过程中,基质的混合、搅拌、装盘机械一般与播种流程机械连接在一起,所以要求作业场所至少要有(14～18)m×(6～8)m的作业空间,在车间内完成基质的自动搅拌、装盘、播种、覆土、浇水等全过程。播种车间要求通风良好,有充足的水源。

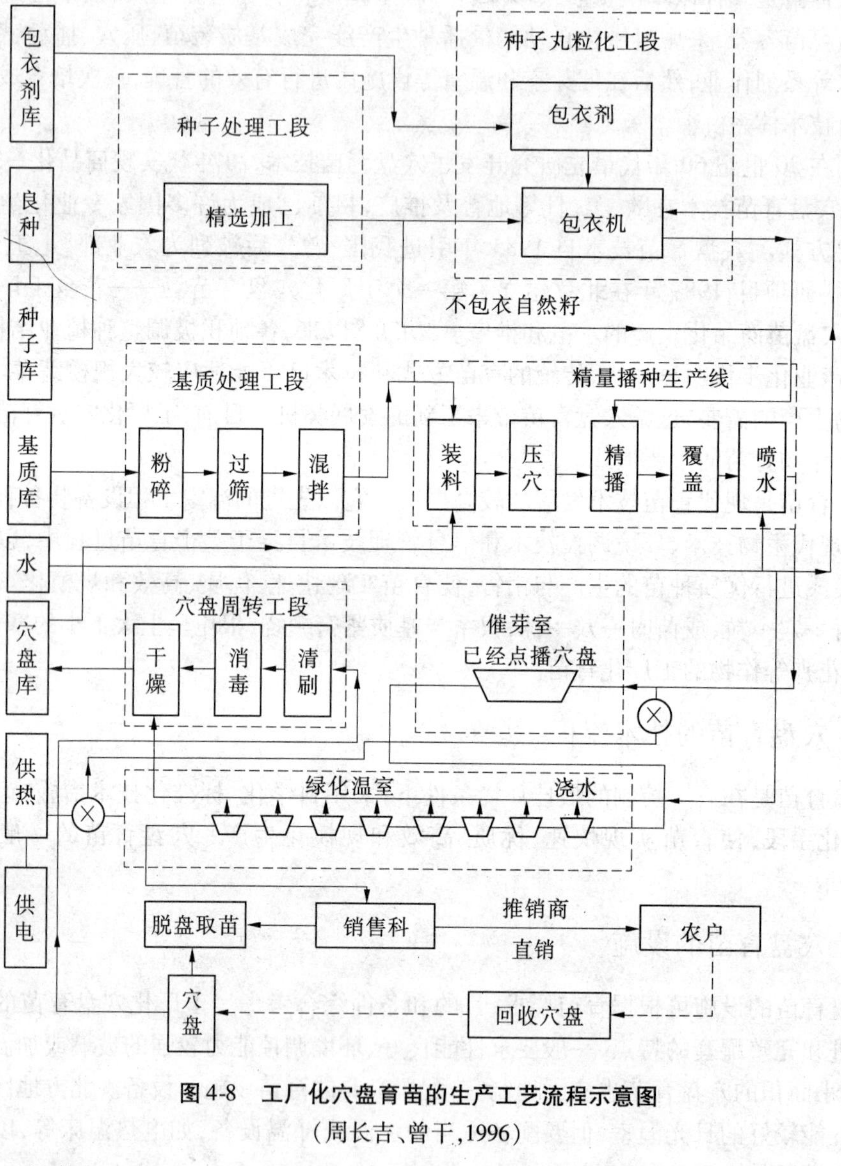

图4-8　工厂化穴盘育苗的生产工艺流程示意图

(周长吉、曾干,1996)

4.5.3.3　催芽室

催芽室是专供种子催芽、出苗所使用的设施。工厂化穴盘育苗的一次播种量较大,需设置催芽室,将播种后的穴盘放入催芽。催芽室要有一定空间,而且室内的温度、湿度条件能够根据各种作物种子发芽的最适温、湿度进行调节。

催芽室可以自行设计建造。建造专用催芽室可以砌双层砖墙,中间填充隔热材料或一层5 cm厚的泡沫板以利于保温，出入口的门采用双重保温结构，内设空调设备或利用空气电加温线加温。建在温室或大棚内的催芽室可以采用钢筋骨架，双层塑料薄膜密封，两层薄膜间距7～10 cm，既能透光，增加室内温度，又能使出土幼苗及时见光，不致黄化。为避免阴雨低温天气，催芽室内应设加温装置，一般采用空气电加热线加温，还要有自动喷雾调湿装置，并在室内上方安装1～2个小型排气扇用来促进空气对流，保持室内温、湿度均匀。

4.5.3.4 绿化、驯化设施

穴盘苗在催芽室内催芽，待幼苗出土后需立即转移到有光并能保持一定温、湿度的绿化室内绿化，否则，幼芽黄化会影响幼苗的生长和质量。穴盘培育的嫁接苗需要经过一段时间的驯化过程，以促进伤口愈合。因此，穴盘育苗要有绿化和驯化的设施，一般为性能较好、环境条件能够调控的玻璃温室或加温塑料大棚。玻璃温室为钢架结构、铝合金窗框，屋面和侧窗全部用玻璃覆盖，室内配备加温、遮阳、保温、自动供液装置，二氧化碳发生器，人工或自动灌溉、通风装置以及必要的补光装置等。等屋面单栋温室一般南北延长(屋脊方向)，长度在100 m以内；等屋面连栋温室一般以3～5连栋为宜。育苗大棚一般跨度8 m，高度2.8～3.0 m，冬季育苗采取多层覆盖并备有加温设备，夏季育苗在通风处设防虫网，并将保温幕改换成遮阳网。连栋式拱圆大棚应具有双层薄膜覆盖、保温幕(用无纺布等)、燃油(燃气等)加温设备等，标准、规格和类型因地制宜。

4.5.4 穴盘育苗的关键设备

穴盘育苗的关键设备主要有基质消毒机、基质搅拌机、育苗穴盘、自动精播生产线装置、恒温催芽设备、育苗设施内的喷水系统、二氧化碳增施机等，这些设备是现代化水平较高的工厂化穴盘育苗所必备的，实践中可根据当地的条件和财力，选用其中的一部分设备，以提高育苗效率。

4.5.4.1 基质消毒机

为防止育苗基质中带有致病微生物或线虫等，最好将基质消毒后再使用。育苗基质由专业生产公司制作消毒后装袋出售。自己配制育苗基质时，如果选用新挖出的草炭或刚刚烧制出炉的蛭石，可以不再进行消毒，直接混合使用；如果掺有其他有机肥或来源不卫生的基质材料，则需要消毒后使用。

基质消毒分干热消毒和蒸汽消毒两种。干热消毒是使用燃料加热机内空气，基质在消毒机进出过程中由机内热空气加热消毒；蒸汽消毒由蒸汽锅炉产生的蒸汽加热基质进行消毒。基质用量少时，可采用大铁锅上放蒸笼的方式进行蒸汽基质消毒。

4.5.4.2 基质搅拌机

育苗基质在被送往送料机、装盘机之前，一般要用搅拌机重新搅拌，一是避免原基质中各种成分不均匀；二是防止基质在贮运过程中结块，影响装盘质量。如果基质过于干燥，还应加水进行调节。

4.5.4.3 育苗穴盘

穴盘是工厂化育苗的必备容器，是按照一定规格制成的带有很多小型钵状穴的塑料盘。使用时先在孔穴中装满基质，然后进行播种。播种时一穴一粒，成苗时一穴一株。用于机械化播种的穴盘一般按自动精播生产线的规格要求制作，国际上使用的穴盘外形大

小多为27～54 cm，小穴深度视孔的大小而异，3～10 cm不等。穴盘的规格及制作材料不同。在形状上有方锥形穴盘、圆锥形穴盘、可分离式穴盘等；在制作材料上有纸格穴盘、聚乙烯穴盘、聚苯乙烯穴盘等。根据孔穴的数目，穴盘可分为32、40、50、72、128、200、288、392、512、648孔等不同规格，其中72、128、288孔穴盘较为常用。即使孔穴的数目相同，其大小和容积却未必一样。依据育苗用途和作物种类，可选择不同规格的穴盘，一次成苗或培育小苗供移苗用。

4.5.4.4 自动精量播种生产线装置

穴盘自动精播生产线装置是工厂化育苗的一组核心设备，由穴盘摆放机、送料及基质装盘机、压穴及精播机、覆土机和喷淋机等五大部分组成。这五大部分连在一起形成自动生产线，拆开后每一部分又可独立作业。精量播种机有真空吸入式和齿轮转动式，后者要求用丸粒化种子。

自动生产线装置在美国、荷兰、日本、韩国等都有产品，我国也已拥有自己的产品。一般的自动精量播种生产线包括穴盘摆放机，送料、基质装盘机，压穴、精播机，覆土机，喷淋机等。

4.5.4.5 恒温催芽室

恒温催芽室是一种能自动控制温度的育苗催芽设施。利用恒温催芽室催芽，温度易于调节，催芽数量大，出芽整齐一致。标准的恒温催芽室具有良好的隔热保温性能，内设加温装置和摆放育苗穴盘的层架。

4.5.4.6 育苗设施内的喷水系统

在绿化室或幼苗培育设施内，设有喷水设备或浇灌系统。工厂化育苗温室内的喷水系统一般采用行走式喷淋装置，既可喷水，又可喷洒农药。行走式喷淋系统或人工喷洒方式，在幼苗较小时，喷入每穴基质中的水量比较均匀。但到幼苗长到一定大小、叶片面积比较大时，从上面喷水往往造成穴间水分分布不匀。此时可采用底面供水方式。底面供水方式在摆放育苗盘时应事先做好苗床，即将地面整平压实，床内四周打堰，两端要有一定的坡度，便于流水。整好的床面铺上塑料薄膜(有条件者可在摆放穴盘处铺垫上0.2～0.4 cm厚的吸水无纺布)，将穴盘成列摆放在上面。由床面浇水，水分通过穴盘底部的孔吸入到基质中。在寒冷的冬季，底面供水要比上面喷淋优越得多。

4.5.4.7 二氧化碳增施机

在穴盘育苗过程中，增施二氧化碳可以促进壮苗，特别是在寒冷的季节，保护设施无法通风的情况下。培育果菜类幼苗时，增施二氧化碳对花芽分化及定植后果实的产量都有较大影响。

4.5.4.8 运苗车和育苗层架

运苗车可以采用多层结构，根据成苗的高度来确定放置架每层的高度。育苗层架的高度和宽度要与建造的催芽室相匹配，同时根据育苗穴盘的大小来确定。一般来说，育苗层架的层间距10～15 cm，最下层离开地面20 cm，下部装置方向轮，以便推运。

4.5.5 穴盘育苗技术

4.5.5.1 种子选择

工厂化育苗每穴播1粒种子，因此种子发芽率应大于90%，籽粒饱满，发芽整齐，特别是培育甜椒、番茄等果菜类幼苗，应选用抗病、高产的优良品种。

4.5.5.2　育苗穴盘的选择

根据不同作物的种类和种苗大小，选择不同规格的穴盘。培育叶面积小、苗龄短的幼苗，可使用孔径小、孔数多的穴盘；培育叶面积大、苗龄长的幼苗，则以较大孔径的穴盘为宜。

4.5.5.3　育苗基质的选择

育苗基质应具有优良的理化特性，疏松透气，保水保肥，化学性质稳定，呈微酸性，不带病菌、虫卵、杂草种子以及对秧苗有害的物质。由于穴盘内基质用量很少，易干燥或缺肥，因此一般都混以堆肥、缓效性肥料或培养土等，以促进根系发育，保证秧苗生长所需营养，减少移栽时伤根。育苗基质由专业工厂生产或自行配制，主要原料是草炭和蛭石。各地依据就地取材原则，尽量选用资源丰富、价格低廉的轻基质，一般2~3种即可，有些基质混以珍珠岩、堆肥、腐叶土、稻壳熏炭、菇渣、苇茉、椰子纤维、细炉渣或园土等。在我国一些地区，将肥沃的壤土和腐熟好的优质厩肥按6∶4比例混合或者将草炭土、壤土和圈肥按4∶3∶3比例配制，配好的营养土中每立方米再掺入腐熟粪干20 kg、氮磷钾复合肥1.5 kg、草木灰5 kg、50%多菌灵可湿性粉剂80 g、80%敌百虫粉剂60 g，混合均匀过筛后作为育苗基质。

4.5.5.4　营养液配方与管理

营养液配方取决于基质本身的成分。采用草炭、有机肥和复合肥合成的专用基质，以浇水为主，适当补充大量元素即可；采用草炭、蛭石各半的通用育苗基质，则需要严格的营养液配方和肥料用量。

营养液配方一般以大量元素为主，微量元素多由基质提供。氮素肥料以酰胺态氮和铵态氮占40%~50%，硝态氮占50%~60%，氮、磷、钾比例1∶1∶1或1∶1.7∶1.7为宜，pH值5.5~7.0，磷的浓度稍高有利于培育壮苗。我国穴盘育苗常用营养液配方如表4-9所示。营养液浓度视情况而定，经常灌水结合施用液肥时，氮素浓度40~60 mg/L就已足够(其他元素类推)。若基质中混有有机肥，自真叶展开后开始喷淋，每日1~3次，因气候和幼苗长势而异，每次每盘浇灌量200~250 mL。使用无基肥基质时，自发芽后每日浇灌液肥(氮浓度40~60 mg/L)，真叶展开后调整次数和浓度。若每周仅浇灌两次液肥，每次每盘浇灌量500~750 mL为宜，而且氮素浓度要提高到130 mg/L。随植株长大，营养液浓度逐渐提高。

为防止盐分积累，一般每浇3~4 d(夏季2~3 d)营养液后，浇一次清水。

4.5.5.5　环境控制与幼苗管理

1)环境控制

苗期的环境控制包括适宜的温度、充足的水分和氧气。播种完毕后将育苗穴盘转移到催芽室进行催芽，催芽室的空气湿度要保持在90%以上，根据作物种类控制催芽室和育苗室的温度。对于茄果类蔬菜育苗，播种出苗后、子叶展平前应保持较高的温度，并给予充足的光照，子叶展平后适当降温。

2)穴盘位置调整

行走式微喷系统出水量不均匀易造成秧苗间生长的差异，应及时调整穴盘的位置。

表 4-9　几种常用育苗营养液配方

肥料种类	配方 1	配方 2	配方 3	配方 4
$Ca(NO_3)_2 \cdot 4H_2O$	500	450	—	—
$CO(NO_2)_2$	250	—	—	340
NH_4NO_3	—	250	200	—
$NH_4H_2PO_4$	500	—	—	—
KNO_3	500	400	200	—
KH_2PO_4	100	—	—	465
$Ca(H_2PO_4)_2$	—	250	150	—
$MgSO_4 \cdot 7H_2O$	500	250	—	—

注：表中数据系每立方米水中加入肥料的量(g)。配方 1、2、3 为无土轻基质育苗配方，根据不同作物种类及不同生育期，稀释或加浓使用，必要时可加入微量元素螯合铁 25 g/m³ 及硼酸 20 g/m³；配方 4 适用于含培养土的基质育苗。

3）灌溉管理

苗床边际水分蒸发强烈，特别是晴天高温期，为此要对周围 10～15 cm 范围内进行补充灌溉，防止生长不匀。

4）肥水管理

种子出苗后即可浇水，以保持基质湿润为宜。从子叶展平到 2 叶 1 心期，保持基质水分含量为最大持水量的 70%～75%；3 叶 1 心后水分保持在 65%～70%。

5）病虫害防治

预防为主、综合防治。通过提高秧苗素质、控制环境、设置防虫网、严格消毒等措施减少病虫害的发生，采取物理和生物防治辅以必要的化学药剂防治。

6）补苗

工厂化穴盘育苗播种时一穴一粒，易出现缺苗。在 1 片真叶展开时应及时补齐，并浇缓苗水。

7）定植前炼苗

出室前 5～7 d 通过降温通风、减少肥水供应次数进行炼苗。出室前 2～3 d 应施一次肥水，喷一次杀菌、杀虫剂，让幼苗带肥带药出室。

技能训练

实训十九　穴盘育苗技术

一、目的

利用穴盘育苗培育园林苗木是现代园艺发展的一个重要方面，是园林苗木培养走集约化、工厂化、规模化的必由之路。通过本实习，使同学们初步了解工厂化育苗的发展趋势，掌握穴盘育苗的基本原理和基本要求，以及穴盘育苗的工艺流程和操作规范。

二、材料和工具

自动播种机一台或手持式播种机一台（如没有播种机，也可采用手工点播），穴苗盘，园林植物种子（小粒种子）。

三、方法与步骤

（一）营养土的配制

穴盘育苗对生长基质的要求很高，营养土要疏松，排水良好，肥效高。实习前1周必须准备好营养土，配方如下：

自制营养土成分

成分	比例（%）	数量（kg/L）
腐叶土	50	2
江沙	20	0.5
泥炭	20	0.4
砻糠灰	10	0.5

将营养土按上表配比拌匀后进行消毒处理，方法有：

（1）福尔马林：将福尔马林50 mL加水6 L配成药液，喷洒营养土并不断拌翻，再用塑料布覆盖。播种前2 d打开塑料布，待药味全部散失后使用。

（2）硫酸亚铁：使用2%～3%的硫酸亚铁水溶液喷洒营养土，处理后的营养土即可使用。

（3）高锰酸钾：使用1%的高锰酸钾水溶液对营养土进行处理后即可使用。

另外，可适当施用敌百虫对营养土中地下害虫进行预防和灭杀。

（二）播种设备的准备

（1）自动播种机的调试：提前一天对自动播种机进行调试（条件不具备可用手工播种）。

（2）穴盘准备：按照班级学生人数准备穴苗盘，用1%的高锰酸钾对穴苗盘进行消毒备用。

（3）催芽室和培养室：提前1周用150倍的福尔马林或1%的高锰酸钾对催芽室和培养室内及用具进行全面消毒备用（条件不具备可用简易大棚）。

（三）播种

开启自动播种机，可以自动上料、打穴、播种、覆盖、喷水、传送。如果人工播种，需将营养土人工装入穴盘，装满后用手轻压、刮平，根据种子大小用手指打穴，每穴播种1～2粒，然后用手轻抚覆盖，大粒种子因播种较深需另外覆盖营养土，喷水保湿。

（四）催芽与培养

将播好种子的穴盘放入催芽室的培养架上，催芽室温度应保持在25～30 ℃，相对湿度85%以上,待芽苗长出60%左右后移入培养室培养。

四、实训报告

(1)详细记录催芽与培养过程的温度、湿度变化情况,计算出芽率。

(2)总结实训过程,指出关键的技术环节,写出实训报告。

思考题

1. 植物组织培养中如何进行培养基的配制?
2. 试述组织培养的方法与程序。
3. 如何对水培营养液进行配制与管理?
4. 常见的容器育苗基质有哪些?结合本地实际,举例说明两种育苗基质的配制方法。
5. 试述容器育苗的育苗及管理技术。
6. 如何综合调节大棚内部的环境条件?
7. 穴盘育苗的设备有哪些?
8. 简述工厂化穴盘育苗的技术要点。

第5单元　园林大苗培育

教学目标

了解园林树木的大苗培育的特点;熟悉园林树木的大苗培育;学会园林树木的大苗培育技术;能够进行园林树木的大苗培育。

5.1　苗木移植

5.1.1　苗木移植的意义及成活的基本原理

5.1.1.1　苗木移植的意义

在一定的时期将生长拥挤的较小苗木从苗床上挖起来,更换育苗地并按规定的株行距栽种下去,让小苗更好地生长发育,这种育苗的操作方法叫移植,也叫移栽。凡经过移植的苗统称为移植苗。这一技术环节是培育大苗的重要措施。

苗木在幼年时较喜阴或耐阴,一般需要密植,而且幼苗生长所需要的营养面积小,密植可以提高单位面积的产苗量。当苗木长大到一定时期,必须进行移植。移植后扩大了苗木的株行距,增大了生长空间,改善了光照和通风状况,结合增强肥水管理和合理的整形修剪,能有效地促进苗木发育出良好的根系,形成优美的树形,成为优质大苗。同时移植的过程也是一个淘汰的过程。那些生长差,达不到要求或预期不能发育成优质大苗的小苗可以逐步被淘汰。移植的意义归纳起来有以下几个方面。

1)为苗木提供适当的生存空间

一般的育苗方法,如通过播种、扦插或嫁接等方法培育树苗时,小苗的密度较大,苗间距为几厘米到几十厘米;随着苗木不断生长,个体逐渐增大,苗木之间互相影响,争夺水、肥、光照和空气等,会严重制约苗木的生长发育,因此必须扩大苗木的株行距。通过间苗和移植都可以扩大株距,但间苗会浪费大部分苗木,留下来的苗木也不能对其根系进行剪截,促其发展,因此常采用移植的方法来扩大苗木的株行距。移植时要根据植株特性来决定合理的株行距,等苗木生长几年后再进行移植,并随苗木的不断扩大逐步扩展其生存空间。

幼苗经过移植,增大了株行距,扩大了生存空间,能使根系充分舒展,进一步扩大树形,使叶面充分接受阳光,增强树苗的光合作用、呼吸作用等生理活动,为苗木健壮生长提供良好的环境。另外,由于增大了株行距,改善了苗木间的通风透光条件,从而减少了病虫害的孳生,同时也便于施肥、浇水、修剪和嫁接等日常管理工作。

2)促进产生发达的根系

幼苗移植时切断了主根和部分侧根,能刺激根部产生大量的侧根和须根。移植苗木所用的苗圃地,一般管理都较好,土壤有机质含量高,又有较完善的排水系统,故能提供根系生长最适合的土壤条件,促进根系生长发育,使根数增多,吸收面积扩大,形成完整发达的根系，提高苗木生长质量。另外，移植后的苗木由于切断主根，根系分布于土壤浅层，吸收根数量多，有利于将来绿化栽植的成活率和生长发育，达到良好的绿化效果。而未经过移植的苗木则根系分布较深，侧根、须根的数量较少，起苗时不易多带根，定植后不易成活或生长较弱，因此未经移植的大苗一般不直接用于园林绿化。

3）培养优美的树形

经过移植淘汰了树形差的苗木，移植后扩大了树苗的生长空间，使苗木的枝条充分伸展，形成该树种应有的树形。同时，经过适当的整形、修剪，使树形更适合于园林绿化的需要。另外，有些树种经过嫁接可以培育出特殊的树形，如龙爪槐就是通过嫁接培养出如伞如盖的优美树形。

4）合理利用土地

苗木生长的不同时期，树体大小不同，对土地面积的需求不同。园林绿化用大苗，在各个龄期根据苗体大小、树种生长特点及群体特点合理安排密度，这样才能最大限度地利用土地，在有限的土地上尽可能多地培育出大规格的优质苗木，使土地效益最大化。

苗木移植时一般要进行分级栽植，将高度大小较一致的一批苗木栽到同一块地中，以有利于个体整齐、均衡地生长，也有利于统一进行管理。

总之，经过移植，能给苗木提供适当的生长空间和土肥水条件，使苗木能长出发达的根系和优美的树体，为园林绿化提供优质的大规格苗木。

5.1.1.2 保证移植成活的基本原理

苗木移植成活的基本原理是如何维持地上部与地下部的水分和营养物质供给的平衡。移植苗木挖掘时根系受到了大量损伤，苗木能带的根系，与起苗质量的好坏有直接的关系，一般苗木所带根量只是原来根系的10% ~20%。这就打破了原来地上与地下的平衡关系。为了达到新的平衡，一是进行地上部的枝叶修剪，减少部分枝叶量，也就等于减少了水分和营养物质的消耗，使供给与消耗相互平衡，苗木移植就能成活。相反，不对地上部进行修剪，水分和营养物质就会出现供不应求的局面，苗木就会因缺少水分和营养物质而死亡。二是在地上部不修剪或少修剪枝叶的情况下保持地上部水分和营养物质尽量少蒸腾与消耗，并维持较长时间的平衡，苗木仍可以移植成活，特别是常绿树种的移植。

不同树种苗木移植后其成活难易往往有很大差别，这是受不同树种的习性决定的。因此，在苗木移植前必须了解其习性，按其习性要求来决定各项技术措施，才能获得较高的成活率。从新陈代谢活动的生理角度来看，苗木经过掘起搬运，再栽下去，由于根系大量损伤，就打破了原来地上部分和地下部分的平衡，使水分和有机营养物质大量消耗。如果这种平衡不能迅速恢复，苗木就有死亡的危险。因此，在移植技术措施上就要提出如何解决地上茎叶和地下根系之间水分及营养物质相对平衡的办法。理论与实践均表明，保证移植成活的基本原理在于根据树种习性，掌握适当的移植时期，尽可能减少根系损伤，适当剪去树冠的部分枝叶，及时灌水，创造条件来正确地调整地上部分与根系之间的生理平衡，并促进根系与枝叶恢复生长。

落叶树种移植，除了要注意修剪地上部枝叶，使地下根系表面积（或根量）与地上枝叶外表面（枝叶量）相等，或枝叶外表面积略小于根系外，还要注意移植的季节。落叶期移植由于枝叶量小，容易平衡地上部与地下部的平衡关系，因苗木处于生理休眠状态，其蒸腾量小,移植成活率高。即秋季落叶后至春季以芽前期移植最好,特别是春季发芽前移植成活率最高。落叶树种若在生长期移植,要对地上部分实行强修剪,少留枝叶,争取带大土球移植,或多带根系少带土。移植后经常给地上部喷雾,生长期也能移植成活。

常绿树种移植时,为了保持其冠性,一般地上部分较少修剪,实际上地上部枝叶外表面面积远大于地下部分根系面积,移植后水分和营养物质的供给与消耗是不平衡的。移植时为了达到平衡,尽可能多带和保留原根系,起的土球尽可能大些;移植后要保持树冠对水分的要求,要经常往树冠上喷水,维持一段时间后,地上与地下部都逐渐恢复生长,常绿树种就能成活。常绿树种移植的季节以休眠期最佳,因为这时树木的气孔、皮孔处于关闭状态,叶细胞角质层增厚,生命活动减弱,消耗水分与营养物质少,移植成活率高。另外,常绿树种在生长季节移植后,采用在南面、西面方向搭遮阳网的方法来减少阳光照射,从而减少树冠水分蒸腾量,并安装移动喷头喷水,待恢复到正常生长(约一个月),逐渐去掉遮阳网,减少喷水次数,使移植成功。中、小常绿苗成片移植可全部搭上遮阳网,浇足水,过渡一段时间后去掉,也可在阳光强的中午盖上,早晚打开。另外,移苗时还要考虑苗木的生物学特性,如荫湿性、耐盐碱、耐热性、耐寒性等,根据其特性采取相应的技术措施。

5.1.2　移植技术

5.1.2.1　移植的次数

培养大苗所需移植的次数取决于该树种的生长速度和对苗木的规格要求。一般说来,园林里应用的阔叶树种在播种或扦插龄满1年时即进行第一次移植,以后根据生长快慢和株行距大小,每隔2~3年移植一次,并相应地扩大株行距。目前,各生产单位对普通的行道树、庭荫树和花灌木用苗只移植2次,在大苗区内生长2~3年,苗龄达到3~4年即出圃。而对重点工程和易受人为破坏的地段或要求马上产生绿化效果的地方所用苗木,则常常需要培育5~8年甚至更长,这就要求做2次以上的移植。对生长缓慢、根系不发达而且移植后较难成活的树种,如椴树、栎树、七叶树、银杏、白皮松等,可在播后第三年(苗龄2年)开始移植,以后每隔3~5年移植一次,待苗龄8~10年,甚至更大一些时方可出圃。

5.1.2.2　移植时间

一般树种多在苗木休眠期进行移植。常绿树种也可在生长期移植。苗木移植后,根系受到一定程度的损伤,打破了地下和地上部分的水分供应平衡,因此要经历一段时间的缓苗期,使根系得以继续生长,增强吸水能力,苗木才恢复正常生长。

1)春季移植

北方地区由于冬季寒冷干旱,所以在春季移植较好,而且以早春解冻后立即移植较为适宜。春季土壤解冻后,树木的芽尚未萌动,而根系已开始活动,移植后,根系可先期进行生长,为生长期吸收水分供应地上部分做准备。同时,土壤解冻后至树木萌芽前,树体生命活动较弱,树体内贮存的养分还没有大量消耗,移植后易于成活。春季移植应按树木萌芽的早晚来安排。早萌芽者早移植,晚萌芽者晚移植。总之,在萌芽前或萌芽时必须完成移植工作。有的地方春季干旱风大,如果不能保证移植后充分供水,早移植反而不易成活,这时应推迟移植时间或加强保水措施。

2)秋季移植

秋季移植一般在冬季气温不太低、无冻伤危害和春旱危害的地区采用。移植时间在植株地上部分生长缓慢或停止生长后进行,即落叶树开始落叶至落完叶止,常绿树在生长高峰过后。这时地温较高,根系尚未停止活动,移植后根系得以愈合并长出新根,为来年的生长做好准备。

3)雨季移植

在夏季多雨季节移植,多用在北方移植针叶常绿树和南方移植常绿树类。在这个季节雨水多、湿度大、苗木蒸腾量较少,根系生长较快,移植成活率高。

4)冬季移植

南方地区冬季较温暖,此时树苗生长缓慢,可在冬季进行移植。北方冬季也可带冰坨移植。

5.1.2.3　移植密度(株行距)

移植苗的株行距取决于苗木的生长速度、气候条件、土壤肥力、苗木年龄、培育的年限以及机械化水平。在保证苗木有足够营养面积的前提下实行合理密植,以充分利用土地资源,提高单位面积产苗量。

5.1.2.4　移植方法

移植苗木除合理安排移植时间外,还要考虑选择移植地块、规划设计、整地、施肥、起苗、苗木贮运、栽植、栽后管理等一系列工作。

1)选择地块

移植苗木的目的是要培育大规格的优质苗木。为了给苗木提供适宜的生长条件,所选的地块要平坦,光照充足,通风好而无大风,交通便利,有良好的灌排水设施。在选择地块时要考虑土壤肥力、地下水位、土质、土层厚度等因素。大苗的根系相对较深,因此要选择土层较厚的地块。为了促使根系良好发育,还要选择肥力较好、质地疏松、保水保肥的土壤。土层厚度最好在 1 m 以上,地下水位 1.5 ~ 2 m 以下,同时要根据所移苗木的数量及移植密度来确定地块面积,做到大小适宜。

2)规划设计

选定地块后要进行规划设计,确定移植苗木的种植方式、密度,挖坑或开沟的数量和规格等,同时要预计所需劳力的数量和工作时间。

移植苗的种植方式一般采用长方形或正方形。长方形种植其株距小于行距,正方形种植则株行距相等,行向一般为南北方向。采用正方形种植方式时,株行距要依苗木的大小和生长速度来定,一般为几十厘米到 1 m 多。株行距确定后,用测绳或皮尺等工具来划线定点,然后开沟或挖坑。沟或坑的深度一般为 50 ~ 80 cm,宽度为 60 ~ 100 cm。坑的数量和所移苗木数量一致,沟的数量等于苗木总数除以每条沟所植的苗木数,每沟所植苗数为沟的长度除以株距。

移植苗的密度取决于苗木的生长速度、苗冠和根系的发育特性、苗木的喜光程度、培育年限、培育目的、抚育管理措施等。一般来说,针叶树的株行距比阔叶树的小;速生树种的株行距大些,慢生树种可小些;苗冠展开、侧根须根发达、培育年限较长者,株行距应大些,反之应小些;以机械化进行苗期管理的株行距应大些,人工进行苗期管理可小些。一般苗木移植的株行距可参考表5-1。

表5-1　苗木移植的株行距

项目	第一次移植 株距(cm)×行距(cm)	第二次移植 株距(cm)×行距(cm)	说明
常绿小苗	30×40	40×70或50×80	绿篱用苗1~2次， 白皮松类2~3次
落叶速生树苗	90×110或80×120		杨树、柳树等
落叶慢长树苗	50×80	80×120	槐树、五角枫等
花灌木树苗	80×80或50×80		丁香、连翘等
攀援类树苗	50×80或40×60		紫藤、地锦等

移植苗木的数量和所挖坑或沟的规格确定以后，还要计算移植的工作量。例如，算出所动土方数，再根据每个劳动力每天所挖掘土方数算出所需的劳动力数量，然后根据移植所用时间来确定每日的用工量，同时结合当地劳动力工资水平计算出每日的工资总额。这样就算出了挖沟、挖坑所用的时间、劳动力、资金投入等。整个移植的过程，针对开沟、挖坑、起苗、苗木贮存、苗木运输、苗木移植、施肥、浇水、土地测量规划等工作，都应该有用工人数、资金、时间等的计划安排，做到工作前有准备、工作中有条理、工作后有统计。

3)整地

在土地测量规划后即可进行整地施肥。如果移植苗木较小，根系较浅，可进行全面整地。先在地表均匀地撒一层有机肥，其用量每667 m^2 为1 500~3 000 kg，也可结合施农家肥施入适量的化肥，如磷肥，然后深翻，深度为30 cm。深翻后打碎土块，平整土地，划线定点，种植苗木。移植规格较大的苗木时，采用沟状整地或穴状整地。挖沟一般为南北向，沟深50~60 cm，宽70~80 cm。挖坑深60 cm，直径80 cm。挖坑开沟时要将心土和表土分别堆放，种植时将表土回填坑底。坑和沟的四壁要垂直，不能挖成上大下小的锅底形或"V"形，也不要上小下大。整地可在移植前进行。如果计划春季移植，可在前一年秋季挖坑或沟，使土壤晒冻熟化。也可挖坑或沟后施入农家肥埋土，第二年再在施肥基础上移植，这样既可合理安排工作，又使土壤熟化，能取得较好的效果。

4)起苗

起苗前要做好准备工作，安排好劳力、工具和其他材料。起苗前几天对小苗生长的地块浇水，使土壤相对疏松，便于起苗，增加苗体水分，移植后容易成活。常用的起苗方法有裸根起苗和带土球起苗两种。

(1)裸根起苗。落叶阔叶树在休眠时移植，一般采用裸根起苗。起苗时依苗的大小保留好根系。一般2、3年生苗木保留的根幅直径为30~40 cm。在此范围之外下锹，切断周围的根系，再切断主根提苗。起苗时使用的工具要锋利，防止主根劈裂或撕裂。起苗后抖去苗木根部的宿土，尽量保留好须根。

(2)带土球起苗。常绿树及移植不易成活的树种，须带土球移植。其方法是先铲除苗木根系周围的表土，以见到须根为度，然后按一定的土球规格，顺次挖去规格周围之外的土壤。待四周挖好后,用草绳包扎土球,包扎好后再铲断主根,将带土球的苗木提出坑外。2、3 年生苗木土球的直径为 30 ~ 35 cm,厚度为 30 cm。规格较大的苗木则要求较大的土球。

起苗时要尽量保护好苗木的根系,不伤或少伤大根,少保留须根,以利于移植成活生长。起苗时也要注意保护树苗的枝干,以利于将来形成良好的树形。枝干受伤会减少叶面积,给树形培养增加困难。

5) 苗木的处理

起苗后栽植前要对苗木进行修枝、修根、浸水、截干、埋土、贮存等处理。修枝是将苗木的枝条适当截短,一般对阔叶落叶树进行修枝以减少蒸腾面积,同时疏去生长位置不当且影响树形的枝条。裸根苗起苗后要剪根,主要是剪短过长的根系,剪去病虫根或根系受伤的部分,同时把起苗时断根后不整齐的伤口剪齐,以利于伤口愈合发出新根。主根过长时将其适当剪短。带土球的苗木可将土球外边露出的较大根段的伤口剪齐,过长的须根也要剪短。修根后还要对枝条进行适当修剪,一年生枝条进行短截,多年生枝条进行回缩,减小树冠以利于地上和地下的水分平衡,使移植后顺利成活。针叶树的地上部分一般不作修剪。萌芽较强的树种也可将地上部分截去,使其移植后发出更强的主干。修根、修枝后马上进行移植,不能及时栽植的苗木要保湿,将裸根苗的根系泡入水中或埋入土中保存,带土球苗用草帘覆盖土球或将土球用土堆围住。栽植前还可用促进生根的药剂或保水剂处理根系,使移植后能更快成活生长。此外,还要将苗木按大小及树形完好程度分级,分批栽植。

6) 栽植

苗木经过修根、修枝、浸水或化学药剂处理后就可以栽植。栽植时要边栽边取苗,同时要施入一定量的有机肥作底肥,以促进苗木根系发育。每株苗用农家肥 10 ~ 20 kg 与表土混合后施入坑底或沟底,然后边回填边踩实,直到距地面 20 ~ 30 cm 为止。回填后将表面做成圆丘形,放入苗木,使根系舒展,苗干位于坑或沟的正中。种植时两人配合,一人扶苗,一人填土。填土时先用细土将根系覆盖,填土至一半时轻轻把苗木上提,踩实后再填土,边填边踩,直到平地表处为止。苗木埋土的深度为原来的深度或稍深 1 ~ 2 cm。若埋土过深,则苗木的缓苗期长,根容易腐烂,过浅则根系容易暴露,影响生长。埋完土后平整地面或筑土堰以便浇水。栽植苗木时还要注意苗木前后左右对齐。带土球的苗木放入坑中后,要先将土球的包扎物拆下取出,再在土球的外围填土。边填土边踩实,直填到土球上方为止。栽植时还要注意勿损伤树干。

5.1.2.5　移植后的管理

1) 浇水

苗木移植后要马上浇水。苗圃地一般采用漫灌的方法,此方法浪费水,但灌溉的效果较好。第一次浇水要透彻,直到坑内或沟内的水不再下渗为止。以后每隔十天或半个月再浇一次水,以保证苗木成活。浇水时间宜在早上和傍晚。浇水不能太频繁,以避免造成地温太低而不利于苗木生长。夏天气温高,生长旺盛时,要浇足水以满足苗木生长的需要;秋季苗木停止生长前要控制水量;入冻前要浇冻水。

2)覆盖

浇水后等水分下渗、地里能劳作时,在树苗下覆盖薄膜或干草。覆盖塑料膜时,要将薄膜剪成方块,薄膜的中心穿过树干,用土将薄膜的中心和四周压实以防止空气流通。覆膜可提高地温,促进树苗生长,同时,也可防止水分散失,减少浇水量,提高成活率。覆草是用秸秆覆盖地面,厚5~10 cm。覆草可保持水分,增加土壤有机质,夏季可降低地温,冬季可提高地温,是促进苗木生长的好办法。覆草的不利因素是会增加病虫害孳生。如果不覆盖而裸地育苗,则待水分渗下后地表开裂时,覆盖一层干土,堵住裂缝,以防止水分散失。

3)扶正

移植苗第一次浇水或降雨后容易倒伏暴露出根系,因此栽植后要经常到田间观察。倒伏苗要及时扶正,培土踩实,不然会出现树冠长偏或死亡的现象。扶苗时要视情况挖开土壤扶正,不能硬扶,否则会损伤树体或根系。扶正后整理好地面,培土踏实后立即浇水。对容易倒伏的苗木,在移植后立支架,待苗木根系长好不易倒伏时再撤掉支架。

4)中耕除草

中耕是将土地翻10~20 cm深,可结合除草一起进行。除草在夏天生长旺盛及秋初草籽尚未成熟前进行。晴天太阳直晒时除草可使杂草被晒死。除草要一次锄尽、除根,不能只把地上部分除去。阴天和雨天不宜除草。除掉的草最好抖掉土渣后拣出地外。

5)施肥

在施足底肥的基础上,苗木生长的不同阶段要施不同的肥料,供苗木生长需要。苗木生产中,初期施肥量应少,以氮肥为主;苗木生长旺期即夏天,要施大量肥料,使苗木旺盛生长。苗木生长后期,以磷、钾肥为主,适量施以氮肥。施肥的方法可分为土壤施肥和根外追肥即叶面喷肥两种方法。有的苗圃将有机肥随水施入或将化肥溶于水中施用。在秋季苗木停止生长落叶前,结合深翻扩穴施入适量农家肥,会使苗木生长状况更好。若使用微量元素肥料结合测土施肥,可使施肥更科学。

6)防治病虫害

大苗培育过程中,病虫害防治也是一项非常重要的工作。常做的病虫害防治工作有种植前土壤消毒,可用药剂喷洒土壤、火烧地面、秋冬翻晒消灭土壤中病虫;栽植后加强田间管理,改善田间通风透光条件,消除杂草杂物以减少病虫残留;在苗木生长期间要经常巡视田间苗木生长状况,一旦发现病虫害,要及时诊断,合理用药或采取其他方法治理,使病虫害得以及时控制,不致扩大危害。

7)排水

培育大苗的地块一般较平整,在雨季容易受到水涝危害,因此雨季排水是非常重要的工作。首先要做好排水设施,提前挖好排水沟使流水能及时排走。另外,降雨后也可能出现水流冲垮地边、冲倒苗木的情况,所以降雨后要及时整修地块,扶正苗木。南方降雨量大的地方要格外注意排水。北方高原地带降水量小,主要考虑浇水的问题,但也不能忽视排水设施的建设。

8)查成活数和补植

苗木移植后会有少量的苗木不能成活,因此在移植后一两个月要查成活数,将枯株挖走,补植新株,以有效地利用土地。

9)越冬防寒

在北方苗木移植后要做好越冬防寒工作。常用的方法是浇冻水,即在土壤冻结前浇一次越冬水,这样既能保持冬春土壤水分又能防止地温下降太快。一些较小的苗木可采用培土、覆盖草帘或搭塑料拱棚防寒。易冻死的较大的苗木可缠草绳防冻伤。萌芽或成枝均较强的树种可剪去地上部分,使来年长出更强壮的树干。冬季风大的地方也可设风障防寒。冬季防寒主要针对易受冻害的树种,北方土生土长的树种一般可在露地安全越冬。

技能训练

实训二十 苗木移植技术

一、目的

通过本实训使学生能够熟练掌握园林苗木的移植方法;要求学生按教师实践教学的要求把握好实践教学的各环节,最终使每个学生都能独立操作完成园林树木苗木移植的整个过程,强化学生的实践动手能力。

二、材料与工具

2年生园林树木1种、铁锹、皮尺等。

三、方法与步骤

(一)整地、挖坑或开沟

先在地表均匀地撒一层有机肥,深翻后打碎土块,平整土地,划线定点。挖沟深50~60 cm,宽70~80 cm;挖坑深60 cm,直径80 cm。

(二)起苗

裸根起苗,在苗木根幅直径为30~40 cm范围之外下锹,切断周围的根系,再切断主根提苗。带土球起苗先铲除苗木根系周围的表土,以见到须根为度,然后按土球的直径为30~35 cm、厚30 cm的规格,顺次挖去规格周围之外的土壤。待四周挖好后,用草绳包扎土球,包扎好后再铲断主根,将带土球的苗木提出坑外。

(三)苗木处理

裸根苗剪短过长的根系,剪去病虫根或根系受伤的部分,同时把起苗时断根后不整齐的伤口剪齐,主根过长时将其适当剪短。带土球的苗木将土球外边露出的较大根段的伤口剪齐,过长的须根也要剪短。修根后还要对枝条进行适当修剪,1年生枝条进行短截。

(四)栽植

每株苗用农家肥10~20 kg与表土混合后施入坑底或沟底,然后边回填边踩实,直到距地面20~30 cm为止。回填后将表面做成圆丘形,放入苗木,使根系舒展,苗干位于坑或沟的正中。种植时两人配合,一人扶苗,一人填土。填土时先用细土将根系覆盖,填土至一半时轻轻把苗木上提,踩实后再填土,边填边踩,直到与地表相平为止。苗木埋土的深度为原来的深度或稍深1~2 cm。埋完土后平整地面或筑土堰以便浇水。带土球的苗木放入坑中后,要先将土球的包扎物拆下取出,再在土球的外围填土。边填土边踩实,直到土球上方为止。

四、实训报告

根据实训情况,写出实训报告,要求掌握苗木移植技术主要注意事项,包括正确的整地和挖坑方法、正确的起苗方法、正确的苗木处理方法、正确的苗木栽植方法。

5.2　苗木的整形修剪

"整形"一般针对幼树(幼苗)而言,指用剪、锯、捆绑、扎等手段使幼树长成栽培者所希望的特定形状,提高其观赏价值。"修剪"一般对大树(大苗)而言,指对植株的某些器官(枝、芽、干、叶、花、果、根等)加以疏删或剪截,以达到调节生长、开花结果的目的。整形主要是通过修剪来完成的,修剪又是在整形的基础上根据某种目的而实行的。修剪是手段,整形是目的,两者紧密相关,统一于一定的栽培管理要求下。在科学的土、肥、水管理的基础上进行合理的修剪整形,是提高园林绿化水平的一项重要技术环节。

5.2.1　整形修剪的意义

5.2.1.1　提高苗木移植的成活率

苗木起运时不可避免地会伤害根部,移植后根部难以及时供给地上部分充足的水分和养分,造成树体的吸收与蒸腾比例失调。虽然顶芽或一部分侧芽仍可萌发,但仍有可能出现树叶凋萎甚至造成整株死亡。通常情况下,在起苗之前或起苗后,适当剪去劈裂根、病虫根、过长根,疏去病弱枝、徒长枝、过密枝,有些还需适当摘除部分叶片(大树移植时,高温季节甚至截去若干主侧枝),以确保移植后顺利成活。

5.2.1.2　控制园林植物生长势

园林树木在生长过程中因环境不同,而生长情况各异。生长在片林中的树木由于接受上方光照,因此向高处生长,使主干高大,侧枝短小,树冠瘦长;相反,孤植树木同一树龄同一树种,则树冠庞大,主干相对低矮。为了避免以上情况,可用人工修剪来控制。通过修剪可以疏除地上部分不需要的枝条,使养分和水分供应更集中,有利于留下的枝条和芽的生长。

通过修剪可以促进局部生长。由于枝条位置各异以及生长势有强有弱,往往造成偏冠,极易倒伏。因此,要及早修剪改变强枝先端方向和开张角度,使强枝处于平缓状态,以减弱生长势或去强留弱。但修剪量不能过大,以防止削弱树势。具体是"促"还是"抑"要因树而异,要因修剪方法、时期、树龄等而异,既可促使衰弱部分壮起来,也可使过旺部分弱下去。

5.2.1.3　促使植物多开花结果

通过修剪调节树体内的营养，使其合理分配，让养分集中供给顶芽、叶芽，调整营养枝和花果枝的比例，促进花芽分化形成更多花枝，提高花、果数量和质量，使观花植物能产生更多的鲜花、切花，使观果植物结出更多的果实。一些花灌木还可通过修剪达到控制花期或延长花期的目的。

5.2.1.4　保证植物健康生长

通过整形修剪适当疏枝，一可增强树体内通风透光能力，二可提高植株抗逆能力和减少病虫害的发生率。冬季集中修剪时剪去病虫枝、干枯枝，收集起来集中处理，可防止病虫害蔓延，促使植物更健康地生长。树木衰老时进行重剪，即剪去树冠上绝大部分侧枝，或把主枝也分次锯掉，能刺激树干皮层内的隐芽萌发，便于留粗壮的新枝代替老枝，达到恢复树势、更新复壮的目的。

5.2.1.5　创造各种艺术造型

通过修剪整形可以把树冠培育成符合特定要求的形态，塑造出一定冠形和姿态的观赏树形，如各种动物、建筑、几何体形状等。通过修剪整形也可使观赏树木像树桩盆景一样造型多姿，具有“虽有人作，宛自天开”的意境。虽然灌木没有明显的主干，但也可以通过修剪协调形态的大小，创造各种艺术造型。在自然式的庭院中讲究树木的自然姿态，崇尚自然的意境，常用修剪的方法来保持“古干虬曲，苍劲如画”的天然效果。在规则式的庭园中，常将一些树木修剪成尖塔形、圆球形或其他几何体形状，以便和园林形式协调一致。

5.2.1.6　创造最佳环境美化效果

人们常将观赏树木的个体或群体互相搭配造景，配植在一定的园林空间中或者和建筑、山水、桥等园林小品相配，创造相得益彰的艺术效果。为了达到以上目的，一定要控制好树的形体大小比例。例如，在假山或狭小的庭园中配置树木，可用修剪整形的办法来控制其形体大小，以达到小中见大的效果。树木相互搭配时，可用修剪的手法来创造有主有从、高低错落的景观。优美的庭园花木，自然生长多年以后就会阻碍小径，影响散步行走或失去其美丽的观赏价值，因此必须经常修剪整形，保持其美观与实用。

5.2.2　整形修剪的时间与方法

5.2.2.1　整形修剪的时间

园林植物种类繁多，习性与功能各异，各地在具体确定修剪时期上相差较大，虽然每种植物都有其适宜的修剪季节，但从整体上看，一年中任何时候都可以进行修剪，具体时间选择应从实际出发，在生产实践中应灵活掌握。最佳时期应至少满足两个条件：一是不影响植物的正常生长，减少营养消耗，避免伤口感染。如抹芽、除蘖宜早不宜迟，核桃、葡萄等应在春季伤流期前修剪完毕。二是不影响植物的开花结果，不破坏原有冠形，不降低其观赏价值。如观花观果类植物，应在花芽分化前和花期后修剪；观枝类植物，为延长其观赏期，应在早春芽萌动前修剪等。总之，修剪整形一般都在植物的休眠期或缓慢生长期进行，以冬季和夏季修剪整形为主。

1)冬季修剪

冬季修剪也叫休眠期修剪,是指自秋冬至早春在植物休眠期内进行的修剪。落叶树从落叶开始至春季萌发前,树木生长停滞,树体内营养物质大都回归根部贮藏,修剪后养分损失最少,且修剪的伤口不易被细菌感染腐烂,对树木生长影响较小,大部分树木及多量的修剪工作在此期间进行。热带、亚热带地区原产的乔、灌观花植物没有明显的休眠期,但是从11月下旬到第二年3月初的这段时间内,它们的生长速度明显缓慢,有些树木也处于半休眠状态,所以此时也是修剪适期。

冬季修剪的具体时间应根据当地的寒冷程度和最低气温来决定,有早晚之分。如冬季寒冷的地方,修剪后伤口易受冻害,因此以早春修剪为宜;对一些需保护越冬的花灌木,在秋季落叶后立即重剪,然后埋土或卷干。在温暖的南方地区,冬季修剪时期,自落叶后到翌春萌芽前都可进行,因为伤口虽不能很快愈合,但也不至于遭受冻害。有伤流现象的树种,一定要在春季伤流期前修剪。冬季修剪对树冠构成、树梢生长、花果枝的形成等有重要作用,一般采用截、疏、放等修剪方法,尤其要疏除各种无用枝(见图5-1)。

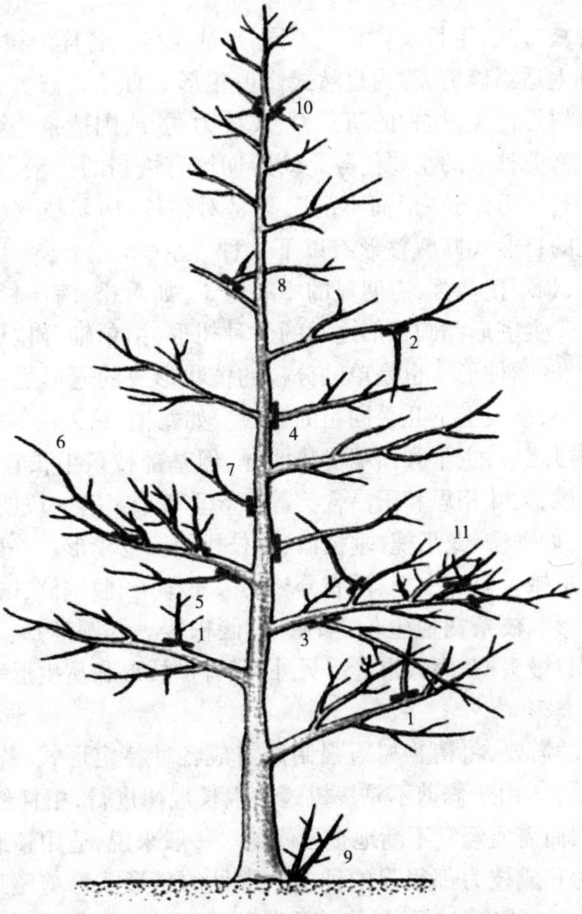

图5-1　无用枝示意图

1—垂直枝;2—下垂枝;3—细弱枝;4—平行枝;5—枯枝;6—徒长枝;
7—内膛枝;8—逆向枝;9—蔓枝;10—轮生枝;11—混杂枝

2)夏季修剪

夏季修剪也叫生长期修剪,是指在夏季植物生长季节内进行的修剪,自春季萌芽后开始至秋季落叶前结束。在植物的生长期,贮藏的营养较少,叶片浓密丰厚,消耗大量营养,树木枝叶茂盛,甚至影响到树体内部通风和采光,因此需要进行夏季修剪。一般采用抹芽、除蘖、摘心、环剥、扭梢、曲枝、疏剪等修剪方法。

常绿树没有明显的休眠期,春夏季可随时修剪生长过长、过旺的枝条,使剪口下的叶芽萌发。常绿针叶树在6~7月进行短截修剪,还可以获得嫩枝,以供扦插繁殖。

一年内多次抽梢开花的树木,花后及时修去花梗,使其抽发新枝,开花不断,延长观赏期,如紫薇、月季等观花植物。草木花卉为使株形饱满,抽花枝多,要反复摘心。观叶、观姿类的树木,一旦发现扰乱树形的枝条就要立即剪除。棕榈等应及时将破碎的枯老叶片剪去。绿篱的夏季修剪,既要使其整齐美观,同时又要兼顾截取抽穗。

5.2.2.2 园林植物常见的修剪整形形式

常见的修剪整形形式可分为两类,即自然式修剪整形与整形式修剪整形。

1)自然式修剪整形

各个植物因分枝方式、生长发育状况不同,形成了各式各样的树冠形式。在保持原有的自然冠形的基础上适当修剪,称为自然式修剪整形。自然式修剪整形能充分体现园林的自然美。在自然树形优美,树种的萌芽力、成枝力弱,或因造景需要等都应采取自然式修剪整形。自然式修剪整形的主要任务是幼龄期培育恰当的主干高度及合理配置主、侧枝,以保证迅速成形;以后做到"形而不乱",只是对枯枝、病弱枝及少量扰乱树形的枝条作适当处理。常见的自然式修剪整形有以下几种(见图5-2):①尖塔形。单轴分枝的植物形成的冠形之一,顶端优势强,有明显的中心主干,如雪松、南洋杉、大叶竹柏和落叶杉等。②圆锥形。介于尖塔形和圆柱形之间的一种树形,由单轴分枝形成的冠形,如桧柏、银桦、美洲白蜡等。③圆柱形。也是单轴分枝的植物形成的冠形之一,中心主干明显,主枝长度上下相差较小,形成上下几乎同粗的树冠。如龙柏、钻天杨等。④椭圆形。合轴分枝的植物形成的树冠之一,主干和顶端优势明显,但基部枝条生长较慢,大多数阔叶树属此冠形,如加杨、扁桃、大叶相思和乐昌含笑等。⑤垂枝形。有一段明显的主干,但所有的枝条却似长丝垂悬,如垂柳、龙爪槐、垂枝榆、垂枝桃等。⑥伞形。一般也是合轴分枝形成的冠形,如合欢、鸡爪槭。只有主干、没有分枝的大王椰子、假槟榔、国王椰、棕榈等也属于这种树形。⑦匍匐形。枝条匍地生长,如偃松、偃柏等。⑧圆球形。合轴分枝形成的冠形。如樱花、元宝枫、馒头柳、蝴蝶果等。另外,还有拱枝形和丛生形等。

2)整形式修剪整形

根据园林观赏的需要,将植物树冠强制修剪成各种特定形式,称为整形式修剪整形(或规则式修剪整形)。由于修剪不是按树冠的生长规律进行,植株经过一定时期自然生长后会破坏造型,因而需要经常不断地整形修剪。一般来说,适用整形式修剪整形的植物都是耐修剪、萌芽力和成枝力都很强的种类。常见的整形式修剪整形有以下几种(见图5-3):①几何形式。通过修剪整形,最终植物的树冠成为各种几何体,如正方体、长方体、杯状形、开心形、球体、半球体或不规则几何体等。②建筑物形式。如亭、楼、台等。常见于寺庙、陵园及名胜古迹处。③动物形式。如鸡、马、鹿、兔、大熊猫等,惟妙惟肖,栩栩如

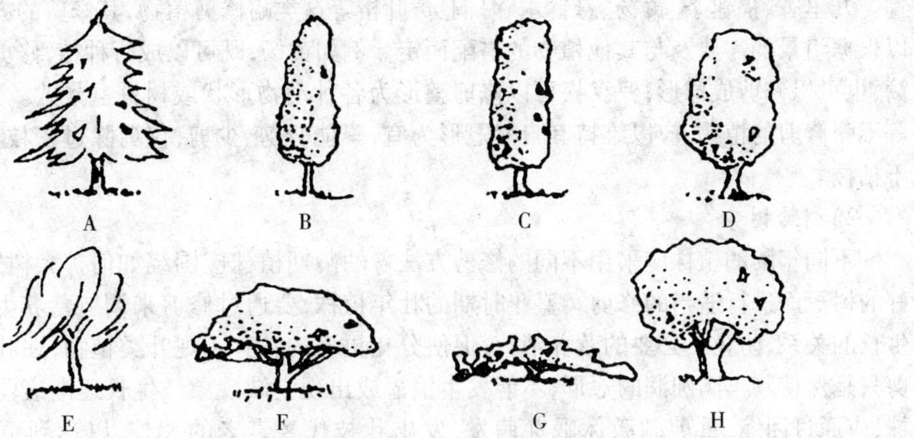

图5-2　常见园林植物自然式修剪树形

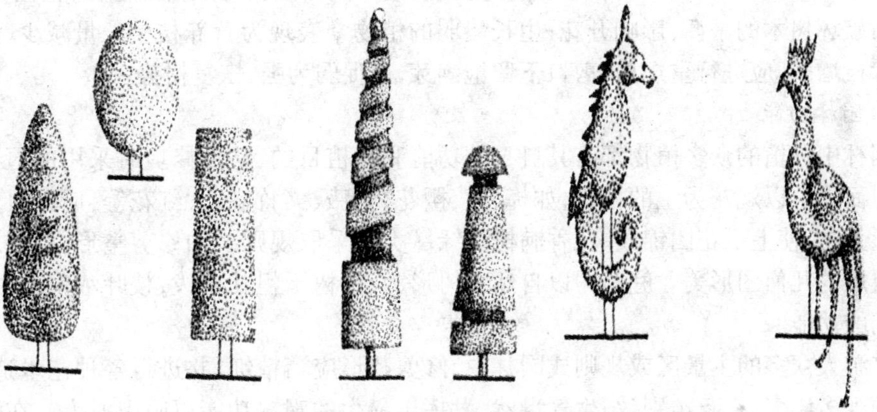

图5-3　常见的整形式修剪树形

生。④古树盆景式。运用树桩盆景的造型技艺，将植物的冠形修剪成单干式、多干式、丛生式、悬崖式、攀援式等各种形式，如小叶榕、勒杜鹃等植物可进行这种形式的修剪。

5.2.2.3　园林植物修剪整形的依据

园林植物修剪整形的依据既要考虑观赏的需要，又应根据植物本身的生长习性；既要考虑当前效应，又要顾及长远意义。园林植物种类很多，各自的生长习性不同，冠形各异，具体到每一植株应采取什么样的树形和修剪方式，应依据以下因素综合考虑。

1）植物的生长习性

选择修剪整形方式，首先应考虑植物的分枝习性、萌芽力和成枝力的大小、修剪伤口的愈合能力等因素。以单轴分枝为主的针叶树，采取自然式修剪整形，目的是促使顶芽逐年向上生长，修剪时适当控制上端竞争枝。以合轴分枝、假二叉分枝为主的植物，则既可以进行整形式修剪，也可以进行自然式修剪。一般来讲，乔木树种大多数用自然式修剪，草木与灌木两者皆可。

萌芽力、成枝力及伤口的愈合能力强的树种，称为耐修剪植物，反之称为不耐修剪植物。九里香、福建茶、黄杨、悬铃木、海桐、黄叶榕等这类耐修剪植物,其修剪的方式完全可以根据组景的需要及与其他植物的搭配而定。例如黄杨,既可以成行种植,修剪整形成绿篱,也可以修剪成球形;罗汉松可以修剪整形为各种动物形状或树桩盆景式。玉兰、桂花等不耐修剪的植物,应以维持其自然冠形为宜,只能轻剪、少剪,仅剪除过密枝、病虫枝及干枯枝。

2)树龄树势

不同年龄的植株应采用不同的修剪方法。幼龄期植株应围绕如何扩大树冠,形成良好的树冠而进行适当的修剪。盛花时期的壮年植株,要通过修剪来调节营养生长及生殖生长的关系,防止不必要的营养消耗,促使分化更多的花芽。观叶类植物,在壮年期的修剪只是保持其丰满圆润的冠形,不能发生偏冠或出现空缺现象。生长逐渐衰弱的老年植株,应通过回缩、重剪刺激休眠芽萌发,发出壮枝代替衰老的大枝,以达到更新复壮的目的。

同样,不同生长势的植物,采用的修剪方法也不同。生长势旺盛的植物,宜轻剪,以防重剪而破坏树木的平衡,影响开花;生长势弱的植物常表现为营养枝生长量减少,短花枝或刺状枝增多,应进行重短剪,剪口下留饱满芽,以促弱为强,恢复树势。

3)园林功能

园林中种植的众多植物都有其自身的功能和栽植目的,整形修剪时采用的冠形和方法因树而异。以观花为主的植物,如梅、桃、樱花、紫薇、夹竹桃、大红花等,应以自然式或圆球形为主,使上下花团锦簇、花香满树。绿篱类则采取规则式的修剪整形,以展示植物群体组成的几何图形美。庭荫树以自然式树形为宜,树干粗壮挺拔,枝叶浓密,发挥其游憩休闲的功能。

在游人众多的主景区或规则式园林中,修剪整形应当精细,并进行各种艺术造型,使园林景观多姿多彩,新颖别致,生气盎然,发挥出最大的观赏功能以吸引游人。在游人较少的地方,或在以古朴自然为主格调的游园和风景区中,应当采用粗剪的方式,保持植物的粗犷、自然的树形,使游人身临其境,有回归自然的感觉,可尽情领略自然风光。

4)周围环境

园林植物的修剪整形,还应考虑植物与周围环境的协调、和谐,要与附近的其他园林植物、建筑物的高低、外形、格调相一致,组成一个相互衬托、和谐完整的整体。例如,在门厅两侧可用规则的圆球式或悬垂式树形;在高楼前宜选用自然式冠形,以丰富建筑物的立面构图;在有线路从上方通过的道路两侧,行道树应采用杯状式的冠形;在空旷、风大之处,应适当控制树木向高生长,降低分枝点高度,并抽稀树冠,增加风的穿透力,以防风折、风倒。

另外,在不同的气候带,也应采用不同的修剪方法。南方地区雨水多,空气特别潮湿,易引起病虫害,因此除应加大株行距外,还应进行重剪,增强树冠的通风和光照条件,保持植物健壮生长。在干燥的北方地区,降雨量少,易引起干梢或焦叶,修剪不宜过重,应尽量保持较多的枝叶,使其相互遮阴,以减少水分蒸腾,保持植株体内较高的含水量。在东北等冬季长期积雪的地区,对枝干较易折断的植物应进行重剪,尽量缩小树冠的体积,以防大枝被重叠的积雪压断。

5.2.2.4 园林植物枝芽生长特性与修剪整形的关系

1) 芽的生长特性与修剪整形

(1) 芽的类型。

根据芽着生的位置,可将其分为顶芽、侧芽和不定芽。顶芽着生在枝条顶端,在当年停止生长时形成,第二年萌芽;侧芽着生在叶腋内当年形成,第二年不一定要萌发;不定芽的芽原基长在根茎或树干上,只有在树干受伤时(如截干、风折),芽原基薄壁细胞才会继续分裂长出不定芽,并抽梢生长。

根据芽的性质,可将其分为叶芽和花芽两种。叶芽内具有雏梢和叶原基,萌芽后形成新梢。花芽又分为纯花芽和混合芽。纯花芽内只含花的雏形,萌芽后只开花不生枝叶;混合芽内有雏梢、叶原基和花的雏形,萌发后既长花序又长枝叶,如葡萄、柑橘、海棠、丁香等。花芽一般肥大而饱满,与叶芽较易区别。

根据芽的萌发情况,又可将其分为活动芽和休眠芽两种。活动芽于形成的当年或第二年即可萌发,如顶芽、部分侧芽、腋芽。花芽与混合芽都是活动芽。休眠芽一般不萌发,又称隐芽、潜伏芽,寿命较长。休眠芽在没有受到刺激时,可能一生都处于休眠状态。不定芽和休眠芽常用来更新复壮老树或老枝。如小叶榕、桃花、梅花的休眠芽可存活一定的年份,稍遇刺激或修剪、损伤等即可萌发,抽出粗壮直立的枝条。休眠芽长期休眠,发育上比一般芽年轻,用其萌发出的强壮旺盛的枝条代替老树,便可达到更新复壮的目的。侧芽可以用来控制或促进枝条的长势。

(2) 芽的异质性。

在芽的发育过程中,由于营养物质和激素的分配差异以及外界环境条件的不同,同一枝条上不同部位的芽存在着形态和质量的差异,称为芽的异质性(见图 5-4)。

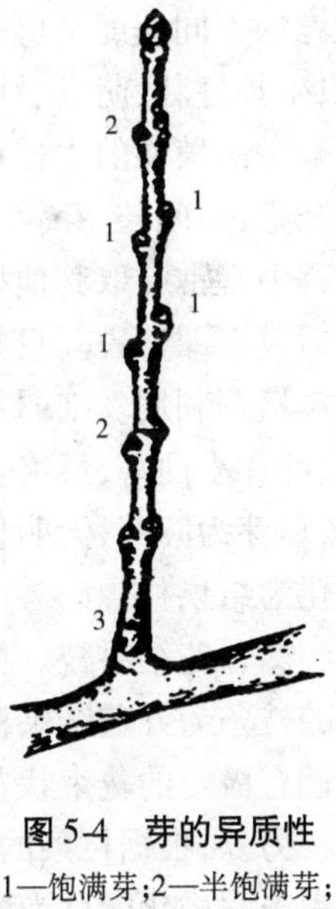

图 5-4　芽的异质性

1—饱满芽;2—半饱满芽;3—基部芽痕

一般枝条基部或近基部的芽瘦小,不健壮,主要是因为早春抽梢时气温低,光照较弱,叶面积尚小,叶绿素含量低,光合强度和效率不高而使碳素营养积累少。随着气温升高,叶面积很快扩大,同化作用加强,树体营养水平提高,使枝条中部及以上的芽发育充实,形态饱满。同样,秋、冬梢形成的芽一般较瘦小。短枝由于生长停止早,腋芽多不发育,因此顶芽最充实。

芽的异质性导致同一年中形成的甚至同一枝条上的芽的质量各不相同。芽的质量直接关系到其萌发和萌发后新梢生长的强弱。长枝基部的芽常不萌发,成为休眠芽而潜伏;中部的芽萌发抽枝,长势最强;先端部分的芽萌发抽枝长势最弱,常成为短枝或弱枝。修剪整形时,正是利用芽的这一特性来调节枝条的生长势,平衡植物生长和促进花芽形成与萌发的。如为使骨干柱的延长枝发出强壮的枝条,常在新梢的中上部饱满芽处进行剪截。对于生长过强的个别枝条,为抑制其过于旺盛的生长,可选择在弱芽处短截,抽出弱枝以缓和其长势。为平衡树势,扶持弱枝,常利用饱满芽当头,抽生壮枝,使枝条由弱转强。总之,在修剪中要合理利用芽的异质性,不断提高修剪技艺,才能有效地调节植株的生长势并创造出理想的造型。

(3)萌芽力与成枝力。

1 年生枝上芽的萌发能力称为萌芽力。芽萌发得多则萌芽力强,反之则弱。萌芽力用萌芽率来表示,即枝条上萌发的芽数占该枝上总芽数的百分比。

1 年生枝条上芽萌发抽梢长成枝的能力,称为成枝力。一般而言,枝上的芽抽生成的长枝数量越多,则说明该枝上的芽成枝力越强。生产上可以用抽生出长枝的具体数来表示。

萌芽力与成枝力的强弱,因树种、树龄、树势而不同。萌芽力和成枝力都强的植物有葡萄、紫薇、桃、月季、六月雪、小叶榕、福建茶、黄杨等。有些植物的萌芽力和成枝力都弱,如梧桐、翻白叶、松树、桂花等。梨的萌芽力强而成枝力弱,层性明显。另外,长势好、年龄较小的植物,其萌芽力和成枝力都较同种但年龄较大的强。

一般萌芽力和成枝力都较强的植物,枝条多,树冠容易形成,易修剪,耐修剪,在灌木类修剪后易形成花芽开花,但树冠内膛过密影响通风透光,修剪时宜多疏轻截。对萌芽力与成枝力弱的树种,树冠多稀疏,应注意少疏,适当短截,促其发枝。

2)枝条的生长特性与修剪整形

(1)枝条的类型。

园林植物的枝条,按其性质可分为营养枝和开花结果枝。但随着植株体内营养水平和环境条件的变化,营养枝和花果枝之间是可以相互转化的。

①营养枝。在枝条上只着生叶芽,萌发后只抽生枝叶的为营养枝。根据营养枝生长发育的不同程度又可分为发育枝、徒长枝、细弱枝和叶丛枝。发育枝枝条上的芽比较饱满,生长健壮,萌发后可形成骨干枝,扩大树冠。发育枝还可培养成开花结果枝。徒长枝一般是由植物的生长环境及该休眠芽的激素水平造成的,与正常枝条相比,徒长枝生长特别旺盛,节间长,芽较小,叶大而薄,组织比较疏松,木质化程度较低。由于徒长枝在生长过程中常常夺取其他枝条的养分和水分,消耗营养较多,影响其他枝条的生长,故一般发现后应立即剪去。只有在需利用它来进行更新复壮,或填补树冠空缺时才加以保留和进一步培养利用。细弱枝多生长在树膛内阳光不足的部位,与正常枝条相比,枝条细小而短,叶片小而薄,最终自然枯死。一般内膛若不空虚,多作适当疏剪。叶丛枝年生长量很小,顶芽为叶芽,无明显腋芽,节间极短,故称叶丛枝。如银杏、雪松,在营养条件好时,可转化为结果枝。

②开花结果枝。枝条上着生花芽或花芽与叶芽混生,在抽生的当年或第二年开花结果的枝条为开花结果枝。依开花结果枝的长度可分为长、中、短花(果)枝。桃、李、樱花等还有极短的花束状花枝。

另外,根据枝条的年龄,又可分为嫩梢、新梢、1 年生枝、2 年生枝等。萌发后抽生的枝条尚未木质化的称为嫩梢;已木质化的在落叶前称为新梢;落叶后则称为 1 年生枝;随着年龄的增长,1 年生枝转变为 2 年生枝或多年生枝。形态学上常借助枝条基部的芽鳞痕等来识别枝龄和树龄。

按枝条抽生的季节,也可以将枝条分为春梢、夏梢、秋梢和冬梢。在春季萌发的枝条称春梢;夏季在春梢的基础上再次抽出的新梢称夏梢;在热带及亚热带地区,由于秋冬的天气依然适合部分植物的生长，故仍会在夏梢的基础上抽出秋梢；部分植物甚至还会抽生冬梢，如大叶竹柏、柑橘等。不同季节其抽出的新梢生长发育状况不同，梢与梢明显分段，常有盲节，容易识别。通常情况下，在我国较冷的地区，秋冬梢由于来不及充分木质化而容易遭冻害。

在修剪整形中，还常根据枝条的级别不同，将枝条分为主枝、侧枝和若干级侧枝，这对于培育树形和维持冠形比较重要。另外，根据枝条之间的相互关系，而习惯称呼的重叠枝、平行枝、并生枝、轮生枝、交叉枝等，在修剪时都要有选择地进行疏、截。

(2)植物的分枝方式。

自然生长的树木，有多种多样的树冠形式，这是由于各树种的分枝方式不同而形成的。植物的分枝方式按其习性可分为以下四种(见图5-5)。

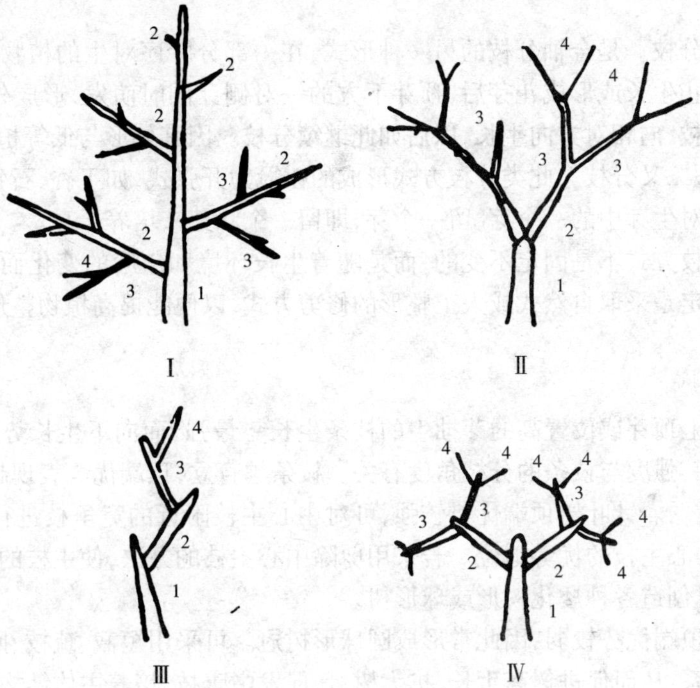

图5-5　树木的分枝方式

Ⅰ—单轴分枝；Ⅱ—二叉分枝；Ⅲ—合轴分枝；Ⅳ—假二叉分枝

①单轴分枝。亦称总状分枝。这类植物的顶芽健壮饱满，生长势极强，每年持续向上生长，形成高大通直的树干，侧芽萌发形成侧枝；侧枝上的顶芽和侧芽又以同样的方式进行分枝，形成次级侧枝。这种分枝方式以裸子植物为最多，如雪松、水杉、桧柏等。阔叶树中也有属于这种分枝方式的，在幼年期表现突出，在成年树上表现不太明显，如银杏、杨树、大叶竹柏、栎等。

单轴分枝形成的树冠多为塔形、圆锥形、椭圆形等，其树冠不宜抱紧，也不宜松散，易形成多数竞争枝，降低观赏价值，修剪时要控制侧枝促进主枝。

②二叉分枝。亦称叉状分枝。二叉分枝的特点是茎的顶端生长点分成两个，每个生

长点各形成一个分枝,并且在一定时候又进行同样的分枝,因此这种分枝统称二叉分枝。苔藓植物和蕨类植物中的石松、卷柏、芒萁骨等具这种分枝方式。

③合轴分枝。此类树木顶芽发育到一定时期就死亡或生长缓慢或分化成花芽,由位于顶芽下方的侧芽萌发成强壮的延长枝,连接在主轴上继续向上生长,以后此侧芽的顶芽又自剪,由它下方的侧芽代之,逐渐形成了弯曲的主轴。合轴分枝易形成开张的树冠,通风透光性好,花芽、腋芽发育良好,以被子植物为多,如碧桃、杏、李、苹果、月季、榆、核桃等。

合轴分枝树木放任自然生长时,往往在顶梢上部有几个势力相近的侧枝同时生长,形成多叉树干,颇不美观。可采用摘除顶端优势的方法或将1年生的顶枝短截,剪口留壮芽,同时疏去剪口下3~4个侧枝。而花果类树干应扩大树冠,增加花果枝数目,促使树冠内外开花结果。在幼树时应培养中心主枝,合理选择和安排各侧枝,达到骨干枝明显、花果满膛的目的。

④假二叉分枝。是合轴分枝的另一种形式,在一部分叶序对生的植物中存在。这类植物的顶芽停止生长或形成花芽后,顶芽下方的一对侧芽同时萌发,形成外形相同、优势均衡的两个侧枝,向相对方向生长,以后如此继续分枝。因其外形与低等植物的二叉分枝相似,故称为假二叉分枝。此类分枝方式形成的树冠为开张式,如丁香、石竹、梓、泡桐等。可用剥除枝顶对生芽中的一个芽,留一个芽,即留一个壮芽来培养干高。

植物的分枝方式不是固定不变的,而是随着生长环境和年龄的变化而改变。植物的分枝方式将决定是采取自然式或人工整形的修剪方式,以便能提高植物整形的效率,促花保果。

3)顶端优势

同一枝条上顶芽或位置高的芽抽生的枝条生长势最强,而向下生长势递减的现象称为顶端优势。其强度与枝条的分枝角度有关。枝条越直立,顶端优势表现越强;枝条越下垂,顶端优势越弱。针叶树顶端优势较强,可对中心主枝附近的竞争枝进行短截,以削弱其长势,保证中心主枝的优势地位。若采用剪除中心主枝的办法,使主枝的顶端优势转移到侧枝上,便可创造各种矮化树形或球形树。

阔叶树的顶端优势较弱,因此常形成圆球形树冠。可采用短截、疏枝、回缩等方法,调整主侧枝的关系,从而促进树高生长,扩大树冠,促发中庸枝,培养主体结构良好的树形。

幼树的顶端优势比老、弱树明显,所以幼树应轻剪,使树木快速成形;而老、弱树则宜重剪,以促进萌发新枝,增强树势。枝条着生位置愈高,顶端优势愈强,修剪时要注意将中心主枝附近的侧枝短截、疏剪,来缓和侧枝的长势,保证主枝处优势地位。内向枝、直立枝的优势强于外向枝、水平枝和下垂枝,修剪时常将内向枝、直立枝剪到瘦芽处,其他枝条常改造为侧枝、长枝或辅养枝。

剪口芽如果是壮芽其优势强,弱芽则优势弱。扩大树冠要留壮芽,控制竞争枝则留弱芽。部分观花植物还可以通过在饱满芽处修剪枝梢,在促发新梢的同时使其花期得以延长,如月季、紫薇等。

4)干性与层性

植物主干生长的强弱及持续时间的长短称为植物的干性。干性较强的树种顶端优势明显,如雪松、水杉、尖叶杜英、南洋杉、大王椰子、银杏、白玉兰等。有的植物虽有主干,但是较短小，如桃、紫薇、丁香、石榴等，这类植物的干性较弱。

由于植物的顶端优势和芽的异质性，使1年生枝条的萌芽力、成枝力自上而下减小，年年如此，导致主枝在中心主干上的分布或二级侧枝在主干上的分布形成明显的层次，这种现象称为植物树冠的层性。植物的顶端优势、芽的异质性越明显，则层性会越明显，如梨、油松、雪松、尖叶杜英、南洋杉、竹柏等。反之，顶端优势越弱，成枝力越强，芽的异质性越不明显，则植物的层性越不明显。

修剪整形时，干性和层性都好的植物树形高大，适合整形成有中心主干的分层树形（见图5-6）。而干性弱的植物，树形一般较小，树冠披散，多适合整形成自然形或开心形的树形（见图5-7）。

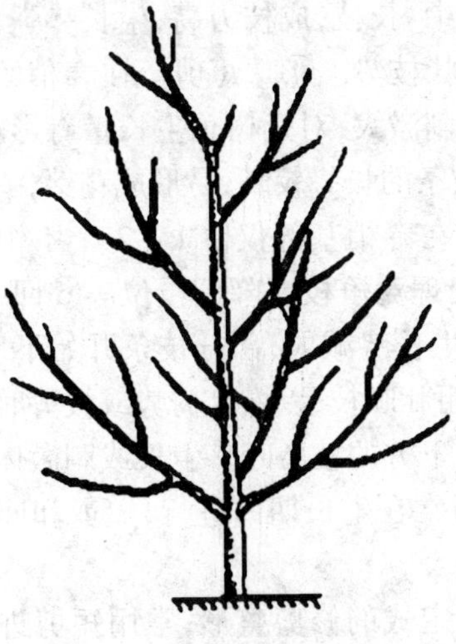

图5-6　疏散分层形

图5-7　自然开心形

另外，对观花类植物修剪还应了解其开花习性。因种类不同，花芽分化的时期和部位也不相同，修剪时应注意避免剪去花枝或花芽，影响开花。一般多在花芽分化前对1年生枝进行重短截和花后轻短截，以促进形成更多的花芽。

总之，掌握植物的枝芽生长特性是进行园林植物修剪整形的重要依据。修剪方式、方法、强弱都因树种而异，应顺其自然，做到“因树整形，因势修剪”。即使进行植物的人工造型时，虽然是依据修剪者的意愿来将树冠整成特定的形式，但也都是依据该植物的萌芽力、成枝力、耐修剪的能力而定的。

5.2.2.5　园林植物常见的修剪方法

归纳起来，修剪的基本方法有“截、疏、伤、变、放”五种，实践中应根据修剪对象的实际情况灵活运用。

1）截

将植株当年生、1年生或多年生枝条的一部分剪去，以刺激剪口下的侧芽萌发，抽发新梢，增加枝条数量，多发叶，多开花，称为截，是园林植物修剪整形时最常用的方法。根据短剪的程度，可分为下列几种。①摘心剪梢。在园林植物生长期内，当新梢抽生后，为了限制新梢继续生长，将生长点（顶芽）摘去或将新梢的一段剪去，解除新梢顶端优势，使其抽去侧枝以扩大树冠或增加花芽。如为了提高葡萄的坐果率，在开花前摘心，可促进二次开花；绿篱植物通过剪梢，可使绿篱枝叶密生，增加观赏效果和防护功能；草花摘心可增加分枝数量，培养丰满株形，使其多开花或花期得以延长。但有些草花，植株矮小，丛生性强或花穗长而大，则不宜摘心，如三色堇、矮雪轮、半支莲、鸡冠花、凤仙花、紫罗兰等。摘心与剪梢的时间不同，产生的影响也不同。具体进行的时间依树种、目的要求而异。为了多发侧枝，扩大树冠，宜在新梢旺长时摘心；为了促进观花植物多形成花芽开花，宜在新梢生长缓慢时进行；观叶植物不受限制。②轻短剪。只剪去1年生枝的少量枝段，一般剪去枝条的1/4～1/3。如在春秋梢的交界处（留盲节），或在秋梢上短剪。截后易形成较多的中、短枝，单枝生长较弱，能缓和树势，利于花芽分化。③中短剪。在春梢的中上部饱满芽处短剪，一般剪去枝条的1/3～1/2。截后形成较多的中、长枝，成枝力高，生长势强，枝条加粗生长快，一般多用于各级骨干枝的延长枝上或复壮枝势。④重短剪。在春梢的中下部短剪，一般剪去枝条的2/3～3/4。重短剪对局部的刺激大，对全树总生长量有影响，剪后萌发的侧枝少，由于植物体的营养供应较为充足，枝条的长势较旺，易形成花芽，一般多用于恢复长势和改造徒长枝、竞争枝。⑤极重短剪。在春梢基部仅留1～2个不饱满的芽，其余剪去，此后萌发出1～2个弱枝，一般多用于处理竞争枝或降低枝位。⑥回缩，又称缩剪，即将多年生枝的一部分剪掉。当树木或枝条生长势减弱，部分枝条开始下垂，树冠中下部出现光秃现象时，为了改善光照条件和促发粗壮旺枝，以恢复树势或枝势时常用缩剪。将衰老枝或树干基部留一段，其余剪去，使剪口下方的枝条旺盛生长或刺激休眠芽萌发徒长枝，以培育新的树冠，重新生长。摘心剪梢通常在生长期内进行，短剪和回缩宜在休眠期进行。

下列情况要用"截"的方法进行修剪：规则式或特定式的修剪整形，常用短剪进行造型及保持冠形；为使观花观果植物多发枝以增加花果量时；冠内枝条分布及结构不理想，要调整枝条的密度比例，改变枝条生长方向及夹角时；需重新形成树冠；老树复壮；除掉病弱枝、下垂枝等。

2）疏

又称疏剪或疏删，即把枝条从分枝点基部全部剪去。疏剪主要是疏去膛内过密枝，减少树冠内枝条的数量，调节枝条均匀分布，为树冠创造良好的通风透光条件，减少病虫害，增加同化作用产物，使枝叶生长健壮，有利于花芽分化和开花结果。疏剪对植物总生长量有削弱作用，对局部的促进作用不如"截"，但如果只将植物的弱枝除掉，总的来说，对植物的长势将起到加强作用。

疏剪的对象主要是病虫枝、伤残枝、干枯枝、内膛过密枝、衰老下垂枝、重叠枝、并生枝、交叉枝及干扰树形的竞争枝、徒长枝、根蘖枝等。

疏剪强度可分为轻疏（疏枝量占全树枝条的10%或以下）、中疏（疏枝量占全树的10%～20%）、重疏（疏枝量占全树的20%以上）。疏剪强度依植物的种类、生长势和年龄而定。萌芽力和成枝力都很强的植物，疏剪的强度可大些；萌芽力和成枝力较弱的植物，少疏枝，如雪松、凤凰木、白千层等应控制疏剪的强度或尽量不疏枝。幼树一般轻疏或不疏，以促进树冠迅速扩大成形；花灌木类宜轻疏以提早形成花芽开花；成年树生长与开花进入盛期，为调节营养生长与生殖生长的平衡，适当中疏；衰老期的植株，枝条有限，疏剪时要小心,只能疏去必须要疏除的枝条。

抹芽和除蘖是疏的一种形式。在树木主干、主枝基部或大枝伤口附近常会萌发出一些嫩芽而抽生新梢,妨碍树形,影响主体植物的生长。将芽及早除去,称为抹芽;将已发育的新梢剪去,称为除蘖。抹芽与除蘖可减少树木的生长点数量,减少养分的消耗,改善光照与肥水条件。如嫁接后砧木的抹芽与除蘖对接穗的生长尤为重要。抹芽与除蘖还可减少冬季修剪的工作量和避免伤口过多,宜在早春及时进行,越早越好。

3)伤

用各种方法损伤枝条,以缓和树势、削弱受伤枝条的生长势为目的,如环剥、刻伤、扭梢、折梢等。伤主要在植物的生长季进行,对植物整体的生长影响不大。①环剥。在发育期,用刀在开花结果少的枝干或枝条基部适当部位剥去一定宽度的环状树皮,称为环剥。环剥深达木质部,剥皮宽度以1个月内剥皮伤口能愈合为限,一般为枝粗的1/10左右。由于环剥中断了韧皮部的输导系统,可在一段时间内阻止枝梢碳水化合物向下输送,有利于环剥上方枝条积累营养物质和形成花芽,同时还可以促进剥口下部发枝。但根系会因营养物质减少而使生长受一些影响。②刻伤。用刀在芽的上方横切并深达木质部,称为刻伤。刻伤因位置不同,所起作用不同。春季植株未萌芽前,在芽上方刻伤,可暂时阻止部分根系贮存的养分向枝顶回流,使位于刻伤下方的芽获得较多的营养,有利于芽萌发和抽新枝。刻痕越宽,效果越明显。如果生长盛期在芽的下方刻伤,可阻止碳水化合物向下输送,滞留在伤口芽的附近,同样能起到环剥的效果。对一些大型的名贵花木进行刻伤,可使花、果更加硕大。③扭梢与折梢。在生长季内,将生长过旺的枝条,特别是着生在枝背上的旺枝,在中上部将其扭曲下垂,称为扭梢;或只将其折伤但不折断(只折断木质部),称为折梢。扭梢与折梢是伤骨不伤皮,其阻止了水分、养分向生长点输送,削弱枝条生长势,利于形成短花枝。

4)变

改变枝条生长方向,控制枝条生长势的方法称为变。如用曲枝、拉枝、抬枝等方法,将直立或空间位置不理想的枝条,引向水平或其他方向,以加大枝条开张角度,使顶端优势减弱,生长转缓。下垂枝因向地生长,顶端优势弱,生长不良,为了使枝势转旺,可抬高枝条,使枝顶向上生长。

5)放

又称缓放、甩放或长放,即对1年生枝条不做任何短截,任其自然生长。利用单枝生长势逐年减弱的特点,对部分长势中等的枝条长放不剪,下部易发生中、短枝,停止生长早,同化面积大,光合产物多,有利于花芽形成。幼树、旺树常以长放来缓和树势,促进提早开花、结果。长放用于中庸树、平生枝、斜生枝效果更好,但对幼树的骨干枝的延长枝或背生枝、徒长枝不能长放。弱树也不宜多用长放。

上述各种修剪方法应结合植株生长发育的情况灵活运用,再加上严格的土、肥、水管理,才能取得较好的效果。另外,要掌握修剪程序及需注意的问题。

5.2.2.6　修剪程序

修剪的程序概括地说就是"一知、二看、三剪、四检查、五处理"。①"一知"。修剪人员必须掌握操作规程、技术及其他特别要求。修剪人员只有了解操作要求,才可以避免错误。②“二看”。实施修剪前应对植株进行仔细观察,因树制宜,合理修剪。具体是要了解植物的生长习性、枝芽的发育特点、植株的生长情况、冠形特点及周围环境与园林功能,结合实际进行修剪。③“三剪”。对植株按要求或规定进行修剪;剪时由上而下、由外而里、由粗剪到细剪。④“四检查”。检查修剪是否合理,有无漏剪或错剪,以便修正或重剪。⑤“五处理”。包括对剪口的处理和对剪下的枝叶、花果进行集中处理等。

5.2.2.7 修剪需注意的问题

主要有以下一些:①剪口与剪口芽。剪口的形状可以是平剪口或斜切口,一般对植物本身影响不大,但剪口应离剪口芽顶尖0.5~1 cm。剪口芽的方向与质量对修剪整形影响较大。若为扩张树冠,应留外芽;若为填补树冠内膛,应留内芽;若为改变枝条方向,剪口芽应朝所需空间处;若为控制枝条生长,应留弱芽,反之应留壮芽为剪口芽。②剪口的保护。若剪枝或截干造成剪口创面大,应用锋利的刀削平伤口,用硫酸铜溶液消毒,再涂保护剂,以防止伤口由于日晒雨淋、病菌入侵而腐烂。常用的保护剂有保护蜡和豆油铜素剂两种。保护蜡用松香、黄蜡、动物油按5:3:1比例熬制而成。熬制时,先将动物油放入锅中用文火加热,再加松香和黄蜡,不断搅拌至全部熔化。由于冷却后会凝固,涂抹前需要加热。豆油铜素剂是用豆油、硫酸铜、熟石灰按1:1:1比例制成的。配制时,先将硫酸铜、熟石灰研成粉末,将豆油倒入锅内煮至沸腾,再将硫酸铜与熟石灰加入油中搅拌,冷却后即可使用。③注意安全。上树修剪时,所有用具、机械必须灵活、牢固,防止发生事故。修剪大苗时注意高压线路,并防止锯落的大枝砸伤行人与车辆。④修剪工具消毒与病枝处理。修剪工具应锋利,修剪时不能造成树皮撕裂、折枝断枝。修剪病枝的工具,要用硫酸铜消毒后再修剪其他枝条,以防交叉感染。修剪下的枝条应及时收集,有的可作插穗、接穗备用,病虫枝则需堆积烧毁。

5.2.2.8 各类园林植物修剪整形技艺

1)成片树林的修剪整形

成片树林的修剪整形,主要是维持树木良好的干性和冠形,解决通风透光条件,因此修剪比较粗放。对于有主干领导枝的树种要尽量保持中央领导干。出现双干时,只选留一个。如果中央领导枝已枯死,应于中央选一强的侧生嫩枝,扶直培养成新的领导枝,并适时修剪主干下侧生枝,使枝条能均匀分布在合适的分枝点上。对于一些主干短,但树已长大,不能再培养成独干的树木,也可以把分生的主枝当主干培养,呈多干式。

松柏类树木的修剪整形,一般采用自然式的整形。在大面积人工林中,常进行人工打枝,即将处在树冠下方生长衰弱的侧生枝剪除。但打枝多少,必须根据栽培目的及对树木生长的影响而定。有人认为去掉树冠的1/3,对茎高和直径生长都无太大影响。

2)行道树和庭荫树的修剪整形

(1)行道树。

行道树是城市绿化的骨架,在城市中起到沟通各类分散绿地、组织交通的作用,还能反映一个城市的风貌和特点。

行道树的生长环境复杂,常受到车辆、街道宽窄、建筑物高低、架空线、地下电缆、管道的影响。为了便于车辆通行,行道树必须有一个通直的主干,干高3~4 m为好。公园内园路两侧的行道树或林荫路上的树木主干高度以不影响游人的行走为原则,一般枝下高度在 2 m 左右。同一街道的行道树其干高与分枝点应基本一致,树冠端正,生长健壮。行道树的基本主干和供选择作主枝的枝条在苗圃阶段培养而成,其树形在定植以后的 5 ~ 6 年内形成(见图 5-8),成形后不需大量修剪,只需要进行常规性修剪,即可保持理想的树形。

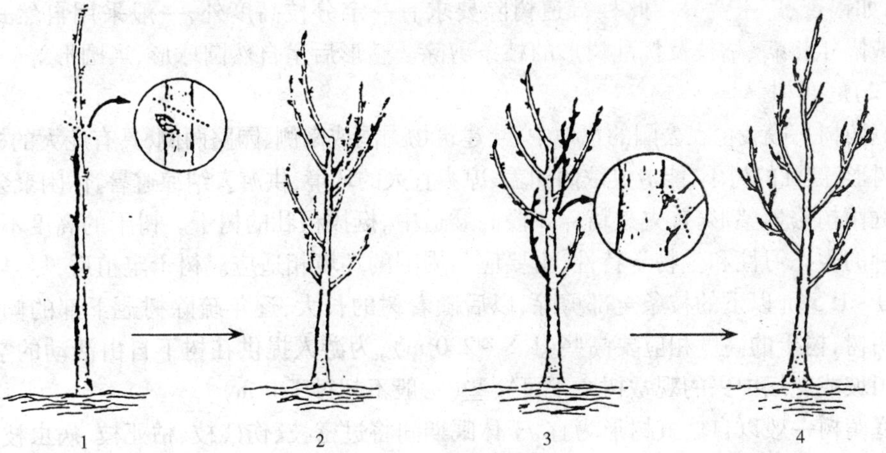

图 5-8　行道树整形修剪

1—中央去梢;2—去梢后萌发枝;3—树干疏枝条;4—修剪后形成的幼年树形

路面比较窄或上方有管线的街道,通过修剪树枝给管线让路,称为线路修剪。线路修剪分为截顶修剪、侧方修剪、下方修剪和穿过式修剪(见图 5-9)。应选择中干不强或不明显(无主轴)的树种作行道树,栽植点选在电线下方,定植后剪除中干(俗称"抹头"),令其主枝向侧方生长,在幼年期使其形成圆头形或扁圆形。待树木长大、枝条有接近电线的

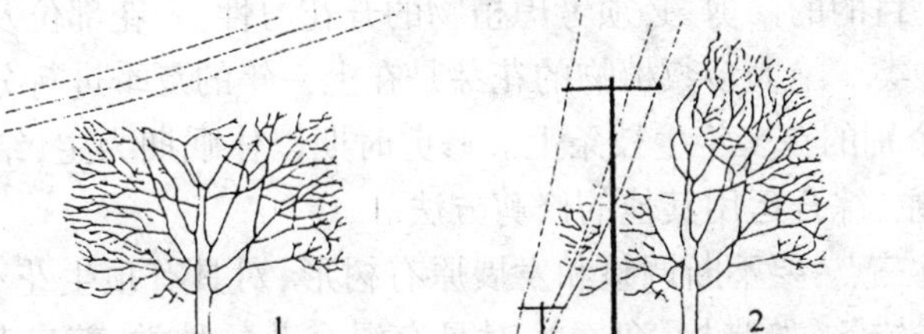

图 5-9　线路修剪

1—截顶修剪;2—侧方修剪;3—下方修剪;4—穿过式修剪

危险时,多采用杯状形整枝(所谓杯状形整枝,即在分枝点上选留三个方向合适、与主干呈 45°的主枝,再在各主枝上选留两个二级枝,分数年完成),并随时剪去向电线方向生长的枝条,枝条与电线应保持 1 m 左右,最后树形呈杯状,骨干枝从两边抱着电线生长,形成

较大的对称树冠。对于斜侧树冠,遇大风有倒伏危险,应尽早重剪侧斜方向的枝条,另一方应轻剪,以使偏冠得以纠正。

对于路面比较宽、上方没有架空线的道路,行道树可选择有中央领导干(有主轴)的树种,如银杏、广玉兰等。此种行道树除要求有一定分枝高度外,一般采用自然式树形。每年或隔年将病、枯枝及扰乱树形的枝条剪除。整形后呈自然圆球形、半圆形等。

(2)庭荫树。

庭荫树一般栽植在公园的草地中心、建筑物周围或南侧、园路两侧,具有庞大的树冠、挺秀的树形、健壮的树干,能造成浓荫如盖、凉爽宜人的环境,供游人纳凉避暑、休闲聚会之用。

庭荫树修剪整形,首先是培养一段高矮适中、挺拔粗壮的树干。树干的高度不仅取决于树种的生态习性和生物学特性,主要应与周围的环境相适应。树干定植后,尽早将树干上 1.0~1.5 m 以下的枝条全部剪除,以后随着树的长大,逐年疏除树冠下部的侧枝。作为遮阴树,树干的高度相应要高些(1.8~2.0 m),为游人提供在树下自由活动的空间;栽植在山坡或花坛中央的观赏树主干可矮些(一般不超过 1.0 m)。

庭荫树一般以自然式树形为宜,于休眠期间将过密枝、伤残枝、枯死枝、病虫枝及扰乱树形的枝条疏除,也可根据需要进行特殊的造型和修剪。庭荫树的树冠应尽可能大些,以最大可能发挥其遮阴等保护作用,并对一些树皮较薄的树种还有防止日灼伤害树干的作用,一般认为,以遮阴为主要目的的庭荫树的树冠占树高的比例以 2/3 以上为佳。如果树冠过小,则会影响树木的生长及健康状况。

3)观赏灌木类(或小乔木)的修剪整形

(1)观花类。

以观花为主要目的的修剪,必须考虑植物的开花习性、着花部位及花芽的性质。

①早春开花种类。绝大多数植物的花芽是在上一年的夏季进行分化的。花芽生长在 2 年生的枝条上,个别的在多年生枝条上。修剪时期以休眠期为主,结合夏季修剪。修剪的方法以截、疏为主,综合运用其他的修剪方法。

修剪时需注意三点:要不断调整和发展原有树形;对具有顶生花芽的种类,在休眠期修剪时则可以短截枝条(如腊梅、迎春);对具有混合芽的种类,剪口芽可以留混合芽(花芽),具有纯花芽的种类,剪口芽留叶芽。

在实际操作中,此类多数树种仅进行常规修剪,即疏去病虫枝、干枯枝、过密枝、交叉枝、徒长枝等,无须特殊造型和修剪。少数种类除常规修剪外,还需要进行造型修剪和花枝组的培养,以提高观赏效果。

对于先花后叶的种类,在春季花后修剪老枝,保持理想树形。对具有拱形枝条的种类如连翘、迎春等,采用疏剪和回缩的方法,一方面疏去过密枝、枯死枝、徒长枝、干扰枝,另一方面要回缩老枝,促发强壮新枝,以使树冠饱满,充分发挥其树姿特点。

②夏秋开花的种类。此类树木的花芽在当年春天发出的新梢上形成,夏秋在当年生枝上开花,如八仙花、紫薇、木槿等。这类树木的修剪时间通常在早春树液流动前进行,一般不在秋季修剪,以免枝条受到刺激后发生新梢,遭受冻害。修剪方法因树种而异,主要采用短剪和疏剪。有的在花后还应去除残花(如珍珠梅、锦带花、紫薇、月季等),以集中营养延长花期,并且还可以使一些树木二次开花。此类花木修剪时应特别注意不要在开

花前进行重短截,因为其花芽大部分着生在枝条上部或顶端。

生产中还常将一些花灌木修剪整形成小乔木状,以提高其观赏价值。如腊梅、扶桑、红背桂、月季、米兰、含笑等,其丛生枝条集中着生在根颈部位,在春季首先保留株丛中央的一根主枝,而将周围的枝条从基部剪掉,将以后可能萌发出的任何侧枝全部去掉,仅保留该主枝先端的4根侧枝,随后在这4根侧枝上又长出二级侧枝,这样就把一株灌木修剪成了小乔木状,花枝从侧枝上抽生而出。

另外,对萌芽力极强的种类或冬季易枯梢的种类,可在冬季自地面割去,如胡枝子、荆条、醉鱼草等,使其来春重新萌发新枝。蔷薇、迎春、丁香、榆叶梅等灌木,在定植后的头几年任其自然生长,待株丛过密时再进行疏剪与回缩,否则会因通风透光不良而不能正常开花。

(2)观果类。

金银木、枸杞、铺地蜈蚣、火棘等是一类既可观花又可观果的花灌木。它们的修剪时期和方法与早春开花的种类大体相同,但需特别注意及时疏除过密枝,确保通风透光,减少病虫害,促使果实着色,提高观赏效果。为提高其坐果率和促进果实生长发育,往往在夏季采用环剥、绞缢、疏花、疏果等修剪措施。

(3)观枝类。

对于观枝类的花木,如红瑞木、棣棠等,为了延长其观赏期,一般冬季不剪,到早春萌芽前重剪,以后轻剪,使其萌发多数枝叶,充分发挥其观赏作用。这类花木的嫩枝最鲜艳,老干的颜色往往较暗淡,除每年早春重剪外,应逐步疏除老枝,不断进行更新。

(4)观形类。

这类花木,如垂枝桃、垂枝梅、龙爪槐、合欢、鸡爪槭等,不但可观其花,更多的时间是观其潇洒飘逸的形态。这类花木的修剪方法因树种而异,如垂枝桃、垂枝梅、龙爪槐短截时不能留下芽,要留上芽;合欢、鸡爪槭等成形后进行常规修剪,一般不进行短截修剪。

(5)观叶类。

这类树木有观早春叶的,如山麻秆等;有观秋叶的,如银杏、元宝枫等;还有全年叶色为紫色或红色的,如紫叶李等。其中有些种类不但叶色奇特,花也很具有观赏价值。对既观花又观叶的种类,往往按早春开花的种类修剪;其他观叶类一般只做常规修剪。对观叶类树木要特别注意做好保护叶片工作,防止温度骤变、肥水过大或病虫害而影响叶片的寿命及观赏价值。

4)藤本类的修剪整形

藤本类的修剪整形是尽快让其布架占棚,使蔓条均匀分布,不重叠,不空缺。生长期内摘心、抹芽,促使侧枝大量萌发,迅速达到绿化效果。花后及时剪去残花,以节省营养物质。冬季剪去病虫枝、干枯枝及过密枝。衰老藤本类,应适当回缩,更新促壮。

(1)棚架式。在近地面处先重剪,促使发生数条强壮主蔓,然后垂直引缚主蔓于藤架之顶,均匀分布侧蔓,这样便能很快地成为荫棚。

(2)凉廊式。常用于卷须类、缠绕类植物。这类植物不宜过早引于廊顶,否则易造成侧面空虚。

(3)篱垣式。将侧蔓水平诱引,每年对侧枝进行短剪,即能形成整齐之篱垣形式。

(4)附壁式。多用于吸附类植物,一般将藤蔓引于墙面,如爬山虎、凌霄、扶芳藤、常春藤等。这类植物能自行依靠吸盘或吸附根逐渐布满墙面,或用支架、铁丝网牵引附壁。除影响门、窗采光外,一般不剪蔓。

5)绿篱的修剪整形

绿篱的修剪形式有整形式修剪与自然式修剪两种。前者是以人的意愿和需要不断地修剪成各种规则的形状;后者一般不做人工修剪整形,只适当控制高度和疏剪病虫、干枯枝,任其自然生长,使枝叶相接紧密成片,提高阻隔效果。

绿篱依其高度可分为:①矮篱,高度控制在 0.5 m 以下;②中篱,高度控制在 1 m 以下;③高篱,高度在 1.0 ~ 1.6 m;④绿墙,高度在 1.6 m 以上。绿篱按其纵切面形状又可分为矩形、梯形、圆柱形、圆顶形、球形、杯形、波浪形等。用带刺植物,如火棘、黄刺玫等组成的绿篱,又称刺篱;用开花植物,如栀子花、米兰、七姐妹蔷薇组成的绿篱,又称花篱。

培养绿篱的主要手段是经常合理地修剪。修剪应根据不同树种的生长习性和实际需要区别对待。

(1)绿篱的栽植。

绿篱用苗以 2 ~ 3 年生苗最为理想。株距应按其生物学特性而定,不可为了追求当时的绿化效果而过分密植。栽植过密,通风透气性差,易孳生病虫,地下根系不能舒展而影响吸收,加上单株营养面积小,易造成营养不良,甚至枯死。因此,栽植时应为绿篱植物的日后生长留有空间。

即使是整形式绿篱,定植后第一年最好任其自然生长,以免修剪过早而影响根系生长。从第二年开始,按照预定的高度和宽度进行短截修剪。同一条绿篱应统一高度和宽度,凡超过规定高度、宽度的老枝或嫩枝一律剪去。修剪时,要依苗木大小,通常分别截去苗高的 1/3 ~ 1/2。为使苗木分枝高度尽量降低,多发分枝,提早郁闭,可在生长期内(5 ~ 10 月)对所有新梢进行 2 ~ 3 次修剪,如此反复 2 ~ 3 年,直至绿篱的下部分枝长得匀称、稠密,上部树冠彼此密接成形。高篱、绿墙除了栽植密度适宜外,栽植成活后,必须将顶部剪平,同时将侧枝一律短截,以克服下部"脱脚"、"光腿"现象。以后每年在生长季均应修剪一次,直至高篱、绿墙形成。

(2)绿篱成形后的修剪。

绿篱成形后,可根据需要修剪成各种形状。为了保证绿篱修剪后平整,笔直划一,高度、宽度一致,修剪时可在绿篱带的两头各插一根竹竿,再沿绿篱上口和下沿拉直绳子,作为修剪的准绳,达到事半功倍的效果。对于较粗枝条,剪口应略倾斜,以防雨季积水、剪口腐烂。同时注意直径 1 cm 以上的粗枝剪口,应比篱面低 1 ~ 2 cm,使其掩盖于细枝叶之下,避免因绿篱刚修剪后粗剪口暴露影响美观。

绿篱的修剪时期,应根据不同的植物种类灵活掌握。常绿针叶树种应当在春末夏初进行第一次修剪,立秋后进行第二次修剪。为了配合节日,通常于"五一"、"十一"前修剪,以便到节日时,绿篱非常规则平整,取得良好观赏效果。大多数阔叶树种,一年内新梢都能加长生长,可随时修剪(以每年修剪 3 ~ 4 次为宜)。花篱大多不做规则式修剪,一般花后修剪一次,以免结实,并促进多开花;平时做好常规疏剪工作,将枯死枝、病虫枝、冗长枝及扰乱树形的枝条剪除。绿篱每年都要进行几次修剪,如长期不剪,篱形紊乱,向上生长快,下部易空秃和缺枝,而且一旦出现空秃则较难挽救。

为有利于绿篱植物的生长,绿篱的横断面以上小下大的梯形为好。正确的修剪方法是:先剪其两侧,使其侧面成为一个斜平面;两侧剪完,再修剪顶部,使整个断面呈梯形。这样的修剪可使绿篱植物上、下各部分枝条的顶端优势受损,刺激其再长新侧枝,而这些侧枝的位置距离主干相对变近,有利于获得足够的养分。同时,上小下大的梯形有利于绿篱下部枝条获得充足的阳光,从而使全篱枝叶茂盛,维持美观外形。横断面呈长方形或倒梯形的绿篱,下部枝条常因受光不良而发黄、脱落、枯死,造成下部光秃裸露。

(3)绿篱的更新。

衰老的绿篱,更新过程一般需要3年。第一年,首先是疏除过多的老干,保留新的主干,使树冠内部具备良好的通风透光条件,为更新后的绿篱生长打下基础。然后,短截主干上的枝条,将保留的主干逐个进行回缩修剪。第二年,对新生枝条进行多次轻短截,促其发侧枝。第三年,再将顶部修剪至略低于目标高度,以后每年进行重剪。

选择适宜的更新时期很重要。常绿树种可选在5月下旬至6月底进行,落叶树种以秋末冬初进行为好。用做绿篱的落叶花灌木大部分具有较强的愈伤和萌芽能力,可用平茬的方法强剪更新。平茬后,因植株拥有强大的根系,萌芽力特别强,可在1~2年中形成绿篱的雏形,3年后恢复原有的绿篱形状。更新绿篱应配合土、肥、水管理和病虫害防治。

6)其他特殊树形的修剪整形

特殊树形的整形也是植物修剪整形的一种形式。常见的形式有动物形状和其他物体形状两大类。如罗汉松的造型栩栩如生,紫薇造型花瓶、屏风更是令人拍案叫绝。

适于进行特殊造型的植物必须枝叶茂盛,叶片细小,萌芽力和成枝力强,自然整枝能力强,枝干易弯曲造型,如罗汉松、圆柏、黄杨、福建柏、黄爪龙树、六月雪、金雀花、水蜡树、紫杉、女贞、榆、榜、珊瑚树等。

对植物特殊的修剪整形,首先要具有一定的雕塑基本知识,能对造型对象各部分的结构、比例有较好的掌握。其次,这种整形非一日之功,应从基部做起,循序渐进,切忌急于求成。有些大的整形还要在内膛架设钢骨架,以增加树干的支撑力。最后,灵活并恰当运用多种修剪方法。常用的修剪方法是截、放、变三种形式。

(1)图案式绿篱的修剪整形。

组字或图案式绿篱,采用矩形的整形方式,要求篱体边缘棱角分明,界限清楚,篱带宽窄一致,每年修剪的次数比一般镶边、防护的绿篱要多,枝条的替换、更新时间应短,不能出现空秃,始终保持文字和图案的清晰可辨。

用于组字或图案的植物,应矮小、萌枝力强、极耐修剪。目前常用的是瓜子黄杨。可依文字和图形的大小,采用单行、双行或多行式定植。图案式绿篱的几种形式如图5-10所示。

(2)绿篱拱门制作与修剪。

绿篱拱门设置在用绿篱围成的闭锁空间处,为了便于游人入内,常在绿篱的适当位置断开绿篱,制作一个绿色的拱门,与绿篱联为一体。制作的方法是:在断开的绿篱两侧各种1株枝条柔软的小乔木,两树之间保持较小间距,然后将树梢向内弯曲并绑扎而成。也可用藤本植物制作。藤本植物离心生长旺盛,很快两株植物就能绑扎在一起,而且由于枝条柔软,造型自然。绿色拱门必须经常修剪,防止新梢横生下垂,影响游人通行。反复修

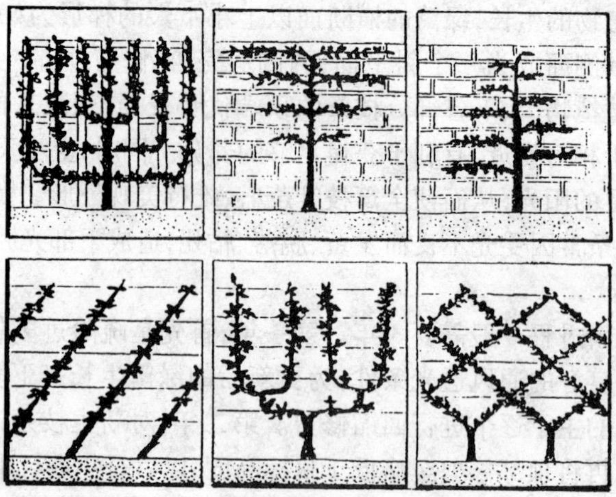

图 5-10　图案式绿篱的几种形式

剪，能始终保持较窄的厚度，使拱门内膛通风通光好，不易产生空秃。

(3)造型植物的修剪整形。

用各种侧枝茂盛、枝条柔软、叶片细小且极耐修剪的植物，通过扭曲、盘扎、修剪等手段，将植物整成亭台、牌楼、鸟兽等各种主体造型，以点缀和丰富园景。造型要讲究艺术构图，运用美学的原理，使用正确的比例和尺度，塑造出一种如画的图卷、无声的音乐、人间的仙境。

造型植物的修剪整形，首先应培养主枝和大枝构成骨架，然后将细小的侧枝进行牵引和绑扎，使它们紧密抱合生长，按仿造的物体形状进行细致的修剪，直至形成各种绿色雕塑的雏形。在以后的培养过程中不能让枝条随意生长而扰乱造型，每年都要进行多次修剪，对“物体”表面进行反复短截，以促发大量的密集侧枝，最终使得各造型丰满逼真，栩栩如生。造型培育中，决不允许发生缺棵和空秃现象，一旦空秃则难以挽救。常见造型示意图如图 5-11 所示。

图 5-11　雕塑式绿篱造型

技能训练

实训二十一　苗木整形修剪技术

一、目的

通过本实训使学生能够熟练掌握园林苗木的整形修剪方法;要求学生按教师实践教学的要求把握好实践教学的各环节,最终使每个学生都能独立操作完成园林树木整形修剪的整个过程,强化学生的实践动手能力。

二、材料与工具

根据当地现有条件,选择需要修剪整形的园林植物(观花、观果类,行道树、庭荫树、绿篱等),修枝剪、长刃剪、园艺锯、梯子、绳索、卷尺等。

三、方法与步骤

(一)准备

对植物进行仔细观察,了解其枝芽生长特性、植株的生长情况及冠形特点,结合实际进行修剪。

(二)选择正确的修剪方法

按顺序依次具体修剪(具体方法参见有关章节的内容)。

(三)检查

检查是否漏剪、错剪,进行补剪或纠正,维持原有冠形。

(四)整理

修剪完毕,清理现场。

四、实训报告

根据实训情况,写出实训报告,要求掌握正确的修剪顺序、正确的修剪方法、正确的剪口和剪口芽的处理方法,文明操作,及时清理现场。

5.3　大苗培育技术

5.3.1　大苗培育的意义

大苗是在苗圃中经移植、修剪和多年培育,成为符合园林绿化和城市建设要求的规格较大的苗木。在园林绿化和城市建设中使用大规格苗木,主要是为了尽快成景,实现设计的绿树成荫、花枝交错的绿化效果,尽快发挥树木对环境的美化、净化的作用。在苗圃中精心培育出的大苗,具有发达紧凑的根系、完美的树形、健壮的生长势和较大的树体,能更好地适应栽植地,如公园、人行道等人多的环境,栽植后能顺利地存活和生长。可见,园林绿化和城市建设使用大规格苗木是园林苗圃的重要任务之一。另外,园林绿化和城市建设也可使用大树移植,即把别的地方生长多年的大树移来种植,以求绿化效果的速成,但因其使用的是大树,不属于大苗的范围。

大苗的培育过程,也就是园林植物经繁殖形成小苗后到绿化种植前所经历的采用一系列技术措施使苗木长成合格大苗的过程。在大苗的培育过程中,最主要的工作就是苗木的移植,同时结合移植进行的施肥、排灌水、整形修剪、病虫害防治等工作。

5.3.2 大苗培育技术

园林树木大苗的培育主要有三个阶段,即养根、养干和养冠。养根的方法与小苗的培育方法一样,通过苗木移植完成,大苗的培育主要是培养良好的树干和冠形即养干和养冠,可以通过修剪来完成。常用的大苗培育方法有如下几种。

5.3.2.1 逐年养干法

落叶树种中的银杏、柿树、水杉、落叶松等乔木,在幼苗培育过程中干性比较强,又不容易弯曲,而且生长速度较慢,一般采用逐年养干的方法。逐年养干必须注意保证主梢生长的绝对优势,当侧梢太强,超过主梢或与主梢发生竞争时,要抑制侧梢的生长,可以采取摘心、拉枝等方法加以抑制。同时应注意防止人为、自然等因素损坏主梢。

5.3.2.2 平茬催干法

平茬催干法是快速培养树干的重要措施之一。对于已经过根系培养的苗木,可以在早春将树干自地面平截,用肥土覆盖堆成 5 cm 高的小土堆。当萌蘖长到 15 ~20 cm 时,选留一个健壮、旺盛、较为直立的枝条作为主干培养,剪去其余萌蘖枝条。在常发生风害的地区,可选取留两个枝干培养,到 5 月份枝条开始木质化后,再留一去一,培养主干。加强田间管理和水分供应,一般平茬当年即可达到干高要求,剪去顶梢促发分枝,增加苗木枝叶量,加速营养物质的制造和积累,使干径快速增粗。平茬催干法适宜萌蘖强、生长较快的树种,如楸树、刺槐、法国梧桐、合欢等。对于平茬当年形成干形较差、不具备继续培养价值的苗木,也可于翌年采用此法重新养干。

5.3.2.3 斩梢截干法

苗木萌芽前,在苗干有饱满芽处,剪去以上细弱梢部,抹去剪口芽下的 3 ~5 个侧芽。促使剪口芽萌发向上,形成新的主梢,培养较顺直的主干。斩梢截干法适宜生长速度较慢的树种,如皂荚、国槐、白蜡等较为耐寒的树种。对于平茬未达到干高要求的苗木。可采取此法继续截干培养。

5.3.2.4 高桩插干法

高桩插干法也称长干插、长枝扦插。可结合树木修剪,截取 1 ~2 cm 甚至更长一至多年生枝干做插穗,进行扦插,使其生根发芽,在短时间内培养成具有主干的大苗。此法适用于较易生根的树种,如柳树类及法国梧桐等。

5.3.2.5 高接换头法

园林苗木有很多品种都是用嫁接法繁殖的。高接换头法是选用具有良好树干的大规格苗木做砧木,采用嫁接方法换头,以培养树冠。为了加快育苗速度、缩短育苗时间,可以采用多头嫁接法进行大苗培育。高头换接法适用的树种有广玉兰、樱花、碧桃、紫叶李、海棠类、美人梅和紫叶矮樱等。

5.3.2.6　分株养冠法

许多园林苗木能够萌生根蘖，具有丛生的特性，可以把根蘖或丛生枝从母株上分割下来，进行栽植，培育成新的植株。分割下来的植株因带有根系，易于快速培养成形。许多丛生性灌木和部分乔木可以进行分株，如丁香、石榴、紫荆、椿树、刺槐、枣树和紫玉兰等。

5.3.2.7　成苗改造法

成苗改造法也称废苗改造法，是对树性较差、价值较低或不适合在园林上适用的大规格苗木进行树形改造、培育园林大苗的一种方法。一些丛生型花木在一定时间内未能出售，其树形过大，生长衰退，其主枝已较为粗大，可选留一主枝为主干，去除其余枝条，进行复壮及树形培养，短时间内即可育成具有较高价值的大规格独干苗，此方法既为废苗找到出路，又可卖出更高价格，如丁香、榆叶梅等。许多果园初建时进行密植，几年后则需间伐。此类树木规格较大，经过改接换头或改形，很快即可育成价值较高的园林观赏树种，如桃、李、杏等可改接成樱花、碧桃、紫叶李、美人梅等。还有许多果树可作为园林树种应用，但作为果园生产时定干低，树形多为开心形，不便于园林应用。对这类苗进行简单的提干处理和树形改造，即可成为园林中可以应用的大苗，创造较高的经济价值。

技能训练

实训二十二　大苗培育技术

一、目的

通过本实训使学生能够熟练掌握常见园林大苗的培育方法；要求学生按教师实践教学的要求把握好实践教学的各环节，最终使每个学生都能独立操作完成园林大苗培育的整个过程，强化学生的实践动手能力。

二、材料与工具

根据当地现有条件，选择需要进行大苗培育的园林植物（行道树、庭荫树，观花、观果类，绿篱等）、修枝剪、嫁接刀、长刃剪、园艺锯、梯子、绳索、卷尺等。

三、方法与步骤

（一）准备

对植物进行仔细观察，了解其枝芽生长特性、植株的生长情况及冠形特点，结合实际采用适当的养干养冠方法。

（二）选择正确的大苗培育方法

根据所选择的大苗培育方法，结合修剪进行养干养冠。

（三）日常管理

根据大苗培育规格的要求，结合培育年限，进行苗木移植、苗体修剪、中耕除草、病虫害防治、灌溉施肥等日常管理，为起苗出圃作准备。

四、实训报告

根据实训情况，写出实训报告，要求掌握正确选择大苗培育方法，及时清理现场，并能进行后期的日常管理。

思考题

1. 苗木移植成活的基本原理是什么？
2. 苗木移植有哪些主要工作？
3. 园林植物修剪整形的依据有哪些？
4. 园林植物常见的修剪方法有哪些？
5. 常用的大苗培育方法有哪些？

第6单元　苗木抚育管理

教学目标

理解苗圃地灌溉及排水的意义，重点掌握灌溉方法及技能；理解苗圃地中耕及除草的意义，并掌握科学的除草方法及技能；理解苗圃地施肥的重要性，并掌握合理的施肥依据及施肥技能；了解截根的目的及方法；掌握苗圃地苗木越冬防寒技术；掌握苗圃地病虫害防治技术；了解苗圃地苗木轮作的意义及轮作方式。

6.1　灌溉与排水

6.1.1　灌溉

苗圃必须有完善的灌溉系统，以保证水分的充分供应。灌溉系统通常包括水源、提水设备和引水设施三部分。

从土壤中吸收的水分主要来源于地面水、地下水及灌溉水。地面水是指河流、湖泊、池塘、水库等，以无污染又能自流灌溉的最为理想。一般地面水温度较高，与耕作区土温相近，水质较好，且含有一定养分，有利苗木生长。地下水指泉水、井水，其水温较低，需设蓄水池以提高水温。水井应设在地势高的地方，以便自流灌溉；同时水井设置要均匀分布在苗圃各区，以便缩短引水和送水的距离。在北方干旱地区主要依靠灌溉水补充土壤中的水分。但如果灌溉不合理，会影响苗木的呼吸，严重时会导致烂根甚至死亡。现在多使用抽水机（水泵）作为提水设备，可依苗圃育苗的需要，选用不同规格的抽水机。引水设施中有地面渠道引水和暗管引水两种。

6.1.1.1　灌溉方法

1）沟灌

沟灌的优点：灌溉水经沟底和沟壁渗入土中，对全园土壤浸湿较均匀，水分蒸发量与流失量均较小，经济用水；防止土壤结构的破坏，土壤通气良好，有利于土壤微生物的活动；减少苗圃中平整土地的工作量；便于机械化耕作。

在苗圃树木行间开灌溉沟，沟深20～25 cm，并与配水渠道相垂直，灌溉沟与配水渠道之间有微小的比降。

引水渠道（主渠）是永久性的大渠道，由水源直接把水引出，一般顶宽1.5～2.5 m；二级渠道（支渠）通常也为永久性的，把水由主渠引向各耕作区，一般支渠顶宽1～1.5 m；三级渠道（毛渠）是临时性的小水渠，一般宽度为1 m左右。一般坡降应在1/1 000～4/1 000之间，土质黏重的可大些，但不能超过7/1 000，水渠边坡一般采用1∶1（45°）为宜。

在土壤入渗速度较小时，每条沟的入流量大一些容易灌得均匀一些，但是往往使得水已流到沟尾时，沟首还没有灌够，这样就不可避免地造成沟尾泄水，如将泄水排掉就会浪费灌溉用水，如果此时在沟尾安装集水系统即尾水回收系统，把泄水收集起来用于更低地块的灌溉，或用水泵抽到高处重新灌溉，则更有利于水资源的合理利用。

2）分区灌溉（水池灌溉、格田灌溉）

把苗圃划分成许多长方形或正方形的小区，纵横做成土埂，将各区分开，通常每一棵树单独成为一个小区。此法缺点是：易使土壤表面板结，破坏土壤结构，做许多纵横土埂，既费劳力又妨碍机械化操作。

3）盘灌（树盘灌水、盘状灌溉）

以树干为圆心，在树冠投影以内以土埂围成圆盘，圆盘与灌溉沟相通。灌溉时水流入圆盘内，灌溉前疏松盘内土壤，使水容易渗透，灌溉后耙松表土，或用草覆盖，以减少水分蒸发。此法用水较经济，但浸润土壤的范围较小，故距离树干较远的根系，不能得到水分的供应。同时仍有破坏土壤结构，使表土板结的缺点。

4）穴灌

在树冠投影的外缘挖穴，将水灌入穴中，以灌满为度。穴的数量依树冠大小而定，一般为8～12个，直径30 cm左右，穴深以不伤粗根为准，灌后将土还原。此法用水经济，浸润根系范围的土壤较宽而均匀，不会引起土壤板结，在水源缺乏的地区，采用此法为宜。

5）喷灌

喷灌是利用专门设备将有压水送到灌溉农田，并喷射到空中散成细小的水滴，像天然降雨一样进行灌溉。喷灌与地面灌溉相比，具有的优点是：喷灌基本不产生深层渗漏和地表径流，可节约用水20%以上，对渗漏性强、保水性差的沙土，可节省水分60%～70%；减少对土壤结构的破坏，可保持原有土壤的疏松状态；可调节苗圃的小气候，减免低温、高温、干风对苗圃的危害；节省劳力，工作效率高；便于田间机械作业，为施用化肥、喷施农药和除草剂等创造条件。对平整土地要求不高，地形复杂山地亦可采用。

但是喷灌具有如下缺点：可能加重某些树种感染真菌病害；在有风的情况下，喷灌难做到灌水均匀，并增加水量损失；喷灌设备价格高，增加苗圃的投资。

喷灌系统一般包括水源、动力、水泵、输水管道及喷头等部分。

6）滴灌

滴灌是近年来发展起来的机械化与自动化的先进灌溉技术，是微量灌溉的一种方式。滴灌在较低工作压力下，通过专门设计的小口径管道，配合精密的消能滴头，将压力几乎为零的水滴缓慢持续地滴到苗木主要根区的土壤上，使苗木主要根区的土壤较长时间保持适宜的含水状况。因此，苗木能在较长时间内缓慢持续地吸收水分，大大提高苗木对水分的利用率。如果将专门设计的施肥设备与滴灌系统联合起来使用，形成滴灌－施肥系统，就可以利用滴灌系统可控、均衡且持续缓慢的供水特性，将可溶性肥料随灌溉水滴准确、均衡地提供给每一株苗木，从而实现水肥同步。苗木在吸收水分的过程中，同时吸收到生长发育所需的养分，有效满足苗木生长需求，提高苗木产品的质量。因此，滴灌－施肥系统的应用，是苗木栽培中田间管理技术的一大进步。

滴灌的优点：①节约用水：滴灌仅湿润作物根部附近的土层和表土，因此大大减少水分蒸发，滴灌比喷灌省水一半左右；②节约劳力：滴灌系统可以全部自动化，将劳动力减少至最低限度；③滴灌系统还适用于丘陵地和山地；④有利于苗木生长：滴灌能经常地对根域土壤供水，均匀地维持土壤湿润，不过分潮湿和过分干燥，同时可保持根域土壤通气良好。

滴灌的缺点：①需要管材较多，投资较大；②管道和滴头容易堵塞，严格要求良好的过滤设备；③滴灌不能调节气候，不适于冻结期应用。因此滴灌一般应用于苗床灌溉。

滴灌系统的主要组成部分为：水泵、化肥罐、过滤器、输水管（干管和支管）、灌水管（毛管）和滴水管（滴头）。

7）渗灌

渗灌是借助于地下的管道系统使灌溉水在土壤毛细管作用下，自下而上湿润作物根区的灌溉方法。

渗灌具有以下优点：①灌水后田面土壤仍保持疏松状态，不破坏土壤结构，不产生土壤板结，为作物生长提供良好的水、肥、气、热条件；②地表土壤含水量低，可减少田面土壤蒸发；③管道埋入地下，可少占耕地，便于交通和田间作业，可同时进行灌水和农事活动；④灌水定额小，灌水效率高；⑤能减少田间杂草生长和虫害发生；⑥渗灌系统流量小，压力低，故可减少能耗，节约能源。

渗灌存在的主要问题：①表层土壤湿度较差，不利于作物种子发芽和幼苗生长，也不利于浅根作物生长；②投资高，施工复杂，且管理维修困难，一旦管道堵塞或破坏，难以检查和修理；③易产生深层渗漏，特别对透水性较强的轻质土壤，更易产生渗漏损失；④渗水孔易堵塞。

渗灌系统一般由水源工程、首部枢纽、输水部分和渗水器等四部分组成。输水部分的作用是与水源工程相连接，并将灌溉水输送到田间的渗水器，它的结构可以是明渠，也可以采用暗渠或地埋管。渗水器埋设在地下，是渗灌系统的主要灌水部件。渗水器的种类繁多，有利用当地材料制成的陶土管、灰土管、混凝土管、塑料管，一般在管上开孔透水或利用管道缝隙渗水，也可制成多孔透水管。还有在塑料中加发泡剂和成型剂混合后挤压成型的渗水管，以及利用回收橡胶加特殊的添加剂，经特殊工艺制成的新型渗水管。鼠洞是利用拖拉机牵引钻孔器在土壤中钻成的土洞通道进行灌水。鼠洞的深度为40～50 cm，间距60 cm左右，黏土直径7～8 cm，轻质土直径10～12 cm。灌溉水直接流入鼠洞，由洞壁直接渗入土壤进行灌溉。

6.1.1.2　灌溉依据

1）不同栽培方式的灌溉

（1）直播苗。

播种后要尽量避免表土干燥，特别是在北方地区，一些小粒种子播后若覆土较浅，易受春旱的危害。通过合理灌溉使床面保持湿润，可防止小苗失水，还可调节地温，防止日灼。播种苗一般要求灌溉次数多，每次灌溉量要小。

（2）扦插、压条、埋条苗。

这些苗的生根、发芽需水量较大，特别是在刚开始展叶而尚未完全生根阶段（假活期），叶面蒸腾量较大，土壤水分供应量较小，一旦断水就将造成植株死亡，及时灌溉很关键。在北方，气候干燥季节灌溉量可适当大些，但水流要细、缓，以免水流冲力移动苗木

(特别是扦插苗)。

(3)分株苗、移植苗。

这些苗由于在栽植时根系易受伤,苗木内部的水分供应不平衡,必须加强供水。在分株和移植后应连续灌溉3~4次,灌溉量要大些,间隔时间不能太长。

(4)嫁接苗。

嫁接苗对水分的需求量不是太大,只要能保证砧木的正常生理活动即可。灌溉量不能太大,尤其是接口部位不能积水,否则会使伤口腐烂。干旱天气必须灌溉时也要注意。

(5)大苗。

大苗只有在干旱季节才需灌溉。如果水分过多,还会使苗木抗性降低,影响生长发育。

2)不同气候条件下的灌溉

灌溉必须根据气候条件的变化灵活掌握。一般来说,冬季,要在土壤上冻前灌一次冻水,以利于苗木越冬;春季到初夏,苗木处于旺盛生长期,要灌溉7~8次,播种苗、扦插苗灌溉次数更多;夏季北方常逢雨季,可不灌溉;秋季为了让苗木组织充实和木质化,准备越冬,一般不灌溉。

3)不同土壤条件的灌溉

黏重土壤保水力强,灌溉量应适当减少;沙土保水力差,灌溉量应适当增加。

4)不同树种的灌溉

不同树种对水分的要求各不相同。幼苗期差别并不太大,一般都需要有足够的水分,随着苗龄的增长,差别越来越明显。对于一些耐旱树种,如臭椿、刺槐、丁香等更应注意,水多时要立即排水;对于一般树种,土壤则要经常保持湿润状态,结合地下水位和降雨情况,确定适宜的灌溉量。

6.1.2 排水

圃地如果有积水容易造成涝灾或引起病虫害,为了防止这些灾害的发生,必须及时排出雨季圃地的积水。北方雨季降水量大而集中,特别容易造成短时期水涝灾害,因此在雨季到来之前应将排水系统疏通,将各育苗区的排水口打开,做到大雨过后地表不存水。在我国南方地区降雨量较多,要经常注意排水工作,尽早将排水系统和排水口打开,以便排除积水。

1)排水不良对苗木的损害

(1)使得苗木根的呼吸作用受到抑制,而根吸收养分和水分或进行生长所必需的动力源,都是依靠呼吸作用进行的。当土壤中水分过多缺乏空气时,则迫使根进行无氧呼吸,积累乙醇造成蛋白质凝固,引起根系生长衰弱以致死亡。

(2)如土壤通气不良,妨碍微生物,特别是好气细菌的活动,从而降低土壤肥力。

(3)在黏土中,大量施用硫酸铵等化肥或未腐熟的有机肥后,如遇土壤排水不良,由于这些肥料进行无氧分解,使土中产生一氧化碳或甲烷、硫化氢等还原性物质。这些物质严重地影响地下部和地上部的生长发育。

2)排水时间

(1)多雨季节或一次降雨过大造成苗圃积水,应挖明沟排水。

(2)在河滩地或低洼地建苗圃,雨季时地下水位高于苗木根系分布层,则必须设法排水。

(3)土壤黏重、渗水性差或在根系分布区下有不透水层时,由于黏土土壤孔隙小,透水性差,易积涝成害,必须搞好排水设施。

(4)盐碱地苗圃下层土壤含盐量高,会随水的上升而到达表层,若经常积水,苗圃地表水分不断蒸发,下层水上升补充,造成土壤次生盐渍化。因此,必须利用灌水淋洗,使含盐水向下层渗漏,汇集排出圃外。

进行土壤水分测定,是确定排水时间较准确的方法。各种苗木耐涝力的强弱,亦可作为排水时间的参考。比如桃、无花果等耐涝力弱,而葡萄、柿等耐涝力强,应对耐涝力弱的苗木优先进行排水。我国幅员辽阔,南北雨量差异极大,雨量分布集中的时期亦各不相同,因此需要排水的情况必然各异。一般来说,南方较北方苗圃排水时间多而频繁,尤以梅雨季节应进行多次排水;北方7~8月份多涝,是排水的主要季节。

3)排水系统

一般苗圃的排水系统,分明沟排水与暗沟排水两种。

明沟排水是在地面挖成的沟渠,广泛地应用于地面和地下排水。地面浅排水沟通常用来排除地面的灌溉贮水和雨水。这种排水沟排地下水的作用很小,多单纯作为退水沟或排雨水的沟。深层地下排水沟多用于排地下水并当做地面和地下排水系统的集水沟。排水沟的边坡与灌水渠的角度相同,但落差应大一些,一般为3/1 000~6/1 000。大排水沟为排水沟网的出口段并直接通入河、湖或公共排水系统或低洼安全地带。大排水沟的截面根据排水量决定,但其底宽1 m以上,深度0.5~1 m。中排水沟宜顺支道路边设置,底宽0.3~0.5 m,深0.3~0.6 m。小排水沟宜设在岔道路旁,宽度与深度可根据实际情况确定。排水系统占地一般为苗圃总面积的1%~5%。

暗管排水多用于汇集和排出地下水。在特殊情况下,也可用暗管排泄雨水或过多的地面灌溉贮水。当需要汇集地下水以外的外来水时,必须采用直径较大的管子,以便排泄增加的流量并防止泥沙造成堵塞;当汇集地表水时,管子应按半管流进行设计。采用地下管道排水的方法,不占用土地,也不影响机械耕作,但地下管道容易堵塞,成本也较高。

技能训练

实训二十三　苗圃地灌溉与排水技术

一、目的

通过该实训掌握苗圃地合理的灌溉方式及排水技术,要根据各地实际情况,因地制宜地选择合适的方法,以期达到对苗圃地进行科学的水分管理,给苗木提供充足的水分,使得苗木生长健壮。初步了解喷灌、滴灌等先进灌溉设备的组成、构造等,掌握常用的灌溉方法和排水方法。

二、材料与工具

塑料管、皮尺、铁锹、水泵、滴灌系统、喷灌系统、渗灌系统等。

三、方法与步骤

(一)灌溉方式的选择

在各苗圃地中,根据已有的水源(地下水、地面水、灌溉水等),以当地苗圃苗木栽培方式、生长季节、土壤条件、不同的树种等为依据,选择合适的灌溉方法。可根据实际情况,在实训时选择下表中①~⑦中的一项或几项,但是⑤~⑦设备投入相对较高,所以要慎重选择。可以通过观摩学校苗圃或企业绿地的喷灌、滴灌设施,在教师的指导下,利用实训材料简单地连接好喷灌、滴灌设备,并进行试用。

不同的灌溉方式

灌溉方式	灌溉方法
①沟灌	在苗圃树木行间开灌溉沟,沟深20~25 cm,并与配水渠道相垂直,灌溉沟与配水渠道之间有微小的比降
②分区灌溉	把苗圃划分成许多长方形或正方形的小区,纵横做成土埂,将各区分开,通常每一棵树单独成为一个小区
③盘灌	以树干为圆心,在树冠投影以内以土埂围成圆盘,圆盘与灌溉沟相通
④穴灌	在树冠投影的外缘挖穴,将水灌入穴中,以灌满为度。穴的数量依树冠大小而定,一般为8~12个,直径30 cm左右,穴深以不伤粗根为准,灌后将土还原
⑤喷灌	喷灌系统一般包括水源、动力、水泵、输水管道及喷头等部分
⑥滴灌	滴灌系统的主要组成部分为:水泵、化肥罐、过滤器、输水管(干管和支管)、灌水管(毛管)和滴水管(滴头)
⑦渗灌	渗灌系统一般由水源工程、首部枢纽、输水部分和渗水器等四部分组成。渗水器包括渗水管和鼠洞(鼠洞是利用拖拉机牵引钻孔器在土壤中钻成的土洞通道进行灌水)。鼠洞的深度为40~50 cm,间距60 cm左右,黏土直径7~8 cm,轻质土直径10~12 cm

(二)排水方式的选择

一般苗圃的排水系统,分明沟排水与暗沟排水两种。排水沟网与灌溉渠道网宜各居道路一侧,形成沟、渠、道路并列设置。不同排水沟设置情况见下表。

不同的排水沟设置

排水沟名称	规格	设置位置
①大排水沟	大排水沟的截面根据排水量决定,但其底宽及深度不宜小于0.5 m	为排水沟网的出口段并直接通入河、湖或公共排水系统或低洼安全地带。宜采用片(卵)石铺砌的永久性结构,其边坡可采用1:1
②中排水沟	沟底宽0.3～0.5 m,深0.3～0.6 m	宜顺支道路边设置。宜采用片(卵)石铺砌的永久性结构,其边坡可采用1:1
③小排水沟	宽度与深度可根据实际情况确定	设在岔道路旁
④圃外截水沟	截面应根据排水量决定,但其底宽与深度不宜小于0.5 m	

四、实训报告

(1)每5人为一组,分组实施苗圃地不同的灌溉方法。

(2)如何对苗圃合理地进行水分灌溉?并分析各灌溉方法的优缺点。

(3)根据实训记录,将各项内容整理成实训报告。

6.2　中耕、除草

6.2.1　中耕、除草的原则

土地耕作是指在育苗生产过程中,对土壤进行一系列的技术措施,改善土壤的理化性质,总称为土地耕作。土壤耕作的目的是改良土壤物理状况,提高土壤孔隙度,加强土壤氧化作用,促进土壤潜在肥力发挥作用,调节土壤中水、热、气、养的相互关系和作用,并消灭杂草、病虫害等,给移植苗创造良好的生长条件。

中耕是在苗木生长期间对土壤进行的浅层耕作。中耕可以疏松表土层,减少土壤水分的蒸发,促进土壤空气流通,有利于微生物的活动,提高土壤中有效养分的利用率,促进苗木生长。中耕通常与除草相结合进行。中耕在苗期宜浅,要及时进行。每当灌溉或降雨后,当土壤表土稍干后即可进行,以减少土壤水分蒸发,避免土壤发生板结和龟裂。随苗木的生长,要根据苗木根系生长状况来确定中耕的深度。苗圃土地的翻耕一般在春、秋两季进行。秋耕可使土壤风化、蓄水保墒,有利于消灭杂草和病虫害,但对易风蚀的沙土,应在春季翻耕。

6.2.2　除草的方法

6.2.2.1　常见杂草种类

园林苗圃杂草是指苗圃中非有意识栽培的植物,园林苗圃一般水肥条件比大田好,所以杂草也会比一般大田多。杂草一般比园林幼苗生长旺盛,吸收养分和水分的能力比园林幼苗强,因此杂草的滋生会大量夺取苗木生长所需的养分、水分和光照,使植株生长缓慢;具缠绕茎的杂草使苗木生长变形扭曲,影响园林苗木的生长发育。另外,杂草也是许多病原菌、害虫的栖息地,是一些病虫害寄主植物,充当苗木病虫害的中间寄主,造成病虫害传播蔓延。且杂草茂密时影响苗木通风,易使树枝感病而枯死脱落,影响树形。

园林苗圃杂草种类很多,依据生物学习性可以把杂草分为3大类。

1)1年生杂草

1年生杂草指那些在春、夏季发芽出苗,夏、秋季开花、结实之后死亡,整个生命周期在当年完成的杂草。这类杂草都是种子繁殖,幼苗不能过冬,是苗圃中主要杂草,它们种类繁多,常见有藜、小叶藜、稗、狗尾草、反枝苋等。

2)多年生杂草

可连续生存两年以上,通常第一年只生长不结实,第二年起才结实。有些种类冬季地上部分枯死,依靠地下器官越冬,次年又长出新的植株,所以,多年生杂草除能以种子繁殖外,还能利用地下营养器官进行营养繁殖。苗圃常见的有荠菜、芦苇、田旋花、绊根草、白茅等。

3)寄生杂草

不能进行或不能独立进行光合作用制造养分的杂草,必须寄生在别的植物上,靠特殊的吸收器官吸取寄主养分而生活。如菟丝子、列当等。

6.2.2.2　除草剂的使用方法

由于除草剂的剂型不同,使用方法也不尽相同,主要方法有以下几种。

1)浇洒法

适用于水溶剂、乳剂和可湿性粉剂。先称出一定数量的药剂,加少量水使之溶解、乳化或调成糊状;然后加足所需水量用喷壶或洒水车喷洒苗床和道路。加水量的多少与药效关系不大,主要看喷水孔的大小而定。一般每公顷用水量6 000 kg左右。

2)喷雾法

适用剂型和配制方法同浇洒法,不同点是用喷雾器喷雾。每公顷用水量比浇洒法少,约750 kg。喷洒苗床和主、副道。

3)喷粉法

适用于粉剂,有时也可用于可湿性粉剂。施用时应加入重量轻、粉末状的惰性填充物,用喷粉器喷施。多用于幼林、防火线和果园。

4)毒土法

适用于粉剂、可湿性粉剂和乳剂。取含水量20%~30%的潮土(手捏成团,手松即散),过筛备用;称取一定数量的药剂,先加少许细土,充分搅匀,再加适量土(一般每公顷用量300~375 kg),药剂如是粉剂,可直接拌土。如用乳油剂可先加入少量水稀释,用喷雾器喷在细土上拌匀撒施。但要随配随用,不宜存放。

5)涂沫法

适用于水溶剂、乳剂和可湿性粉剂。将药配成一定浓度的药液,用刷子直接涂抹欲毒杀的植物。

不同除草剂发挥去除杂草的作用,其在植物体内传导的情况不尽相同,有些是经过木质部传导,有些是经过韧皮部传导,有些是两者皆可。常用除草剂的传导性及传导部位见表 6-1。不同除草剂使用时,要采取不同的使用方法,比如浇洒法、涂抹法等,更重要的是,在使用时注意浓度配比等情况,部分除草剂在苗圃地中应用配方见表 6-2。

实践证明,两种或两种以上除草剂的混合使用,比单独使用具有省工省药、提高对作物的安全性、扩大杀草范围等优点。而且和杀虫剂、杀菌剂及化肥混施,还可达到一次施药同时收到多种效果的目的。混合施用的原则:可采用残效期长与残效期短相结合;在土壤中移动性大的与移动性小的相结合;内吸型和触杀型相结合;见效快的与见效慢的相结合;灭草对象不同的相结合;除草、杀菌、杀虫、施肥不同功效的相结合。但必须注意不要造成药剂失效或引起苗木被害现象。一般说来,除草剂与其他农药、化肥相结合时,其有效成分为稳定的中性时,如除草醚、扑草净、阿特拉津、西玛津等,可与多种农药、化肥混用。而有效成分为盐或酸,如五氯酚钠、二甲四氯钠盐、2,4－D 原粉等,只能与不含金属离子和碱土金属离子的农药及化肥相结合。目前有些商品除草剂,本身就是混合剂型,如五氯酚钠尿素即由五氯酚钠与尿素合成。

表 6-1　常用除草剂的传导性及传导部位

传导性比较	传导部位		
	木质部	韧皮部	木质部和韧皮部
较强	西玛津 莠去津 敌草隆 除草定 灭草隆	豆科威 伐草克 氨基磺酸铵	杀草强 茅草枯 草甘膦 毒莠定 麦草畏
弱	百草枯 燕麦灵 敌草腈 利农(杀草快)	2,4－D 二甲四氯 2,4,5－T 2,4－D 丙酸	敌稗 茵达灭 砷酸盐
很少或不传导	除草醚、地乐酚、氟乐灵、五氯酚钠、敌草索		

注:引自张运山等,《林木种苗生产技术》,中国林业出版社,2007。

表 6-2　部分除草剂在苗圃地中的应用配方

除草剂	适应树种	使用时间	药量(kg/hm^2)	作用方式
除草醚	湿地松、日本落叶松、桉树等	播后苗前或苗期	6~8	茎叶、土壤
西玛津	核桃、板栗	播后苗前	2.31	土壤
茅草枯	杨树	扦插、平茬		
百草枯	针、阔叶树	播前、苗前	0.12~0.70	土壤
草甘膦	针、阔叶树	苗前	0.75	茎叶

注:引自张运山等,《林木种苗生产技术》,中国林业出版社,2007。

6.2.2.3 苗圃田杂草的防治方法

1)人工防治

(1)苗圃田杂草种子人工防除。首先,尽量勿使杂草种子或繁殖器官进入苗圃田,清除地边、路旁的杂草,严格杂草检疫制度,精选栽种材料,特别注意国内没有或尚未广泛传播的杂草,必须严格禁止输入或严加控制,防止扩散,以减少田间杂草来源。其次,用杂草沤制农家肥时,应将含有杂草种子的肥料用薄膜覆盖,高温堆沤 2 ~4 周,腐熟成有机肥料,杀死其发芽力后再用。

(2)结合农事活动人工除草。如在杂草萌发后或生长时期直接进行人工拔除或铲除,或结合中耕、施肥等农耕措施剔除杂草。

2)机械防治

结合农事活动,利用农机具耕翻、中耕松土等措施进行除草,拾烧草根、深埋草种、直接杀死、刈割或铲除杂草。

3)化学防除

化学防除是利用化学农药(除草剂)防除杂草的非人工除草方法,其主要特点是高效、省工,免去繁重的田间除草劳动,解放田间的劳动力。国内外已有 300 多种不同剂型的化学除草剂,可用于几乎所有的粮食作物、经济作物、苗圃林地和公园、铁路、机场等地的除草。目前在苗圃里常用的除草剂主要有乙草胺、莠去津、氟乐灵、2,4 - D 丁酯、盖草能、草甘膦、百草枯、甘草克等。

(1)土壤处理。

①土表喷雾。如喷乙草胺、莠去津、氟乐灵等形成毒土层,可以钝化、杀死栽植前后圃里位于土表层的 1 年生种子类的多种杂草。

②灌溉输液。结合春灌用去掉针头的输液器,按照药液流量由大到小的方法灌药,乙草胺、莠去津、氟乐灵等可以防治 50% ~70% 的 1 年生杂草。

(2)茎叶处理:一般采用喷雾法。

①草甘膦、农达等加上增效剂或洗衣粉少许进行喷雾,几乎可以杀死苗圃里的所有杂草,这也是防治多年生恶生性草的特效方法,比如单子叶的野青茅、白茅、白草、芦苇和双子叶的田旋花、打碗花、苣荬菜等。用药时间以 7 月下旬至 9 月上旬为宜,此时植物养分正处于回流高峰阶段,有利于药剂向根部的输导,进而达到杀死草根的目的。用此药一般在 1 周后见效,半个月后才能看到有杂草死亡,每年用 2 ~3 次药可使 2 ~3 年地里恶生性草量很少。

②百草枯。一种速效触杀型灭生性除草剂,通过触杀和一定的传导性破坏绿色植物组织,对植物根部及多年生地下茎及宿根无效。用它喷雾或定向喷雾可以在一天之内达到除草的目的,以便于苗圃农事操作。该药对 1 年生杂草的除草效果很好。

③盖草能。可以杀死 1 年生单子叶杂草,在杂草 3 ~5 叶期效果很好。

④2,4 - D 丁酯。可以用来防治苗圃里的双子叶杂草,但要慎用,因为苗木是双子叶植物。

一般施药要求晴天,并在 12 ~48 h 内无雨;注意防止漏施或重施;喷药速度快慢适宜,并均匀周到,最好在一定面积上,刚好把一定数量的药喷完,如果剩有药水应再加水均匀喷开,不要集中一地多喷。在停止喷药或地头转弯处,要关闭喷头,不要随意向其他禁忌作物喷洒;喷洒时要边喷洒边搅拌,防止沉淀;床面如有大草,喷药前应事前拔除。

4)替代控制

利用覆盖、遮光等原理,用塑料薄膜覆盖或播种其他作物(或草种)等方法进行除草。

技能训练

实训二十四　中耕、除草技术

一、目的

中耕及除草是苗圃地中很重要的两项措施,通过实训掌握中耕及除草技术,深刻理解中耕及除草的意义,并学会使用各种除草剂除草。

二、材料与工具

犁、耙、铁锹、除草剂、锄头、水桶、盆、量杯或量筒、喷雾器、勺子等。

三、方法与步骤

(一)中耕

春季,用犁对苗圃地进行翻耕,用耙将土面平整。分组进行半小时的人工中耕除草。

(二)除草

1.苗圃地杂草种类的统计

分组将苗圃地中各项杂草进行归类,拿回实验室后进行分类,制作成标本,以便对苗圃地进行合理的除草提供科学依据。

苗圃地杂草统计情况

杂草名称	科属	长势	是否是病虫害寄主

2.选择合理的除草方法

除草方法

除草类型	具体操作方法
人工除草	(1)杂草种子防除,严格杂草检疫制度; (2)用杂草沤制农家肥时要腐熟充分; (3)人工拔除或铲除

续表

除草类型	具体操作方法
机械除草	利用农机具耕翻、中耕松土等措施进行除草
化学除草	(1)土壤处理。 ①土表喷雾。如喷乙草胺、莠去津、氟乐灵等形成毒土层。②灌溉输液。结合春灌用去掉针头的输液器,灌输乙草胺、莠去津、氟乐灵等。 (2)茎叶处理:采用喷雾法。 ①草甘膦、农达等加上增效剂或洗衣粉少许进行喷雾,几乎可以杀死苗圃里的所有杂草,用药时间以7月下旬至9月上旬为宜。②百草枯。该药对1年生杂草的除草效果很好。③盖草能。可以杀死1年生单子叶杂草,在杂草3～5叶期效果很好。④2,4-D丁酯。可以用来防治苗圃里的双子叶杂草,但要慎用
替代控制	利用覆盖、遮光等原理,用塑料薄膜覆盖或播种其他作物(或草种)等方法进行除草

根据当地苗圃杂草的种类选择适宜的除草剂类型,并做好以下表格中数据的统计。

除草剂使用效果统计表

除草剂名称	除草剂使用方式	除草剂浓度	防除杂草名称	杂草死亡情况	除草效果

3. 除草剂使用注意事项

一般施药要求晴天,并在12～48 h内无雨;注意防止漏施或重施;喷药速度快慢适宜,并均匀周到,最好在一定面积上,刚好把一定数量的药喷完,如果剩有药水应再加水均匀喷开,不要集中一地多喷;在停止喷药或地头转弯处,要关闭喷头,不要随意向其他禁忌作物喷洒;喷洒时要边喷洒边搅拌,防止沉淀;床面如有大草,喷药前应事前拔除。

四、实训报告

(1)每5人为一组,分组实施苗圃地中耕除草技术。

(2)对苗圃合理地进行中耕除草,并注意除草剂的正确使用方法。

(3)根据实训记录,将各项内容整理成实训报告。

6.3 施　肥

肥料是作物的粮食,凡是施于土壤或者植物地上部分、能改善作物营养条件或者生长发育条件的一切有机物和无机物均称为肥料。当土壤里不能提供作物生长发育所需的营养时,对作物进行人为的营养元素补充的行为称为施肥。

6.3.1　苗圃施肥的意义

培育生长健壮、根系发达、树形美观、生长快的优良苗木,必须要有较好的营养条件。因为苗木在生长过程中要吸收很多化学元素作为营养,并通过光合作用合成碳水化合物,供应其生长需要。借助于溶液培养法或砂基培养法,已经证明钾、钙、镁、硫、磷、氮、硅、氯、铁、锰、硼、锌、铜、钼、镍、钠及二氧化碳和水中的碳、氢、氧等19种元素为大多数高等植物所必需的,其中碳、氢、氧、氮、钾、钙、镁、磷、硫、硅等10种元素植物需要量相对较大,称为大量元素或大量营养;其余氯、铁、锰、硼、锌、铜、钼、镍、钠等9种元素需要量极微,稍多即发生毒害,故称为微量元素或微量营养。苗圃多年来由于只是种苗,有的不太重视施肥,造成苗木生长缓慢,质量下降,病虫害严重,出圃年限拉长,经济效益不高。而且种苗木消耗的土壤养分要远比农作物为高。许多试验表明,多年种植苗木的圃地,供应苗木所需的氮、磷、钾的数量是严重不足的。当施用肥料后,很快地提高了苗木质量。

6.3.2　主要营养元素的作用

苗木生长过程中所需的营养元素以及植物可利用的形态见表6-3。

表6-3　高等植物必需营养元素以及可利用形态

营养元素		植物可利用的形态
大量元素	碳(C)	CO_2
	氢(H)	H_2O
	氧(O)	O_2,H_2O
	氮(N)	NO_3^-,NH_4^+
	钾(K)	K^+
	钙(Ca)	Ca^{2+}
	镁(Mg)	Mg^{2+}
	磷(P)	$H_2PO_4^-$,HPO_4^{2-}
	硫(S)	SO_4^{2-}
微量元素	氯(Cl)	Cl^-
	铁(Fe)	Fe^{3+},Fe^{2+}
	锰(Mn)	Mn^{2+}
	硼(B)	BO_3^{3-},$B_4O_7^{2-}$
	锌(Zn)	Zn^{2+}
	铜(Cu)	Cu^{2+},Cu^+
	钼(Mo)	MoO_4^{2-}

注:引自郭世荣等,《无土栽培学》,中国农业出版社,2003。

(1)氮(N)是蛋白质、酶、叶绿素、维生素、核酸、磷脂、生物碱等的组成成分,是植物生命不可缺少的物质。氮促进植物的营养生长,增加叶绿素的产生,使种子丰满。如果超过园林植物的生长需要就会延迟开花,造成徒长,对病害的抵抗力减弱。1年生幼苗对氮肥需要量较少,2年生、多年生植物在春季需氮肥较多。

(2)磷(P)是磷脂的主要成分,而磷脂又是原生质、细胞核的重要组成部分。磷也是ATP(三磷酸腺苷)、ADP(二磷酸腺苷)等的组成成分。施入磷肥,不仅增加养分、提供能量,而且也促进对氮的吸收,增加蛋白质在植物体中的积累。磷肥能促进种子发芽,提早开花结实,使茎叶发育坚韧、不易倒伏;能增强根系发育,增强植株对不良环境及病虫害的抵抗力。因此,园林植物在幼苗阶段需要适量磷肥。

(3)钾(K)对碳水化合物合成、转移以及氮素代谢等有密切关系。钾增加时,蛋白质合成增加,维管束、纤维组织发达。钾能使园林植物生长强健,增强茎的坚韧性,促进根系的扩大,对球根园林植物的发育有极好的作用。但使用钾肥一定要适量,过量施用会造成植株低矮,节间缩短。

(4)钙(Ca)用于细胞壁、原生质及蛋白质的形成,促进根的发育。钙可以降低土壤酸度,在我国南方酸性土地区为重要肥料之一。它可以改进土壤的物理性质,如果土壤黏重,施入石灰后,可变得疏松。钙可以被植物直接吸收,使植物组织坚固。

(5)硫(S)为蛋白质成分之一,能促进根系的生长,并与叶绿素的形成有关。硫可以促进土壤中微生物的活动,如豆科根菌的增殖,可以增加土壤中氮的含量。

(6)镁(Mg)在叶绿素的形成过程中,是不可缺少的,镁对磷的可利用性有很大影响、因此,植物的需要量虽少,但有重要作用。

(7)铁(Fe)在叶绿素形成过程中有重要作用。当铁缺少时,叶绿素不能形成,因而不能制造碳水化合物。在通常情况下,不会发生缺铁现象,但在石灰质土或碱土中,由于铁易转变为不可给态,虽土壤中有大量的铁元素,仍然会发生缺铁现象。

(8)硼(B)能改善氧的供应,促进根系的发育和豆科根瘤的形成,还有促进开花结实的作用。

(9)锰(Mn)对叶绿素的形成和糖类的积累转化有重要作用,对开花、结实均有良好的影响。

总之,植物必需营养元素可组成结构物质,也可是具有生理活性的物质,如酶、辅酶以及作为酶的活化剂,参与活跃的新陈代谢。此外,在维持离子浓度平衡、胶体稳定、电荷平衡等电化学方面起着重要作用。当某些营养元素供应不足时,苗木会表现出相应的缺素症状。

6.3.3　苗木营养状况诊断

观察和测定苗木的营养状况,确定苗木是否需要施肥和施肥的效果,称之为苗木营养诊断,是合理施肥的基础。

1)苗木形态的诊断

从苗木形态上来判断苗木体内的病症,称为苗木形态的诊断。苗木外部形态是内在因素和外在条件的综合反应。土壤中缺少任何一种必需的矿质元素或者任何一种矿质元素过量,都会引起植物发生特殊的生理反应。据此可以判断某种元素缺乏或过量,从而采取相应的措施。主要观察苗木生长发育情况、有无生长障碍、苗木形态上有无异常、有无枯死、根部状态和了解施肥情况等。当营养元素不足时部分苗木的缺素症状见表6-4。该方法需要结合叶分析和土壤分析对苗木进行诊断,才能为合理施肥提供更加科学的依据。

表6-4 营养元素不足的缺素症状

元素	针叶和阔叶的变色情况		其他症状
	针叶	阔叶	
氮	淡绿—黄绿	叶柄、叶基红色	枝条发育不足
磷	先端灰、蓝绿、褐色	暗绿、褐斑;老叶红色	针叶小于正常,叶片厚度小于正常
钾	先端黄,颜色逐步过渡	边缘褐色	年轻针叶和叶片小,部分收缩
硫	黄绿—白—蓝	黄绿—白—黄	
钙	枝条先端开始变褐	红褐色斑,首先出现叶脉间	叶小,严重时枝条枯死,花朵萎缩
铁	梢部淡黄白色,成块状全部黄化	新叶变黄白色	严重时逐渐向下(老叶)发展
镁	先端黄,颜色转变突然	黄斑,从叶片中心开始	针叶和叶片较易脱落
硼	针叶畸形,生长点枯死	叶畸形,生长点枯死	小叶簇生,花器和花萎缩

注:引自张运山等,《林木种苗生产技术》,中国林业出版社,2007。

2)用叶分析的方法诊断苗木营养状况

叶组织中各种主要营养元素的浓度与苗木的生长反应有密切的关系。植物体内各种营养元素间不能互相代替,当某种营养元素缺乏时,该元素即成为植物生长的限制因子,必须用该元素加以补充,植物才能正常生长,否则植物的生长量(或产量)将处于较低的水平。一般以叶片为材料来分析苗木体内化学成分,与正常植株的化学成分进行比较。这种方法可查明苗木缺少什么和缺乏的程度。很多学者利用叶分析的方法对苗木营养状况进行诊断,得到苗木对于氮、磷、钾等营养元素的诊断指标,见表6-5。当对样品测出氮、磷、钾的含量低于标准的适量值时,应当采取科学的施肥方法对该元素进行补充。但是因为不同的苗木在生长过程中对于营养元素的需求量都是不同的,即使是同一种苗木在不同的生长发育阶段也都是不一样的,很难得到统一标准,所以在实际使用该方法进行苗木营养诊断时,还是要"因材施肥"。

表6-5 几种果树叶片钾、磷、氮营养的诊断指标 (干重,%)

果树名称	钾			磷			氮		
	缺乏	适量	过剩	缺乏	适量	过剩	缺乏	适量	过剩
柑橘	<0.4	0.7~1.2	>2.3	0.08	0.12~0.16	0.3	<2.2	2.2~2.4	>2.6
桃	<1.0	2.0~3.0	>4.0				<2.67	2.7~3.4	—
苹果	0.8~1.0	1.0~2.0	—	0.07~0.1	0.20~0.25	—	<1.8	1.8~2.4	—

注:氮素数据来源对于取材要求严格,其中柑橘采样时间为春末结果的顶枝,采样部位为叶片;桃采样时期为开花后12~14周,采样部位为新梢中部或基部完全发育的叶片;苹果采样时期为6月15日至8月15日,采样部位为新梢基部叶片。

引自陆欣,《土壤肥料学》,中国农业大学出版社,2002。

在生产上很少见到树木出现严重缺素情况,多数情况下都是潜在缺乏,常常容易为人们所忽视，因此在营养诊断中，要特别注意区分出各种营养元素的潜在缺乏，以便通过适当的施肥来加以纠正。叶分析方法是当前较成熟的简单易行的树木营养诊断方法。用这种方法诊断的结果来指导施肥，能获得较大的经济效益。主要仪器有原子吸收分光光度计、发射光谱仪、X射线衍射仪等。

3）用土壤营养诊断方法来反映植物的营养状况

用浸提液提取出土壤中各种可给态养分，进行定量分析，以此来估计土壤的肥力，确认土壤养分含量的高低，能间接地表示植物营养状况的盈亏状况，作为施肥的参考依据。叶分析和土壤分析的结果结合起来能准确地指导施肥，发挥最大的实用价值。

6.3.4 苗圃常见肥料的种类及性质

肥料的种类繁多，按照不同的标准，可以将它分成很多类别，每一大类又可细分为不同的小类或不同的品种。

6.3.4.1 肥料的分类

1）按肥料的来源分类

自制肥料：经过人工堆积制作的肥料，通常以有机肥为主，如人粪尿、厩肥、堆肥等。

商品肥料：由工厂生产，加工制作、销售供应的肥料，如化学肥料等。

2）按化学成分分类

有机肥料：亦称农家肥，所有就地取材、就地寄存的一切动植物残体或有机杂物都可叫做有机肥料，它的主要成分是有机物。按物质来源、特性和积制方法可分为粪尿肥、堆沤肥、绿肥、杂肥、泥土类肥料、海肥、农盐以及“三废”等。有机肥料的特点是成分复杂、营养全面，是一种完全肥料，它的副作用小，对改良土壤有特殊的作用。

化学肥料：凡是用化学方法合成的或用矿石加工精制成的肥料，它的主要成分是无机物，亦称无机肥料，简称化肥。其成分比较单纯，大部分只含有一种营养元素，含两种以上营养元素的比较少，不含有机质，所以化肥又称不完全肥料。化肥的养分含量高、肥效快，易被作物吸收。按化肥所含元素的多少划分为以下几类：①单元（质）肥料，如硝酸铵、普钙、硫酸钾等。②复合肥料，如硝酸磷肥、氮磷钾锌复合肥料、磷酸铵等。化肥按植物需要量可分为以下几类：①大量元素肥料，如氮肥、磷肥、钾肥等；②中量元素肥料，如硫肥（硫酸铵、硫酸钾、硫酸镁）、钙肥（氯化钙、硝酸钙）；③微量元素肥料，如硼肥、锌肥、锰肥、钼肥、铜肥、铁肥。

微生物肥料：是利用土壤中有益的微生物，经过选育培养制成的各种菌剂肥料的总称。微生物肥料是通过微生物的生命活动为苗木增加土壤中营养元素的供给量，使苗木的营养状况得到改善和提高；或者是通过微生物的生命活动，除能提高营养元素的供给水平外，还能产生植物生长激素，促进苗木对营养元素的吸收利用和提高抗逆性。微生物肥料的种类很多，按其作用机理可分为根瘤菌类肥料、固氮菌类肥料、解磷菌类肥料、解钾菌类肥料等。

3）按肥料的作用分类

直接肥料：直接供给作物必需营养元素的肥料，如氮肥、磷肥、钾肥、微肥等。

间接肥料：主要用于改善作物的生长发育环境的肥料，如石灰、石膏等。

土壤调理剂：主要指能改善土壤理化性状的肥料，如抗旱剂。

刺激性肥料：指能刺激、调节植物生长的肥料，如腐殖酸类肥料。

4）按肥效的快慢分类

速效肥料：施用后能很快被作物吸收利用的肥料，如硫酸铵等。

缓效肥料（长效肥料）：施用后要经过一段时间的分解或转化才能被作物吸收利用的肥料，如垃圾、磷矿粉等。

5）按肥料的酸碱性分类

酸性肥料：如普钙等。

中性肥料：如硫酸钾等。

碱性肥料：如钙镁磷肥等。

6）按肥料的生理化学性质分类

生理酸性肥料：如硫酸铵、氯化钾等。

生理中性肥料：如硝酸铵等。

生理碱性肥料：如硝酸钠等。

7）按施肥的方法分类

基肥：在作物播种前或移栽前施用的肥料。

种肥：在作物播种或移栽时施用的肥料，主要作用是满足作物苗期对养分的需要。

追肥：在作物生长发育期间施用的肥料，其作用是及时补充植物对养分的需要，有两种形式：一是根部追肥，二是根外追肥。

6.3.4.2　常见肥料的性质

1）常见化学肥料的性质

（1）氮（N）肥。

①硫酸铵：$(NH_4)_2SO_4$，简称硫铵，含氮12%～16%，稳定性大于氯化铵。白色结晶，易溶于水，水溶液呈酸性，吸湿性小，不易结块，化学性质较稳定。适宜在碱性或中性土壤中施用，一般使用时，可与碱性肥料或石灰等配合施用。适宜用做追肥，应深埋入土，这样可以避免施于土表产生游离氨而挥发损失，降低肥效。

②碳酸氢铵：NH_4HCO_3，简称碳铵，含氮16.5%～17.5%，稳定性大于液氨。无色或浅灰色的粒状，板状或柱状结晶，稳定性差，常温下可以水解，应密闭包装，易溶于水，水溶液呈碱性，容易吸潮。碳铵用做基肥和追肥均可，是较安全的氮肥，但要深施（7～10 cm），为避免高温分解，施肥时间尽量选择在早晨或傍晚。

③氯化铵：NH_4Cl，简称氯铵，含氮24%～26%，稳定性大于碳酸氢铵。白色结晶，吸湿性强，应密闭包装贮运，易溶于水，水溶液呈酸性。多用做基肥，不宜连续大量施用，可与其他氮肥配合施用。

④硝酸铵：NH_4NO_3，简称硝铵，含氮33%～35%，是一种速效氮肥。白色粒状结晶或粉末状，或淡黄色颗粒，极易溶于水，易吸湿，受热容易分解产生氨，应避光保存，具有助燃性和爆炸性，不要与易燃物、氧化剂接触。结块时不能敲击。适宜用做追肥，但是需分次施用。

⑤尿素：$CO(NH_2)_2$，含氮46%，是氮肥中含氮量较高的一种酰胺类肥料。尿素呈白

色针状或柱状结晶,吸湿性强,为了防止吸潮,农用尿素常制成圆形小颗粒,外涂一层疏水物质。适宜用做基肥和叶面追肥,不宜用做种肥。

(2)磷(P)肥。

①过磷酸钙[$Ca(H_2PO_4)_2 \cdot H_2O$ 和 $CaSO_4 \cdot 2H_2O$]:又叫过磷酸石灰,简称普钙。一般硫酸钙占50%左右,有效磷(P_2O_5)占16%~18%。过磷酸钙是水溶的速效肥料。磷酸根离子易被土壤吸收和固定,故流动性小,肥效期长。适用于中性和碱性土地,也可用于酸性土壤,但不能与石灰混在一起施用。苗圃施用过磷酸钙应力求靠近根部(不能施于根的上方),才能发挥良好肥效。分层施肥效果更好,也可用于根外喷施,浓度1%~2%。

②磷矿粉:磷矿粉是磷灰石[$Ca_5(PO_4)_3F$]或磷灰土 $Ca_3(PO_4)_2$ 磨细制成的,是迟效性磷肥,因磷矿石不同,含磷量也不同,最低约为15%,最高达38%。施用于缺磷的酸性土壤中肥效好,如施在pH值6.5以下的土壤中,不应施在中性或碱性土壤中。一般用做基肥,不宜用做追肥。

③钙镁磷肥,是迟效性磷肥,主要成分是 $Ca_3(PO_4)_2$,含磷率为14%~18%,含氧化镁12%~18%,含氧化钙25%~30%。灰绿或暗绿色粉末,不吸湿,不结块,不溶于水,能溶于弱酸。呈微碱性,适用于酸性、微酸性土壤和缺镁贫瘠的沙土。与有机肥堆制后再用肥效更好。

④磷酸铵:磷酸与氨反应可生成磷酸一铵和磷酸二铵[$NH_4H_2PO_4$ 和 $(NH_4)_2HPO_4$]。制造过程中生成这两种化合物数量的多少,主要取决于氨化程度。目前某些磷酸铵肥料往往是磷酸一铵和磷酸二铵的混合物。磷酸一铵性质比较稳定,呈酸性反应,pH值为4.4,氮磷比为1:4或1:5。它适合作为生产其他复合肥料的原料。磷酸二铵,稳定性稍差,呈碱性反应,pH值为8.0。在高温、高湿条件下常有氨的挥发。其氮磷比约为1:2.5,适于各种土壤和作物,特别适于需磷较多的作物和缺磷土壤。纯净的磷酸铵为灰白色。但在制造过程中因磷酸内往往含有铁、铝、镁等杂质,在氨的中和过程中,生成铁、铝、镁磷酸盐等复杂化合物,故磷铵肥料多为深灰色,通常为颗粒状,物理性好,一般不吸湿、不结块,便于贮存、运输和施用。磷酸铵是水溶性肥料,易溶于水,其水溶液的pH值为7.0~7.2,属化学中性。磷酸铵适合各种土壤和作物施用,宜用做种肥和基肥。如用做种肥每公顷用量不超过75 kg,不宜与种子直接接触,以免对种子发芽产生不良影响。用做基肥时,每公顷用量为112.5~150 kg,磷酸铵不要与草木灰、石灰等碱性肥料混施,以免引起氨的挥发和磷素有效性的降低。

(3)钾(K)肥。

①硫酸钾:K_2SO_4。硫酸钾是速效性钾肥,含钾率为48%~52%,能溶于水,是生理酸性肥料。适用于碱性或中性土壤,如用在酸性土壤,要与石灰性间隔施用。用做基肥、追肥均可,但以用做基肥较好。

②氯化钾:KCl。含钾率为40%~50%,速效性钾肥,易溶于水,是一种生理酸性肥料,适用于石灰性或中性土壤,可用做基肥和追肥。

③磷酸二氢钾:磷酸二氢钾是由磷酸和硫酸钾(或氯化钾)反应制成[KH_2PO_4]。它是一种高浓度磷钾复肥,纯品为白色结晶,易溶于水,呈酸性反应,pH值3~4。磷酸二氢

钾的肥效较高,适宜于各种土壤、作物施用。它所含的磷全部是水溶性的,与过磷酸钙等效;所含的钾也是水溶性的,与单元钾肥等效。磷酸二氢钾价格较高,因此最适宜作根外追肥或浸种用。浸种适宜浓度为0.2%,根外追肥适宜浓度为0.1%~0.3%。

④硝酸钾:可通过硝酸钠与氯化钾反应制得[KNO_3]。我国也有在土硝中提取硝酸钾,又称火硝。硝酸钾为高浓度的氮钾复合肥,为白色结晶,易溶于水,吸湿性较小,具有强氧化性质,属易燃、易爆品,在运输和贮藏中要特别注意,切忌与有机物一起存放。硝酸钾中的阴、阳离子均能被作物吸收,所以它是一种不含副成分的复合肥料,特别适用于葡萄等忌氯喜钾作物。在温室栽培时施用硝酸钾,由于它在土壤中不会残留和积累有害盐类,所以不会改变土壤的性质。硝酸钾适宜作浸种和根外追肥,浸种浓度为0.2%,它有利于种子出芽,可促进幼苗及根系生长。作根外追肥的适宜浓度为0.6%~1.0%,能迅速消除作物缺钾症状,增强作物抗病能力,改善产品质量。硝酸钾氮钾比例较宽(1:3.4),用于其他作物时应配合施用单元氮肥,以提高肥效。

(4)复合肥料。

①硝酸磷肥:它是用硝酸分解磷矿粉制得的氮磷复合肥料。硝酸磷肥生产的主要优点是硝酸既用于分解磷矿,它本身又是产品中氧素的部分来源。因此,生产硝酸磷肥较为经济,特别是硫磺资源缺乏的国家和地区,适合这类肥料的生产。硝酸磷肥中大部分的氮素为硝态氮,易随水流失,故宜用于旱地,适宜在北方地区施用。它吸湿性较强,应注意防潮。硝酸磷肥宜用做基肥和种肥,也可以用做追肥。一般基肥每公顷施225~375 kg;种肥每公顷施75~150 kg,但不要与种子直接接触,以免烧种。

②聚磷酸铵:又称多磷酸铵,是由多磷酸和氨中和反应制成。其中最常见的是二聚磷酸铵、三聚磷酸铵和四聚磷酸铵。不同聚合度磷酸的铵盐所含氮、磷不同。聚磷酸铵的养分有效性高,易溶于水,适合各种土壤和作物,尤其适用于喜磷作物和缺磷土壤。作物能直接吸收和利用聚磷酸铵。由于聚磷酸铵的分子结构特殊,它可和许多微量元素直接结合,避免锌等元素在土壤中形成不溶性化合物。因此,可利用聚磷酸铵作为许多微量元素的载体。

③尿磷钾肥:是由尿素、磷酸一铵和氯化钾按不同比例掺混造粒而成的三元混合复合肥料。一般要求以粉粒状的基础肥料为原料进行混合。

④铵磷钾肥:是用硫酸铵、硫酸钾和磷酸盐按不同比例混合而成的三元复合肥料,也可用磷酸铵加钾盐制成。由于铵磷钾肥中磷的比例较大,可适当配合单元氮、钾肥,以便更好地发挥肥效。铵磷钾肥物理性状良好,三种养分基本上都是速效性,易被作物吸收利用;适宜条施或穴施作基肥。

2)常见有机肥料的性质

(1)人粪尿。

人体排泄的尿和粪的混合物。人粪含70%~80%水分,20%的有机质(纤维类、脂肪类、蛋白质和硅、磷、钙、镁、钾、钠等盐类及氯化物),少量粪臭质、粪胆质和色素等。人尿含水分和尿素、食盐、尿酸、马尿酸、磷酸盐、铵盐、微量元素及生长素等。人粪尿中常混有病菌和寄生虫卵,施前应进行无害化处理,以免污染环境。人粪尿碳氮比(C/N)较低,极易分解;含氮素较多,腐熟后可作速效氮肥用,作基肥或追肥均可,宜与磷、钾肥配合施用。但不能与碱性肥料(草木灰、石灰)混用;每次用量不宜过多;旱地应加水稀释,施后覆土;水田应结合耕田,浅水匀泼,以免挥发、流失和使作物徒长。忌氯作物不宜用,以免影响品质。

(2)厩肥。

家畜粪尿和垫圈材料、饲料残茬混合堆积并经微生物作用而成的肥料。富含有机质和各种营养元素。各种畜粪尿中,以羊粪的氮、磷、钾含量高,猪、马粪次之,牛粪最低;排泄量则牛粪最多,猪、马粪次之,羊粪最少。垫圈材料有秸秆、杂草、落叶、泥炭和干土等。厩肥分圈内积制(将垫圈材料直接撒入圈舍内吸收粪尿)和圈外积制(将牲畜粪尿清出圈舍外与垫圈材料逐层堆积),经嫌气分解腐熟。在积制期间,其化学组分受微生物的作用而发生变化。

(3)堆肥。

作物茎秆、绿肥、杂草等植物性物质与泥土、人粪尿、垃圾等混合堆置,经好气微生物分解而成的肥料。多用做基肥,施用量大,可提供营养元素和改良土壤性状,尤其对改良沙土、黏土和盐渍土有较好效果。

堆制方法,按原料的不同,分高温堆肥和普通堆肥。高温堆肥以纤维含量较高的植物物质为主要原料,在通气条件下堆制发酵,产生大量热量,堆内温度高(50~60 ℃),因而腐熟快,堆制快,养分含量高。高温发酵过程中能杀死其中的病菌、虫卵和杂草种子。普通堆肥一般掺入较多泥土,发酵温度低,腐熟过程慢,堆制时间长。堆制中使养分化学组成改变,碳氮比值降低,能被植物直接吸收的矿质营养成分增多,并形成腐殖质。

堆肥腐熟良好的条件:①水分:保持适当的含水量,是促进微生物活动和堆肥发酵的首要条件。一般以堆肥材料量最大持水量的60%~75%为宜。②通气:保持堆中有适当的空气,有利于好气微生物的繁殖和活动,促进有机物分解。高温堆肥时更应注意堆积松紧适度,以利通气。③保持中性或微碱性环境:可适量加入石灰或石灰性土壤,中和调节酸度,促进微生物繁殖和活动。④碳氮比:微生物对有机质正常分解作用的碳氮比为25:1。而豆科绿肥碳氮比为(15~25):1、杂草为(25~45):1、禾本科作物茎秆为(60~100):1。因此,根据堆肥材料的种类,加入适量的含氮较高的物质,以降低碳氮比值,促进微生物活动。

(4)沤肥。

作物茎秆、绿肥、杂草等植物性物质与河、塘泥及人粪尿同置于积水坑中,经微生物嫌气发酵而成的肥料。一般作基肥施入稻田。沤肥可分凼肥和草塘泥两类。沤肥可随时积制,草塘泥则在冬春季节积制。积制时因缺氧,使二价铁、锰和各种有机酸的中间产物大量积累,且碳氮比值过高和钙、镁养分不足,均不利于微生物活动。应翻塘和添加绿肥及适量人粪尿、石灰等,以补充氧气、降低碳氮比值、改善微生物的营养状况,加速腐熟。

(5)沼气肥。

作物秸秆、青草和人粪尿等在沼气池中经微生物发酵制取沼气后的残留物。富含有机质和必需的营养元素。沼气发酵慢,有机质消耗较少,氮、磷、钾损失少,氮素回收率达到95%,钾素回收率在90%以上。沼气水肥作旱地追肥;渣肥作水田基肥,若作旱地基肥施后应覆土。沼气肥出池后应堆放数日后再用。

(6)废弃物肥料。

以废弃物和生物有机残体为主的肥料。其种类有生活垃圾、生活污水、屠宰场废弃物、海肥(沿海地区动物、植物性或矿物性物质构成的地方性肥料)。

此外,还有泥肥、熏土、坑土、糟渣和饼肥等。土肥类应经存放和晾干、糟渣和饼肥经腐熟后用做基肥。

6.3.5　施肥的原则和施肥量

合理施用肥料,才能使作物最大限度地利用肥料中的养分,提高肥料利用率,并有利于培肥地力,获得显著的施肥经济效益和社会效益。

(1)应对圃地的土壤进行全面的调查,对土壤的物理和化学性质、有机质及各种营养成分的种类和含量、pH 值、土壤微生物的种类和数量等要做到心中有数。要根据土壤的肥力状况和培育的树种制定施肥计划,缺什么补什么,缺多少补多少,尤其是当苗圃地中缺乏有机质时,要多施、施足有机肥。

(2)有机肥与化肥要配合使用。基肥要以有机肥为主,追肥要以化肥为主,既要保证土壤中的有机质含量,又要保证各种营养元素达到应有的有效含量,二者相辅相成,共同为苗木的生长提供所需的营养。

(3)根据土壤的 pH 值选择适宜的肥料品种。酸性土宜选用碱性肥料,如硝态氮肥、钙镁磷肥、草木灰、石灰等;碱性土宜选用酸性或生理酸性肥料,如铵态氮肥、水溶性磷肥(过磷酸钙)等,以防止土质变劣。

(4)氮、磷、钾要配合施用,而且不宜长期使用单一品种,以防止有害物质的积累危害苗木。

(5)根据所培育树种特性选择肥料品种。不同树种的苗木所需营养元素的种类和数量具有差异,如豆科树种的苗木多能通过根瘤菌固氮,因而可以减少氮肥的施入量。

比如我国农民总结出了“看天、看地、看肥、看苗”的“四看”施肥经验,即施肥要根据作物营养特点、土壤状况、肥料性质和气候条件来进行科学合理施肥。总之,施肥要考虑当地的具体情况和各种肥料的性质和特点,要通过施肥,既能使苗木优质丰产,又能使土壤的肥力水平得到保持和提高。

前人经验总结:在一定的栽培条件下,各种苗木都有稳定合适的施肥范围。一般而言,1 年生苗木每年每公顷施肥量为氮(N)45 ~ 90 kg,磷(P_2O_5)30 ~ 60 kg,钾(K_2O)15 ~ 30 kg;2 年生苗木增加 2 ~ 5 倍。根据每公顷施用营养元素的数量和肥料中所含有的有效元素量,即可粗略地估算出每公顷实际施肥量。有机肥用做基肥时,每公顷施 4.5 万 ~ 9.0 万 kg。追肥一般每公顷施硫酸铵 75 ~ 112.5 kg,尿素 60 ~ 75 kg,硝酸铵、氯化铵、氯化钾为 75 kg 左右。

计算施肥量时应预先测出苗木每年从土壤中吸收的各营养元素的量,扣除土壤中供给量,再考虑到肥料的损失,其差额就是施肥量。有些学者针对不同果树进行研究,当其形成 100 kg 经济产量时所需从土壤中吸收养分的大致数量见表 6-6。可以以此为依据来指导苗木的施肥量。

苗木施肥量的确定通常采取的公式为:

$$A = (B - C)/D$$

式中 A——对某元素所需数量,kg;

B——苗木需要的数量,kg;

C——苗木从土壤中吸收的数量,kg;

D——肥料利用率(%),部分肥料当年利用率见表6-7。

表6-6　不同作物形成100 kg经济产量所需养分的大致数量

作物	收获物	从土壤中吸收氮、磷、钾的数量(kg)*		
		N	P_2O_5	K_2O
柑橘	果实	0.60	0.11	0.40
梨	果实	0.47	0.23	0.48
柿	果实	0.59	0.14	0.54
葡萄	果实	0.60	0.30	0.72
苹果	果实	0.30	0.08	0.32
桃	果实	0.48	0.20	0.76

注:*包括相应的茎、叶等营养器官的养分数量。

引自王荫槐,《土壤肥料学》,中国农业出版社,1992。

表6-7　部分肥料当年利用率

肥料	利用率(%)	肥料	利用率(%)
一般圈粪	20~30	氯化铵	60
土圈粪	20	碳酸氢铵	55
堆肥	25~30	尿素	60
人粪尿	40~60	过磷酸钙	25
炕土	30~40	钙镁磷肥	25
新鲜绿肥	30	磷矿粉	10
氨水	50	硫酸钾	50
硫酸铵	70	氯化钾	50
硝酸铵	65	草木灰	30~40

注:引自王荫槐,《土壤肥料学》,中国农业出版社,1992。

目前可以利用电脑对肥料成分、施肥量、施肥时期以及灌溉方式对肥效的影响等,并考虑到环境条件、树种、育苗密度、苗龄、土壤等条件对施肥的影响进行数字处理,能很快计算出最佳施肥量,使科学施肥、经济用肥发展到一个崭新的阶段。

6.3.6　施肥时期与方法

1)施肥时期

(1)确定施肥时期的依据。

掌握苗木需肥时期:以苗木生长物候期为依据。养分首先满足生命活动最旺盛的器官,即养分有其分配中心;随着物候期的进展,分配中心也随之转移。

掌握土壤中营养元素和水分变化规律:苗圃地春季含氮较少,夏季有所增加,钾含量与氮相似;磷含量则春季多而夏秋季较少。土壤水分含量与发挥肥效有关。土壤水分亏缺时施肥有害无利。积水或多雨地区肥分易淋洗流失,降低肥料利用率。

掌握肥料的性质:易流失挥发的速效肥或施后易被土壤固定的肥料,如碳酸氢铵、过磷酸钙等宜在苗木需肥期稍前施入;迟效性肥料如有机肥料,因腐烂分解后才能被苗木吸收利用,故应提前施入。因此,肥料应在经济效果最高时期施入。

(2)基肥和追肥施用时期。

基肥:以有机肥料为主,是较长时期供给苗木多种养分的基础肥料。

秋施基肥正值根系第二或第三次生长高峰,伤根容易愈合,切断一些细小根,起到根系修剪的作用,可促发新根。若施肥时加入适量速效性氮肥(占总量 1/3),则效果更好。

增施有机肥料,可提高土壤孔隙度,疏松土壤,改善土壤中水、肥、气、热状况,有利于微生物活动。秋施基肥有机物腐烂分解时间较长,矿质化程度高,翌春可及时供根系吸收利用,并有利于圃地积累保墒,提高地温,防止根际冻害。

寒冷地区苗木落叶后至土壤结冻前施基肥,因地温降低,伤根不易愈合,且不易发生新根,肥料也较难分解,效果不如早秋施。春施基肥,肥效发挥较慢,常不能满足早春生长需要,到后期往往导致枝梢两次生长,影响花芽分化。

追肥:当苗木需肥急迫时期必须及时补充肥料,才能满足苗木生长发育的需要。

2)施肥方法

(1)撒施。

最常用的既简单又经济的施肥方式就是人工或借助机械设备在地面上撒播固体肥料,然后进行灌溉,使肥料溶入土壤。这种方式的最大优点就是比较经济简便,林木可以直接快速吸收肥料养分。

(2)喷施。

使用小型手动喷壶也可以用放置于拖拉机上的罐槽式喷施仪对叶面喷施营养溶液,所以只要所需配方溶液混合好,就可以马上展开施肥工作。此外,为了避免肥料被其他杂草和浅根系植物吸收,还可以直接将肥液施于林木的根系区。

(3)沟施。

该方法是在靠近林木根部的地面钻大小适度的孔、沟穴,然后将固体肥料以及一些细砂子等放入孔、沟穴中即可,然后可以灌水溶解肥料使植物吸收。此法操作也比较简单。

(4)埋施。

将内部装有植物所需养分的肥料钉(一般由合成纤维制成)埋藏在植物根部周围。当这些肥料钉分解后,即释放出养分,供植物利用。此方法不足之处是:当处理大面积紧实的土壤时显得不够经济。

(5)凋落物补肥。

植物的凋落物的腐烂分解可以归还其生长需要的部分营养。这种方式没有对植株施用任何肥料,但是具有降低邻近植株的竞争效应,调节土壤温度,减少水分丧失和降低生产成本等优点。所以,同其他施肥方式结合起来使用比较适合。

(6)注射施肥。

它分为土壤注射和植物注射两类。前者就是将肥料在灌槽中混合好。然后通过推进到土壤里面的探针直接对根部施肥。该方式的优点在于:把林木需要的水肥施于其根部,同时又提高了紧实土壤的透气性。其缺点就是:施肥器械昂贵以及养分溶液会发生泄漏。植物体注射其实质是植物内部治疗,广义上是属于植物化防技术的范畴。它对植物微量元素营养不良症起良好的补偿作用,又显示了药肥兼顾的双重功能。

(7)根外追肥

又称叶面喷肥。简单易行,用肥量小,发挥作用快,且不受养分分配中心的影响,可及时满足苗木的需要,并可避免某些元素在土壤中化学的或生物的固定作用。

根外追肥可提高叶片光合强度0.5~1倍以上,喷后10~15 d叶片对肥料元素反应最明显,以后逐渐降低,至第25~30 d则消失。据研究,根外追肥还可提高叶片的呼吸作用和酶的活性,因而改善根系营养状况,促进根系发育,增强吸收能力,促进植株整体的代谢过程。但根外追肥不能代替土壤施肥。两者各具特点,互为补充。运用得当,可发挥施肥的最大效果。

叶片是制造养分的重要器官,而叶面气孔和角质层也具吸肥特性,一般喷后15 min到2 h即可吸收。但吸收强度和速率与叶龄、肥料成分和溶液浓度等有关。幼叶生理机能旺盛,气孔所占比重较大,较老叶吸收速度快,效率也高;叶背较叶面气孔多,且表皮层下具有较疏松的海绵组织,细胞间隙大而多,利于渗透和吸收,因此叶背较叶面吸收快。根外追肥最适温为18~25 ℃,湿度较大些效果好。因而喷布时间于夏季最好在上午10时以前和下午4时以后,以免气温高,溶液很快浓缩,既影响吸收,又易发生药害。喷布前先作小型试验,确定不能引起肥害,然后再大面积喷布。

(8)配方施肥。

配方施肥是综合运用现代农业科技成果,根据作物需肥规律、土壤供肥性能与肥料效应,在有机肥为基础的条件下,产前提出氮、磷、钾或微量元素的适宜用量和比例,以及相应的施肥技术。养分平衡施肥估算法是根据作物目标产量与土壤供肥量之差计算施肥量,以达到求与供之间的平衡。本法是由著名的土壤学家曲劳(Truog)和斯坦福(Stanfor)提供的,用公式表达为:

$$施肥量(kg)=\frac{作物需肥量(kg)-土壤供肥量(kg)}{肥料中有效养分含量(\%)\times 肥料利用率(\%)}$$

技能训练

实训二十五　苗木营养状况诊断与施肥技术

一、目的

通过对苗木营养状况进行诊断,掌握科学的苗圃施肥技术,从而对苗木提供充足的营养成分,使得苗木生长健壮,并熟悉肥料的分类以及各种肥料的使用方法。

二、材料与工具

剪刀、冰箱、纱布、烧杯、比色皿、试管、苗床、各种不同类型肥料、喷雾器、量筒、水桶、瓢、锄头、镐、水桶等。

三、方法与步骤

(一)苗木诊断技术

根据苗木外形、色泽对植物进行营养诊断。主要是采取叶片分析法来进行科学的苗木诊断。步骤如下。

1. 取样的代表性

为了保证速测结果能正确反映客观实际情况，对测定样株的选择一般要求有充分的代表性。要多点取样，取样株数一般一种苗木应在10株以上。

2. 取样时间

采样时间要尽可能在同样光照条件下，采样时间一般固定在上午8～10时进行为宜。

3. 取样部位

在进行化学诊断时，只需选择作物体上某一部位进行分析即可。一般选择新生组织最能反映各种养分的丰缺情况。此外，为减少叶绿素在比色中的干扰，在可能条件下要选择叶绿素少的部位进行。苗木进行营养诊断时最好选择幼叶。

4. 样品的处理

测定前先将样品上附着的灰尘清洗干净，浸提幼叶汁液，然后进行诊断测定。从采样到测定，间隔的时间越少越好，一般应在采样2 h内完成。若不能立即测定，可暂时用清洁的纱布包裹或放入塑料袋中，以防止水分蒸发，必要时放入冰箱。但这样时间不可太长，以免养分转化或样品变干影响速测结果。

5. 浸提液的制备

将已处理的幼叶样品，用干净剪刀剪碎，然后称0.2～0.5 g，放入比色试管中，加入10 mL蒸馏水，浸泡10 min，加塞后猛力摇动1 min，静止片刻，即可吸收浸出液速测。如果溶液浑浊，应先过滤。应在2～3 h测定完毕。

6. 苗木组织中氮、磷、钾速效养分的测定

(1)硝态氮($NO_3^- - N$)的测定。

吸取植株浸提液4滴，放在比色盘穴中，加60%醋酸4滴，搅匀，加硝酸试粉一小匙，搅匀，静止10 min后与标准色阶比色读数。读数乘以(10/样品重)比值，即为组织中$NO_3^- - N$质量分数(mg/kg)。

(2)磷的测定。

吸取植株浸提液4滴于比色盘中，加蒸馏水1滴，加2.1%钼酸铵4.9 mol/L盐酸溶液1滴，搅匀，再加0.1%氯化亚锡1滴，搅匀放置5 min后与标准色阶比色读数。读数乘以(10/样品重)比值，即为组织中磷质量分数(mg/kg)。

(3)钾的测定。

吸取植株浸提液2.5 mL，于直径1.0～1.2 cm的平底比色管中，加入5% EDTA液2滴，摇匀，再加3%四苯硼钠溶液5滴，搅匀，5 min后与标准色阶比浊读数。读数乘以(10/样品重)比值，即为组织中钾质量分数(mg/kg)。

氮、磷、钾的量到底多少为适量，可以参考表6-5的内容，但是针对不同的苗木还是要

具体问题具体分析。

(二)苗木施肥技术

1. 施基肥

一般是在耕地前将肥料全面撒于圃地,耕地时把肥料翻入土层中,深度应在15~17 cm。

2. 施种肥

一般以速效磷为主,用过磷酸钙制成颗粒肥与种子同时播下。

3. 施追肥

(1)撒施:在下小雨时把尿素、碳酸氢铵等肥料均匀地撒在苗床上。

(2)条施:在苗木行间开沟,把肥料施入后覆土。开沟的深度以达到吸收根最多的层次为宜,即表土下5~20 cm,特别是追施磷、钾肥。

(3)浇施:把经过腐熟的人粪尿或畜粪尿稀释后,均匀地撒施在苗床上。或将0.5%尿素水溶液洒施在苗床上。

(4)根外追肥:磷、钾肥料浓度为1%,磷、钾比例为3:1,尿素浓度为0.2%~0.5%。用喷雾器均匀地喷洒在叶片上。

(三)施肥注意事项

注意施肥的浓度不能过高,否则易烧叶、烧根;特别注意化肥硝酸铵不能用铁器敲击,易燃易爆;根外追肥时叶片的正反两面都要喷洒。

四、实训报告

(1)每5人为一组,分组对苗圃地中不同方位苗木的叶片进行采样分析其营养状况,从而指导合理的施肥技术。

(2)对苗圃进行合理的施肥,并注意各种肥料使用时应该注意的事项。

(3)根据实训记录,将各项内容整理成实训报告。

6.4 其他抚育管理措施

6.4.1 截根

6.4.1.1 截根

截根主要是截断苗木的主根。

截根的作用有:去除主根的顶端优势,控制主根的生长,促进侧根和须根的生长,扩大根系的吸收面积;暂时抑制茎、叶生长,使光合作用产物对根的供应增加,使根茎比加大,利于苗木后期生长。通过截根还可以减少对起苗时根系的损伤,提供苗木移栽成活率。

苗木截根主要适用于主根发达、侧根较少的树种,比如松、栎类、核桃、樟树等。

截根的时期,应在苗木速生期来到之前进行,使苗木在截根后有较长的生长期,以利侧根发展,截根过晚不利于苗木生长。

截根的时间,宜选择在秋季苗木停止生长以后或春季苗木萌动以前,并根据树种确定截根的长度，一般为 10 ~ 15 cm。截根可采用截根刀，从苗床表面截下主根；也可用铁锹在苗木旁向土中斜切，以断主根。

截根后应立即灌水，并增施磷钾肥，促使苗木增生新根。

6.4.1.2　断根

断根是指在苗木计划移植之前，切断其部分根系，促发新根。因大苗或未经移植的苗根系延伸较远，吸收根群多在树冠投影范围以外，因而起土球时带不到大量须根，必须进行断根缩土球。其方法是：在起苗前 1 ~ 2 年，在树干周围按冠幅大小开沟，灌入泥浆或黏土，使根系受伤，并发生新根，以便今后起苗时，沿沟的外缘起土球包扎。一般在春季或秋季进行。

6.4.2　苗木保护

6.4.2.1　防寒越冬

许多一年生播种苗由于抗冻性差，冬季不能安全越冬，尤其我国北方地区冬季寒冷且又干旱多风、空气干燥，冬季常发生冻害。冬季发生冻害主要是由于低温造成的，低温破坏活体细胞膜及原生质的结构使其丧失活力，从而引起全株死亡。如梅花朱砂型的品种 -15 ℃可使其致死。此外，低温也可使土壤水分冻结，苗木地上部水分蒸腾后不能得到补充而产生生理干旱致害；土壤冻结产生缝隙，使苗木根系受损或产生冻伤，这也是冻害的表现之一。此外，当冬季日温差过大时，白天最高温度 4 ℃以上，夜间最低温度在 0 ℃以下甚至更低时，苗木的地上部尤其是苗木茎干的西南方向所受冻害，或称日灼，多由此引起。

1）浇封冻水

冬季来临之前浇透凉水，浇足浇透水分可以增加土壤的热容量，缓解土壤温度降低时对苗木根系的影响和生理干旱所产生的危害。

2）埋土越冬

在土壤结冻前，对苗木地上部分两次进行埋土，苗木较高时可先将苗木用土压倒，第一次埋土不必埋严，可外露部分枝梢；天气再冷时进行第二次埋土，而且要埋严，让苗木逐步适应埋土后的环境。春季解冻后分两次撤掉覆土，并进行灌溉。埋土是当前最安全、最有效的防寒方法。在北方，葡萄苗常采用该方法进行埋土越冬。

3）设置风障

对具有一定的抗寒性，但仍需保护越冬的树种，可在迎风面设立风障（如北京地区是将风障设在北面和西面）。风障具有防风、保墒和增温的效果，可分为大风障和小风障两种。大风障是由篱笆、披风及土背组成的，篱笆由芦苇、高粱秆、竹子、玉米秆等夹制而成；披风由稻草、谷草、塑料薄膜围于篱笆的中下部；基部用土培成 30 cm 高的土背，一般冬季防风范围在 10 m 左右。小风障高 1 m 左右，一般只用谷草和玉米秆做成，防风效果在1 m 左右。常用的材料如高粱或玉米的秸秆和稻草等。

4）树干涂白

对苗木树干进行涂白可预防冬春日温差过大所引起的日灼，常用的配方如下：生石灰 3 份、食盐 0.5 份、水 10 份、动（植）物油少许，也可再加入少量石硫合剂原液。

5)覆草

对春旱不太敏感的苗木可用覆草法,降低苗木水分的蒸腾,即在降雪后用麦秆或其他草类将苗木加以覆盖,覆盖的厚度应超过梢 3 cm 以上。为了防止草被风吹走,可用草绳压住覆草。在春季起苗前 1 周左右撤草,过早仍会受旱风危害。此法费用较高。

另外,在北方,倒春寒现象依然普遍。当春季播种或插条,幼苗刚发芽如遇晚霜,易受霜冻,可以采取苗圃地熏烟法来进行防止。可以采取稻草、麦秸等,每公顷平均分布约 50 堆,每堆 20 ~25 kg。燃烧时要注意火小烟大。

6.4.2.2 病虫害防治

苗木在生长过程中,常常会受到病虫的危害。病虫害防治必须贯彻"防重于治"的原则。如果苗圃的病虫害发展到严重的程度,不仅增加防治的困难,而且会造成无法挽救的损失。

园林苗圃的虫害主要有地下害虫和地上害虫两类。地下害虫主要有地老虎、蝼蛄、蛴螬等,它们生活在土壤中,主要咬食根和幼苗,造成大量缺苗、死苗,严重影响苗木生产。地上害虫主要有尺蠖、蚜虫、粉虱等,它们蚕食树叶、刺吸汁液,破坏新梢顶芽,影响苗木生长。

1)苗圃地主要病虫害情况

苗圃地主要病虫害见表 6-8。

表 6-8 苗圃地主要病虫害一览表

类型	分类	虫害名称	分布与危害	形态特征	防治措施
虫害	地下害虫	小地老虎	属鳞翅目,夜蛾科。又名土蚕、切根虫,夜间出来危害,白天钻入土中。常把幼苗从地表咬断,是造成缺苗断垄的主要害虫	成虫体长 16 ~23 mm,翅展 42 ~54 mm,全体灰褐色。前翅具有两对横纹,将翅分为 3 个部分,顶端为黄褐色,中间暗褐色,近中间有一肾状纹,纹外有一个尖端向外的楔形黑斑。后翅灰白色,腹部为灰色	①加强苗圃抚育管理,及时清除杂草,切断幼虫食料来源,可减轻危害。清除的杂草要及时运出沤肥或烧毁,防止幼虫转移到苗圃危害。②在播种或幼苗出土前,用多汁的新鲜植物(杂草),加入胃毒剂农药制成毒饵,于傍晚施于苗木行间地面,防治大龄幼虫。③用 90% 晶体敌百虫 25 g,加水 37.5 ~50 kg,拌压碎炒熟的豆饼或麦麸 50 kg,傍晚施于苗圃,每 667 m^2 2.5 ~4 kg,可收到较好的防治效果,但此法一般在大发生时采用。④将新采摘的老桐叶于傍晚置于苗圃地,每 667 m^2 60 ~80 张,次日清晨检查,捕杀叶下幼虫,连续 2 ~3 d,防治效果可达 90% 以上;也可将桐叶浸以 90% 敌百虫 100 倍液,效果更好。⑤3 龄前用 20% 氰戊聚酯 4 000 倍液或 2.5% 溴氰聚酯 1 000 倍液喷雾防治,可收到一定防治效果。⑥在幼虫盛发期,用大水漫灌,可杀死大部分初龄幼虫。⑦成虫羽化盛期,可用黑光灯或糖醋酒液诱杀。⑧地老虎天敌种类很多,应加以保护和利用,是有效防治地老虎的根本途径

续表 6-8

类型	分类	虫害名称	分布与危害	形态特征	防治措施
虫害	地下害虫	蛴螬	是金龟子幼虫的统称，属鞘翅目，金龟子科。该虫种类繁多，食性很杂，主要取食刚播下的种子和嫩根。不仅影响苗木生长，还造成缺苗断垄。蛴螬是园林苗圃的又一主要地下害虫，在我国大部分地区均有发生	体近圆筒形，常弯曲成"C"字形，乳白色，密被棕褐色细毛，尾部颜色较深，头橙黄色或黄褐色，有胸足3对，无腹足	①苗圃地施用腐熟的厩肥作底肥，可减轻危害。②加强苗圃管理，中耕除草，破坏蛴螬适生环境或将其杀死。③冬季深翻土壤，可增加蛴螬死亡率，同时食虫鸟类在土中寻食成虫和幼虫。④有些金龟子嗜食蓖麻，饱食后会引起中毒，甚至死亡。但有些中毒后会苏醒，因此要及时将其杀死。可用蓖麻叶捣碎后加清水，浸泡2 h，过滤后喷雾，3 d后有效。⑤11月前后冬灌或5月中上旬适时大水浇灌，均可减轻危害。⑥夜出性金龟子大多有趋光性，可设黑光灯诱杀。⑦取长20～30 cm的榆树、杨树嫩枝，在40%氧化乐果30倍液中浸泡，于傍晚插于苗圃地，每667 m^2 10～15枝；或用加拿大杨、刺槐等树叶，每667 m^2 堆放10～15小堆，喷洒40%氧化乐果800倍液诱杀。⑧将5%氰戊聚酯稀释2 000倍，拌成毒沙，撒施地面，有一定防治效果。⑨成虫期用90%敌百虫晶体800～1 000倍液或2.5%溴氰聚酯3 000倍液喷雾，可有效防治补充营养成虫。⑩我国目前已从多种蛴螬获得多种类型的乳状菌菌株，自然感病率一般在10%左右，最高可达60%以上。⑪金龟子的天敌很多，如各种益鸟、刺猬、青蛙、蟾蜍、步行虫等都能捕食金龟子的成虫和幼虫，应予以保护和利用。另外寄生蜂、寄生蝇和各种病源微生物也很多，需要进一步研究利用
		蝼蛄	又叫拉拉蛄，在4月初开始活动。昼伏夜出。于地表下潜行咬食种子或将嫩茎咬断。另外，常把根割断或对根造成机械损伤	华北蝼蛄成虫体长40～45 mm，茶褐色。翅短小，有尾须两根，前足扁平强壮，后足胫节内缘有一根刺，前胸背中央有一个心脏形暗红色斑点。非洲蝼蛄成虫体长29～31 mm，后足胫节内缘有刺3～4根	①加强苗圃管理，深耕、中耕除草，破坏蝼蛄生存环境或将其杀死。②利用趋光性习性，进行诱杀，晴朗无风闷热的天气效果最好。③用40%乐果乳油0.5 kg加水20 kg，拌小麦或玉米300 kg；或用40%乐果乳油0.5 kg加水30 kg，拌高粱300 kg进行防治，效果较好。④在苗圃步道间，每隔20 m左右挖一小坑，将新鲜马粪或鲜草放在坑内诱集，加上毒饵(90%敌百虫50～100 g兑30倍水，拌炒成半熟的麦麸或豆饼或米糠5 kg)效果更好，次日清晨集中捕杀。⑤红脚雉、戴胜、喜鹊、黑枕黄鹂和红尾伯劳等食虫鸟类都是蝼蛄的天敌，可在苗圃周围栽植杨、刺槐等防风林，招引益鸟栖息繁殖，消灭害虫

续表 6-8

类型	分类	虫害名称	分布与危害	形态特征	防治措施
虫害	地下害虫	金针虫	金针虫是叩头虫的幼虫，因幼虫身体坚硬细长，颜色为金黄或黄褐色，形状如埋在土中的金针而得名，又称土蚰蜒。属鞘翅目，叩头虫科。分布在全国各地，尤以北方严重。幼虫主要以钻蛀为害，也咬食根茎，危害苗木嫩茎、嫩根和种子，使幼苗受害逐渐枯死	成虫体长 16 ~ 17 mm，宽 4 ~ 5 mm，体扁平，深栗色。体被有金黄色细毛，呈浅褐色。头扁，前部有三角形凹陷，密布明显点刻	防治方法参照金龟子类（蛴螬）
		尺蠖	属鳞翅目，尺蛾科，是北方各地国槐等树木的一大害虫。常把树叶蚕食一光，并吐丝排粪，四处乱爬，影响苗木生长	以蛹在地表层过冬。4 月中下旬出土，5 月上中旬第一代幼虫孵化为害，蚕食叶片，6 月下旬第二代幼虫孵化为害	①重点用药剂防治第一代，可在幼虫期喷洒 20% 灭扫利乳油 4 000 倍液。②人工扫集吐丝下地幼虫并杀死。③保护麻雀等天敌
	地上害虫	蚜虫	该类害虫属同翅目，蚜科。种类很多，它们大都个体细小，繁殖力强，主要分布在华北、西北、东北、华中等地区。它们都以刺吸苗木根茎叶汁液为主，受害叶片叶缘向背面卷成长形瘤状，常使苗势减弱，枝梢畸形	一般每年可发生几代至几十代。特别在温暖地区，若温湿度适宜，几天就可完成一个世代。一般以卵（或若虫）在树枝缝中过冬，次年 4 月初冬卵开始孵化	①虫量不多时，可喷清水冲洗或结合修剪，剪掉虫枝。②喷 2.5% 的溴氰菊酯乳油 2 000 倍液。③注意保护和利用天敌

续表6-8

类型	分类	虫害名称	分布与危害	形态特征	防治措施
虫害	地上害虫	白粉虱	属同翅目,粉虱科,全国各地均有发生,主要为害花卉、树木。白粉虱的直接为害是大量成虫、若虫群集于植株上部嫩叶背面,刺吸汁液,使叶片褪绿变黄、萎蔫直至干枯死亡。此外,其大量分泌蜜露,导致煤污病严重发生	在南方白粉虱可以在自然条件下越冬,在北方则不能露地越冬,而只能在温室为害。在南方可常年为害,在北方以生长季内为害为主,一年发生8~10代	①熏蒸,于为害初期将带虫的花卉放在温室内(或将苗床用塑料膜扣严),按每10 m^2 用80%敌敌畏乳油25~50 mL,加150倍水稀释后,密闭熏蒸3~5 h。②化学防治,喷2.5%溴氰菊酯乳油1 500倍液杀幼虫,每隔7~10 d喷一次,连喷2~3次。③黄板诱杀,利用白粉虱有强烈的趋黄习性,在发生区设置黄板,并涂以重机油诱杀
病害	苗期病害	种实霉烂病	园林植物种子的病害,主要是霉烂的问题,此病多发生在种子贮藏期、催芽期和播种期,种皮上生长出各种霉层物,种子有霉味。种子霉烂可降低出苗率,或使苗木生长衰弱,造成种源短缺	大多数霉烂菌类都是种实表面携带的,这些菌类多生存在贮藏容器和贮藏室里。在温、湿度适宜,特别是种子受伤和含水量过高时,为害迅速	①种子采收避免损伤,以减少侵染的伤口。②贮藏的种子应干燥,一般种子含水量为10%~15%,贮藏前贮藏室要消毒,可用50%多菌灵可湿性粉剂200倍液喷雾。③贮藏播种时种子应消毒
		立枯病	立枯病多在幼苗出土后的初期发生。发病时,病菌侵入幼苗的幼根或茎基部,先变成褐色,严重时韧皮部被破坏,根部成黑褐色腐烂。病株叶片发黄、萎蔫、枯死,但不倒伏	带菌土壤是主要侵染来源,病株残体、肥料也有传病可能,还可通过雨水、农具等传播。湿度大病害严重,多年连作发病也较重	①轮作倒茬,严禁连作,做好苗圃地清园工作,及时清除杂草、病株。②控制浇水,加强通风。③幼苗期间,经常用0.3%的硫酸亚铁,每隔15~20 d喷洒幼苗一次。如发现已有被感染发病的苗木,可用800倍的退菌特药液喷雾防治

续表 6-8

类型	分类	虫害名称	分布与危害	形态特征	防治措施
病害	苗期病害	苗木茎腐病	主要发生在夏季高温地区，是我国长江流域及以南地区苗圃普遍发生的一种病害。幼苗发病初期，苗茎基部近地面处出现污褐色斑，此时叶片开始失绿并下垂，当病部包围整个茎基部时，全株开始死亡。此时，根部皮层腐烂，仅余木质部，如拔起病死苗，根部皮层往往完全脱落	病菌在病株残体或土壤中越冬，次年从植株伤口侵入。此病多在梅雨结束后开始发生，发生轻重与7～8月的气温、雨水有关。一般7～8月气温高，持续时间长，病害则严重	①在高温季节采用遮阳网降温。②加强田间管理，施有机肥、松土，促进苗木生长发育，增强其抗病能力。③在发病前及发病初期，喷1:1:160波尔多液，每隔10～15 d喷一次
		根腐病	根腐病在全国各地苗圃几乎都有发生，针、阔叶苗木均可受害。病菌侵染幼苗根部和茎基部，病部下陷缢缩，根部皮层逐渐腐烂，呈暗色，染病幼苗常自地面倒伏，形成猝倒现象。若苗木组织已木质化，则地上部表现为失绿，顶部枯萎，甚至全株枯死。此病主要为害当年生苗木	病菌在土壤及病残组织上越冬，主要侵害出苗3个月以上的苗木。在苗床常常是点状或片状发生，然后向四周蔓延。此病在高温、高湿条件下发病严重	①选择高燥地方做苗圃地。②田间发现此类病苗时，应立即带土挖除，并在周围1 m^2范围内进行土壤消毒。③用500～1 000倍的恶霉灵药液灌根

续表 6-8

类型	分类	虫害名称	分布与危害	形态特征	防治措施
病害	叶部病害	白粉病	白粉病是园林苗圃中常见的一种病害,可侵害叶片、嫩枝、花等。叶片发病初期出现褪绿斑,并产生白粉状物,叶片不平整,卷曲。幼嫩枝梢发育畸形,生长停滞,严重时枝叶干枯,甚至可造成全株死亡	此病主要发生在春秋两季,以秋季较为严重,在气候较干燥、温暖时发病严重;栽培管理不善,植物生长势弱时,较易感病	①清除病原,及时清扫落叶残体并烧毁。②合理密植、施肥,加强通风透光。③用 25% 粉锈宁 2 000 倍液喷洒,连续 2 ~ 3 次(间隔 15 ~ 20 d)能起到较理想的防治效果
		锈病	锈病也是园林苗圃中常见的一种病害,锈病大多数侵害叶和茎时叶上产生大量锈色、橙色或黄色的斑点,严重时叶片枯黄、死亡	多发生于温暖湿润的季节,在雨水多、通风差的苗圃发生严重	①清除带病残体、减少病原。②苗木发芽前喷波美 3° ~ 5° 的石硫合剂。③发病时喷 25% 粉锈宁可湿性粉剂 1 500 倍液,效果较好

2)苗圃地下害虫综合防治技术

(1)农业防治。

①深翻土壤、除草、灌水。冬初翻耕能将大量蛴螬暴露地表,使其被冻死、风干或被天敌啄食;金针虫的卵和初孵幼虫分布于土壤表层,翻耕暴晒土壤,中耕除草,均可使之死亡;及时除去田间杂草,可减少地下害虫的中间寄主和产卵场所;用水灌方法(需淹没圃地),可以杀死大部分幼虫,或迫使其外出捕杀。

②施用腐熟有机肥。金龟甲、蝼蛄喜欢在秸秆和牲畜粪堆沤的肥料中产卵,所以一定要施用经过高温腐熟的有机肥,从而切断此种传播途径。合理施用碳酸氢铵、腐殖酸铵、氨水或氨化过磷酸钙等化学肥料,对地下害虫具有一定的驱避作用。

③种植诱集作物。春季在苗圃中撒播少量苋菜籽,吸引害虫到苋菜上危害,以减轻对苗木的危害,在苗圃周围种蓖麻,可诱杀金龟甲。

(2)生物防治。

可以放鸡鸭入圃地啄食害虫,也可用绿僵菌防治蛴螬。

(3)物理机械防治。

①人工捕杀。整地时人工杀死蛴螬,金龟子成虫盛发期,振落苗木上的成虫加以踩死;挖窝杀死成虫、幼虫;清晨在断苗周围或沿着残留在洞口的被害枝叶,拨动表土 3 ~ 6

cm,捕杀地老虎幼虫。

②诱杀法。

黑光灯诱杀:蛴螬成虫金龟子、蝼蛄和小地老虎成虫都有很强的趋光性,在3~4月底用黑光灯诱杀小地老虎的成虫,5~6月份用黑光灯诱杀金龟子和蝼蛄。方法为每2~3 hm^2 苗圃堆一个高1 m左右的土堆,在土堆上放置水盆,水盆内盛半盆水并加入少许煤油,在水盆上方离水面20 cm处挂一盏20 W的黑光灯,每晚可捕杀5~20头,天气闷热、无月光、无风的夜晚诱杀效果更好。

糖醋液诱杀:金龟子、小地老虎成虫对糖醋液有趋性。可在3月底或4月上、中旬用糖醋液诱杀。糖醋液的配方是:白糖6份、醋3份、白酒1份、水10份、90%敌百虫1份调匀后放在盆内,每公顷放糖醋液45~75盆,高度为1.2 m,每天需要补充1次醋。

毒饵诱杀:小地老虎成虫和蝼蛄可用毒饵诱杀:将麦麸、棉籽、豆饼粉碎做成饵料炒香,每5 kg饵料加入90%晶体敌百虫30倍液0.15 kg或50%辛硫磷乳油10倍液,每公顷施用22.5~37.5 kg。

鲜草诱杀:采集新鲜嫩草或新鲜泡桐叶或莴苣叶,用90%晶体敌百虫150倍液喷洒后,于傍晚放置在被害株旁和撒于作物行间诱杀地老虎幼虫,每公顷用75~150枝杨树枝,放进40%乐果500倍液中浸泡20 min,于傍晚插入花圃里,可很好地诱杀金龟子。

马粪诱杀:在田头挖30~60 cm见方的土坑,内放撒少许敌百虫粉的马粪,可诱杀蝼蛄。

(4)化学防治。

尽量选用农业部推荐在果树、蔬菜、茶叶上使用的高效、低毒农药品种。严禁使用国家明令禁止使用的农药和不得在蔬菜、果树、茶叶、中草药材上使用的高毒农药品种,以促进无公害农产品生产发展。

①土壤处理。整地前用5%的辛硫磷颗粒均匀撒施地面,随即翻耙使药剂均匀分散于耕作层,既能触杀地下害虫,又能兼治其他潜伏在土中的害虫。

②药剂拌种。每100 kg种子采用50%辛硫磷乳油0.2 kg拌种,并闷5~10 h,阴干后播种,可以防治金龟子或蝼蛄、金针虫等地下害虫,还可兼治苗期害虫。

③毒土法。每公顷用50%的辛硫磷4.5 kg,拌干细土375~450 kg,于7月中、下旬金龟子孵化盛期和末期,均匀撒施在苗圃地里,每公顷用50%辛硫磷乳油或25%辛硫磷微囊缓释剂1.5 kg,兑水22.5 kg,拌细土或细沙22.5 kg,于播种时撒于播种沟,既杀虫又起到保护种子的作用。

④药剂灌施。可用90%晶体敌百虫800倍、50%辛硫磷乳油500倍液灌根,8~10 d灌1次,连续灌2~3次。由于灌施用药量大,对土壤污染严重,因而仅限于在危害特别严重的地块施用。

⑤喷药防治。于成虫盛发期,喷洒1 000倍50%的辛硫磷乳油或25%敌杀死1 800倍液进行苗冠喷药,可以杀死成虫。

3)苗圃地上害虫综合防治技术

(1)农业防治。

农业防治就是采用优化植物栽培措施防治病虫害,使植株个体性状得到充分发展。

养护管理上,合理施肥,氮、磷、钾相结合,合理灌溉,合理修剪,增强树势,提高抗病、抗虫害能力。修剪后的病枝、枯枝集中处理,减少病害蔓延及虫源基数。枝、枯枝集中处理,减少病害蔓延及虫源基数。

(2)物理防治。

①黄板诱杀。直接购置黄板或用三合板两面涂上橙黄色油漆,漆干后,再涂一层10号机油和黄油混合调制的黏油,挂在苗木之间,利用害虫趋黄性,诱杀白粉虱、蚜虫、美洲斑潜蝇等,可达到理想防治效果。色板每公顷苗地不少于225块,每块不小于0.1 m^2,悬挂高度和苗木植株高度保持一致,悬挂一段时间后黏性变差,及时更换黏油。

②灯光诱杀。金龟子、天牛、毒蛾、尺蠖等害虫的成虫,多有较强的趋光性,可在成虫盛发高峰期,利用黑光灯或频振式杀虫灯等诱杀,防治效果极佳。这是一种既经济又环保的防治方法。此外,还可用性诱剂诱杀雄成虫,既可减少这些害虫对苗木的危害,还可降低害虫发生的基数。

(3)生物防治。

林木害虫的发生,常常是由于环境条件一时有利于害虫的发育繁衍,而不利于天敌的生存繁殖,天敌对害虫的抑制能力弱,而害虫的繁殖速度又高,造成两者在数量上失衡而致。在这种情况下,人为向苗圃地内释放天敌,迅速提高对害虫的捕食率。如为防治蚜虫暴发,投放蚜虫天敌——异色瓢虫,可有效控制蚜虫的发生为害。这种异色瓢虫以捕食树上的蚜虫为生,且繁衍能力非常强,一年可发生6~8代。

(4)化学防治。

采用打孔注药、涂抹药液、根部埋药、石硫合剂防治等无害化施药方式,减少农药与天敌的接触,可大大减少化学药剂对环境的污染。

①打孔注药。采用人工或机械的方法在树上钻孔,然后向孔内注入一定量的农药。从春季树液流动至秋季进入休眠期,这段时间均可采用打孔注药法防治,以4~9月为最佳。有些钻蛀性害虫如天牛、木蠹蛾等蛀食树干,注意寻找树木表面的虫孔,用注射器向虫孔注药,可用40%乐果5倍液(1份药液兑5份水),向虫孔注射药液1~2 mL,或用毒签插入虫孔,然后用泥封口,防治效果可达95%以上。也可用一个矿泉水瓶,瓶内放敌百虫粉剂,然后灌满水将瓶盖拧紧,在瓶盖上用针扎一小孔,用时将药液射入孔内,射满为止,防虫效果可达100%。

②冬季涂抹药液。此法主要结合冬季树干涂白同时进行。在石灰水中对入适量的药剂,可杀死树皮裂缝中的越冬害虫及病原体。

③根部埋药。通过对树根部周围埋入杀虫、杀菌颗粒剂,使根部充分吸收,传输到树干及叶片防治病虫害。这种方法对地下害虫、介壳虫、蛀干类害虫有较好的防治效果,有效期可维持一个月以上。

④喷施石硫合剂。开春树木萌芽前,对所有落叶乔木和花灌木喷施石硫合剂防治害虫,可使病虫危害指数下降50%,病虫发生时间向后推迟40 d左右。

4)苗圃病害综合防治技术

园林苗木的病害种类很多,按其病原可分两类:一类是生物性(传染性)病害,由真菌、细菌、病毒等病原物侵染引起,如苗木立枯病、苗木茎腐病、根腐病、褐斑病、锈病等,这类病害在环境条件适合时，可进行扩大再传染，造成更大的损失；另一类是非生物性（非传染性）病害，是因为土壤、肥、水、温度、湿度以及其他非生物因子不适宜时造成植物生理失常，如日灼病、缺素症、寒害等，这类病害不能进行再传染。生物性（传染性）病害，根据其在苗圃发病时期和发病部位，可分为苗期病害、叶部病害等。

在园林苗圃病害防治工作中，除了要准确识别病害类型外，还要掌握病害发病规律、传染途径，采取综合防治措施，达到事半功倍的效果。具体防治方法有检疫法、农业防治法、化学防治法3种。这3种方法不是孤立存在的，而是环环相连的，其中检疫法是基础，农业防治法是根本，化学防治法是最后一个关口。在防治病害的同时要多注意害虫的防治，以避免病原菌通过害虫为害作物而扩散为害区域加重病情发生。

(1)检疫方法。

植物检疫是国家保护农业、林业、园林等生产的重要措施。它是对植物和植物产品特别是种子、苗木、繁殖材料进行管制，以防危险性病害传播蔓延。现在由于苗木调运和交往频繁，花木病害缺乏系统的研究，应加强检疫工作，杜绝检疫病害传入苗圃为害植物。

(2)农业防治法。

病害发病的轻重与温度、湿度、光照等气象因子关系比较密切，应注重作物栽培方式、种植密度，加强肥水管理和保持苗圃清洁。

①根据作物的品种特性、大小规格，合理密植，整形修剪，特别是那些强阳性灌木，若种植过密则通风透光不好，容易发病，如金叶女贞种植密度大的试验区叶斑病较严重，而且种植过密不易开展其他农艺措施。

②适当采用南畦栽培、开好排水沟，以减少病原菌接触、避免水涝，这样有利于根系健康生长，如杜鹃花根部若湿度太高、排水不良，立枯病、疫病易发生。

③加强土壤肥水管理，多施磷、钾肥，少用氮肥，多用腐熟的有机肥，少用生肥、干肥，并且注意施肥的时间和方法，控制好土壤的pH值。这样可以增强植物自身的免疫力、调节能力和抗病害的综合能力。

④及时清理苗圃的病株、病叶、病枝并集中烧毁，以减少病原菌基数，有效地控制来年病害的发生和流行，特别是对那些病原菌在病叶、病株等病残体上越冬的病害可以起到很好的防治效果，如叶斑病、炭疽病等。对那些病原菌在土壤中越冬的土传病害，如枯萎病、根腐病，则在作物上盆前应换无菌土壤。

(3)化学农药防治法。

在农业生产植物保护技术中，化学农药防治是最后一个关口，它是在检疫的基础上、农业防治失效的情形下而采取的措施。常见病害使用农药名称及其使用方法见表6-9。

(4)预防为主，综合防治。

预防为主、综合防治是我国病虫害防治工作的方针。当植物病虫害严重发生必须要用药剂防治时，一定要科学合理地使用化学农药，尽可能地减少农药的施用次数和用药量，减轻对环境的污染。选择低毒高效，对植物无药害、无残留的农药品种，大力推广病毒制剂、植物性杀虫剂等生物农药。例如：波尔多液、代森锰锌等保护性杀虫剂，甲基托布津、粉锈宁等广谱性内吸杀菌剂，以及灭幼脲、苦参碱、Bt等生物制剂。

表6-9　常见病害使用农药名称及其使用方法

病害名称	药剂
炭疽病	1:1:100倍波尔多液,75%百菌清500倍液,70%甲基托布津1 000倍液
白粉病	25%粉锈宁可湿性粉剂2 000倍液,70%甲基托布津1 000倍液,0.2~0.3波美度石硫合剂
锈病	25%粉锈宁可湿性粉剂2 000倍液,克菌丹400倍液
叶斑病	75%百菌清500倍液,0.2~0.3波美度石硫合剂
枯萎病	用敌克松对土壤消毒。用2.5%适乐时悬浮剂1 500倍,或敌克松800倍,或25%施得克与70%甲基托布津按9:1的比例混合800倍等喷雾
黑斑病	类同叶斑病
根腐病	50%甲基托布津500倍液,或50%多菌宁500倍液,或25%粉锈宁可湿性粉剂2 000倍液,或30%纹枯利可湿性粉剂1 000倍液,或5%井冈霉素1 000倍液等
褐斑病	75%百菌清500倍液,50%杀菌王水溶性粉剂1 000倍液

6.4.3　轮作

在苗圃中同一块育苗地上,在不同时间内用不同树种的苗木或把苗木与农作物(绿肥、牧草等)按照一定的顺序轮换种植的方法,称为轮作,也称换茬或倒茬。在一块地上连年培育同一树种苗木的方法,称为连作。多数树种不宜连作。

6.4.3.1　轮作的意义

(1)改善土壤性质。同一种苗木所吸收的营养物质及代谢的产物相同,从而因养分过度的消耗,使苗木生长所需的营养物质得不到满足,而影响到苗木的生长。轮作可以使不同的苗木或农作物根据需肥特定差异,吸收不同深度土壤的营养成分,所以能充分利用土壤肥力。如用苗木与绿肥植物或牧草实行轮作,可以增加土壤中的有机质,并使土壤形成水稳性的团粒结构,且可以提高土壤中的含氮量,增加土壤中可溶性养分,并能防止可溶性养分的淋失,改善土壤的物理性质,如在沙土种牧草或绿肥作物,对土壤有良好的改良作用;在盐碱土种绿肥作物或牧草,对土壤也有良好的改良作用,能够保蓄土壤水分。

(2)调节根系排泄的有毒物质的积累。

(3)预防病虫害。多种病原菌都有一定的寄主,害虫也有一定的专食或寡食性,轮作不断地变化、更换寄主,不利于它们的正常生长和繁殖,这样可以减少病虫害的发生,当然要杜绝互为寄主的苗木或作物间的轮作。如油松、白皮松与合欢、复叶槭轮作可以减少猝倒病的发生。

(4)防除杂草。

(5)改善苗圃经营状况。苗木和农作物轮作,还可以收获一部分农产品和饲料,有利于开展多种经营,改善苗圃经营状况。

6.4.3.2　轮作方式

轮作方式就是某一种苗木与其他植物或苗木相互轮换栽培的具体安排。在苗圃中实行轮作,用苗木与绿肥植物或牧草实行轮作的效果最好。

1)树种与树种轮作

这种轮作方式的优点是全部土地都用于育苗。但它对维持土壤肥力效果小,选择搭配轮作树种有时困难。适合于育苗树种较多而育苗面积小的苗圃。

不同树种苗木间轮作的关键是选择轮作树种,使所选树种既要满足育苗任务又要符合树种生物学特性,这就需要了解各种苗木对土壤水分和养分以及土壤质地的不同要求;各种苗木易感染病虫害种类和抵抗能力以及有无共同病虫害,是否为中间、转主寄主;树种间互利作用和不利作用等。如红松、落叶松、油松、马尾松、樟子松、日本黑松、华山松、马尾松、白皮松、侧柏、云杉、冷杉等针叶树种,既可以互相轮作,也可连作。这些松类苗木具有菌根,因而连作苗木生长仍好。但间隔数年如能休闲或轮作阔叶树种,则便于恢复土壤肥力。

杨树、柳树、榆树、黄波罗等树种不宜连作。油松在板栗、杨树、刺槐、紫穗槐等茬地上育苗生长良好,病虫害较少。油松、白皮松、合欢、复叶槭、皂荚轮作,可减少猝倒病。杉木、马尾松在白杨、槐树茬地上育苗生长良好。刺槐、紫穗槐、杉木连作的产苗量比轮作产苗量低,而且苗木生长弱。但若将油松安排在白榆、核桃、黑枣等茬口地上则育苗效果不好。在不了解树种间轮作效果情况下,安排树种的一般原则是:豆科与非豆科树种轮作,深根性与浅根性树种轮作,喜肥与耐贫瘠树种轮作,针叶树与阔叶树轮作,乔木与灌木轮作,不同育苗区间轮作等。

2)苗木与农作物轮作

苗圃适当地种植农作物和绿肥作物等,对增加土壤有机质、提高肥力有一定作用,目前在生产上多采用苗木与豆类,或其他农作物进行轮作。在南方实践证明,松苗与水稻轮作效果良好,且杂草、病虫害少。一般是松苗连作几年后,种一次水稻,以后再连续种苗木几年。在东北经验证明,水曲柳、黄豆、杨树、黄波罗、休闲的种植顺序较好,大豆地上育小叶杨苗,可以提高苗木质量,大豆地上育油松生长好,玉米地上育油松也好。而落叶松、赤松、樟子松、云杉等不宜与黄豆换茬,因易引起镰刀菌、丝菌核菌的侵染而遭受松苗立枯病和金龟子等地下害虫的为害。

3)苗木与绿肥植物轮作或套种

为恢复土壤肥力,选用绿肥植物或牧草进行轮作或套种的效果好,它具备轮作的各项优点。本法所表现的效果最显著,尤其在改良土壤和提高土壤肥力的作用方面,是上述两种方法所不及的。

这种方法是用一部分土地栽种绿肥植物或牧草,虽然减少了育苗的土地面积,但是生产的牧草是理想的饲料,生产的绿肥是苗圃的良好肥料。由于改善了土壤肥力,从而提高了苗木的质量和单位面积的产量。在土壤肥力较差的地区,应该考虑这种轮作方法。尤其是沙地苗圃和我国西北干旱的黄土地区,气候干旱,土壤瘠薄,有机肥又缺乏,通过这种轮作方法改良土壤,解决肥源不足等问题更为必要。北京市大东流苗圃以曼地亚红豆杉与白三叶草套种,作为绿肥植物的白三叶草为苗木提供氮素及其他营养元素,不施用任何其他肥料,苗木长势非常好。能与苗木轮作的牧草有草木樨、苕子、紫云英、苜蓿、三叶草、二月兰和鹅冠草等。

技能训练

实训二十六　苗木病虫害防治技术

一、目的

了解当地园林苗圃常见病、虫的种类及发生与为害情况；掌握常见病虫害的防治技术。

二、材料与工具

放大镜、镊子、修枝剪、剪刀、解剖刀、标本采集箱、采集盒、显微镜、蒸馏水、搪瓷盘、卷尺、记载本、铅笔、标签等。

三、方法与步骤

(一)害虫调查

主要调查虫口密度和有虫株率。

单位面积虫口密度=调查总活虫数/调查面积

每株虫口密度=调查总活虫数/调查总株数

有虫株率=(有虫株数/调查总株数)×100%

1. 地下害虫调查

在苗圃内调查根部害虫如金龟子、地老虎、蝼蛄、叩头虫、象鼻虫等时，多采用棋盘式或对角线式取样。样坑数量因地而异，视地势、土质、前茬植物及面积大小不同而定，一般为5~8个，每个大小为0.5 mm×0.5 mm或1 m×1 m，样坑深度可根据调查目的及季节而定，一般为0.4~0.6 m。统计每个样坑地下害虫的种类、虫口密度等。

苗圃地下害虫调查统计表

调查时间：　　　　地点及土壤植被类型：　　　　调查面积：

样坑号	样坑深度	害虫名称	虫期	害虫数量	调查苗数	被害苗数	受害率(%)	备注
1								
2								
3								
4								
5								

2. 枝梢害虫调查

因蛀梢害虫不同，方法有异。一般可在苗圃内选100~200株逐株统计健康及受害株数。对于虫体小、数量多、定居在嫩梢上的害虫如蚜虫，可在嫩梢上取一定数量(长10 cm)的样枝，查清虫口密度。统计每块样地的枝梢害虫。

苗圃枝梢害虫调查统计表

时间：　地点：　苗木名称及面积：

样地号	调查株数	被害株数	被害率	害虫名称	样枝虫口数量	虫口密度	备注
1							
2							
3							
4							
5							

(二)病害调查

主要是调查、统计发病率和病情指数。

发病率＝(感病株数/调查总株数)×100%

1. 苗木根病调查

对于苗木的立枯病、根癌病等根病调查，可在苗圃内设置大小为 1 m^2 的样地，样地数量以不少于被害面积的 0.3% 为宜。在样地上对苗木进行全部统计，或对角线统计。记录调查苗木数量和感病、枯死苗木的数量。同时记录苗圃地的详细环境因子，如设置年份、土壤、位置、卫生状况等。

苗木根病病害调查统计表

时间：　地点：　苗木种类：

样地号	病害名称	苗木状况和数量				发病率	死亡率	备注
		健康	感病	枯死	合计			
1								
2								
3								
4								
5								

2. 叶、枝病害调查

按照病害分布情况和被害程度，按五点取样法，每样点取 10～20 个样株，调查发病率和病情指数。

苗木叶部病害调查统计表

调查时间：　地点：　苗木种类：　土质：

病害名称	样地号	调查株数	病株数	发病率	病害分级					病情指数	备注
					0	1	2	3	4		
1											
2											
3											
4											
5											

病情指数分级标准：

0级：无病斑；

1级：少数病叶，少数病斑；

2级：少数病叶、多数病斑或多数病叶、少数病斑；

3级：多数病叶、多数病斑；

4级：多数病叶干枯。

（三）病虫害防治技术

病虫害防治技术见下表。

苗圃地地下害虫防治技术

防治类型			防治方法
农业防治			深翻土壤、除草、灌水
			施用腐熟有机肥
			种植诱集作物
生物防治			利用害虫的天敌，绿僵菌
物理机械防治	人工捕杀	黑光灯诱杀	在天气闷热、无月光、无风的夜晚，每2～3 hm^2 苗圃堆一个高1 m左右的土堆，在土堆上放置水盆，水盆内盛半盆水并加入少许煤油，在水盆上方离水面20 cm处挂一盏20 W的黑光灯，每晚可捕杀5～20头
	诱杀法	糖醋液诱杀	白糖6份、醋3份、白酒1份、水10份、90%敌百虫1份调匀后放在盆内，每公顷放糖醋液45～75盆，高度为1.2 m，每天需要补充1次醋
		毒饵诱杀	将麦麸、棉籽、豆饼粉碎做成饵料炒香，每5 kg饵料加入90%晶体敌百虫30倍液0.15 kg或50%辛硫磷乳油10倍液，每公顷施用22.5～37.5 kg
		鲜草诱杀	采集新鲜嫩草或新鲜泡桐叶或莴苣叶，用90%晶体敌百虫150倍液喷洒后，于傍晚放置在被害株旁和撒于作物行间诱杀地老虎幼虫，每公顷用75～150枝杨树枝，放进40%乐果500倍液中浸泡20 min，于傍晚插入花圃里，可很好地诱杀金龟子
		马粪诱杀	在田头挖30～60 cm见方的土坑，内放撒少许敌百虫粉的马粪，可诱杀蝼蛄
化学防治			土壤处理：整地前用5%的辛硫磷颗粒均匀撒施地面，随即翻耙使药剂均匀分散于耕作层
			药剂拌种：每100 kg种子采用50%辛硫磷乳油0.2 kg拌种，并闷5～10 h，阴干后播种
			毒土法：每公顷用50%的辛硫磷4.5 g，拌干细土375～450 kg
			药剂灌施：用90%晶体敌百虫800倍、50%辛硫磷乳油500倍液灌根，8～10 d灌1次，连续灌2～3次
			喷药防治：于成虫盛发期，喷洒1 000倍50%的辛硫磷乳油或25%敌杀死1 800倍液

四、实训报告

(1)每5人为一组,用五点取样法,每点调查5株苗木,完成上述表格中各项内容。

(2)将调查时采集的样品带回室内,制成各种标本保存。

(3)根据调查结果分析苗圃地病虫害发生规律。

(4)提出苗圃地病虫害的防治措施。

(5)根据实训记录将各项内容整理为实训报告。

苗圃地地上害虫防治技术

防治类型	防治技术	
农业防治	合理进行苗圃地施肥、灌溉、苗木修剪等管理	
物理防治	黄板诱杀	直接购置黄板或用三合板两面涂上橙黄色油漆,漆干后,再涂一层10号机油和黄油混合调制的黏油,挂在苗木之间。色板每公顷苗地不少于225块,每块不小于0.1 m^2,悬挂高度和苗木植株高度保持一致,悬挂一段时间后黏性变差,及时更换黏油
	灯光诱杀	可在成虫盛发高峰期,利用黑光灯或频振式杀虫灯等诱杀,还可用性诱剂诱杀雄成虫
生物防治	人为地向苗圃地内释放天敌	
化学防治	打孔注药	采用人工或机械的方法在树上钻孔,然后向孔内注入一定量的农药。从春季树液流动至秋季进入休眠期,这段时间均可采用打孔注药法防治,以4~9月为最佳。可用40%乐果5倍液(1份药液兑5份水),向虫孔注射药液1~2 mL,或用毒签插入虫孔,然后用泥封口。也可用一个矿泉水瓶,瓶内放敌百虫粉剂,然后灌满水将瓶盖拧紧,在瓶盖上用针扎一小孔,用时将药液射入孔内,射满为止
	冬季涂抹药液	此法主要结合冬季树干涂白同时进行。在石灰水中对入适量的药剂
	根部埋药	通过对树根部周围埋入杀虫、杀菌颗粒剂
	喷施石硫合剂	选用优质块状的生石灰和碾碎的硫磺粉。用生石灰1份、硫磺粉2份、水14份,先将生石灰放入锅内,加少量水成消石灰,加水煮沸。接着将用少量水调成糊状硫磺粉,倒入煮沸的石灰乳中,不断搅拌,用大火煮沸40~50 min,待药液变成红褐色时熬制结束。冷却后滤出渣滓,用波美比重计测定石硫合剂原液的度数

思考题

1. 苗圃中主要的灌溉方式有哪些?若苗圃中排水不良,会对苗木带来什么影响?

2. 苗圃中除草、中耕的意义是什么？如何进行除草？
3. 苗圃施肥的主要意义及原则是什么？如何对苗圃进行合理的施肥？
4. 苗木越冬防护措施有哪些？
5. 苗木轮作的意义及方法有哪些？
6. 园林苗圃地下害虫主要有哪几种？如何科学地进行防治？
7. 园林苗圃病害有哪些种类？如何科学地进行防治？

第 7 单元　苗木出圃

教学目标

掌握园林苗木质量评价指标;园林苗木的出圃;园林苗木的包装和运输中的注意事项;园林苗木的假植和贮藏技术。

7.1　出圃苗的质量与规格

苗木出圃,是园林苗圃中苗木经培育至一定规格后,从生长圃地挖起,用于绿化栽植的过程的总称。经过苗圃各个生产环节的精心培育,苗木规格基本达到了城市园林绿化用苗的要求,通过出圃工作,结束其在苗圃中的生长阶段,开始在园林绿化中发挥作用。出圃工作包括苗木调查、起苗、分级、检疫、消毒、包装、运输、贮藏等。

苗木是园林绿化建设的物质基础,质量优良的苗木,栽植后成活率高,扎根早,生长快,抵抗力强。因此,应确保出圃苗木为优质壮苗,在园林绿化中充分发挥其绿化效果和观赏价值。有些地区和部门非常重视出圃苗木的质量标准,如北京市园林局提出“五不出”的严格要求,即不够规格的不出,树形不好的不出,根系不完整的不出,有严重病虫害的不出,有机械损伤的不出。

7.1.1　苗木质量的内涵及出圃的质量要求

从宏观角度理解苗木质量,应涉及两方面内容:一是遗传品质(genetic quality),二是苗木离开苗圃时的苗体品质(physical quality)。遗传品质的改良是一个长期的育种过程,而苗体品质的改良可以在一到两个生产季节内完成。

7.1.1.1　遗传品质

苗木遗传品质主要是指繁殖材料(包括种子及其他无性繁殖材料)的遗传品质,是指苗木在某一个或多个遗传性状上的特殊性,如速生、抗旱、抗病或抗虫等。一般来说,苗木的遗传品质取决于其种源和遗传多样性。

1)种源

苗木亲本的性状特点高度影响其性状特点,种子遗传品质就决定了树木的生长状况。由于树木比作物或动物的生长周期长,所以投入(劳动力、土地和资金)的回报期就长,这就更体现了选择高遗传品质种子的重要性。

2)遗传多样性

丰富的遗传多样性不仅能使后代适应多变的环境,而且较宽的遗传基础可以保证未来不因遗传基础狭窄影响异花授粉(多数树种是异花受粉而不是自花受粉)。为此,为保障种子质量,应采集充分成熟的种子或果实,而且至少要从 30 株母树上采集,并保证母树间距离至少在 100 m 以上。如果是商业种子,应要求种子商提供一些信息,如种源等。

7.1.1.2　苗体品质

苗体品质是指苗木离开苗圃时的状况。苗木质量应包括性能特征和材料特征两方面。苗木性能是指根生长势、抗冻、抗寒等生理指标,材料特征是指芽休眠、水势、营养以及苗木的形态指标等。在众多衡量苗木质量的指标里,由于形态指标观察和测量容易,因此用形态指标衡量苗木质量的方法已被广泛接受。形态指标是指苗高、地径、根系、健康、感病等。优质苗木需具备以下特征:健康、生长旺盛,且不感病;主干强健,自由伸展;茎坚硬,地径较大;冠匀称、浓密;根系自由伸展,不弯曲;根系发达,细、纤维状的根较多,且有根生长点;地上部分和底下部分较均衡;叶子健康、深色绿;能忍耐短期干旱;习惯全光照。

生产中要考虑主要指标,如根系是苗木质量的一个重要指标,但因其分布于地下,故不得而知。但研究发现,地径与苗木根系、根系干重、苗冠干重、苗木总干重都呈正相关,因此可以通过地径这一容易获得的指标来衡量根系以及其他指标。另外,可以用苗木的冠根比来衡量苗木质量。较好的冠根比能反映苗木健壮程度,数值一般在1:1~1:2。另一个非破坏性的苗木质量测定方法是高径比,即"健壮指数",用苗高(cm)和地径(mm)的商表示,充分考虑苗高和地径两个指标。健壮指数较小,则表明苗木健壮,有较高的期望成活率,特别是在干旱地或者风蚀地。健壮指数一般不应高于6。我国现行苗木质量标准所用的指标主要有苗高、地径、相对苗高(高径比)、根系发育状况、苗木重量、冠根比(茎根比)、病虫害和机械损伤等。

1)苗高

苗高是指苗木从根颈到顶梢的高度,是苗木分级的重要根据之一。优良的苗木应具有一定的苗木高度。如果苗木高度达不到要求的标准,则属等外苗。但因徒长而造成苗木生长细高,是属于生长不正常。

2)地径(根径)

地径是指苗木主干靠近地面处的根颈部直径,通常称为地际直径或根径。它是苗木地上部与地下部的分界线。一般在苗龄和苗高相同的情况下,地径越粗的苗木质量越好,栽植成活率越高。调查结果表明,地径与根系的发育状况及苗木的其他质量指标呈正相关。所以,地径能够比较全面地反映出苗木的质量,是评定苗木质量的重要指标。一般生产上主要根据苗高和地径两个指标来进行苗木分级。

3)相对苗高(高径比)

相对苗高为苗高与苗木地径之比。在苗高相同的情况下,地径越大,则相对苗高的数值越小,说明苗木粗壮。不同树种相对苗高具有很大差异,如核桃、栎类等树种播种苗相对苗高的数值比较小,而杨树等数值则比较大。同一树种,由于育苗技术和圃地条件的影响,相对苗高的数值也不完全一样,如油松移植苗,因根系发达,地径较粗,相对苗高数值较小;油松留床苗则因根系发育较差,地径较细,地上部生长旺盛,因而相对苗高数值较大。又如,苗木过度遮阴或追施氮肥过多,容易引起苗木徒长,往往相对苗高的数值过大,苗木细长,发育不匀称,质量较差。

4)根系发育状况

苗木根系包括主根、侧根和须根。调查根系发育要测定主根长度,统计侧根条数,量出根幅大小。苗木的主根长度对栽植成活率和栽植后幼树生长都有一定影响,如侧柏1

年生播种苗试验证明，主根 20 cm 比 10 cm 的苗木栽植后成活率高 5.5%，高生长增加 34.8%，径生长加粗 31%。所以，起苗时要保持一定的根长，根系不宜剪得太短。但主根过长栽植困难，容易造成根系卷曲、窝根打辫或根系露出地面，影响栽植成活率和栽植后幼苗生长。

针叶树播种苗主根长度不应小于 18 ~ 20 cm，阔叶树种播种苗不应小于 20 ~ 25 cm 为宜。侧、须根数量较多，根幅较大为苗木的根系发达的标志。

5) 苗木重量

苗木重量包括苗木总重量、地上部分重量和根系的重量，通常以克(g)来表示。苗木愈重，说明苗木组织充实，生长健壮，苗木体内贮藏的营养物质多，品质优良。

6) 冠根比(茎根比)

冠根比(或茎根比)是指苗木地上部与地下部重量之比。冠根比值的大小反映出地下部根系与地上部苗茎生长的均衡程度。在同一树种、同一苗龄的情况下，冠根比值小，表明苗木根系发育良好，根系多、粗壮。栽植后容易成活。

冠根比因树种而异，根系发达的树种则苗木冠根比小。同一树种的冠根比随苗龄的增加而增大。同时，也受环境条件和育苗技术的影响而发生变化。苗木密度过大或过度遮阴，由于光照不足而降低光合作用，使茎叶徒长，供给根系的有机养料减少；土壤通气不良，影响根的呼吸作用，根系生长减缓，都会造成冠根比增大。增施磷肥则有利于促进根系生长，因而冠根比值变小。

7) 病虫害

出圃的苗木必须无病虫害，包括树体和根系的病虫害，尤其对带有危害性极大的病虫害苗木必须严禁出圃。以防止定植后，生长不好、树势衰弱、树形不整等而影响绿化效果。

8) 机械损伤

出圃的苗木应无机械损伤。

在生产上评定苗木的质量时，对于上述各项苗木质量指标必须加以全面的综合考虑。然后，根据各地苗圃的实际情况和各树种的特点制定出苗木出圃的规格标准。

出圃的优良苗木具有一定高度，苗干粗壮通直，充分木质化而无徒长现象，根系发达，侧须根多，冠根比值小，无病虫害和机械损伤，色泽正常，针叶树种要具有发育正常的饱满顶芽。总之，出圃的园林苗木应是生长健壮、树形完整、骨架基础良好苗木，充分发挥其观赏价值和园林绿化的效果。

7.1.2　苗木出圃的规格要求

除了苗木出圃的质量要求外，各地根据苗木的不同特性和用途，还制定了一些相应的规格要求。如行道树特别要求主干粗壮、通直，分枝高度适当、均匀，树冠圆满；庭荫树要求其苗木必须具有良好的干形、冠形；对松、杉、柏科的植物，如银杉、金钱松、水杉、南洋杉、圆柏等，则要求具有发达的根系和发育良好无损伤的顶芽；供人工造型用的苗木和草皮植物，其苗木出圃规格也可按不同要求和用途制定。表 7-1 为北京市园林局的苗木出圃规格标准。

表7-1　苗木出圃的规格标准

苗木类别	代表树种	出圃苗木的最低标准	备注
大中型落叶乔木	毛白杨、国槐、元宝枫、合欢	要求树形良好，干直立，胸际直径3 cm以上（行道树在4 cm以上），分枝点在2.0～2.2 m以上	干径每增加0.5 cm提高一个规格级
有主干的果树、单干式灌木、小型落叶乔木	苹果、柿树、榆叶梅、紫叶李、西府海棠、碧桃	要求主干上端树冠丰满，地际直径在2.5 cm以上	地径每增加0.5 cm提高一个规格级
多干式灌木	丁香、黄刺玫、珍珠梅	要求地际分枝处有3个以上分布均匀的主枝，出圃高度在80 cm以上	高度每增加30 cm提高一个规格级
	紫薇、玫瑰、棣棠、木香	要求地际分枝处有3个以上分布均匀的主枝，出圃高度在50 cm以上	高度每增加20 cm提高一个规格级
	月季、郁李、小檗	要求地际分枝处有3个以上分布均匀的主枝，出圃高度在30 cm以上	高度每增加10 cm提高一个规格级
绿篱苗木	小叶黄杨、侧柏	要求树势旺盛、全株成丛、基部丰满，灌丛直径20 cm以上，高50 cm以上	高度每增加20 cm提高一个规格级
攀缘类苗木	地锦、凌霄、葡萄	要求生长旺盛、枝蔓发育充实、腋芽饱满、根系发达	以苗龄为出圃标准，每增加一年提高一个规格级
人工造型苗	黄杨球、龙柏球	出圃规格不统一，应按不同要求和用途制定	

7.2　苗木调查

苗木调查应结合苗圃生产档案和生产区踏查。进行苗木调查前，应先查阅过往各年的生产档案，按树种、苗龄、育苗方式方法确定调查区及调查方法。以调查区面积的2%～4%确定抽样面积，在样地上逐株调查苗木的各项质量指标及苗木数量，根据样地面积和调查区面积估算出此类苗木的产量与质量，进而统计出全圃苗木的生产状况。

7.2.1　标准地法

适用于苗床育苗、播种的小苗。

在调查区内随机抽取1 m^2的标准地块若干，在标准地上逐株调查苗木的数量和质量指标，计算出每平方米苗木的平均数量和质量，进而推算出该类苗木的产量和质量状况。

7.2.2　标准行法

适用于移植区、部分大苗区及扦插区等。

在要调查的苗木生产区中，选取某一数字的倍数的种植行或垄作为标准行，在标准行上选出有代表性的一定长度的地段进行苗木质量和数量的调查，计算出调查地段的总长度和单位长度的长苗量，以此推算出单位面积的产苗量和质量，进而推算出该类苗木的总的质量和产苗量。

7.2.3　准确调查法

对于数量较少或较为珍贵的苗木的调查，常按种植行清点株数，抽样测量苗木各项质量指标并求出此类苗木平均值，以掌握苗木的数量和质量状况。

7.2.4　抽样调查法

抽样调查法是指在某类苗木的生产地块中选取在数量和质量上有代表性的种植行或种植地块进行调查。在苗木生产区，采用机械抽样法或随机抽样法，每隔一定距离抽取一个样地，样地的大小根据苗木和株行距决定，一般为 1 m^2 或 100 m^2，逐株测量其胸径（地径）、苗高、枝下高、冠幅等，统计计算平均每个样地的苗木数量和质量，然后推算出全生产区苗木的数量和质量。

机械抽样法即先随机确定起始点，然后以相等距离均匀分布各样地；随机抽样法是自始至终利用随机数表决定样地的位置。

7.2.4.1　**样地数量**

样地数量的多少，直接影响调查精度和调查工作。样地越多、精度越高，调查工作量越大。以满足精度要求的最少样地数为宜。一般密度均匀、苗木生长整齐，则样地宜少；否则样地宜多。常用经验数字法预估样地数量。

根据数理统计理论和苗木调查经验，一般初设样地 20～50 个能达到产量精度 90%、质量精度 95% 的要求。实际工作中，如果苗木的密度和生长情况差异不大，可初设 20 个样地。直接布点调查样地内的苗木数量、质量，然后计算调查精度。如果达到所要求的调查精度，外业即结束；如果未达到精度要求，则用调查所得到的产量变动系数，代入以下公式，算出实际需要的样地数。

$$n = \left(\frac{t \cdot C}{E}\right)^2$$

式中　n——实需样地数；

t——可靠性指标（可靠性为 90% 时，t 的近似值为 1.7）；

C——变动系数；

E——允许误差百分率。

例：调查落叶松留床苗（2—0）地，初设 14 块样地（见表 7-2）。

平均值（株）　$$\overline{X} = \frac{\sum_{i=1}^{n} X_i}{n} = \frac{239}{14} = 17.07$$

$$\text{标准差} S = \sqrt{\frac{\sum_{i=1}^{n} X_i^2 - n\overline{X}^2}{n-1}} = \sqrt{\frac{4\,313 - 4\,079.39}{14-1}} = \sqrt{17.97} = 4.24$$

标准误差　$S\bar{x} = \frac{S}{\sqrt{n}} = \frac{4.24}{\sqrt{14}} = 1.13$

误差率　$E = \frac{t \cdot S\bar{x}}{\bar{X}} \times 100\% = \frac{1.7 \times 1.13}{17.07} \times 100\% = 11.29\%$

精度　$P = 1 - E = 1 - 11.29\% = 88.71\%$

表 7-2　样地调查产量数据

样地号	各样地株数 X_i	各样地株数平方值 X_i^2	样地号	各样地株数 X_i	各样地株数平方值 X_i^2
1	20	400	9	13	169
2	25	625	10	19	361
3	14	196	11	13	169
4	16	256	12	15	225
5	20	400	13	8	64
6	20	400	14	18	324
7	18	324			
8	20	400	合计	239	4 313

注:引自《造林学》,孙时轩主编,1996。

由于精度未达到90%的要求,还需要求出补设样地数。

变动系数　$C = \frac{S}{\bar{X}} \times 100\% = \frac{4.24}{17.07} \times 100\% = 24.84\%$

样地数　$n = (\frac{t \cdot C}{E})^2 = (\frac{1.7 \times 24.84}{10})^2 = 17.8 \approx 18$(块)

$$18 - 14 = 4(块)$$

以调查 14 块样地的变动系数为 24.84% 来计算需设样地数是 18 块,所以还要补设 4 块。

将 18 块样地调查产量数据重新进行精度计算如表 7-3 所示。

表 7-3　18 块样地调查产量数据

样地号	各样地株数 X_i	各样地株数平方值 X_i^2	样地号	各样地株数 X_i	各样地株数平方值 X_i^2
1	20	400	11	13	169
2	25	625	12	15	225
3	14	196	13	8	64
4	16	256	14	18	324
5	20	400	15	17	289
6	20	400	16	19	361
7	18	324	17	21	441
8	20	400	18	17	289
9	13	169			
10	19	361	合计	313	5 693

注:引自《造林学》,孙时轩主编,1996。

平均值 $\bar{X} = \frac{313}{18} = 17.39$(株)

标准差 $S = \sqrt{\frac{5\ 693 - 5\ 443.42}{18 - 1}} = 3.83$

标准误差 $S\bar{x} = \frac{3.83}{\sqrt{18}} = 0.9$

误差率 $E = \frac{1.7 \times 0.9}{17.39} \times 100\% = 8.8\%$

精度 $P = 1 - 8.8\% = 91.2\%$

7.2.4.2 **样地形状**

苗木调查一般是抽取有代表性的、小面积的地段作为调查单元,这些小面积地段称为样地。样地按形状分为方形、线形、圆形,通常又称为样方、样段和样圆。

样地的大小取决于苗木密度、育苗方法和要求测量苗木质量的株数等条件。苗木密植的宜小,苗木稀植的宜大;播种育苗宜小,扦插和移植苗宜大;精度要求高或苗木不整齐的宜大,反之宜小。

7.2.4.3 **统计计算**

根据苗木各样地调查的数据,分别计算样地平均株数、平均胸径或地径、平均苗高、平均枝下高、平均冠幅等,并计算误差和精度。

误差率 $E = \frac{t \cdot S\bar{x}}{\bar{X}}$

精度 $P = 1 - E$

如果精度达到规定要求,推算全生产区苗木数量和质量;如果精度达不到规定要求,需补设样地或补测样株。

技能训练

实训二十七　苗木抽样调查

一、目的

了解苗木抽样调查的内容,熟悉调查方法。

二、材料与工具

待抽样苗圃、皮尺、钢尺、记录本、计算器、铅笔、游标卡尺。

三、方法与步骤

(一)确定样地数量

样地数量的多少直接影响调查精度和调查工作量,一般初设样地 20 个。直接布点调查样地内的苗木数量、质量，然后计算调查精度。

(二)确定样地形状

样地按方形、线形、圆形三种。样地的大小取决于苗木密度、育苗方法和要求测量苗木质量的株数等条件。

(三)统计计算

根据调查的数据，分别计算平均株数、平均苗高、平均地径、平均根长，并计算误差和精度。

四、实训报告

将苗木调查结果填入苗木调查统计表，写出苗木质量分析报告。

7.3 苗木出圃

7.3.1 起苗

起苗是把已经达到出圃规格或需移植扩大株行距的苗木从苗圃地上挖起来的工作。起苗是苗木出圃工作中的第一个环节，对苗木的质量、产量和移植成活率有着直接的影响。因此，应选择适当的起苗时期，合理运用技术，认真细致地完成起苗工作，以保证苗木的质量。

7.3.1.1 起苗时间

起苗时间主要根据各树种苗木的生物学特性来确定，同时，要与园林绿化栽植的时期紧密配合，有时还要兼顾到苗圃的整地作业时间。在我国大部分地区，植物生长随季节变化而有所不同，为保证苗木的移植成活率，应选择在苗木新陈代谢相对较为缓慢的时期进行起苗工作。一般来说，落叶树种的起苗常选择在秋季落叶后或春季萌芽前的休眠期进行，也有些树种可在雨季进行；常绿树种的起苗，北方地区大都在雨季或春季进行，南方则在春季气温转暖后的3~4月份或秋季气温转凉后的10月份后以及雨季进行。

确定具体的起苗时间，要考虑到当地气候特点、土壤条件(如春季短、道路泥泞等)、树种特性(发芽早晚、越冬假植难易等)和经营管理上的要求(如栽植时间的早晚、劳力安排和育苗地使用情况)。

1)秋季起苗

多数园林绿化树种均可秋季起苗，尤其是春季发芽早的树种(如落叶松、水杉等)应在秋季起苗。而油松、黑松、侧柏、云杉、冷杉等常绿针叶树种也可以秋季起苗，但是最好随栽随起苗。秋季起苗一般在地上部停止生长开始落叶时进行，此时根系仍在缓慢生长，起苗后及时栽植有利于根系伤口愈合。

2)春季起苗

针叶树种、常绿阔叶树种以及不适合于长期假植的根部含水量较多的落叶阔叶树种(如榆树、枫树、泡桐等)的苗木适宜春季起苗，随起苗随栽植。春季起苗宜早，否则芽苞萌动，将降低苗木成活率，同时，也影响圃地春季生产作业。

3)雨季起苗

春季干旱风大的西部、西北部地区,有时对常绿针叶树种苗木也可在雨季起苗,随起苗随栽植,可提高苗木栽植成活率。

7.3.1.2　起苗的方式、方法

1)人工起苗

(1)裸根起苗。

绝大多数落叶树种和容易成活的针叶树小苗均可裸根起苗。

对于不带土裸根小苗采用手工起苗时,先沿着苗行方向,距苗行20 cm处挖一条沟,深度可依起苗深度而定(播种苗可达30~35 cm),在沟壁下部挖出斜槽,距地面25 cm左右切断苗根,再从苗行中间插锹,把切断根的苗木推入沟中,即可取出苗木。

起大苗时可以带土或不带土,一般落叶阔叶树种起大苗时不带土坨,即裸根大苗。起苗时,宜单株挖掘;保留的主根长度和侧根幅度,主要取决于树种特性、苗木大小、根系再生能力的强弱等。生产上常常以苗木地际直径(根径)的粗细8~10倍为标准,确定挖根的深度和幅度大小。

(2)带土球起苗。

针叶树种和常绿阔叶树种大苗应带土球起苗。凡带土坨起苗,土球的大小应适宜,太大浪费人力、物力且容易造成散失,太小伤根过多,都不利于苗木的成活。一般土球的直径约为地际直径的10倍,土球高度约为直径的2/3,原则上要尽量保持主要根系的完整。土球的大小,因苗木大小、根系分布情况、树种成活难易、土壤质地等条件而异。苗木成活难的、根系分部广的土球应大一些。

起苗时先用草绳将树冠捆好,再将苗木主干周围没有根生长的表面浮土铲去,以减轻土球不必要的重量。在规定带土球大小的外围挖一条操作沟,沟深同土球高度,沟壁垂直。达到所需深度后,向内斜削,将土球表面修平,使土球上大下小呈锅底状。挖掘时,遇到细根可用铁锹铲断,粗根要用枝剪或手锯锯断。修好土球后,用锹从土球底部斜着向内切断主根,使土球与地底分开,用蒲包、稻草、草绳等将土球包扎好。打包的形式和草绳捆扎的密度视土球大小及运输距离的长短而定。土球大的、运输距离远的,要捆得牢固一些;土球小的或近距离的可以用较简便的包扎。

人工起苗在园林苗圃生产上应用较广泛,主要是方法简便,特别是小型苗圃采用的较多,但效率低,需要劳动力多,劳动强度大,而且起苗质量也不理想,苗木损伤较多。

2)机械起苗

目前,在我国有条件的大中型园林苗圃多采用机械起苗。一般由拖拉机牵引床式或垄式起苗犁起苗,不仅起苗效率高,节省劳力,减轻劳动强度,而且起苗质量好,很少损伤苗木,又降低成本,是今后各地值得推广使用的发展方向。

7.3.1.3　起苗技术要求

(1)起苗时应有一定深度和幅度,不损伤根皮,不撕断侧根和须根。不损伤地上枝干,做到枝干不断裂,树皮不碰伤。常绿树种保护好顶芽。保证达到对苗木规定的标准。

(2)保持圃地良好墒情。土壤干旱时,起苗前一周适量灌水。苗木随起、随分级、随假植,及时统计数字;裸根苗应进行根系蘸浆。需带土球苗木起后及时按要求包扎。有条

件的可喷洒蒸腾抑制剂保护苗木,最大限度地减少根系、枝条水分的损失。

(3)适量修剪过长及劈裂根系,处理病虫感染根系,按要求对主干、侧枝进行修剪或包扎捆绑(常绿树种)。

(4)清除病虫危害苗木,按林木植物检疫要求进行处理,尤其是有危险性病虫害的苗木,如根瘤、天牛危害的苗木,要集中处理,防止感染危害其他苗木。

7.3.2　苗木分级与统计

苗木分级的目的是使出圃的苗木合乎规格标准,使苗木栽植后生长整齐。根据苗木主要质量指标(苗高、地径、根系、病虫害和机械损伤等),可将苗木分为成苗(标准苗或合格苗)、幼苗(不合格苗,未达出圃规格,需继续培育)和废苗三类。其中成苗又可分为两级,即1级和亚级苗。分级时要严格掌握分级标准。成苗中的1级苗一般应具备以下条件:苗干粗壮端直,具有一定高度,充分木质化,无徒长现象,枝叶繁茂,色泽正常;根系发达,主根粗壮,具有一定长度,侧、须根较多,根幅大;具有饱满的顶芽,尤其针叶树苗木必须具有饱满正常的顶芽,这是分级的重要指标之一;苗木重量大,冠根比值小,无病虫害和机械损伤。

除上述要求外,一些特种整形的园林观赏树种苗木,还有一些特殊的规格要求,如行道树要求分枝点有一定高度;果树苗则要求骨架牢固,主枝分支角度大,接口愈合牢靠,品种优良等。

园林苗木种类繁多,规格要求不同,目前各地尚无统一和标准化要求,一般都根据苗龄、高度、地径、冠幅来进行分级。

在苗木分级时注意剔除不合格的苗木,这些苗木有的可以继续留在苗圃培育,质量太差不合格苗木加以淘汰。

苗木统计一般与分级工作同时进行。选择背阴避风处(或搭荫棚),边分级边统计,尽量做到随起苗、随分级、随假植,以免苗根被风吹日晒而干枯。按分级规格标准分别计数,对于小苗也可用称重法称一定数量的苗木,再推算出各类苗木的总量。

7.3.3　苗木检疫和消毒

7.3.3.1　苗木检疫的作用与意义

历史上大量事实证明,许多有害生物,包括各种植物病原物及有关的传病媒介、植食性昆虫、螨类和软体动物、对植物有害的杂草等,可以通过各种人为的因素特别是通过异地调运种苗的途径,导致远距离传播和大范围扩散。这些有害生物一旦传入新的地区,如果条件适宜,就有可能大量繁殖,危害原先生态系统,造成无法挽回的损失。园林苗木检疫的目的就是国家以法律和行政手段,防止危害苗木的各类病虫害、有害生物在运输的过程中发生传播。如果发现某些检疫对象,应停止调运并进行彻底消毒,以避免本地区的有害生物扩散到其他地区。

在我国由于检疫失误而造成巨大损失和绵绵后患的事例也不鲜见。从国外传入的危害性生物如美国白蛾、榆枯萎病、地中海实蝇、松突圆蚧等危险性病虫以及毒麦、一枝黄花、凤眼莲、大米草等危险性杂草不仅在过去,今后也将是我国植物生产的严重灾害。

随着贸易全球化的进程,种苗的异地交流更为频繁,客观上使得人为传播病、虫、草害比以往更加容易。因此,在当今社会,通过对植物种苗的检疫来防止危险性病、虫、草害也较之以往更加困难、重要。

7.3.3.2 **苗木检疫的主要措施**

与通常的植物检疫一样,苗木检疫不是一个单项的措施,而是一系列措施所构成的综合管理体系。

这些管理措施有:划分疫区和保护区,建立无检疫对象的种苗繁育基地,产地检疫,调运检疫,邮寄物品检疫,从国外引进种苗等繁殖材料的审批和引进后的隔离试种检疫等。这些措施贯彻于苗木生产、流通和使用的全过程,它既包括对检疫病虫的管理,也包括对检疫病虫的载体及应检物品流通的管理,以及对与苗木检疫有关的人员的管理。从植物繁殖的任务来看,以上措施中与其直接相关的主要是产地检疫与调运检疫。

1)产地检疫

通常所说的产地检疫,是指植检人员对申请检疫的单位或个人的种子、苗木等繁殖材料,在原产地进行的检查、检验和除害处理,以及根据检查和处理结果作出评审意见。其主要目的是,查清种苗产地检疫对象的种类、危害情况以及它们的发生、发展情况,并根据情况采取积极的除害处理,把检疫对象消灭在种苗生长期间或在调运之前。经产地检疫确认没有检疫对象和应检病虫的种子、苗木或其他繁殖材料,发给产地检疫合格证,在调运时不再进行检疫,而凭产地检疫合格证直接换取植物检疫证书;不合格者,不发产地检疫合格证,不能作种用外调。

产地检疫的具体做法和要求是,种苗生产单位或个人事先应向所在地的植检机关申报并填写申请表,然后植检机关根据不同的植物种类、病虫对象等决定产地检疫的时间和次数。如果是要建立新的种苗基地,则在基地的地址选择、所用种子、苗木繁殖材料以及非繁殖材料(如土壤、防风林等)的选取和消毒处理等方面,都应按植检法规的规定和植检人员的指导进行。

植检人员在进行产地检疫时,先进行田间调查,必要时还要进行室内检验或鉴定。检验和检疫时要注意取样的代表性和要有足够的取样数量。对检出有检疫对象或应检病虫的,应就地处理;凡能通过消毒或灭虫处理达到除害目的的,进行消毒或灭虫处理,处理后复检合格的,可发给产地检疫合格证;对无法进行消毒、灭虫等除害处理,或处理后复检不合格的,不发给产地检疫合格证,不能外运。

苗木产地检疫,是防止有害生物随同苗木流通进行远距离传播的有效措施。我国已制定并颁布了种苗产地检疫规程。各地在进行苗木生产时,应该认真执行。

2)调运检疫

调运检疫也称为关卡检疫,是指对种苗等繁殖材料以及其他应检物品在调离原产地之前、调运途中以及达到新的种植地之后,根据国家和地方政府颁布的检疫法规,由植检人员对其进行的检疫检验和验后处理。

调运检疫与产地检疫的关系至为密切,产地检疫能有效地为调运检疫减少疫情,调运检疫又促使一些生产者主动采取产地检疫。调运检疫一般按以下程序进行:

(1)准备工作。审核受理报检单;查询种苗情况和资料,分析疫情,明确检疫要求,准备检疫工具,确定检疫的时间、地点和方法。

(2)现场检疫。检查货单、货物是否相符,核对货物名称、数量和来源;对苗木、接穗、插条、花卉等繁殖材料,按总量的5%~10%抽取样品,对抽取的样品逐株进行检查。

(3)室内检疫。对代表样品和病、虫、杂草材料,按病原物和害虫的生物学特性、传播方式采取相应的检疫检验方法,进行检验和鉴定。

(4)评定与签证。现场检疫和室内结束后,按照国家植物检疫法令、植检双边协定和对外贸易合同条款等规定,作出正确的检疫结论,并分别签发检疫放行单或加盖放行章、检疫处理通知单、检疫证书和检验证书等有关单证。

7.3.3.3　苗木的消毒

苗木挖起后,经选苗分级、检疫检验,除对有检疫对象和应检病虫的苗木,必须按国家植物检疫法令、植物检疫双边协定和贸易合同条款等规定,进行消毒、灭虫或销毁处理外,对其他苗木也应进行消毒灭虫处理。

1)热水处理

这种方法能够除治各种有害生物,包括线虫、病菌以及一些螨类、昆虫和红蜘蛛。进行热水处理时,所采用的温度与时间的组合必须既能杀死有害生物,又不能超出处理材料的耐受范围。当温度接近有害生物致死点与寄主受损开始点之间时,必须精确控制水温。在大部分情况下,还需留有使所有材料升至处理温度的时间,并确保每一植物材料内部达到所要求的温度。

2)药剂浸渍或喷洒

常用的药剂可分为杀菌剂和杀虫剂。

杀菌剂是一类对真菌或细菌具有抑制或杀灭作用的有毒物质。常见的药剂有石灰硫磺合剂、波尔多液、升汞溶液、代森锌、甲基托布津、多菌灵等。例如,苗木或种子数量较少时,可用0.1%升汞溶液浸泡20 min,水洗1~2次,或用1:1:100波尔多液浸渍10~20 min,用清水冲洗根部。

杀虫剂的种类较多,包括无机杀虫剂如砷酸铅、硫磺制剂等,有机杀虫剂如除虫菊、石油乳剂、有机氯杀虫剂、有机磷杀虫剂等,以及专门用来防治植食性螨类的杀螨剂。在使用时,根据除治对象进行选择。

3)药剂熏蒸

药剂熏蒸是在密闭的条件下,利用熏蒸药剂气化后的有毒气体杀灭种子、苗木等繁殖材料以及土壤、包装等非繁殖材料中的害虫的处理方法。由于施用费用较低,施药方法简便,能够彻底杀灭处于任何发育阶段的害虫,因此是当前苗木消毒最为常用的方法。

药剂熏蒸的方式有常压熏蒸和减压(真空)熏蒸。常压熏蒸适用于除治苗木表面害虫,减压熏蒸用于除治植物内部取食的害虫,对某些娇嫩的植物材料不能采用真空熏蒸。

熏蒸剂的种类有很多,常用于苗木消毒的有溴甲烷(MB)和氢氰酸(HCN)。

药剂熏蒸是一项技术性很强的工作,使用的熏蒸剂对人体都有很强的毒性。工作人员必须认真遵守操作规程,要特别注意安全,以免中毒事件的发生。

7.3.4 苗木包装与运输

7.3.4.1 包装的目的和材料

据有关资料介绍,用油松和侧柏1年生播种苗进行晒根对比试验,结果表明:在华北3月下旬的阳光下,油松1年生播种苗60 min全死;侧柏1年生播种苗晒4 h的成活率只有3.1%,而且经过日晒的苗木成活后再生长也受影响,侧柏苗对照的平均苗高为39.9 cm,晒1 h的平均苗高为31.3 cm,晒2 h为26.8 cm,晒4 h生长不正常。而用包装袋包装运输的云杉苗,经过1周其成活率仍为100%。由此可见,苗木运输时间较长时,要进行细致的包装,一般用的包装材料有草包、蒲包、聚乙烯袋、涂沥青不透水的麻袋和纸袋、集运箱等。

7.3.4.2 包装方法

可用包装机或手工包装。

对于大苗如落叶阔叶树种,大部分起裸根苗。包装时先将湿润物放在包装材料上,然后将苗木根对根放在上面,并在根间加些湿润物(如苔藓、湿稻草、湿麦秸等);或者将苗木的根部蘸满泥浆。放苗到适宜的重量,卷成捆,用绳子捆住。小裸苗也可用同样的办法。针叶和大部分常绿阔叶树种的苗木因有大量枝叶,蒸腾量较大,起苗时损伤了较多的根系,在起苗后和定植初期苗木容易失去过多的体内水分导致死亡。因此,这类树木的大苗起苗时要带土球。为了防止土球碎散,以减少根系水分损失,挖土球后要立即用塑料膜、蒲包、草包和草绳等进行包装;或用木箱,对珍贵树种的苗木土球用木箱包装。包装时应在材料外附上标签,注明树种的苗龄、苗木数量、等级、苗圃名称等。

7.3.4.3 苗木的运输

城市交通情况复杂,如树苗超高、超长或超宽应事先办好必要的手续。运输途中,押运人员要和司机配合好,保证行车平稳,尽量缩短途中时间。短途运苗中途不停车休息;长途运苗应定期给根部洒水,中途停车应停于有遮阴的场所,遇到刹车绳松散、苫布不严、树梢拖地等情况应及时停车处理。

7.3.4.4 裸根苗的装车方法及要求

装车不宜过高过重,以免压伤树枝和树根;树梢不宜拖地,必要时用绳子围拴吊拢起来;绳子与树身有接触的部分,要用蒲包垫好,以防损伤干皮。卡车后箱板上应铺垫草袋、蒲包等物,以免擦伤树皮,碰坏树根,装裸根乔木应树根朝前,树梢向后,顺序码放。长途运苗最好用苫布将树根盖严捆好,这样可以减少树根失水。用遮阳网覆盖在码放好的苗木上,可明显改善因风吹引起的水分蒸腾加剧。

7.3.4.5 带土球苗装车方法与要求

树高2 m以下的苗木,可以直立装车;2 m以上的树苗,应斜放或平放在车厢板上,土球朝前、树梢向后,立支架将树冠支稳,以免在行车时因树冠摇晃造成散坨。如果土球规格较大、直径超过60 cm的苗木只能码1层;小土球则可码放2~3层。土球之间要码紧,也可使用木块或砖头支垫以防土球晃动。土球上不准站人或压放重物。

7.3.4.6 运输时注意的问题

以苗根不失水为原则。如果是短距离运输,苗木可散放在筐篓中。在筐底铺上一层湿润物，筐装满后在苗木上面再盖上一层湿润物即可。如果长距离运输，裸根苗苗根一定要蘸泥浆，带土球的苗要在枝叶上喷水。使用湿苫布或遮阳网将苗木盖上效果会更好。

无论是长距离还是短距离运输，要经常检查包装内的湿度和温度，以免湿度和温度不符合植物运输要求。如果包内温度过高，可将包打开，适当通风，并更换保湿物质以免发热；若发现湿度不够，要适当加水。另外，运苗时应选用速度快的运输工具，以便缩短运输时间；有条件的还可用特制的冷藏车来运输。

7.3.5　苗木的贮藏

7.3.5.1　园林苗木贮藏的目的

园林苗木在苗圃中经过一定时间的培育，达到了园林绿化的质量和规格要求，就可以开始苗圃外的栽植。出圃运输到施工现场后，有时会因劳动力或气候的因素不能立即栽植，这时就要进行苗木贮藏。进行苗木贮藏的目的，是减少园林苗木失水干枯，防止发霉、根系腐烂，最大限度地保持园林植物的活力。

7.3.5.2　园林苗木贮藏的方法

1）假植

假植是将园林植物的根系用湿润的土壤暂时培埋起来，防止根系干燥的操作。

根据假植时间的长短，可分为临时假植和长期假植两种。在起苗后或栽植前进行的假植，叫做临时假植，也称为短期假植。当秋季起苗后，苗木要通过假植越冬时，叫做越冬假植，也称为长期假植。

（1）越冬假植（长期假植）。

①假植地点：应选择地势较高、排水良好、背风、便于管理和不影响翌春作业的地方。切忌选在低洼地或土壤过于干燥的地方假植，以防苗根霉烂或干燥。

②假植时间：北方地区大约在10月下旬到11月上旬立冬前后假植为宜。假植过早，因地温高，苗木容易发热霉烂，造成损失。但也要避免因假植过晚使苗木冻在地里。

③假植顺序：一般先阔叶树苗，后针叶树苗。由于刺槐、槐树、锦鸡儿等豆科树种苗木耐寒力较弱，根部水分较多，又有根瘤，既怕冻又怕地温高，因此假植不宜过早，可以在最后结冻前一两天假植。

④假植方法：育苗面积较小时，假植苗木数量不多，可以采取人工挖假植沟假植。即在选定的假植地点，用铁锹挖一条与主风方向垂直的假植沟（如东西向）。沟的规格因苗木的规格不同而异，播种苗一般深宽各30～35 cm。将沟内挖出的土放于沟的一侧（如南侧），堆成45°的斜坡，迎风面的沟壁也做成45°的斜壁。然后，将苗木单株均匀地摆于斜壁上（苗梢向南），使苗木根部在沟内舒展开，苗木根径略低于地表。最后，用下一条沟中挖出的湿土将苗根及苗径的下半部盖严、踩实，使根系与土壤密接。

假植时要做到单摆（或小束）、深埋、踩实，使根土密接。假植地上隔一定距离留出步道。假植均要分区、分树种、定数量（每几百株或几千株做一标记），在地头上插标牌，注明树种、苗龄、种类、数量、假植时间等内容，并绘出平面示意图，以便于管理。

假植面积较大时，可采用大犁假植的方法。先用犁在整好的假植地上蹚沟，每条沟要往复两次，第一次不要过深，第二次要达到要求深度（30～35 cm），再用人工清理一下沟底，将翻出的土堆在南侧，呈 45°坡。然后往沟内摆放苗木，再用犁蹚第二条假植沟，翻出的土作为第一条假植沟的第一次培土，随翻随踩实，最后复蹚第二条沟，作为第二次培土，再踩实，清沟底时略培浮土。依次类推，直至假植完为止。每隔 10 ~ 15 条假植沟留一条步道，以便检查管理。

假植期间要经常检查，发现覆土下沉要及时培土。春季化冻前要清除积雪，以防雪化浸苗。如早春苗木不能及时出圃栽植时，为了抑制苗木的发芽，可用席子或稻草、秸秆等覆盖遮阴，降低温度，适当推迟苗木的萌发。

(2)临时假植。

临时假植与长期假植基本要求略同，只是在假植的方向、长度、集中情况等方面要求不那样严格。由于假植时间短，因而对较小的苗木允许成束地排列，不强调单摆、根系舒展，但也要做到深埋、踩实。

(3)假植的注意事项。

①假植沟的位置：应选在背风处以防抽条；背阴处防止春季栽植前发芽，影响成活；地势高排水良好的地方以防冬季降水时沟内积水。

②根系的覆土厚度：既不能太厚，也不能太薄。一般覆土厚度在 20 cm 左右。

③沟内的土壤湿度：以其最大持水量的 60% 为宜，即手握成团，松开即散。过干时，可适量浇水，但切忌过多，以防苗根腐烂。

④覆土中不能有夹杂物：覆盖根系的土壤中不能夹杂草、落叶等易发热的物质，以免根系发热发霉，影响苗木的生活力。

⑤边起苗边假植，减少根系在空气中的裸露时间，这样可以最大限度地保持根系中的水分，提高苗木栽植的成活率。

2)低温贮藏

苗木的低温贮藏就是将苗木置于低温(1 ~ 3 ℃)、湿润(空气相对湿度为 80% ~ 90%)、通气良好的条件下妥善保存。

(1)窖藏法。

落叶松苗木采取窖藏越冬既可抑制春季萌动过早，又能避免苗木假植干梢的缺点。

一般选择地势高燥、排水良好的地挖窖。窖的规格：窖深 1.5 ~ 2.0 m，上口宽 2.0 m，底宽 1.5 m，窖长依贮苗量多少而定(如窖长 20 m，可贮苗 50 万 ~ 60 万株)。窖边略倾斜，中央设置木柱数根，柱上架横梁，窖顶两侧搭椽子，覆盖 10 cm 厚的秫秸，上面用土盖严。窖顶每隔 2 m 留一通气孔，孔口用木盖和草帘盖好，经常开启，以利通风换气、调节气温。窖底应挖深、宽各 25 cm 的沟，内填卵石或石块，以利排出窖内积水。苗木入窖前，先要在窖底铺上 5 ~ 10 cm 湿沙。当气温降低到 0 ℃左右，窖内低温情况下将苗木成捆(50 株或 100 株)平放于窖内两侧。苗木的根部朝向窖壁，距窖壁 3 ~ 5 cm，填上一层湿润河沙(3 ~ 5 cm 厚)，因根部体积较大，应在苗梢一侧用去叶秫秸垫一下。摆完一层苗，上面再盖一层湿沙。湿沙要填平、压实、盖严，以不露苗根为宜。如此一层一层地放置，直到窖沿为止。苗木入窖后封严，窖藏期间可定期检查。

窖藏苗木要注意控制窖内湿度、温度和通气条件。温度应保持在 1 ~ 3 ℃，最高不超过 5 ℃。空气相对湿度可保持 85% ~ 90%，经常通风换气，以保持窖内始终处于低温、湿润、通风良好的环境条件。例如，当温度为0.5～1 ℃、空气相对湿度为97%～100%的条件下，苗木可以贮藏半年以上而不会影响苗木的成活率。

(2)坑藏法。

落叶松、油松、红松、云杉、冷杉等苗木也可以利用坑藏法贮藏，这种方法对确保苗木安全越冬，保证苗木的质量有良好的效果。

选择地势较高、排水良好且不影响翌春作业的苗圃空地，挖东西向坑，坑深、宽各1 m，坑长依贮苗量的多少而定（每10 m长的坑可贮藏苗木20万株左右）。坑底再挖深、宽为25 cm渗水沟，填满河卵石。坑间距离1.5～2.0 m。坑藏时间应在结冻前的10月末或11月初。先在坑底垫铺5 cm厚的沙子，把捆成小束的苗木在坑的两侧各摆放一排，苗根要朝向坑壁，距坑壁3～5 cm，把与把之间不要太挤，每摆一排苗木，垫一层3 cm厚的半湿沙子，每摆2～3层就要垫几棵剥掉叶的秫秸，使苗梢与苗根齐平。摆至距地面10 cm左右时，全部盖上半湿河沙，以防苗木干燥。为保持坑内低温和加速冻结，白天以草帘覆盖，晚间打开。当苗木全部冻结后，盖上一层草帘，在草帘上再覆盖整捆稻草（10～20 cm厚），并在坑上用整捆秫秸搭成前低后高的棚子，防止雪雨水渗入。坑口必须盖严，以免坑内温度变化。坑藏期间坑内温度以不超过5 ℃为宜。特别是早春气候转暖，更应注意控制坑内温、湿度。

北方地区有的苗圃对一些落叶阔叶树苗木越冬时采用沟藏。沟藏的方法是将苗木于结冻前全部埋于沟中，沟内温度经常保持在0 ℃左右，最高温度不超过4～5 ℃。沟底应在地下水位以上。进行沟藏时，切忌苗木带叶。埋苗时苗上面盖土厚30～40 cm，翌春通过增盖草帘调节沟内温度，以防苗木发热霉烂。也有的利用山洞、固定地窖放置冰块，保持一定低温来贮藏苗木，此法可延长贮存时间，贮藏效果也较好。

技能训练

实训二十八　苗木起苗技术

一、目的

了解苗木掘取的时期，掌握苗木掘取及带土球起苗和包扎的方法与技术。

二、材料与工具

待出圃苗木，皮尺、钢尺、记录本、铁锨、草绳、剪枝剪、蒲包等包扎材料。

三、方法与步骤

(一)确定土球规格

绝大多数落叶树种和容易成活的针叶树小苗均可裸根起苗。

需带土球树种应根据树种、季节、苗木大小、运输距离和土质等，确定土球大小与包扎方法。一般土球的直径是苗木的地径的8～10倍，可结合春季、秋季绿化进行起苗与包扎实习。

(二)挖土球

先将土球表面的浮土部分铲去,按规格铲出土球的痕迹,然后下铲断根,稍向内侧斜铲,最后提出土球,将底部削平,用草绳包扎土球;土球较大时,断根时在外侧开一沟,挖去沟内土,边挖边用绳绑上腰箍,土球高度一般挖到直径的2/3,绑2~3道腰箍,然后用铲往主根处斜铲,包扎土球,最后断去主根。挖土球时防止粗壮根系劈裂、土球偏斜或散坨,防止在挖掘过程中树干倾倒。

(三)包扎

正确选择包扎方法,合理利用包扎材料,包扎结实、美观。

(四)修剪

对伤根适当修剪,树冠部分适当疏删。

四、实训报告

写出苗木掘取及带土球起苗和包扎的方法与技术,并总结经验和体会。

思考题

1. 起苗时要注意哪些事项?
2. 苗木检疫的作用与意义有哪些?
3. 运输时注意的问题有哪些?
4. 如何进行苗木的包扎?
5. 假植应该注意哪些事项?

第 8 单元　园林苗木产品营销

教学目标

掌握园林苗木市场调查的基本内容和方法；了解园林苗木产品定价方法；熟悉园林苗木产品销售与促销策略。

园林苗圃的生产经营活动必须了解市场需求的动态，生产的苗木产品，必须符合市场需求，满足客户的需要，做到适销对路，这样才能取得良好的经济效益，增强市场经济活力。

8.1　园林苗木市场调查

“凡事预则立，不预则废”。园林苗圃要在激烈的市场竞争中求生存、谋发展、获效益，就必须调查和预测苗木市场，以准确把握苗木市场的需求和变化，做到“知己知彼，百战不殆”。

8.1.1　园林苗木市场调查的内容

8.1.1.1　园林苗木市场调查的意义

园林苗木市场调查是有计划、有目的地对园林绿化苗木市场情报进行系统的收集、整理和分析，并依据其如实反映的市场情况，得出结论，在此基础上，对市场未来的发展变化趋势作出描述和量的估计。它是园林苗木市场预测的基础。

(1)园林苗木市场调查是认识苗木市场最基本的方法。园林苗木市场是一个不断变化的环境，只有经常进行苗木市场调查，才能探求苗木市场供求矛盾运动的规律性，把握苗木市场动向，及时抓住良机。

(2)园林苗木市场调查是一种获取市场信息的重要手段。市场信息是反映市场动态的各种情报资料，缺乏足够的苗木市场信息，就无法决策苗圃苗木生产的品种和数量。如一苗圃营销员在江浙一带发现银杏优良品种，观赏价值极高，市场前景看好，及时将这一信息反馈给苗圃，苗圃及时调整生产计划，对原有小苗进行嫁接，改变银杏苗木品种，使滞销苗变成了畅销苗，不仅减少了苗圃不必要的损失，而且增加了苗圃盈利。

(3)园林苗木市场调查是苗圃制定竞争性策略的条件。市场是一个竞争环境，要想在竞争中取得优势，就必须做到知己知彼，采取正确的竞争策略。如一苗圃营销员在销售市场调查时发现悬铃木苗木很多，需求减少，价格不断降低，而鹅掌楸、七叶树大苗市场数量少，需求者增多，价格渐升信息反馈后，苗圃及时调整生产计划，购买鹅掌楸、七叶树种子和小苗，培育大苗，走在了其他苗圃的前头，从而取得了显著的经济效益。再比如一般苗圃常规绿化苗较多，在调查中发现近年彩叶树种较走俏，且价格高，可以及时调整生产计划，使苗圃在生产经营活动中处于有利地位。

8.1.1.2 园林苗木市场调查的基本内容

1）园林苗木需求调查

园林苗木市场调查的对象是园林苗木生产者和需求者，园林苗木需求变化直接影响苗圃经营方向的调整。园林苗木需求调查包括以下内容：

(1)园林苗木价格敏感度。指苗木需求者对苗木定价高低的接受程度和对价格变动的敏感程度。苗木产品价格随着市场需求波动较大，而苗木需求者对价格变动往往是较敏感的。

(2)园林苗木购买者的数量。包括目前购买者的数量和潜在购买者的数量两个方面。二者之间的比例显著地影响苗木供求在总量上的平衡。

(3)园林苗木购买者的心理效应。园林苗木需求者的心理常促使一些苗木品种过剩或短缺，涨价的传闻也可促使苗木抢购风潮。如在2000年，北京市绿化需要一批84K杨树苗，给价较高，促使84K杨树苗木不断涨价，一些农民也抢购种苗育苗；第二年84K杨树苗木继续涨价，农民抢购种条更多；第三年春季，84K杨树苗大批量上市，供大于求，苗木堆积如山，农民卖不出，损失惨重。又如武汉市江夏区的樟树苗，前些年由于上海、江浙一带的购买者在此大量收购，致使樟树苗价格涨幅很高，很多苗圃业主大面积改种樟树，甚至附近的农民将农田改种樟树苗。现在市场需求趋于饱和，价格也大幅下降，有些农民不得不求助于新闻媒体进行促销。

再如人们在生活中或在电视上，看到某些“名人”、“政要”喜欢摆放某类名贵花木，便群起而仿效，如巴西木（香龙血树）、发财树（马拉巴栗）等，一时抢购成风，苗木价格不断上涨，好多单位、家庭高价买回。

2）园林苗木市场状况调查

园林苗木是苗圃经营的物质基础，市场上苗木供求状况、苗圃拥有市场的苗木状况是市场调查的重要内容。

(1)园林苗木供求状况。

供过于求的苗木，需求者获得更多的选择机会，形成“买方市场”；供不应求的苗木，形成“卖方市场”。苗木供求状况调查，就是调查苗木的供求有无缺口，缺口有多大。供过于求的原因是什么，改变供求的状态，苗圃存在什么样的机会，组织哪些代替品可弥补供需缺口，苗木产品所处生命周期的阶段等问题。如某苗圃培育了一批银杏实生苗卖不出去，经市场调查后发现，银杏实生苗没人要，但银杏嫁接苗紧缺，价格居高不下。于是，苗圃及时调整了计划，购回银杏雌株优良品种接穗，及时进行了嫁接，第二年，银杏嫁接苗畅销，变“买方市场”为“卖方市场”。

(2)园林苗木市场容量。

苗木市场容量是指苗木市场对某种苗木在一定时期内需求量的最大限度。苗圃制定苗木产销计划，必须考虑到苗木市场容量，超过苗木市场容量必然造成滞销积压。如上述的84K杨树苗，2002年滞销积压，就是超过苗木市场容量的明显例证。

(3)园林苗木市场占有率。

市场占有率分为绝对市场占有率和相对市场占有率。绝对市场占有率，是指苗圃生产的某种苗木在一定时间内的销售量占同类苗木市场销售总量的份额;相对市场占有率,是指本苗圃的某种苗木的销售量与同行业销售额最高的苗圃同类苗木销售额的比值。通过苗木市场占有率的调查,能够反映本苗圃苗木在苗木市场上的地位和竞争能力。

(4)园林苗木销售趋势。

园林苗木市场是一个动态的变量,必须时刻研究它的变化趋势。根据变化趋势调整苗木生产计划。

(5)园林苗木品种更新。

园林苗木品种更新和新品种苗木的问世,能够对苗木市场供求现状产生强烈冲击,它可以改变需求观念,缩短原有苗木品种的生命周期。人们对新品种苗木的追求,可使供求大体平衡的苗木市场重新表现为不平衡。如前述的彩叶树种新品种的不断出现,给苗木市场带来新的变化。及时掌握关注这些变化,就会在竞争中立于不败之地。

3)园林苗木市场竞争状态调查

园林苗木市场调查必须对苗圃参与竞争的有关情况作出正确的评估。它包括苗圃目标市场调查和对主要竞争对手调查两个方面。

(1)苗圃目标市场调查。主要是调查苗圃目标市场策略是否成功;在目标市场上,有无扩大苗木销售份额的可能性及存在的问题等。

(2)主要竞争对手调查。调查主要竞争对手的市场占有份额,竞争对手的经济实力、苗木类型、销售方式及其规模和特色,竞争的主要焦点,竞争对手的数量等,以便采取应对措施。

8.1.2　园林苗木市场调查的方法

8.1.2.1　园林苗木市场调查的对象

(1)园林苗木展销会。

(2)园林绿化设计院、所、公司。

(3)城市园林绿化管理部门。

(4)园林苗木销售公司。

(5)城市园林绿化公司。

(6)园林苗木代理商(经纪人)。

(7)大专院校园林专家、教授。

8.1.2.2　园林苗木市场调查的方法

园林苗木市场调查,采用询问法、观察法、实验法三种方法。但目前大多采用前两种方法。

1)询问法

询问法是苗木市场调查最常用的方法,是通过某种方式向被调查者询问问题而收集所需资料的一种调查方法。可分为个人访问、开座谈会、电话和网络、问卷调查等方式。

个人访问、开座谈会、电话和网络具有主观性、灵活性、启发性和真实性的特点,但受调查人主观偏见的影响较大,而且需要较高的调查技巧和社交能力。

问卷调查是将设计好的问卷寄送被调查者,请对方填写后寄回。这种方法的优点是调查的成本低，可以扩大调查面。缺点是回收率较低。

2)观察法

观察法是身临苗木市场进行观察，在被调查者毫无察觉的情况下，对其行为、反应进行调查的方法。其特点是使被调查者不感到他正在被调查，或者被调查者并不介意自己的行为受到调查人员的观察。在这种情况下得到的资料比较真实可靠。多采用直接观察法和亲身经历法。

直接观察法，是调查人员直接到苗木市场现场观察。

亲身经历法，是调查人员以当事人的身份身临其境体验和观察，以了解真实情况。

3)实验法

从影响产品的各种因素中，选出某些因素，将它置于一定条件下，进行小规模的实验，然后对其结果进行分析研究，决定产品是否值得大批量生产。例如某苗圃向市场投入少量某苗木新品种，进行实验销售，视其实验结果决定生产规模，就属于这一调查方法。

技能训练

实训二十九　园林苗木市场调查

一、目的

通过调查，了解园林苗木市场的现状和动态，并对市场未来的发展变化趋势作出估计，以便调整和修订苗圃生产计划，做到有的放矢。

二、材料与工具

笔、记录本、调查表格、电脑等。

三、方法与步骤

(一)询问法

分苗木树种将调查内容设计成表格，通过个人访问、开座谈会、电话和网络、问卷调查等方式进行调查。见下表。

园林苗木市场调查表

树种　　　　　　　　日期

项目	内容
苗木规格与价格	
苗木购买者数量	
苗木购买者心理	
苗木供求状况	
苗木市场容量	

续表

项目	内容
苗木市场占有率	
苗木销售趋势	
苗木品种更新	
目标市场	
主要竞争对手	

调查人

(二)观察法

列出调查内容如上表,通过身临苗木市场和苗圃进行观察和调查。

四、实训报告

通过调查所获得的资料和数据,分析园林苗木市场的现状,并提出下一步的生产安排和苗圃的经营方向。

8.2　园林苗木产品定价策略

园林苗木产品的概念不仅包括苗木本身,而且还包括为购买者提供的便利与服务。苗木自身主要指构成苗木产品的要素(包括苗木产品的质量、特色、包装、品牌),而良好的服务指供应苗木的时间、地点和方式、方法适应购买者的要求;在苗木的起挖时间、方法、地点和包装、运输等方面做到顾客满意;做到苗木供应及时、方便,不错过栽植季节,并在提取、运输苗木等方面尽量方便顾客。

苗木产品定价是苗圃苗木市场营销组合中唯一不增加成本的因素,但制定出合理价格绝非易事。

8.2.1　选择苗木产品定价目标

所谓苗木产品定价目标,就是苗木产品价格实现以后,苗圃应达到的目的。

8.2.1.1　以扩大当前苗木产品利润为定价目标

这一目标的侧重点是短期内的最大利润。

选择这一目标的前提是:苗圃的生产技术和苗木产品、质量在苗木市场上居领先地位,同行业竞争对手的力量较弱;购买者对该苗木品种、质量的评价较高或该品种苗木供不应求。不具备这两个因素,盲目地提高苗木价格,不仅难以扩大苗圃当前利润,还会阻塞该品种苗木的销路,造成该品种苗木积压,使苗圃遭受不必要的损失。

8.2.1.2　以扩大苗木产品市场占有率为定价目标

这一目标的着眼点在于追求长期的利润。市场占有率指的是苗圃苗木销售量在同类苗木市场销售总量中所占的比重。要扩大市场占有率,苗圃必须相对地降低苗木的价格水平和利润水平。通过低价吸引购买者,扩大销售量,即薄利多销策略。

选择这一目标，苗圃必须具备该苗木大批量生产的条件和能力，苗木总成本的增长速度低于该苗木总产苗数的增长速度，否则，盲目降低价格求售，不仅不能增加总利润，还会影响苗圃的扩大再生产。

8.2.1.3　以稳定苗木产品价格为定价目标

为了避免不必要的价格竞争，增加市场的安全性，在这些行业中处于领导地位的大型苗圃，往往将价格稳定在一定水平上。

以稳定苗木价格为定价目标的优点在于：苗木市场一旦发生急剧变化，价格也不致发生大的波动，有利于大型苗圃稳固地占领市场，长期经营该类苗木产品。在大型苗圃稳定价格的情况下，小型苗圃为维持自身利益，也愿意追随大型苗圃定价，一般不轻易变动价格。如果中小型苗圃将价格定的过低或过高，有可能导致大型苗圃采取报复手段，使小型苗圃蒙受损失。

8.2.2　园林苗木产品定价方法

园林苗木产品定价方法有很多种，这里介绍两种苗圃常用的、比较简单实用的定价方法。

8.2.2.1　成本附加定价法

成本附加定价法是以苗圃生产成本加上事先决定的利润作为价格。

价格(元/株)=(固定成本+变动成本+期望的利润)/产苗数量

生产成本包括固定成本和变动成本。固定成本是指不随产苗数量、销售量的变化而变化的成本，如苗圃土地、机具设备折旧费等。变动成本是随产苗数量和销售量的增减而变化的成本，如原材料(种子、插穗、接穗、砧木、化肥、水电费等)、销售费用等，它一般与产苗量成正比例关系。

如某苗木单株成本定价：某苗圃在一年内生产 100 000 株某品种苗木，固定成本 100 000元，变动成本 100 000 元，希望获得 100 000 元利润，则价格为：

价格(元/株)=(100 000+100 000+100 000)/100 000=3.0(元)

成本附加法的优点是：容易计算，对苗圃有保障。但利润与苗木成本相关联而非与苗木销售量相关联，苗木价格也与苗木市场需求无关。成本附加法适用于价格波动对苗木销售量没有影响而且苗圃有能力去控制价格的情况。

8.2.2.2　成本加成定价法

成本加成定价法是以苗圃生产成本加上某一利润加成作为价格。苗圃和苗木销售商最常采用此种方法。

价格=苗木单株生产成本÷(100%-加成百分数)

某苗木单株生产成本为 13 元，希望有 30% 的加成，则某苗木的单价为：

每株苗木价格=13 元÷(100%-30%)=18.75 元

成本加成定价法和成本附加定价法有许多相同的缺点，但由于下述原因，成本加成定价法依然普遍被苗圃所采用：

(1)此方法简单明了，不像根据苗木市场需求那样不易捉摸。一般而言，苗木成本的不确定性比苗木需求的不确定性小，将苗木价格根据每株成本定价，苗圃和苗木中间商可简化定价工作,而不必经常根据苗木市场需求状况的变动来调整价格。

(2)只要行业中的所有苗圃或大多数苗圃都采用此种定价方法,则价格在成本与加成相似的前提下也将大致相同,价格竞争可因此减至最小。

(3)此定价方法对苗圃或苗木中间商与购买者而言均较为公平,苗圃或苗木中间商不需利用购买者需求强烈的时机提高价格,而仍可得到公平的投资报酬。

技能训练

实训三十　园林苗木产品定价

一、目的

通过实训,了解园林苗木产品定价方法。

二、材料与工具

笔、记录本等。

三、方法与步骤

通过身临某苗圃调查相关苗木的生产成本,按照以下方法计算某苗木的价格。

(1)成本附加定价法

价格(元/株)=(固定成本+变动成本+期望的利润)/产苗数量

(2)成本加成定价法

价格=苗木单株生产成本÷(100%-加成百分数)

四、实训报告

通过实地调查的数据,按照计算结果写出总结报告。

8.3　园林苗木产品销售与促销策略

园林苗圃业的生存和发展,固然受宏观环境、国家政策、经济体制、市场竞争、技术进步、制度管理、人力资源等多种因素的影响和制约,但能否成功地开展营销活动,也是影响其生存和不断发展的一项重要因素。

随着苗圃业的蓬勃发展,“酒好不怕巷子深”的时代已不复存在。现代苗木市场,可谓行情瞬息万变,关系错综复杂,竞争异常激烈,风险变化多端。今年畅销的苗木品种,三五年后有可能就成为滞销品种。面对这种态势,要想提高苗木在市场中的占有率,必须以现代市场营销的基本理论为指导,随时掌握市场动态,注意分析营销环境并灵活运用营销策略。

8.3.1 园林苗木销售中间商

园林苗圃的苗木产品销售除了由园林苗圃直接卖给购买者外，另外一部分渠道模式需要通过中间商再转卖给购买者，因而了解中间商的类型和功能，掌握选择中间商的策略是十分必要的。按其是否拥有苗木的所有权，分为苗木经销商和苗木代理商。

8.3.1.1 苗木经销商

苗木经销商是指从事苗木交易业务，在苗木买卖过程中拥有苗木产品（商品）所有权的中间商，如苗木经销公司。

8.3.1.2 苗木代理商

苗木代理商是指从事苗木交易业务，接受苗圃委托，但不具有苗木产品（商品）所有权的中间商，如苗圃代理商、苗木经纪商。

1）苗圃产品代理商

苗圃产品代理商，是受苗圃委托，签订苗木销售协议，在一定区域内负责代销苗圃苗木的中间商，它实际上又类似于苗圃的推销人员，本身不购买苗木，只负责推销苗木。由购买者直接向苗圃提取苗木。苗圃可同时委托若干个苗圃代理商，分别在不同地区推销苗木。苗圃本身亦可参与某一地区的直接销售业务。

2）苗木产品经纪商

苗木产品经纪商，既无苗木所有权，又无现货，只为买卖双方提供苗木产品价格及一般苗木市场信息，为交易双方洽谈苗木销售业务起媒介作用。苗木经纪商与买卖双方无固定关系，与任何一方都不签订合同，不承担义务，但在交易过程中可代表买卖任何一方。交易达成后，从中提取一部分佣金。

8.3.2 需求者对苗木市场的基本期望和要求

8.3.2.1 期望能在苗木市场上购买到称心如意、符合本单位园林绿化需要的苗木

购买到称心如意、符合本单位园林绿化需要的苗木，这是购买者的基本要求。包括苗木的品种、类型、规格、造型、数量、质量、苗木包装等方面符合购买者心意。即既能满足园林绿化的要求，又要能满足人们心理上的要求。

8.3.2.2 期望苗木价格合理，同自己的经济能力相适应

人们对园林绿化的要求是无止境的，往往希望购买符合市场潮流的高档次的绿化苗木，但这又会受到其购买力的限制。因此，每一个苗木需求单位，购买苗木产品时，总是希望在自己有限的经济范围内，花费最少的代价得到最大的满足感。这就要求苗圃或苗木经销者要关注不同经济层次的顾客，提供各种苗木产品的特性、绿化效能、价格等材料，供需求者挑选，尽量做到购买者满意。

8.3.2.3 期望供应苗木的时间、地点和方式方法适应自己的要求，做到苗木供应及时、方便

苗圃或苗木经销者应在苗木的起挖时间、方法、地点、包装、运输等方面做到顾客满意，苗木要及时供应，不要错过栽植季节，并在提取、运输苗木等方面尽量方便顾客。

8.3.2.4 期望得到良好的服务

良好的服务，包括良好的服务态度和服务质量（苗木起挖、包装、运输等方面的质

量)、周到的售后服务等。

周到的售后服务,即派人帮助购买者选择苗木栽植地,教给苗木栽植方法和管理方法,使需求者栽活树、栽好树,提高苗木成活率,从而赢来苗木购买的"回头客"。

综上所述,苗圃或苗木经销者应在苗木产品的使用价值、价格、供货时间、地点、方式方法以及各种服务工作等方面,作出基本的经营决策,以满足苗木需求者的基本要求。但是,不同的苗木需求者在不同的时期、不同的地点、购买不同苗木的具体要求又是千差万别的。因此,苗圃及其苗木经销者在苗木经营活动中,除要掌握需求者的一般要求外,还要灵活掌握需求者的特殊要求,尽量使购买者满意。如有的单位从安全与防范需要出发,需要栽植一些树篱、刺篱、花篱等;而有些单位从美化环境角度出发,需要栽植一些庭园树和花木等。所以,苗圃应尽量满足不同购买者的需求,尽量让他们买到称心如意的苗木。

8.3.3　园林苗木产品促销策略

苗木促销一般理解为促进苗木产品销售,是苗木市场营销组合的又一重要组成部分,它是苗圃以满足购买者需要为前提,扩大苗木市场销售而进行的一系列促进工作。

8.3.3.1　园林苗木产品销售渠道

园林苗木产品销售渠道主要有零级、一级和二级销售渠道,目前概括起来有以下四种模式。

1)零级渠道

苗圃→购买者(如城市园林绿化公司、公园、绿化景点等)

2)一级渠道

①苗圃→经销商(如苗木经销公司)→购买者(如城市园林绿化公司、公园、绿化景点等单位)

②苗圃→代理商(苗圃代理商或苗木经纪商)→购买者(如城市园林绿化公司、公园、绿化景点等)

3)二级渠道

苗圃→代理商(苗圃代理商或苗木经纪商)→经销商(如苗木经销公司)→购买者(如城市园林绿化公司、公园、绿化景点等单位)

8.3.3.2　园林苗木产品销售手段

园林苗木产品促销的手段主要有以下三大类。

1)人员推销

所谓人员推销是指苗圃的从业人员通过与购买者的人际接触来推销苗木的促销方法。

(1)苗圃派出推销人员。苗圃派出推销人员直接到园林绿化实施单位与购买者直接面谈业务。通过面谈,向购买者介绍苗木种类、规格、价格,签订购销合同。

一个合格的苗木推销人员,不仅要善于推销苗木产品,而且要善于推销满意。这就要求苗木推销人员不仅自身素质要高,还要具备较高的业务水平。

(2)苗圃设立苗木销售门市部。苗圃设立苗木销售门市部,摆放苗木产品,介绍本苗圃生产的园林苗木种类、特色、效能等,让购买者能直观地选择,帮助购买者决策,促销苗木产品。

2）广告宣传

利用报纸、广播、电视、网络等传媒传递信息，促进销售，提高苗圃知名度，为苗木业务联系提供方便和支持。

3）苗木展销

参加苗木展销会，树立苗圃形象，散发苗木产品传单，为苗木业务联系提供方便和支持。

技能训练

实训三十一　园林苗木产品促销社会实践

一、目的

通过实训，了解园林苗木产品销售市场的状况，并提高学生的社会活动能力。

二、材料与工具

笔、记录本、相关苗木的规格与价格清单、相关苗木的实物图片和苗圃的有关资料等。

三、方法与步骤

带齐有关资料和材料，直接到园林绿化实施单位与购买者面谈业务。通过面谈，向购买者介绍苗木种类、规格、价格，签订购销合同。

四、实训报告

通过园林苗木产品促销社会实践，取得了哪些成绩，存在哪些不足，总结经验和体会。

思考题

1. 园林苗木市场调查有哪些基本内容？
2. 园林苗木市场调查的对象有哪些？其调查的方法是什么？
3. 园林苗木产品定价有哪些方法？举例说明。
4. 园林苗木销售中间商有哪些？
5. 园林苗木产品促销有哪些手段？

附 录

附录1 常用园林绿化树种的繁殖方法

(一)针叶树类

编号	树种	学名	繁殖方法
1	油松	*Pinus tabulae formis*	播种 播前水浸种或混沙催芽
2	白皮松	*Pinus bungeana*	播种 种子沙藏处理
3	黑松	*Pinus thunbergii*	播种 种子沙藏处理
4	乔松	*Pinus griffithii*	播种 嫩枝扦插、嫁接 以华山松为砧木
5	华山松	*Pinus armandii*	播种 播前温水浸种或混沙催芽
6	五针松	*Pinus parviflora*	播种 嫁接 以黑松为砧木
7	雪松	*Cedrus deodara*	播种 嫩枝扦插
8	侧柏	*Platycladus orientalis*	播种 播前温水浸种或催芽处理
9	金枝侧柏	*Platycladus orientalis* cv. 'Beverleyensis'	播种 播后要株选。嫩枝扦插 嫁接 以侧柏为砧木
10	日本花柏	*Chamaecyparis pisifera*	播种 嫩枝扦插。其线柏、绒柏、凤尾柏等变种用嫁接方法,以花柏为砧木
11	桧柏	*Sabina chinensis*	播种 种子隔年发芽,必须沙藏处理
12	龙柏	*Sabina chinensis* cv. '*Kaizuka*'	扦插 以5月下旬至6月中旬最适。嫁接 以桧柏或侧柏为砧木
13	笔柏(塔柏)	*Sabina chinensis* cv. '*Aurea*'	扦插 其他桧柏的变种也多用扦插繁殖
14	金叶桧	*Sabina chinensis* cv. 'Pyramidalis'	扦插 以5月最适 嫁接 以桧柏为砧木
15	沙地柏	*Sabina vulgalis*	播种种子沙藏处理。嫩枝扦插
16	翠柏	*Sabina squamata* cv. 'Meyeri'	扦插 以5月下旬至6月中旬最适。嫁接 以桧柏或侧柏为砧木
17	铺地柏	*Sabina procumbens*	扦插 嫁接 以桧柏或侧柏为砧木
18	辽东冷杉	*Abies holophylla*	播种 温水浸种或混沙催芽
19	紫杉	*Taxus cuspidata*	扦插 以5~6月最适
20	矮紫杉	*Taxus cuspidata* cv. 'Nana'	扦插 以5~6月最适
21	杉木	*Cunninghamia lanceolata*	播种 适宜早春播。扦插 用萌条最好
22	柳杉	*Cryptomeria fortunei*	播种 扦插 春夏季进行
23	水杉	*Metasequoia glytostroboides*	播种 扦插
24	池柏	*Taxodium ascendens*	播种 扦插
25	罗汉松	*Podocarpus macrophyllus*	播种 扦插

注:松柏类嫁接繁殖多有腹接。

(二)常绿乔灌木类

编号	树种	学名	繁殖方法
1	广玉兰	*Magnoliag grondiflora*	播种 采后即播。嫁接 以木笔、天目木兰等为砧木
2	含笑	*Mischelia figo*	分株 压条 扦插
3	樟	*Cinnamemum camphora*	播种 采后即播为好
4	月桂	*Laurus nobilis*	扦插 春播为好
5	十大功劳	*Mahonia fortunei*	播种 扦插 分株
6	阔叶十大功劳	*Mahonia bealei*	播种 扦插 分株
7	南天竹	*Nandina domestica*	播种 扦插 分株
8	蚊母树	*Distylium racemosum*	扦插 播种
9	山茶花	*Camellia japonica*	扦插为主 播种 压条 嫁接 多用靠接法
10	厚皮香	*Ternstroemia gymnanthera*	播种 扦插
11	金丝桃	*Hypericum chinense*	播种 扦插 分株
12	杜鹃	*Rhododendron simsii*	扦插 播种 压条 嫁接 以野生杜鹃为砧木
13	海桐	*Pittosporum tobira*	播种 扦插
14	石楠	*Photinia serrulata*	播种为主 扦插 压条
15	火棘	*Pyracantha fortuneana*	播种 扦插
16	大叶黄杨	*Euonymus japonicus*	扦插为主 播种 压条
17	构骨	*Ilex cornuta*	播种为主 扦插
18	小叶黄杨	*Buxus microphylla*	播种为主 秋播为好。扦插
19	锦熟黄杨	*Buxus sempervirens*	播种为主 秋播为好。扦插
20	雀舌黄杨	*Buxus bodinieri*	扦插为主 分株
21	八角金盘	*Fatsia japonica*	扦插为主
22	夹竹桃	*Nerium indicum*	扦插为主 压条
23	女贞	*Ligustrum lucidum*	播种为主
24	小叶女贞	*Ligustrum quihoui*	播种为主 扦插 分株
25	桂花	*Osmanthus fragrans*	扦插和压条为主 播种 嫁接 以小叶女贞为砧木
26	栀子花	*Gardenia jasminodes*	扦插为主 压条 分株 播种
27	珊瑚树	*Viburnum awabuki*	扦插为主 播种
28	棕榈	*Trachycarpus fortunei*	播种

(三)落叶乔灌木类

编号	树种	学名	繁殖方法
1	银杏	*Ginkgo biloba*	播种为主,分蘖 扦插 嫁接 实生苗为砧木
2	紫玉兰	*Magnolia liliflora*	压条 分株
3	白玉兰	*Magnalia denudata*	嫁接 紫玉兰为砧木。压条 扦插 播种
4	蜡梅	*Chimonanthus praecox*	嫁接 以狗牙蜡梅野生种或实生苗为砧木。分株
5	悬铃木	*Platanus acei.folia*	扦插为主 播种
6	毛白杨	*Populus tomentosa*	萌蘖条扦插 埋条
7	加杨	*Populus canadensisi*	扦插为主 埋条
8	新疆杨	*Populus bolleana*	扦插 埋条
9	河北杨	*Populus hopeiensis*	萌蘖条扦插 埋条 分割萌生苗
10	旱柳	*Salix matsudana*	扦插
11	馒头柳	*Salis matsudana* cv. ‘Umbraculifera’	扦插
12	垂柳	*Salis babylonica*	扦插
13	刺槐	*Robinia pseudoacacia*	播种
14	红花刺槐	*Robinia pseudoacacia* cv. ‘Decaisueana’	播种 播后株选。嫁接 以刺槐为砧木
15	球冠无刺槐	*Robinia pseudoacacia* var. umbraculifera	嫁接 以刺槐为砧木
16	毛刺槐	*Robinia hsipida*	多高接 以刺槐为砧木
17	国槐	*Sophora japonica*	播种
18	龙爪槐	*Sophora japonica* cv. ‘Pendula’	高接 以国槐为砧木
19	蝴蝶槐(五叶槐)	*Sophora japonica* f. *oligophylla*	高接 以国槐为砧木
20	杜仲	*Eucommia ulmoides*	播种为主 1、2 年生实生苗或萌蘖苗嫩枝扦插。根插
21	朴树	*Celtis sinensis*	播种
22	珊瑚朴	*Celtis julianae*	播种
23	白榆	*Ulmus pumila*	播种为主 分蘖
24	榔榆	*Ulmus parvifolia*	播种
25	桑树	*Morus alba*	播种 随采随播
26	龙桑	*Morus alba* cv. ‘*Tortuosa*’	嫁接 以桑为砧木
27	枫杨	*Pterocarya stenoptera*	播种

续表

编号	树种	学名	繁殖方法
28	梧桐	*Firmiana simplex*	播种
29	臭椿	*Ailanthus altissima*	播种
30	泡桐	*Paulownia fortunei*	播种为主 分根 埋根
31	毛泡桐	*Paulownia tomentosa*	播种为主 埋根
32	香椿	*Toona sinensis*	播种 分根 扦插
33	栾树	*Koelreuteria paniculata*	播种 种子隔年发芽要经沙藏处理
34	无患子	*Sapindus mukorossi*	播种
35	七叶树	*Aesulus chinensis*	播种 采下即播 扦插 高压
36	槭树类	*Acer*	播种 其各变种应嫁接
37	黄檗	*Phellodendron amurense*	播种为主 分蘖
38	楝树	*Melia azedarach*	播种
39	糠椴	*Tilia mandshurica*	播种 种子需沙藏处理
40	皂荚	*Gleditsia sinensis*	播种 种子催芽处理
41	榉树	*Zelkova schneideriana*	播种
42	柘树	*Cudrania tricuspidata*	分根 扦插
43	文冠果	*Xanthoceras sorbifolia*	播种
44	小叶白蜡	*Fraxinus bungeana*	播种
45	洋白蜡	*Fraxinus pennsylvanica*	播种
46	合欢	*Albizzia julibrissin*	播种
47	丝棉木	*Euonymus bungeaus*	播种
48	梓树	*Catalpa avata*	播种
49	楸树	*Catalpa bungei*	播种
50	小果海棠	*Malus micromalus*	播种 种子沙藏处理
51	海棠花	*Malus spectabilis*	嫁接 以海棠山荆子等为砧木
52	垂丝海棠	*Malus halliana*	嫁接 以海棠、西府海棠等为砧木
53	樱花	*Prunus serrulata*	重瓣种为嫁接繁殖
54	紫叶李（红叶李）	*Prunus cerasifera* cv. ‘*Atropurpurea*’	嫁接 以山桃、山杏为砧木
55	榆叶梅	*Prunus triloba*	嫁接 以山桃或榆叶梅为砧木
56	红碧桃	*Prunus persica* f. *rubro* – *plena*	嫁接 以山桃或毛桃为砧木。其他各栽培品种均嫁接繁殖

续表

编号	树种	学名	繁殖方法
57	黄刺梅	*Rosa xanthina*	分株为主 扦插 压条
58	玫瑰	*Rosa rugosa*	分株 压条 扦插 埋根
59	月季	*Rosa chinensis*	扦插 嫁接 压条 分株
60	现代月季	*Rosa hybrida*	扦插 嫁接
61	木香	*Rosa banksiae*	扦插 嫁接 压条
62	棣棠	*Kerria japonica*	扦插 分株
63	鸡麻	*Rhodotypos sacndens*	播种 扦插
64	梅	*Prunus mume*	播种 嫁接 以实生苗或山桃、山杏为砧。压条 扦插
65	重瓣郁李	*Prunus japonica* var. *kerii*	分株扦插
66	白鹃梅	*Exochorda racemosa*	扦插 播种
67	绒毛绣线菊	*Spiraea dasyantha*	播种
68	珍珠梅	*Sorbaria kirilowii*	分株
69	贴梗海棠	*Chaenomeles speciosa*	播种 扦插 嫁接
70	日本贴梗海棠	*Chaenomeles japonica*	播种 扦插
71	木槿	*Hibisus syriacus*	扦插 ·
72	太平花	*Philadelpus pekinensi*	播种
73	锦带花	*Weigela Florida*	播种 扦插 分株
74	猬实	*Kolkwitzia amabilis*	播种 种子需沙藏处理
75	东陵八仙花	*Hydangea bretschneideri*	播种 种子需催芽处理
76	连翘	*Forsythia suspensa*	播种 扦插
77	紫丁香	*Syringaa oblota*	播种为主 分株 压条 扦插
78	黄栌	*Cotinus coggygria*	播种 种子需沙藏处理
79	红瑞木	*Cornus alba*	扦插压条 分根
80	金银木	*Loncera maackii*	播种 分株 扦插
81	花椒	*Zanthoxylim bung eanum*	播种 种子混沙贮藏
82	枸杞	*Lycium chinenses*	播种 扦插
83	紫薇	*Lagerstroemia indica*	播种
84	小紫珠	*Callicarpa dichotoma*	播种
85	紫荆	*Cercis chinensis*	播种
86	迎春	*Jasminum nudi folrum*	扦插 分株 压条

(四)藤本类

编号	树种	学名	繁殖方法
1	金银花	*Lonicera japonica*	扦插 压条
2	藤本蔷薇	*Rosa*	扦插
3	云实	*Caesalpinia sepiaria*	播种
4	紫藤	*Wisteria sinensis*	播种 分株 压条 扦插 根插 嫁接
5	地锦	*Parthenocissus tricuspidata*	扦插为主 播种
6	美国凌霄	*Campsis radicans*	扦插 压条 分株
7	中华常春藤	*Hedera nepalensis*	扦插 压条
8	络石	*Trachelospermum jasminoides*	压条为主 播种 扦插

(五)果树类

编号	树种	学名	繁殖方法
1	苹果	*Malus pumila*	嫁接 以海棠等为砧木
2	白梨	*Pyrus bretschmeideri*	嫁接 以秋子梨、杜梨为砧木
3	山楂	*Crataegus pinnatifida*	播种 种子沙藏。嫁接 以实生苗为砧木
4	桃	*Prunus persica*	嫁接 以山桃、毛桃为砧木
5	杏	*Prunus armeniaca*	嫁接 以三杏为砧木
6	李	*Prunus salicina*	嫁接 以三杏为砧木
7	樱桃	*Prunus pseudocerasua*	嫁接 以樱桃实生苗、青肶樱等为砧木
8	柿	*Diospyros kaki*	嫁接 以黑枣为砧木
9	核桃	*Juglans regia*	播种 种子需沙藏处理
10	美国山核桃	*Carya illinoensis*	播种 嫁接 以核桃、核桃楸、枫杨为砧木
11	葡萄	*Vitis vinifera*	扦插
12	石榴	*Pinica granatum*	扦插为主 播种 分株 压条 嫁接
13	枣	*Zizyphus jujuba* var. *inermis*	分株为主 嫁接 播种 扦插
14	枇杷	*Eriobotrya japonica*	播种 嫁接 以实生苗为砧木
15	杨梅	*Myrica rubra*	播种 樱桃 嫁接 以实生苗为砧木
16	无花果	*Eicus carica*	扦插为主 播种 压条 分蘖
17	香榧	*Torreya grandis* cv. 'Merrillii'	播种 嫁接 以实生苗或粗榧为砧木
18	柑橘	*Citrus reticulata*	嫁接为主 以枸杞、枳橙、酸橘等为砧木
19	油橄榄	*Olea europaea*	扦插为主 播种 嫁接

此表参考:[1]孙锦等编著,《园林苗圃》,中国建筑工业出版社,1982 年 12 月。

[2]上海园林管理处编,《城市绿化植树》,中国建筑工业出版社,1976 年 12 月。

附录2　北方地区主要园林树木种子成熟期与质量标准

树种	采种母树的适宜年龄（a）	采种期	种子千粒重(g)	每500 g种子粒数	重量（g/L）	净种率（%）	贮藏方法
桧柏	40~50	1、2月	48.2	20 000	654.0	10~20	前一年雨季前露天沙藏
侧柏	20~80	9月下	21.6	22 000	594.2	10~16	干藏
白皮松		9月下	148.5	3 060	593.0	10~16	干藏
油松	20~60	10月上	38.1	15 000	561.5	4~5	干藏
锦熟黄杨		7月上	14.3	35 000		20	选后即干藏
小叶女贞		10月中	25.0	20 000	310.0	31	干藏
云杉	30~60			90 000			干藏
银杏	50~100	9月下	2 584.0	200	654.2	30	短期可干藏
枫杨		8月下	83.5	6 000	140.0	50~60	干藏
红桦	20~50	9月中	0.88	554 000	203.0	10	密封干藏
白桦	20~50	9月中	0.49	1 026 000	93.5	10	即播
槲	20~30	9月上、中	3 845.0	180~270	562.0		即播
栎	20~30	9月上、中	4 650.0	100	684.0		即播
白榆	20~60	4月下	7.7	果64 000	47.0	果50	即播
桑	10~15	6月上	1.4	40 000	549.0	2~3	干藏
杜仲	15~40	10月中	71.4	7 000	56.3	35	干藏
悬铃木		10月下	3.6	139 290		42	干藏
海棠	10~40	10月中	17.9	28 000		0.6	秋播
山杏	10~25	6月下	1 070.0	400~450	348	12~25	秋播
山桃	10~25	7月中	2 096.0	120~200	581	30	干藏
杜梨	10~40	10月上、中	11.9	46 000	643	5~6	干藏
合欢	15~25	10月上、中	51.0	97 000	704	20~30	干藏
皂荚	20~40	10月下	594.0	800	780	20~25	干藏
刺槐	10~30	8月中	19.0	23 000	744	20~26	干藏
国槐	20~25	10月下	119.0	3 400	802	20~30	干藏
黄连木	20~60	10月上、中	13.0	37 750	506	7	干藏
臭椿	20~40	8月下	19.7	25 300	49.0	41~75	干藏

续表

树种	采种母树的适宜年龄(a)	采种期	种子千粒重(g)	每500 g种子粒数	重量(g/L)	净种率(%)	贮藏方法
香椿	15~30	10月中	13.0	57 000	49.0	4~6	干藏
栾树	35~40	8月中	15.2	3 200	616.0	16~31	干藏
元宝枫	30~40	10月上	174.0	3 500	293.0		干藏
七叶树		10月上	12 500.0	40		60	即播或沙藏
大叶椴	30~40	9月中	174.0	3 400		80	干藏
小叶椴	30~40	9月中	43.8	11 400	258.0	70~80	干藏
青铜	15~30	9月下	152.0	3 300	468.5	10~35	干藏
白蜡	20~40	10月上、中	30.0	14 000	170.0	50~71	干藏
小叶白蜡	20~40	10月上	29.2	17 200			干藏
泡桐	10~30	10月上	0.125	4 000 000		5	干藏
溲疏		10月上	0.14	3 560 000	36.2		干藏
太平花	3~5	10月上	0.51	991 000	298.0	3.5~7	干藏
榆叶梅	5~10	6月下	477.0	1 050		58~60	干藏秋播
紫穗槐	2~4	9月上	11.7	57 000	328.5	45~70	干藏
紫荆	8~20	9月上、中	28.2	17 815	812.0	20~35	干藏
花椒	10~30	8月下、9月上	20.0	25 000	500.0	25~30	选后即沙藏
紫薇		10月上、中	0.35	140 000	166.0	10~12	干藏
连翘	4~10	8月下	5.3	110 000	354.0	15	干藏
紫丁香		8月下	8.0	64 000	172.0	15	干藏
白丁香		8月下	8.0	70 250	172.0	15	干藏
北京丁香		9月下、10月上	14.2	35 300		9	干藏
紫珠		10月上、中	1.12	446 400		11	干藏
海州常山		10月中、下	32.6	15 375		11	干藏
金银花		10月上、中	4.8	10 430		6~10	干藏
紫藤		10月上	450.0	1 000	656.0	4~6	干藏
地锦		10月中	28.6	16 250	664.0	15~20	干藏

此表摘选：孙锦等编著，《园林苗圃》，中国建筑工业出版社，1982年12月。

附录3　主要造林树种苗木质量分级

标准号:GB 6000—1999

1　范围

本标准规定了主要造林树种苗木的定义、分级要求、检验方法、检验规则。

本标准适用于植树造林用的露地培育的裸根苗木,不适用于容器苗和温室中培育的苗木。

2　定义

本标准采用下列定义。

2.1　**苗木种类** stock type

依繁殖材料和培育方法划分的苗木群体,如播种苗、插条苗、插根苗、移植苗、嫁接苗等。

2.2　**苗龄** stock age

苗木的年龄。从播种、插条或埋根到出圃,苗木实际生长的年龄。以经历1个年生长周期作为1个苗龄单位。

苗龄用阿拉伯数字表示,第一个数字表示播种苗或营养繁殖苗在原地的年龄;第二个数字表示第一次移植后培育的年数;第三个数字表示第二次移植后培育的年数,数字间用短横线间隔,各数字之和为苗木的年龄,称几年生。如:

1-0 表示1年生播种苗,未经移植。

2-0 表示2年生播种苗,未经移植。

2-2 表示4年生移植苗,移植一次,移植后继续培育两年。

2-2-2 表示6年生移植苗,移植两次,每次移植后各培育两年。

0.2-0.8 表示1年生移植苗,移植一次,2/10年生长周期移植后培育8/10年生长周期。

0.5-0 表示半年生播种苗,未经移植,完成1/2年生长周期的苗木。

$1_{(2)}-0$ 表示1年干2年根未经移植的插条苗、插根苗或嫁接苗。

$1_{(2)}-1$ 表示2年干3年根移植一次的插条、插根或嫁接移植苗。

注:括号内的数字表示插条苗、插根苗或嫁接苗在原地(床、垄)根的年龄。

2.3　**一批苗木** a lot of seedlings

同一树种在同一苗圃,用同一批繁殖材料,采用基本相同的育苗技术培育的同龄苗木,称为一批苗木(简称苗批)。

2.4　**地径** caliper

苗木地际直径,即播种苗、移植苗为苗干基部土痕处的粗度;插条苗和插根苗为萌发主干基部处的粗度;嫁接苗为接口以上正常粗度处的直径。

2.5　**苗高** seedling height

自地径至顶芽基部的苗干长度。

2.6　**根系长度和根幅** root length and width

起苗修根后应保留的根系长度和根幅。

2.7　**Ⅰ级侧根** first degree lateral root

直接从主根长出的侧根。

2.8　**苗木新根生长数量** total number of new roots

将苗木栽植在其适宜生长的环境中经过一定时期后，所统计的新根生长点的数量，简称 TNR。

3　分级要求

3.1　苗木等级见附录 A(标准的附录)。

3.2　合格苗木以综合控制条件、根系、地径和苗高确定。

3.3　综合控制条件达不到要求的为不合格苗木，达到要求者以根系、地径和苗高三项指标分级。

3.4　综合控制条件为：无检疫对象病虫害，苗干通直，色泽正常，萌芽力弱的针叶树种顶芽发育饱满、健壮，充分木质化，无机械损伤，对长期贮藏的针叶树苗木，应在出圃前 10 ~ 15 d 开始测定苗木 TNR，TNR 值应达到附录 A 中对相应树种的要求。

3.5　分级时，首先看根系指标，以根系所达到的级别确定苗木级别，如根系达Ⅰ级苗要求，苗木可为Ⅰ级或Ⅱ级，如根系只达亚级苗的要求，该苗木最高也只为Ⅱ级，在根系达到要求后按地径和苗高指标分级，如根系达不到要求则为不合格苗。

3.6　合格苗分Ⅰ、Ⅱ两个等级，由地径和苗高两项指标确定，在苗高、地径不属同一等级时，以地径所属级别为准。

3.7　苗木分级必须在庇荫背风处，分级后要做好等级标志。

4　检测方法

4.1　抽样

4.1.1　起苗后苗木质量检测要在一个苗批内进行，采取随机抽样的方法，按表 1 规则抽样：

表 1　苗木检测抽样数量

苗木株数	检测株数
500 ~ 1 000	50
1 001 ~ 10 000	100
10 001 ~ 50 000	250
50 001 ~ 100 000	350
100 001 ~ 500 000	500
500 001 以上	750

4.1.2　成捆苗木先抽样捆,再在每个样捆内各抽10株;不成捆苗木直接抽取样株。

4.2　**检测**

4.2.1　地径用游标卡尺测量,如测量的部位出现膨大或干形不圆,则测量其上部苗干起始正常处,读数精确到0.05 cm。

4.2.2　苗高用钢卷尺或直尺测量,自地径沿苗干量至顶芽基部,读数精确到1 cm。

4.2.3　根系长度用钢卷尺或直尺测量,从地径处量至根端,读数精确到1 cm。

4.2.4　根幅用钢卷尺或直尺测量,以地径为中心量取其侧根的幅度,如两个方向根幅相差较大,应垂直交叉测量两次,取其平均值,读数精确到1 cm。

4.2.5　大于5 cm长Ⅰ级侧根数是统计直接从主根上长出的长度在5 cm以上的侧根条数。

4.2.6　3.4的内容除TNR外用感官检测。

4.2.7　TNR的测量:将随机抽取的30株苗木用河沙进行盆栽,置于最适生长环境(白天温度25±3 ℃,光照12~15 h,夜间温度16±3℃,黑暗9~12 h,空气相对湿度60%~80%)下培养,2~4 d浇一次水,依树种经过一定天数后将苗木小心取出,洗净根系的泥沙,统计新根生长点(颜色发白)数量。

4.2.8　苗木检测工作应在背阴避风处进行,注意防止根系失水风干。

5　检验规则

5.1　苗木成批检验。

5.2　检验工作限在原苗圃进行。

5.3　苗木检验允许范围,同一批苗木中低于该等级的苗木数量不得超过5%。

5.4　检验结果不符合5.3规定,应进行复检,并以复检结果为准。

5.5　检验结束后,填写苗木检验证书(见表2)。凡出圃的苗木,均应附苗木检验证书,向外县调运的苗木要经过检疫并附检疫证书。

表2　苗木检验证书

编号____

树种______苗木种类________苗龄______

批号____数量____其中Ⅰ级______Ⅱ级______

起苗日期______包装日期______发苗日期________

苗木检疫____________________

种子(条、根、穗)来源____________________

苗圃土壤____________________

作业方式____________________

发苗单位____________________

检验人:

负责人:

检验日期:

参考文献

[1] 杨玉贵,王洪军.园林苗圃[M].北京:北京大学出版社,2007.
[2] 罗镪.园林植物栽培与养护[M].重庆:重庆大学出版社,2006.
[3] 苏付保.园林苗木生产技术[M].北京:中国林业出版社,2004.
[4] 俞禄生.园林苗圃[M].北京:中国农业出版社,2004.
[5] 成海钟.园林植物栽培养护[M].北京:高等教育出版社,2002.
[6] 俞玖.园林苗圃[M].北京:中国林业出版社,1987.
[7] 张运山,钱拴提.林木种苗生产技术[M].北京:中国林业出版社,2006.
[8] 刘晓东.园林苗圃[M].北京:高等教育出版社,2006.
[9] 张东林,束永志,陈薇.园林苗圃育苗手册[M].北京:中国农业出版社,2003.
[10] 刘卫东,刘全友.林木种苗繁育新技术[M].长沙:国防科技大学出版社,2006.
[11] 柳振亮,石爱平,刘建斌.园林苗圃学[M].北京:气象出版社,2001.
[12] 房伟民,陈发棣.园林绿化观赏苗木繁育与栽培[M].北京:金盾出版社,2003.
[13] 苏金乐.园林苗圃学[M].北京:中国农业出版社,2003.
[14] 北京林业大学园林系花卉教研组.花卉学[M].北京:中国林业出版社,1980.
[15] 王庆菊,孙新政.园林苗木繁育技术[M].北京:中国农业大学出版社,2007
[16] 李俊明,朱登云.植物组织培养教程[M].北京:中国农业大学出版社,2007.
[17] 曹孜义,齐与枢.葡萄组织培养与应用[M].北京:高等教育出版社,1990.
[18] 冉懋雄.中药组织培养实用技术[M].北京:科学技术出版社,2004.
[19] 张福墁.设施园艺学[M].北京:中国农业大学出版社,2002.
[20] 别之龙,黄丹枫.工厂化育苗原理与技术[M].北京:中国农业出版社,2008.
[21] 王秀娟,张兴.园林植物栽培技术[M].北京:化学工业出版社,2007.
[22] 沈国舫.森林培育学[M].北京:中国林业出版社,2004.
[23] 王华芳.花卉无土栽培[M].北京:金盾出版社,2001.
[24] 杨先芬.工厂化花卉育苗[M].北京:中国农业出版社,2002.
[25] 汪胜德,包志毅.园林苗木生产[M].北京:中国林业出版社,2004.
[26] 陈国元.园艺设施[M].北京:高等教育出版社,1999.
[27] 邹志荣.现代园艺设施[M].北京:中央广播电视大学出版社,2001.
[28] 王秀峰,陈振德.蔬菜工厂化育苗[M].北京:中国农业出版社,2000.
[29] 周长吉,曾干.工厂化穴盘育苗技术[J].农业工程学报,1996(12).
[30] 魏岩.园林植物栽培与养护[M].北京:中国科学技术出版社,2003.
[31] 余远国.园林植物栽培与养护管理[M].北京:机械工业出版社,2007.
[32] 丁彦芬,田如男.园林苗圃学[M].南京:东南大学出版社,2003.
[33] 胡长龙.观赏花木整形修剪图说[M].上海:上海科学技术出版社,1995.
[34] 潘瑞炽.植物生理学[M].北京:高等教育出版社,2004.
[35] 郭世荣.无土栽培学[M].北京:中国农业出版社,2003.
[36] 陆欣.土壤肥料学[M].北京:中国农业大学出版社,2002.
[37] 李式军.设施园艺学[M].北京:中国农业出版社,2002.
[38] 张彦萍.设施园艺[M].北京:中国农业出版社,2002.

[39] 梁玉堂. 种苗学[M]. 北京:中国林业出版社,1995.
[40] 陈耀华,秦魁杰. 园林苗圃与花圃[M]. 北京:中国林业出版社,2002.
[41] 朱天辉,刘应高. 苗圃植物病虫害防治[M]. 北京:中国林业出版社,2002.
[42] 郝建华,陈耀华. 园林苗圃育苗技术[M]. 北京:化学工业出版社,2003.
[43] 叶林军,刘新营,姜建荣. 肥料分类方法和类别[J]. 南阳农业科技,2003(6):17.
[44] 蔡承智. 复合肥料的种类和施用(上)[J]. 致富天地,1999(7):21.
[45] 蔡承智. 复合肥料的种类和施用(下)[J]. 致富天地,1999(8):21.
[46] 陈叶平,俞慈英,李万兴,等. 化学除草剂在苗圃地的应用试验[J]. 浙江海洋学院学报(自然科学版),2007,26(3):358-362.
[47] 李山东,陈伟,何跃君. 林木施肥技术研究进展[J]. 湖南林业科技,2004,31(3):79-82.
[48] 赵晓斌,李灵会,何山林,等. 林果苗圃地下害虫的无公害防治[J]. 果农之友,2007(4):37.
[49] 袁世林,李霞,张慧枝,等. 苗圃田杂草防除技术[J]. 山西农业,2007(9):44.
[50] 孟莉苓. 浅谈不同种类肥料的科学施用方法[J]. 石河子科技,2008(6):30-31.
[51] 陈斌艳. 苗圃常见主要病害的发生及综合防治技术探讨[J]. 广西植保,2005,18(4):23-25.
[52] 郭向华. 如何提高苗圃地土壤肥力. 河北林业科技[J]. 2008(6):92.
[53] 沈佐,孙时轩. 苗圃施肥研究综述. 世界林业研究[J]. 1992(3):22-30.
[54] 张晓梅,王克军,齐国明. 苗圃施肥应注意的几个问题. 防护林科技[J]. 2005(2):91-92.
[55] 王秀娟. 园林苗圃[M]. 北京:中国农业大学出版社,2009.
[56] 张康健,刘淑明,朱美英. 园林苗木生产与营销[M]. 杨凌:西北农林科技大学出版社,2006.
[57] 中华人民共和国国家标准. GB 2772—1999 林木种子检验规程[S].